AF356423

LEÇONS

DE

MÉCANIQUE PRATIQUE

RÉSISTANCE DES MATÉRIAUX

Imprimerie de Ch. Lahure (ancienne maison Crapelet)
rue de Vaugirard, 9, près de l'Odéon.

LEÇONS

DE

MÉCANIQUE PRATIQUE

PAR

ARTHUR MORIN

Général d'artillerie, membre de l'Institut, ancien élève
de l'École Polytechnique, professeur de mécanique industrielle au Conservatoire
des arts et métiers, membre correspondant de l'Académie royale des sciences de Berlin
de l'Académie royale des sciences de Madrid, de l'Académie de Metz
et de la Société industrielle de Mulhouse

RÉSISTANCE DES MATÉRIAUX

PARIS

LIBRAIRIE DE L. HACHETTE ET Cie

RUE PIERRE-SARRAZIN, N° 14

(Près de l'École de médecine.)

1853

RÉSISTANCE

DES MATÉRIAUX.

PREMIÈRE PARTIE.

EXTENSION.

1. *Marche suivie dans cette partie du cours.* — Dans un enseignement de mécanique pratique donné au Conservatoire des arts et métiers, le professeur ne peut songer à traiter dans ses développements théoriques la question si complexe de la résistance des matériaux. M. Poncelet, mon savant confrère et ami, a d'ailleurs accompli cette tâche à la Faculté des sciences, dans des leçons dont on doit désirer vivement la prochaine publication. Par des considérations géométriques aussi simples que rigoureuses, il est parvenu non-seulement à éviter dans cette question difficile tout l'appareil, souvent inutile, de calculs dont on l'avait hérissée, mais il a obtenu en outre la solution de plusieurs questions que l'analyse avait été jusqu'ici impuissante à résoudre.

Dans l'exposition des notions théoriques indispensables pour l'établissement des règles et des formules pratiques, je prendrai pour guide la marche et les démonstrations adoptées par M. Poncelet. D'une autre part, la sanction et l'appui de l'expérience étant peut-être plus indispensables encore pour cette partie de la mécanique que pour toute autre, j'aurai soin de contrôler toujours les résultats des formules par ceux de la pratique, en m'attachant surtout aux constructions les plus remarquables de notre époque.

2. *Considérations générales.* — L'on a vu, dans les leçons de la première partie, que les corps doivent être considérés comme composés de molécules qui s'attirent et se repoussent de telle sorte que, dans l'état habituel ou normal, les forces d'attraction ou de répulsion qui sollicitent ces molécules se font équilibre. De là résulte que tout effort pour écarter, éloigner ces molécules, provoque et met en jeu la réaction attractive, et que tout effort qui tend à les rapprocher, à les refouler, développe la réaction répulsive.

L'expérience prouve qu'entre certaines limites les allongements, de même que les raccourcissements ou contractions, sont à très-peu près proportionnels aux forces qui les produisent; il doit par conséquent en être de même des forces de réaction attractive ou répulsive, égales et contraires à ces forces. Ce principe avait été entrevu par Hooke, célèbre géomètre anglais qui vivait vers 1670, et qui l'énonça par ces mots *ut tensio sic vis ;* mais l'expérience apprend aussi qu'au delà de certaines limites cette proportionnalité cesse, et que les allongements et les raccourcissements croissent alors plus rapidement que les forces auxquelles ils sont dus.

Tant que les allongements ou les raccourcissements sont proportionnels aux forces qui les produisent, on remarque que, quand la force ou la cause cesse d'agir, l'effet cesse sensiblement, et que le corps, par la réaction attractive ou répulsive de ses molécules, reprend exactement ou à très-peu près ses dimensions et revient à sa forme primitive. On dit alors que l'*élasticité* du corps n'a pas été *altérée*, et l'allongement ou le raccourcissement observé, qui a disparu, se nomme l'*allongement* ou le *raccourcissement élastique.* Au contraire lorsque les allongements ou les raccourcissements ont cessé d'être proportionnels aux forces qui les produisent, les corps ne reviennent pas complétement à leur forme primitive. Quand ces forces n'agissent plus, ils restent en partie allongés, raccourcis ou comprimés; l'on dit alors que leur *élasticité est altérée*, et la variation qui subsiste dans la forme se nomme suivant les cas, *allongement, contraction,* ou *flexion* permanente.

3. *Observation.* — Il est bon de rappeler que si quelques corps paraissent, dans certaines circonstances, doués d'une élasticité parfaite et reprendre complétement dans toutes leurs parties leur forme primitive, tandis que d'autres semblent au contraire dénués totalement d'élasticité et tout à fait mous, il n'en est pas exactement ainsi. Il est rare que toute déformation ne soit pas suivie de quelque altération plus ou moins perceptible de la forme, et de quelque retour plus ou moins complet vers cette même forme.

4. *Influence de la durée des efforts.* — Le temps et la durée d'action des efforts paraissent d'ailleurs jouer dans ces effets un rôle important qu'il est parfois nécessaire de prendre en considération; c'est ainsi que les efforts auxquels on peut soumettre momentanément un corps sans craindre d'altérer son élasticité sont plus grands que ceux que l'on pourrait exercer pendant un intervalle de temps indéfini ou d'une manière permanente.

5. *Nécessité de limiter les efforts à des valeurs inférieures à celles qui correspondent à l'altération de l'élasticité.* — L'altération de l'élasticité étant un acheminement vers la rupture, et croissant de plus en plus sous l'action des mêmes causes quand une fois elle a commencé, il s'ensuit que dans les constructions l'on doit toujours éviter de soumettre les corps à des efforts capables de produire cette altération. Il faut même remarquer que presque toujours les corps employés dans les constructions, et surtout les organes des machines, sont exposés à des efforts accidentels supérieurs aux efforts moyens que l'on calcule, à des vibrations, quelquefois à des altérations chimiques, et que la prudence exige qu'on limite les efforts à des valeurs notablement inférieures à celles qui correspondent à l'altération de l'élasticité.

6. *Définition du coefficient ou module d'élasticité et manière de le déterminer.* — Lorsqu'un corps prismatique ou cylindrique d'une longueur L et d'une section dont la superficie est A, est soumis à un effort de traction longitudinale dirigé suivant son axe, et que nous désignerons par P, il s'allonge sous l'action de cet effort; si cet allongement que nous appellerons l est proportionnel à la longueur totale, de sorte que le rapport de $\frac{l}{L}$ soit une quantité constante, nous désignerons celui-ci par i, qui représentera ainsi l'allongement par mètre courant.

Tant que l'effort P ne dépasse pas certaines limites, l'allongement élastique i, ainsi qu'on l'a dit, croît proportionnellement au rapport $\frac{P}{A}$ ou à la charge par unité de surface de section, de sorte que le rapport de $\frac{P}{A}$ à i ou $\frac{P}{Ai}$ est une quantité constante que l'on nomme le *coefficient* ou le *module d'élasticité*, et que l'on désigne habituellement par la lettre E; cette quantité est alors constante pour un même corps au même état. Si l'on supposait que la section transversale fût égale à l'unité de surface, et que l'allongement i par mètre courant pût être égal à l'unité de longueur sans altération de l'élasticité, on aurait $Ai = 1$, et $P = E$ serait alors l'effort supporté par unité de surface et capable de produire par unité de longueur un allongement élastique égal à cette unité.

Ce que nous venons de dire pour les allongements s'applique aux raccourcissements par compression; et l'on admet généralement que le coefficient d'élasticité a la même valeur dans les deux cas; mais il est des corps tels que la fonte et très-probablement les corps grenus en général, pour lesquels cette égalité n'existe pas ou n'existe qu'entre certaines limites.

D'après les définitions précédentes, si la charge P est celle qui est supportée par chaque millimètre carré de section, on a $A = 1^{mill.\,q}$, et i étant l'allongement par mètre correspondant à la limite de l'élasticité, la relation $P = A\,E\,i$ devient $P = E\,i$, d'où $E = \dfrac{P}{i}$; ce qui permet, comme nous l'indiquerons, de déterminer d'après l'expérience la valeur du nombre E rapportée au millimètre carré, et ensuite de calculer, pour un corps de section donnée A, la charge capable de produire un allongement déterminé, ou l'allongement produit par une charge donnée.

Nous rapporterons plus habituellement la valeur du nombre E au mètre carré, en exprimant la surface A de la section transversale du corps en mètres carrés.

Il suffit au reste que l'on soit averti de l'unité de surface adoptée pour qu'il ne puisse y avoir aucune confusion.

Résistance du fer à l'extension.

7. *Résultats d'expériences.* — Les circonstances que nous venons de détailler en parlant de l'allongement des corps sous l'action des efforts de tension ou de compression longitudinales, sont rendues très-manifestes par la représentation graphique des résultats des expériences.

Nous en rapporterons plusieurs exemples.

8. *Expériences de M. Bornet.* — Choisissons d'abord les expériences de M. Bornet, ancien élève de l'École polytechnique, attaché aux forges de la marine, à Guérigny, qui a soumis à des efforts de traction longitudinale une barre de fer à cable de $49^{mill},50$ de diamètre et de $6^{m},42$ de longueur, et celles de M. Ardant, officier supérieur du génie, sur des fils de fer doux ou recuits et sur des fils durs ou non recuits.

Les résultats de ces expériences sont rapportés, pour les allongements, au mètre courant, et pour les charges, au millimètre carré de section.

FER A CABLES, DUCTILE.		FIL DE FER.		
CHARGE par millimètre carré.	ALLONGEMENT par mètre courant.	CHARGE par millimètre carré.	ALLONGEMENT par mètre courant.	
			Fer doux recuit.	Fer dur non recuit.
kilogr.	mill.	kilogr.	mill.	mill.
2	0,08	5	0,294	0,260
4	0,16	10	0,588	0,520
6	0,31	10	0,882	0,780
8	0,36	15	1,176	1,040
10	0,47	20	1,470	1,300
12	0,55	25	2,500	1,569
14	0,69	30	13,000	»
16	0,86	32,5	14,100	2,220
18	2,20	35,0	18,000	2,400
20	15,76	40,0	20,500	»
22	24,34	42,5	rupture.	2,820
24	34,97	45,0	»	3,100
26	46,96	49,0	»	rupture.
28	67,70	50,0	»	»
30	89,39	»	»	»
32	132,48	»	»	»
	rupture.	»	»	»

9. *Examen de ces résultats.* — Si maintenant nous prenons les allongements par mètre pour abscisses et les charges par millimètre carré pour ordonnées, nous pourrons représenter les résultats de ces expériences par les courbes A*aaa* relatives au fer à cables, A*bbb* relatives au fil de fer recuit, et A*ccc* relatives au fil de fer non recuit (pl. I, fig. 1).

On voit que, pour les faibles charges, la relation des allongements aux charges est représentée par une ligne droite passant par l'origine, ce qui confirme que ces allongements sont d'abord dans un rapport constant avec les charges. On voit ensuite, courbe A*aa*, qu'au delà de la charge de 14 à 16 kilogrammes par millimètre carré, les allongements ou les abscisses croissent plus vite que les charges, et d'autant plus rapidement que les charges sont plus fortes. Il semble cependant qu'après un certain allongement d'environ $2^{mill},50$ à $3^{mill},00$ par mètre, il s'établit un autre rapport constant entre les charges et les allongements, et que ce rapport nouveau subsiste jusqu'à des charges voisines de celle qui produit la rupture.

La courbe A*bb*, relative au fil de fer recuit, montre que l'élasticité s'altère un peu plus tard ou pour des charges plus fortes pour ces fils que pour des barres de gros échantillon. L'on voit en même temps que la rupture arrive à des charges plus fortes, mais sous des allongements moindres. Enfin la courbe A*ccc*, relative au fil de fer dur non recuit, fait voir que la proportionnalité des charges aux allongements s'observe plus longtemps que pour les fers doux et recuits, et que la rupture a lieu sous des charges plus fortes, mais aussi à des allongements plus faibles.

Il résulte de cette comparaison que si l'élasticité du fer doux, ou en général celle des métaux ductiles, commence à s'altérer sous des charges moindres que celle des fers ou des métaux durs, la rupture n'a lieu qu'après des allongements beaucoup plus considérables, et que cette déformation est un indice, un avertissement de l'altération de l'élasticité, tandis que la rupture des métaux durs a lieu brusquement, et sans qu'une altération notable de l'élasticité ait pu avertir de l'imminence de cette rupture.

On remarque d'ailleurs que l'altération de l'élasticité étant une fois produite, les allongements croissent beaucoup plus rapidement par rapport aux charges qu'avant cette altération, et que par conséquent il importe pour les constructions de connaître, pour tous les corps employés, la limite des charges d'extension à laquelle cette altération commence à se produire. De plus, afin que les vibrations et les efforts accidentels n'exposent pas les pièces à des efforts de traction, à des tensions qui puissent altérer leur élasticité, il est bon de calculer les dimensions de ces corps, en s'imposant la condition que la charge moyenne permanente qu'ils devront supporter, ne produise pas des allongements supérieurs à la moitié environ de ceux pour lesquels commence l'altération de l'élasticité.

Il résulte enfin des observations qui précèdent que la valeur $E = \dfrac{P}{Ai}$ du rapport que nous avons nommé au n° 6 le coefficient d'élasticité, n'est constante qu'entre les limites où les allongements sont proportionnels aux charges; c'est du reste ce que l'on verra par de nombreux exemples.

10. *Expériences de M. Eaton Hodgkinson.* — L'on doit à M. E. Hodgkinson, savant physicien anglais, de nombreuses séries d'expériences sur la résistance des matériaux, et plus particulièrement des métaux, à l'extension. Parmi ces expériences, qui ont été faites avec beaucoup de soin, nous citerons d'abord la série suivante relative à l'allongement des tiges de fer forgé sous l'action des efforts de traction longitudinale auxquels on les soumet.

Les fers sur lesquels ces expériences ont été exécutées étaient de la meilleure qualité. Les barres étaient formées de plusieurs parties assemblées par des manchons, de manière à leur donner environ 15 mètres de longueur totale sur un diamètre moyen de $13^{\text{mill}},13$. L'aire de la section était de $135^{\text{mill·q}},39$.

L'on mesurait après l'action de chaque charge l'allongement total, et après son enlèvement l'allongement permanent, d'où l'on déduisait par différence l'allongement élastique. On remarquera que la grande longueur des barres permettait de mesurer les allongements totaux avec beaucoup de précision, et par suite d'en déduire avec la même exactitude l'allongement proportionnel ou par unité de longueur. Nous ne reproduirons ici que les résultats d'une seule des séries d'expériences exécutées par M. E. Hodgkinson, en rapportant ces résultats au centimètre carré pour les charges, au mètre linéaire pour les allongements, et le rapport des charges par mètre carré à l'allongement par mètre de longueur pour obtenir ce que l'on nomme, comme nous l'avons dit, le coefficient d'élasticité.

EXPÉRIENCE POUR DÉTERMINER L'ALLONGEMENT TOTAL ET L'ALLONGE-
MENT PERMANENT PRODUITS PAR DES POIDS DIFFÉRENTS AGISSANT
PAR EXTENSION SUR UNE TIGE DE FER FORGÉ DE LA MEILLEURE
QUALITÉ, PAR M. E. HODGKINSON.

CHARGES PAR CENTIMÈTRE CARRÉ en kilogrammes. P.	ALLONGEMENT PAR MÈTRE DE LONGUEUR.		COEFFICIENT D'ÉLASTICITÉ E par mètre carré.
	total.	permanent.	
kil.	m.	mill.	kil.
187,429	0,000082117	»	22 824 500 000
374,930	0,000185261	»	22 216 200 000
562,406	0,000283704	0,00254	19 824 100 000
749,456	0,000379476	0,0033894	19 704 000 000
937,430	0,000475113	0,0042398	19 729 900 000
1124,813	0,000570792	0,00508	19 706 000 000
1312,283	0,000665647	0,0067705	19 714 600 000
1499,720	0,000760311	0,0100879	19 320 300 000
1687,219	0,000873265	0,0330283	19 320 700 000
1874,615	0,001012911	0,0829955	18 398 100 000
2063,580	0,001283361	0,2616950	16 079 200 000
2249,627	0,002227205	»	»
»	0,002359800	1,1297600	10 101 580 000
2403,653	0,004287185	3,0709900	5 606 590 000
2621,564	0,009156490	8,4690700	2 866 380 000
»	0,009950970	8,5748700	»
2812,033	0,010492805	9,1023600	2 681 520 000
répétée après 1 heure.	0,011750313	»	»
» 2 »	0,011858889	»	»
» 3 »	0,011933837	»	»
» 4 »	0,011942168	»	»
» 5 »	0,011958835	»	»
» 6 »	0,011967149	»	»
» 7 »	0,012027114	»	»
» 8 »	0,012027014	»	»
» 9 »	0,012027114	»	»
» 10 »	0,012027114	»	»
2999,500	0,017888263	16,5145	1 676 820 000
»	0,019478898	»	»
»	0,01984831	18,4212	»
»	0,02022006	18,8886	»
3186,973	0,02148590	19,7954	1 483 290 000
»	0,02169401	»	»
»	0,02170242	»	»
»	0,02170242	22,0119	»
3374,440	0,02477441	22,7087	1 362 020 000
»	0,02514184	»	»
»	0,02522512	»	»
3561,900	0,03493542	32,8201	1 019 580 000
»	0,03519357	»	»
»	0,03520190	»	»
»	0,03520190	»	»
3745,361	»	»	»

11. *Conséquences de ces expériences.* — Les résultats de ces expériences peuvent être représentés graphiquement, en prenant, comme on l'a déjà fait, les allongements totaux et les allongements permanents pour abscisses et les charges pour ordonnées d'une courbe qui donne la loi qui lie ces quantités. Cette construction a été faite à une grande échelle pour rendre les résultats plus apparents, et elle ne peut être reproduite que fort en petit dans la figure 2 (pl. I).

L'examen de la courbe ainsi obtenue montre :

1° Que jusqu'à la charge de 1499^{kil},72 par centimètre carré, ou 14^{kil},997 par millimètre carré, les allongements totaux croissent proportionnellement aux charges ;

2° Qu'il en est de même pour les allongements permanents, et que dans ces limites ces derniers allongements sont excessivement petits et s'élèvent au plus à 0^{mill},01 par mètre, sous la charge de 14^{kil},997 par millimètre ;

3° Qu'au delà de la charge de 14^{kil},997 par millimètre carré, et surtout à partir de celle de 18^{kil},74 par millimètre carré, les allongements totaux et les allongements permanents croissent très-rapidement et plus que proportionnellement aux charges ;

4° Que vers et un peu avant la charge de 22^{kil},49 par millimètre carré, les allongements totaux redeviennent sensiblement proportionnels aux charges, mais dans un rapport beaucoup plus grand que celui qui correspondait aux petites charges. Vers les charges voisines de la rupture les allongements étaient un peu inférieurs à ceux qu'indiquerait la nouvelle proportionnalité ;

5° Quant aux allongements permanents dont la loi de variation a aussi été représentée graphiquement, mais à une échelle encore plus grande, de 400 millimètres pour 1 millimètre d'allongement, et de 20 millimètres par kilogramme de charge par millimètre carré, le tracé que l'on ne peut reproduire qu'en petit dans la figure 3, montre aussi qu'après avoir augmenté proportionnellement aux charges jusque vers 14^{kil},99 par millimètre carré, ils croissent très-rapidement et beaucoup plus vite que les allongements totaux ;

On observe de plus que ces allongements permanents croissent avec la durée de la charge, quoique très-lentement.

. 6° **Enfin**, les valeurs du rapport $\dfrac{P}{i}$ des charges par mètre carré à l'allongement par mètre, et que l'on nomme le *coefficient* ou *module d'élasticité*, sont sensiblement constantes tant que les allongements sont proportionnels aux charges, et la valeur moyenne qu'en fournissent ces expériences est

$$E = 19\,816\,440\,000^{\text{kil}}$$

en rapportant la charge au mètre carré et l'allongement au mètre de longueur.

Une autre série d'expériences faites sur une barre de $15^{\text{m}},25$ de longueur sur $19^{\text{mill}},09$ de diamètre, et par conséquent d'une section de $286^{\text{mill·q}},9$ de surface, ou un peu plus que double de celle de la première, a fourni des résultats à très-peu près identiques, surtout dans les limites où l'élasticité n'est pas altérée notablement. On en déduit pour la valeur moyenne du coefficient d'élasticité

$$E = 19\,359\,458\,500^{\text{kil}}$$

en rapportant les charges au mètre carré et les allongements exprimés en mètres au mètre de longueur.

12. *Observations sur les conclusions de M. Hodgkinson.* — M. E. Hodgkinson conclut de ses expériences que, dès les plus faibles charges, il se produit un allongement permanent, et en cela il est d'accord avec d'autres observateurs. Mais, d'une part, il ne semble pas qu'aucun de ces expérimentateurs ait cherché à vérifier si le temps, qui augmente les allongements permanents quand la charge reste suspendue, ne contribue pas aussi à les faire disparaître quand elle est enlevée, et de plus il faut remarquer qu'entre les limites où les allongements élastiques du fer sont proportionnels aux charges, les allongements permanents sont tellement faibles, qu'on peut en faire abstraction dans la pratique, puisqu'à la charge de $14^{kil},99$ par millimètre carré, que l'on ne doit jamais atteindre, ils ne sont que de $0^{mill},01$ par mètre.

Enfin, il n'est pas inutile de faire remarquer, dès à présent, qu'il est bien difficile, dans toutes les expériences de ce genre, d'éviter que l'appareil lui-même n'éprouve quelque tassement, quelque flexion qui ne disparaisse pas et qui s'ajoute aux allongements permanents déduits de l'observation.

13. *Cas où il est nécessaire de tenir compte du poids propre des tiges soumises à un effort de traction.* — Dans les machines d'épuisement, dans les sondages d'une grande profondeur, il est indispensable de tenir compte du poids des tiges, parce qu'il est souvent très-considérable. Dans ce cas, la longueur L de la tige est connue, et si l'on appelle d son diamètre en mètres, P la charge à supporter ou la tension à exercer, p le poids du mètre cube, ou du mètre courant pour un mètre carré de section, la charge totale à supporter sera :

$$P + \frac{d^2}{1,273} Lp,$$

et elle devra être égale à la charge maximum que la prudence permet de faire supporter avec continuité à une tige de la substance employée. Si, par exemple, il s'agit de tiges de fer et qu'on admette une charge permanente de 8 kilogr. par millimètre carré ou 8 000 000 kilogr. par mètre carré, en supposant l'emploi de matériaux de choix, la charge totale ne devra pas dépasser

$$\frac{d^2}{1,273} \times 8\,000\,000^{kil}.$$

On aura donc la relation

$$P + \frac{d^2 L}{1,273} p = \frac{d^2}{1.273} 8\,000\,000,$$

d'où
$$P = \frac{d^2}{1,273} (pL - 8\,000\,000),$$

expression qui donnera la charge P si le diamètre d est connu, ou le diamètre

$$d = \sqrt{\frac{1{,}273\mathrm{P}}{p\mathrm{L} - 8\,000\,000}}\,,$$

si la charge P est donnée.

Il est d'ailleurs évident que la charge que le corps pourrait supporter avec sécurité, serait nulle si l'on avait

$$p\mathrm{L} = 8\,000\,000^{\text{kil}} \quad \text{ou} \quad \mathrm{L} = \frac{8\,000\,000}{p}.$$

S'il s'agit du fer, $p = 7700^{\text{kil}}$ environ, et l'on trouve

$$\mathrm{L} = 1039^{\text{m}}$$

pour la limite de longueur des tiges en fer à section uniforme que l'on peut employer avec prudence.

S'il s'agissait de calculer la longueur à laquelle une tige se romprait sous son propre poids, on sait que pour le fer l'effort de traction capable de produire la rupture est de 30 kilogr. environ par millimètre carré, ou de 30 000 000 kilogr. par mètre carré de section, et alors le poids

$$\frac{d^2\mathrm{L}}{1{,}273} \times 7700^{\text{kil}}$$

devrait être égal à $\dfrac{d^2}{1{,}273} \times 30\,000\,000^{\text{kil}}$, ce qui donne la relation

$$7700 \times \mathrm{L} = 30\,000\,000,$$

d'où
$$\mathrm{L} = \frac{30\,000\,000}{7700} = 3896^{\text{m}},$$

si l'aire de la section transversale était constante.

Ce résultat montre que pour des tiges de sonde qui doivent descendre à de grandes profondeurs, telles que celle du puits de Grenelle, il faut d'abord choisir des fers des meilleures qualités et augmenter les dimensions de ces tiges vers la partie supérieure, à mesure que la profondeur s'accroît.

Résistance de la fonte à l'extension.

14. *Expériences sur la fonte de fer.* — M. E. Hodgkinson a exécuté sur la fonte de fer des expériences analogues aux précédentes, tant pour déterminer sa résistance à l'extension que celle qu'elle oppose à la compression. Nous nous occuperons d'abord des premières.

Ces expériences ont été faites sur quatre espèces de fonte, savoir : de Lowmoor n° 2, de Blaenavon n° 2, de Gastsherrie et d'un mélange par parties égales de fonte de Leeswood n° 3 et Glengarnock n° 3.

Les barres avaient 6$^{c.q}$,45 de section et 15^m,25 de longueur totale, formée par l'assemblage de barres de 3^m,05 chacune.

Le tableau suivant donne les résultats déduits de la moyenne générale des observations faites sur ces quatre espèces de fontes.

TABLE DONNANT LES PRINCIPAUX RÉSULTATS DÉDUITS DE LA MOYENNE GÉNÉRALE DES OBSERVATIONS FAITES SUR LES QUATRE ESPÈCES DE FONTES DÉSIGNÉES CI-DESSUS.

CHARGES PAR CENT. CARRÉ en kilogr. P.	ALLONGEMENT PAR MÈTRE DE LONGUEUR		COEFFICIENT D'ÉLASTICITÉ par mètre carré.
	total.	permanent.	
kil.	m.	millim.	kil.
73,955	0,000075	»	9 855 670 000
111,005	0,000114	0,00183	9 774 670 000
148,142	0,000155	0,00454	9 563 690 000
220,630	0,000239	0,00891	9 231 000 000
296,206	0,000426	0,01460	9 096 500 000
370,282	0,000416	0,02200	8 892 550 000
444,336	0,000551	0,03100	8 703 850 000
517,436	0,000611	0,04300	8 464 900 000
592,450	0,000715	0,05590	8 281 800 000
666,508	0,000828	0,07030	8 044 070 000
740,555	0,000946	0,08840	7 827 850 000
814,619	0,001068	0,10880	7 624 200 000
886,676	0,001206	0,13390	7 541 170 080
962,787	0,001392	0,17460	6 931 110 000
1039,621	0,001518	0,20070	6 723 130 000

15. *Discussion des résultats de ces expériences*.— Pour représenter graphiquement les résultats de ces expériences, on a pris comme précédemment les allongements pour abscisses à l'échelle de 40 millimètres pour 1 millimètre (pl. I, fig. 4 et 5), et les charges pour ordonnées à l'échelle de 20 millimètres pour 1 kilogr. L'on a reconnu qu'entre des limites assez étendues et jusqu'à la charge d'environ 6 kilogr. par millimètre carré, les allongements totaux sont sensiblement proportionnels aux charges, ainsi que les allongements élastiques.

Sous des charges plus grandes, les allongements croissent plus rapidement que les charges, mais néanmoins assez lentement.

En calculant le rapport des charges par mètre de surface aux allongements par mètre, on trouve que la valeur de ce rapport, qui exprimerait le coefficient d'élasticité, va sans cesse en diminuant depuis la plus faible charge essayée, 0^{kil},74 par millimètre carré jusqu'à la plus forte, qui a été de 10^{kil},39.

Entre les limites de 0^{kil},74 à 5^{kil},92 correspondant à un allongement de 0^{m},000715 par mètre ou $\frac{1}{1400}$, elle a pour valeur moyenne :

$$E = 9\ 096\ 070\ 000^{kil}$$

en la rapportant au mètre carré et l'allongement au mètre de longueur, mais cette valeur moyenne diffère de $\frac{1}{12}$ environ de la plus forte ou de la plus faible.

Il résulte donc de ces expériences que la loi de la proportionnalité des charges aux allongements qu'elles produisent est moins exacte encore pour la fonte que pour le fer forgé.

16. *Résultats particuliers sur la résistance de la fonte à la rupture par traction*. — M. E. Hodgkinson a fait des expériences spéciales (*) pour déterminer la différence de résis-

---

* IIe et VIe vol. des *Rapports de l'Association britannique pour l'avancement de la science*, et *Recherches expérimentales sur la force de la fonte*, par E. HODGKINSON.—1846.

tance à la rupture par extension que la fonte pouvait présenter selon qu'elle était produite par des hauts fourneaux soufflés à l'air chaud ou à l'air froid ; nous en résumerons les résultats dans le tableau suivant :

ESPÈCES DE FONTE.		AIRE de la section transversale.	CHARGE DE RUPTURE	
			par millime carré.	moyenne.
		cent. q.	kil.	kil.
Fonte de Carron (Écosse).	N° 2, à l'air chaud.	26,07 / 11,12 / 10,99	9,763 / 9,133 / 9,578	9 ,49
	N° 2, à l'air froid..	11,01 / 10,51	11,727 / 11,662	11,724
	N° 3, à l'air chaud.	10,98 / 10,72	11,835 / 13,121	12,478
	N° 3, à l'air froid..	10,47 / 10,76	9,828 / 10,317	10,145
Fonte de Buffery.	N° 1, à l'air chaud	24,80	9,441	9,441
	N° 1, à l'air froid..	26,48	12,274	12,274
Fonte de Coel-Talon (Galles).	N° 2, à l'air chaud.	10,23 / 10,61	11,441 / 12,000	11,720
	N° 2, à l'air froid..	9,90 / 10,12	13,780 / 12,720	13,250
Lowmoor (Yorkshire)................		9,94	10,215	10,220
Fontes mélangées....................		»	11,599	11,600
Moyenne générale...............				kil. 11,243

Ces résultats s'accordent avec ceux des expériences que MM. Minard et Desormes ont faites en 1815 sur la résistance de la fonte à la rupture par extension, et qui ont donné pour valeur moyenne de la charge par millimètre carré qui produit la rupture 11^{kil},325.

On voit de plus que la résistance est, comme le supposent les considérations générales du n° **2**, proportionnelle à l'étendue de la section transversale, et que l'influence de l'emploi de l'air chaud ou froid pour la ventilation des fourneaux n'agit pas toujours dans le même sens, même pour des fontes provenant des mêmes minerais.

Ainsi pour les fontes n° 2 de Carron en Ecosse, la résistance paraît avoir été notablement plus grande quand elles avaient été fabriquées au vent froid, et l'inverse a lieu pour les fontes n° 3 de la même usine.

17. *Influence du mode d'action de la traction.*—Les circonstances diverses du mode d'action de la force de traction ne sont pas sans influence sur la résistance des pièces à la rupture. En effet, en soumettant à l'expérience des barreaux de fonte de manière que la traction fût dans un cas dirigée dans le sens de l'axe de figure de la pièce, et dans l'autre le long de l'une des faces dans la direction de l'une des arêtes, M. E. Hodgkinson a trouvé que pour la fonte essayée la charge de rupture était dans le premier cas de $12^{kil},043$ par millimètre carré, et dans le second de $4^{kil},124$ seulement. Il est donc nécessaire de disposer les armatures par lesquelles les efforts de traction sont transmis, de façon que ces efforts agissent dans le sens de l'axe de figure des solides, quand ils sont de forme symétrique.

Résistance des cylindres et des sphères.

18. *Résistance des cylindres à la rupture par l'effet d'une pression intérieure.* — Lorsqu'un cylindre est soumis intérieurement à une pression qui tend à le faire augmenter de diamètre ou à le faire éclater, et que d'ailleurs il a la même épaisseur dans toute l'étendue d'une même section, faite suivant son axe, il est facile d'établir la relation d'équilibre entre les forces extérieures et les résistances moléculaires. Soient en effet :

p la pression par mètre carré qui s'exerce de dedans en dehors à l'intérieur du cylindre ;

D' le diamètre extérieur ;

D'' le diamètre intérieur ;

R la résistance du métal à la rupture, qui tend à se faire ici par extension, rapportée au mètre carré.

Il est facile de voir (pl. I, fig. 6) que si l'on calcule la résistance qu'opposera la section résistante formée par un plan quelconque LM, passant par l'axe du cylindre, on trouvera que sur un élément ab de la surface du cylindre ayant pour largeur 1^m et par conséquent pour surface $ab \times 1^{m \cdot q}$, la pression normale sera

$$p. \times ab \times 1^{m \cdot q} ;$$

or, pour chaque élément ab, il existe, dans la même moitié de la circonférence, un autre élément $a'b'$ égal et situé symétriquement, sur lequel la pression normale sera

$$p \times a'b' \times 1^{m \cdot q}.$$

Et si l'on décompose les deux pressions normales chacune en deux autres, l'une parallèle au plan LM et l'autre perpendiculaire à ce plan, il est évident d'abord que les deux composantes parallèles seront égales, de sens contraire et directement opposées l'une à l'autre, et que, par conséquent, elles se détruiront.

Quant aux composantes perpendiculaires au plan **LM**, elles seront évidemment égales à

$$p \times ab_1 \times 1^m \quad \text{et à} \quad p \times a'b_1' \times 1^m,$$

les longueurs ab_1 et $a'b_1'$ étant égales entre elles et à la projection des arcs égaux ab et $a'b'$ sur le plan **LM**.

Il en serait de même pour tous les éléments de la surface intérieure de la moitié du cylindre située à droite du plan **LM**, et la somme de toutes les composantes, normales à ce plan, des pressions exercées sur la surface intérieure pour une longueur d'un mètre, sera évidemment égale **au produit de la pression par unité de surface et de l'aire du rectangle, dont** le diamètre D'' serait la hauteur, et dont la longueur ou la base serait égale à $1^m,00$. Cette somme de **toutes** les pressions élémentaires sera donc égale à

$$p \times D'' \times 1^{m \cdot q}.$$

La surface qui résiste à l'arrachement est évidemment égale à

$$(D' - D'') \times 1^{m \cdot q} = 2 . e \times 1^{m \cdot q},$$

en appelant e l'épaisseur du métal, et sa résistance à l'arrachement est

$$\text{R}\,(\text{D}' - \text{D}'') \times 1^{\text{m.q}} = 2\,\text{R}\,e \times 1^{\text{m.q}}.$$

On a donc, pour l'équilibre entre la force qui tend à produire la rupture et la résistance, la relation

$$p.\,\text{D}'' = \text{R}\,(\text{D}' - \text{D}'') = 2\,\text{R}\,e.$$

Pour que le tuyau résiste d'une manière permanente, il faut donner à R une valeur bien inférieure à celle qui produirait la rupture par extension.

19. *Limites des pressions d'épreuve dans ce cas.*— On trouvera dans le tableau du n° **52** les valeurs de R, que l'on peut adopter avec sécurité dans les cas ordinaires; mais, lorsque l'épaisseur est considérable, il faut remarquer que l'effort intérieur est exercé latéralement, et les expériences de M. Hodgkinson, rapportées au n° **17**, montrent que dans ce cas la résistance à la rupture est beaucoup moindre que lorsque la traction a lieu dans la direction de l'axe de figure de la section. Ainsi, la résistance à la rupture est réduite à $4^{\text{kil}},124$ par millimètre carré, pour une fonte qui ne se romprait que sous un effort de $12^{\text{kil}},043$, dirigé selon l'axe de figure de la section. Il y a bien, quant aux cylindres, une différence assez notable entre leur mode de résistance et celui d'une pièce tirée latéralement, comme celles que M. Hodgkinson a éprouvées ; mais la prudence doit engager à tenir compte des observations précédentes.

Au surplus, la pratique ordinaire est en cela d'accord avec ces considérations, car les constructeurs anglais sont dans l'usage de ne pas pousser la pression intérieure du cylindre pour les presses hydrauliques au delà de 3 tonnes par pouce circulaire, ou $6^{\text{kil}},01$ par millimètre carré.

En France, on va même beaucoup moins loin, et je pense qu'il convient de ne pas dépasser, dans le calcul des proportions à donner à ces cylindres, la valeur $\text{R} = 4\,000\,000$ kilogr. par mètre carré. Mais on verra plus loin qu'il en résulte des difficultés pour les cylindres des presses d'une grande puissance.

20. *Tuyaux de conduite.* — Pour les tuyaux de conduite des eaux et du gaz, à l'épaisseur déterminée pour résister à la pression intérieure connue, on ajoute une épaisseur constante, qui a pour objet de les mettre à l'abri des accidents et des chocs résultant du transport et de la pose.

En appelant e' cette épaisseur additionnelle, la formule précédente devient

$$e = \frac{p\mathrm{D}}{2\mathrm{R}} + e' = \frac{n \times 10330\mathrm{D}''}{2\mathrm{R}} + e',$$

en désignant par n le nombre d'atmosphères qui équivaudrait à la pression p par mètre carré que doit supporter le tuyau, soit à l'épreuve, soit en service.

L'expérience a conduit à adopter, pour les conduites d'eau, les proportions suivantes, selon que l'on emploie :

	kil.	m.
Le fer......................	$\mathrm{R} = 6\,000\,000$	$e = 0,00086\, n\mathrm{D}'' + 0,0030$
La fonte....................	$\mathrm{R} = 2\,170\,000$	$e = 0,00238\, n\mathrm{D}'' + 0,0085$
Le cuivre laminé...............	$\mathrm{R} = 3\,500\,000$	$e = 0,00147\, n\mathrm{D}'' + 0,0040$
Le plomb...................	$\mathrm{R} = \quad 213\,000$	$e = 0,00242\, n\mathrm{D}'' + 0,0050$
Le zinc....................	$\mathrm{R} = \quad 833\,000$	$e = 0,00620\, n\mathrm{D}'' + 0,0040$
Le bois....................	$\mathrm{R} = \quad 100\,000$	$e = 0,03230\, n\mathrm{D}'' + 0,0270$
Les pierres naturelles.........	$\mathrm{R} = 1\,400\,000$	$e = 0,00363\, n\mathrm{D}'' + 0,0300$
Les pierres factices..........	$\mathrm{R} = \quad 960\,000$	$e = 0,00538\, n\mathrm{D}'' + 0,0400$

21. *Chaudières à vapeur.* — D'après une ordonnance royale, l'épaisseur des chaudières à vapeur en tôle de fer est réglée par la formule suivante :

$$e = 0,0018n\mathrm{D}'' + 0^{\mathrm{m}},003,$$

ce qui revient à faire

$$\mathrm{R} = 3\,000\,000^{\mathrm{kil}}.$$

22. *Résistance du fond des cylindres.* — En conservant les notations précédentes, il est facile de voir que la pression totale qui tend à arracher le fond d'un cylindre est

$$p \cdot \frac{D''^2}{1,273}.$$

La résistance de la surface annulaire qui s'oppose à l'arrachement est

$$R \cdot \frac{D'^2 - D''^2}{1,273}.$$

On a donc, pour l'équilibre entre ces efforts :

$$pD''^2 = R(D'^2 - D''^2).$$

Si l'on compare la résistance que présente la base d'un cylindre à l'arrachement à celle qu'offre sa surface latérale, on voit que la pression capable de produire la rupture est, dans le premier cas,

$$p = R \cdot \frac{D'^2 - D''^2}{D''^2} = R \cdot \frac{D' - D''}{D''} \cdot \frac{D' + D''}{D''},$$

et dans le second, n° **18**

$$p = R \cdot \frac{D' - D''}{D''}.$$

La première valeur est évidemment plus grande que la seconde, puisque le facteur $\frac{D' + D''}{D''}$ est plus grand que 2, D' étant toujours supérieur à D''·

Par conséquent, un cylindre fait d'une seule pièce et d'épaisseur uniforme, présente toujours, s'il est sans défaut, plus de résistance à la rupture par son fond que par sa surface cylindrique. C'est pour cela que les formules ne donnent que l'épaisseur de cette dernière paroi.

23. *Cas où le fond d'un cylindre est assemblé avec le corps par des boulons.* — Pour les chaudières à vapeur et les réservoirs en fonte ou en fer, le fond est souvent assemblé par des boulons dont les dimensions et le nombre doivent être calculés de manière à résister à la pression intérieure, qui tend à les rompre par traction longitudinale.

La formule $p \cdot \dfrac{D''^2}{1,273}$ exprimant la pression totale, si l'on se donne le diamètre d des boulons à employer, l'aire de la section transversale de chacun d'eux sera $\dfrac{d^2}{1,273}$; et si l'on admet que le fer puisse être soumis, d'une manière permanente, à un effort de 6 000 000 kilogr. par mètre carré, chaque boulon devra supporter un effort de traction exprimé par

$$6\,000\,000 \times \frac{d^2}{1,273}.$$

Le nombre des boulons à employer étant désigné par x, on devra avoir la relation

$$x \times 6\,000\,000 \, \frac{d^2}{1,273} = p \cdot \frac{D''^2}{1,273},$$

d'où
$$x = \frac{p}{6\,000\,000} \left(\frac{D''}{d}\right)^2.$$

Ainsi, par exemple, pour une pression de 6 atmosphères on a
$$p = 61980^{\text{kil}},$$

et si $\quad D'' = 1^{\text{m}},00, \quad d = 0^{\text{m}},02, \quad \dfrac{D''}{d} = \dfrac{1,00}{0,02} = 50,$

$$x = \frac{61980}{6\,000\,000} \times \overline{50}^2 = 25,8, \text{ soit } 26;$$

ils seront placés à $0^{\text{m}},12$ environ d'axe en axe.

Si le fond devait être fixé par des rivets, on calculerait de même le nombre de ceux-ci, en se rappelant que, d'après les expériences de M. Fairbairn, dont il sera parlé plus loin, la résistance des rivets dans le sens transversal est à très-peu près la même que leur résistance longitudinale.

24. *Défauts que présentent quelquefois les cylindres coulés.* —Lorsque l'on coule des cylindres de presses hydrauliques, des mortiers, etc., quelques fondeurs disposent le moule de façon que le fond du cylindre soit en dessus et le surmontent d'une masselotte considérable pour fournir la quantité de métal rendue nécessaire par le retrait. Il arrive alors quelquefois que les parois du cylindre étant solidifiées quand le fond ne l'est pas encore, celui-ci, en se contractant plus tard, se sépare du corps du cylindre dans les angles rentrants. Ce retrait produit entre le fond et le corps du cylindre une légère solution de continuité qui, bien qu'imperceptible à la vue, n'en est pas moins réelle et détermine la rupture. Les accidents de ce genre sont plus particuliers à la fonte de fer qu'au bronze, et la rupture de l'un des cylindres de presse qui avait été coulé le fond en dessus pour l'élévation de l'un des tubes du pont de Britannia, ainsi que celle d'un mortier éprouvette en fonte par l'explosion du coton poudre, en ont montré l'existence.

Dans tous les cas, il convient d'arrondir avec soin les angles rentrants intérieurs des cylindres en fonte exposés à de grandes pressions; et en outre il paraît convenable de couler le cylindre en plaçant le fond en dessous et en donnant à la masselotte une grande hauteur, afin que son refroidissement soit très-lent, et qu'elle puisse long-temps alimenter les vides formés par le retrait. S'il y a quelques défauts à la partie supérieure du cylindre, ils auront généralement des conséquences moins graves que s'ils étaient au fond.

25. *Précautions à prendre pour les cylindres de presses hydrauliques.* — Puisque nous avons parlé des presses hydrauliques, il n'est pas inutile d'indiquer un autre accident auquel les cylindres en fonte sont sujets par l'effet du retrait du métal. Lorsque les parties de la surface qui forment les parois intérieures et extérieures du cylindre se refroidissent, les premières se solidifient et n'ont plus la faculté de se contracter assez pour suivre l'effet de retrait qu'éprouve le métal de l'intérieur, quand il se refroidit à son tour. Si, de plus, ainsi que cela arrive souvent, l'alimentation du métal par la masselotte n'est pas suffisante, il se forme vers le milieu de l'épaisseur un vide annulaire et parfois presque continu tout autour du cylindre. Mais dans tous les cas, le métal du milieu sera moins dense que celui des surfaces extérieures et très-souvent poreux. C'est un effet qui se produit déjà quand l'épaisseur dépasse $0^m,10$ à $0^m,12$, et qui, s'accroissant avec cette dimension, présente aux fondeurs une grande difficulté pour l'exécution des cylindres des grandes presses.

Quand on perce le canal par lequel l'eau refoulée par la pompe doit pénétrer dans le cylindre, l'outil traverse cette partie poreuse, et lorsque l'eau fortement pressée est injectée dans le cylindre, elle s'introduit dans l'épaisseur du métal, remplit les vides des pores ou les chambres et peut produire la rupture du cylindre.

On peut diminuer les inconvénients de ce défaut de la fonte en insérant dans le canal de passage un tuyau de cuivre rouge, maté à l'intérieur et à l'extérieur du cylindre, et sur lequel se visse le tuyau de refoulement de l'eau.

26. *Application des formules à l'une des presses à fourrage de l'Algérie.* — Cette difficulté d'obtenir des pièces épaisses de fonte bien pleines et bien saines à l'intérieur a conduit les fondeurs à donner aux cylindres des grandes presses des épaisseurs trop faibles et à chercher à compenser le défaut de dimension par la qualité des mélanges; mais les plus habiles même nous paraissent avoir été trop loin et avoir adopté des dimensions trop faibles. Nous en citerons pour premier exemple les grandes presses à fourrage employées en Algérie et qui ont été construites par MM. Fawcett et Preston de Liverpool.

La force maximum de ces presses, calculée d'après la charge de la soupape de sûreté, est de 650 tonnes anglaises ou $650 \times 1015^{kil},6 = 660140^{kil}$. Le piston a $0^m,2795$ de diamètre ou $0^{m\cdot q},0612$ de surface; par conséquent, la pression par mètre carré à l'intérieur du cylindre, peut s'élever à

$$\frac{660140^{kil}}{0^{m\cdot q},0612} = 10\,786\,601^{kil}.$$

D'une autre part, le diamètre intérieur du cylindre est $D'' = 0^m 309$, et l'épaisseur est $e = \dfrac{D' - D''}{2} = 0^m,1515$, d'où $D' - D'' = 0^m,3030$.

L'effort moyen de traction capable de produire la rupture de la fonte est généralement estimé à

$$R = 12\,500\,000^{kil}.$$

Par conséquent, la pression de rupture de ces cylindres devait être (n° **18**)

$$p = \frac{12\,500\,000^{kil} \times 0^m,303}{0^m,309} = 12\,260\,518^{kil}.$$

L'on voit donc qu'en travaillant habituellement à la force nominale de 650 tonnes, on se rapprochait beaucoup trop de la charge capable de produire la rupture.

Aussi est-il arrivé qu'après un certain temps de service, l'une des six presses semblables établies en Algérie a eu son cylindre rompu brusquement de haut en bas et séparé en deux parties, suivant un plan passant par l'axe. Si les autres et celui que l'on a fait en remplacement ont résisté, c'est que les fondeurs ont apporté le plus grand soin au choix et au mélange des fontes; mais il n'en est pas moins vrai que l'épaisseur n'est pas suffisante, et comme en l'augmentant on risque de voir se produire ou s'aggraver les défauts que nous avons signalés plus haut, l'on peut en conclure que de semblables cylindres pour d'aussi fortes presses doivent être faits en fer forgé, ce qui est possible avec le marteau pilon à vapeur.

27. *Application aux grandes presses employées à l'élévation des tubes du pont Britannia.* — Si nous faisons la même application à la grande presse qui a servi à élever les tubes du pont Britannia, on voit par les données rapportées dans l'ouvrage de M. E. Clark, qu'elle a soulevé un poids de 1144 tonnes anglaises, ou $1144 \times 1015^{kil},6 = 1\,161\,500^{kil}$.

Le diamètre intérieur $D'' = 0^m,56$; le piston avait $0^m,510$ de diamètre et par conséquent $0^{m\cdot q},2043$ de surface.

La pression par mètre carré était donc égale à

$$\frac{1\,161\,500^{kil}}{0^{m\cdot q},2043} = 5\,687\,000^{kil}.$$

L'épaisseur du métal était $e = \dfrac{D' - D''}{2} = 0^m,153$, d'où $D' - D'' = 0^m,306$; on a donc pour calculer la pression de rupture, en supposant $R = 12\,500\,000^{kil}$.

$$p = \frac{12\,500\,000 \times 0^m,306}{0,56} = 6\,830\,400^{kil}.$$

On voit que ce cylindre aurait été exposé à une pression bien voisine de celle qui en aurait produit la rupture, s'il n'avait été fait avec un mélange de fontes choisies avec le plus grand soin et composé de fontes

De Blaenavon, n° 3, à l'air froid...........	10 tonnes.
De Pentypool, n° 3, _id_...............	3
D'anciens canons de Woolwich, probablement faits avec des fontes au bois........	4
De Glengarnock, fonte fluide.............	4
	21 tonnes.

Dans la composition de ce mélange, l'on s'est attaché à choisir des fontes très-peu carburées, et le cylindre devait très-probablement être d'une fonte truitée analogue à celle que l'on préfère en France pour la fabrication des canons. On verra d'ailleurs plus loin que la résistance de semblables fontes peut s'élever jusqu'à 15 et 18 millions de kilogr. par mètre carré.

Malgré ces soins, l'on reconnaîtra cependant qu'un défaut caché aurait pu occasionner un accident d'une telle gravité, qu'on ne devrait pas imiter l'exemple que nous venons de citer.

28. *Résistance d'une sphère à la rupture.* — En raisonnant d'une manière analogue à celle que nous avons suivie au n° **18**, pour la résistance des cylindres, il est facile de voir qu'en considérant comme plan possible de rupture un plan méridien quelconque, la somme des composantes des pressions perpendiculaires à ce plan est égale à la pression p par unité de surface, multipliée par la surface du grand cercle intérieur de diamètre D″. Cette force totale, qui est l'effort qui tend à produire l'arrachement, sera donc exprimée par

$$p \cdot \frac{D''^2}{1,273}.$$

Quant à la résistance, elle est celle que présente la section annulaire dont la surface est

$$\frac{D'^2 - D''^2}{1,273},$$

et par conséquent exprimée par

$$R \cdot \frac{D'^2 - D''^2}{1,273}.$$

Donc pour l'égalité entre les deux forces, on doit avoir la relation

$$p \cdot D''^2 = R(D'^2 - D''^2),$$

d'où l'on tire
$$p = R \cdot \frac{D'^2 - D''^2}{D''^2}.$$

Cette expression, identique à celle que l'on a trouvée pour un cylindre de même diamètre que la sphère, montre que la sphère creuse offre la même résistance que le cylindre creux de même diamètre.

29. *Application aux projectiles creux.* — Les projectiles creux employés par l'artillerie contiennent une charge de poudre à laquelle le feu est communiqué par une fusée qui s'allume au moment du départ et qui produit leur éclatement.

Si nous prenons pour exemple une bombe de $0^m,32$ de diamètre extérieur, pour laquelle on a $D'=0^m,32$, $D''=0^m,23$, coulée en fonte fine assez dure, en admettant que le coefficient de rupture est

$$R = 13\,500\,000^{kil}$$

on trouve, pour la pression développée par le gaz au moment de l'explosion,

$$p = 13\,500\,000 . \frac{\overline{0,32}^2 - \overline{0,23}^2}{\overline{0,23}^2} = 12\,681\,900^{kil}$$

par mètre carré, ou

$$\frac{12\,681\,900}{10\,330} = 1228^{atm}.$$

30. *Observation sur l'énergie des efforts de dilatation.* — On sait que, si l'on remplit d'eau une semblable sphère et qu'on en ferme solidement l'œil par une vis, puis qu'on la laisse exposée à la gelée, l'eau dont le volume augmente, en se solidifiant, détermine la rupture de la bombe, ce qui montre qu'elle exerce par sa force de dilatation un effort qui s'élève au moins à une pression de 1228 atmosphères.

Résistance des tôles et de leurs assemblages.

31. *Résistance de la tôle à l'extension.* — M. Éd. Clark rapporte des expériences faites sur la résistance de la tôle à l'extension, soit dans le sens du laminage, soit dans le sens perpendiculaire. Les échantillons employés avaient la forme indiquée par la figure 7 (pl. I) et le corps rétréci de la pièce a toujours eu une section d'un pouce carré ou $6^{c.q},45$, bien que l'épaisseur et la largeur aient varié dans des limites étendues, de $12^{mill},7$ à $17^{mill},5$ pour l'épaisseur, et de 35 à 177 millimètres pour la largeur.

EXPÉRIENCES SUR LA RÉSISTANCE DES TOLES POUR CHAUDIÈRES
A LA RUPTURE PAR EXTENSION.

Nature du fer.	Charge de rupture par millimètre carré en kilogrammes.
	kil.
1. Tôle de 17^{mill},5 d'épaisseur sur 35^{mill},2 de largeur au collet, choisie comme mauvais fer, à cassure brillante et cristalline, se rompant brusquement par un coup de marteau..	34,64
2. Même fer....................................	33,07
3. Tôle de 12^{mill},7 d'épaisseur sur 15^{mill},2 de largeur au collet choisie comme mauvais fer, contenant deux feuilles de fer cristallin formant $\frac{1}{3}$ de l'épaisseur.................	28,34
4. Tôle de 12^{mill},7 sur 127^{mill} de largeur au collet, choisie comme bon fer, présentant un aspect cristallin sur $\frac{1}{10}$ de son épaisseur.................................	29,92
5. Tôle de 12^{mill},7 sur 108^{mill} de largeur au collet. Fer parfaitement homogène et fibreux. Il a supporté la charge pendant 15 minutes..............................	33,07
6. Tôle de 17^{mill},5 d'épaisseur sur 127^{mill} de largeur. Bon fer; $\frac{1}{40}$ de la section cristallisé...........................	29,92
7. Tôle de 12^{mill},7 d'épaisseur sur 127^{mill} de largeur; fer fibreux excepté sur $\frac{1}{30}$ de la section....................	28,34
Tôle de 12^{mill},7 d'épaisseur sur 127^{mill} de largeur.........	30,86
Tôle de 15^{mill},9 d'épaisseur sur 127^{mill} de largeur.........	30,39
Tôle de 12^{mill},7 d'épaisseur sur 177^{mill} de largeur.........	30,86
Tôle de 12^{mill},7 d'épaisseur sur 177^{mill} de largeur.........	31,81
Tôle de 12^{mill},7 d'épaisseur sur 127^{mill} de largeur.........	29,45
Moyenne générale.........	30,86

Il est remarquable que la résistance à la rupture ait été sensiblement constante, quoique ces tôles provinssent de différentes forges du Staffordshire, du Derbyshire et du Shropshire.

L'allongement extrême, correspondant à la rupture, a été au contraire très-irrégulier, et quelques-uns des fers brillants, cristallins, choisis comme de mauvaise qualité, qui se rompaient sans éprouver de grands allongements, ont en réalité supporté des charges plus grandes que les fers les plus fibreux et les plus ductiles. La même chose a été remarquée par d'autres observateurs sur les fers en barres, ainsi que nous l'avons indiqué précédemment.

Le meilleur fer de rognures fabriqué par MM. Marc à leur usine de Londres, dont la qualité est exceptionnellement bonne, et la fracture belle et fibreuse, se rompt sous une tension moyenne de 24 tonnes par pouce carré, ou de 37^{kil},78 par millimètre carré, la longueur de la barre étant alors accrue d'un huitième de sa grandeur primitive. Cette observation a aussi été faite depuis longtemps à Guérigny, dans la fabrication des fers doux destinés aux câbles de la marine, qui s'allongent quelquefois de plus d'un cinquième de leur longueur avant de se rompre.

32. *Comparaison de la résistance des tôles dans le sens du laminage ou dans le sens transversal.*—Dans tous les exemples précédents, la tension était exercée dans le sens des fibres. Pour reconnaître si cette circonstance avait de l'influence, on a pris dans deux plaques deux échantillons de la même forme que les précédents. Un échantillon de chaque paire était tiré dans le sens des fibres, l'autre dans le sens perpendiculaire. Ils étaient pour le reste complétement semblables.

Résistance des tôles à la rupture par traction, par millim. carré.	1re Expérience.	2e Expérience.
Dans le sens des fibres...............	30^{kil},96	31^{kil},81
Dans le sens perpendiculaire aux fibres	26 ,66	30 ,30

Ainsi, la résistance dans le sens des fibres étant en moyenne de 31^{kil},48 par millimètre carré, celle que le fer présente dans le sens transversal au laminage, ne serait que de 28^{kil},48 ; différence, 18 pour 100 en faveur de la résistance dans le sens de la direction des fibres.

33. *Expériences de M. Fairbairn.* — Ce célèbre ingénieur de Manchester a fait aussi, sur la résistance de la tôle, des expériences analogues aux précédentes, qui l'ont conduit à conclure qu'il n'y a pas de différence sensible dans la résistance des tôles à la traction dans le sens des fibres ou dans le sens perpendiculaire.

Ces expériences ont été faites sur quatre espèces de tôles de provenances différentes, mais tirées de forges renommées par la qualité de leurs produits. L'épaisseur de ces tôles, qui était de 6 à 8 millimètres, montre d'ailleurs qu'elles étaient corroyées.

Les résultats des expériences sont résumés dans le tableau suivant :

ORIGINE DES TÔLES.	CHARGE DE RUPTURE.	
	dans le sens des fibres par millimètre carré.	perpendiculairem^t aux fibres par millimètre carré.
	kil.	kil.
Yorkshire, Lowmoor.........	40,58	43,29
id. id.	35,84	41,01
Derbyshire , id.	34,14	27,37
Shropshire , id.	30,95	31,49
Staffordshire , id.	30,80	33,08
Moyenne	35,46	35,25

Les différences des résultats partiels, sont tantôt dans un sens, tantôt dans l'autre, et les moyennes générales, diffèrent assez peu pour que l'on puisse conclure, avec M. Fairbairn, qu'il n'y a pas de différence sensible entre la résistance des tôles dans le sens des fibres et dans le sens perpendiculaire.

34. *Observation relative aux résultats obtenus en France.* — Des expériences faites en France, il y a déjà près de trente ans, par M. le colonel d'artillerie Fabert, avaient porté à conclure que la tôle offrait moins de résistance dans le sens perpendiculaire que dans le sens parallèle au laminage. Mais il faut remarquer qu'à cette époque les fers français, et ceux que l'on a essayés en particulier, étaient fabriqués au charbon de bois et au marteau, tandis qu'aujourd'hui toutes les tôles fortes sont fabriquées avec des fers qui ont été corroyés, laminés à diverses reprises, et même dans des sens différents.

35. *Résistance des rivets et des boulons à un effort transversal.* — Les rivets qui réunissent les plaques de tôle, les boulons d'assemblage des chaînes plates, ceux des poulies, des palans, etc., sont exposés à être rompus par glissement ou par *cisaillement* transversal des fibres.

Dans les palans et dans les chaînes articulées, le nombre des lieux de rupture dépend de celui des plaques assemblées. Ainsi deux plaques n'en offriront qu'un, trois plaques deux, quatre plaques trois, et en général n plaques présenteront $n - 1$ points de cisaillement (pl. I, fig. 8, 9, 10, 11).

En admettant que le boulon ou rivet soit bien ajusté dans son logement, l'expérience conduit aux conclusions suivantes :

1° La résistance à l'arrachement par glissement ou par cisaillement transversal est proportionnelle à l'aire de la section transversale du boulon.

2° Cette résistance est à peu près la même que celle d'une barre de même section que le boulon, exposée à une traction longitudinale.

C'est en effet ce que montre le tableau suivant qui donne à peu près la même charge pour le cisaillement que pour la rupture par traction.

EXPÉRIENCES SUR LE CISAILLEMENT DES BARRES EN FER ROND
POUR RIVETS.

Diamètre du fer, 22^{mill},3.

		Résistance par millim^e carré de section.
		kil.
A simple portée :	1re barre......................	41,09
	Même barre......................	37,62
	Moyenne de quatre barres...........	41,09
	Moyenne de six barres..............	40,77
	Moyenne..............	40,15
		kil.
A deux portées :	1re barre......................	36,05
	2e barre......................	34,03
	3e barre......................	34,03
	4e barre......................	34,03
	5e barre......................	34,03

Diamètre du fer, 21^{mill},4.

A deux portées :	1re barre......................	35,42
	2e barre......................	35,42
	Moyenne..............	34,72

La moyenne de ces résultats donne 36^{kil},69 par millimètre carré pour la charge capable de couper un rivet, un boulon, une cheville de fer. La résistance du fer à la rupture par extension ayant été trouvée de 36 kilogr. à 40 kilogr. par millimètre carré, l'on voit qu'il y a peu de différence entre ces deux résistances.

D'où l'on a conclu que pour proportionner les rivets ou les boulons à la force des tôles qu'ils doivent unir, il faut que la somme des sections des rivets d'un joint soit égale à l'aire de la tôle conservée entre les trous. Mais cette règle fait abstraction du frottement que produit la rivure et qui augmente considérablement la résistance de l'assemblage.

56. — *Expériences de M. Fairbairn.* — Ce célèbre ingénieur, à qui la marine anglaise doit la construction des premiers bâtiments en tôle de fer de grandes dimensions qui aient été faits pour le service de mer, s'était occupé, dès l'année 1838, de recherches comparatives sur la force des tôles et des boulons employés à en réunir les feuilles.

Il a successivement soumis à l'expérience des rivures simples formées par le recouvrement des feuilles à réunir avec un seul rang de rivets, des rivures doubles à deux rangs de rivets disposés en quinconce, et des rivures dans lesquelles les feuilles à réunir étaient rapprochées bout à bout sans se recouvrir et assemblées au moyen de rivets par des plaques de recouvrement simples ou doubles, fixées soit par un, soit par deux rangs de rivets (pl. I, fig. 12, 13, 14 et 15).

L'usage des plaques de recouvrement qui forment saillie à l'extérieur n'est pas admissible dans tous les cas où cette saillie gênerait, et en particulier pour les bateaux à vapeur, parce qu'elle augmenterait la résistance qu'ils éprouvent de la part de l'eau; mais lorsqu'il n'y a pas d'inconvénient, l'emploi de semblables plaques, surtout quand elles sont doubles, a l'avantage d'éviter la courbure des feuilles qui se produit avec les rivures simples.

3

Le défaut que présentent, en effet, ces rivures simples consiste principalement en ce que les feuilles réunies n'étant pas dans le prolongement l'une de l'autre, elles tendent à s'y mettre par l'effet de la traction, et alors les feuilles elles-mêmes ou les plaques de recouvrement se courbent, la traction sur les rivets devient oblique et les têtes s'arrachent.

Les rivures doubles ou à deux rangées s'opposent à cette flexion, et par suite les joints sont beaucoup plus solides.

L'expérience montre que ces joints présentent la même solidité par unité de section que les feuilles elles-mêmes.

Les résultats des expériences de M. Fairbairn sont résumés dans le tableau suivant :

RÉSISTANCE DES TÔLES par millimètre carré de section.	RÉSISTANCE DES JOINTS SIMPLES, à un rang de rivets, par millimètre carré de section.	RÉSISTANCE DES JOINTS DOUBLES, à deux rangs de rivets, par millimètre carré de section.
kil.	kil.	kil.
40,65	32,90	37,65
41,33	26,33	33,53
49,99	29,73	44,92
35,83	31,29	39,36
35,93	28,94	38,75
35,63	31,16	38,75
30,78	27,34	
34,63		
36,97	29,67	38,24

Ce qui montre que les joints faits avec des rivets disposés sur deux rangs présentent autant de résistance qu'une feuille de tôle de même surface que la section faite par les centres des trous.

37. *Observations sur l'effet du percement des tôles.* — Mais il ne faut pas perdre de vue que le percement affaiblit les tôles de toute la quantité de métal enlevée; or, l'expérience ayant montré que les rivets sont aussi forts que la tôle qu'ils traversent, il s'ensuit que pour les joints à simple rivure, il faut, si l'on néglige l'influence du frottement, percer les tôles en laissant autant de plein que de vide, de sorte que si le nombre des rivets est n, le nombre des intervalles restants de la tôle sera $n+1$; et si le diamètre des boulons est désigné par d, la largeur totale des sections résistantes sera $(n+1)d$, tandis que la largeur de la feuille sera $(2n+1)d$.

Le métal est donc, par la rivure, affaibli dans le rapport de $\dfrac{(n+1)d}{(2n+1)d} = \dfrac{n+1}{2n+1} = 0,50 + \dfrac{1}{2(2n+1)}$, ce qui, en général, différera peu de 0,50, surtout pour les longs joints. Ainsi les rivures simples réduisent la résistance des tôles assemblées à la moitié environ de celle des feuilles elles-mêmes.

Pour les joints à double rivure, en supposant qu'on n'emploie que le même nombre de rivets, en se bornant à en reporter un sur deux d'un rang à l'autre, on voit facilement que le nombre des rivets restant égal à n est impair, le rang inférieur qui en conserve le plus en aura $\left(\dfrac{n-1}{2}\right)+1$, et que la largeur totale du métal conservée sera

$$d\left[2n+1-\left(\frac{n-1}{2}+1\right)\right] = \frac{3n+1}{2}d.$$

Le métal ne sera donc affaibli par le percement que dans le rapport de

$$\frac{3n+1}{2(2n+1)} = 0,75 - \frac{0,50}{(4n+2)},$$

ou environ 0,75 pour les longs joints.

38. *Influence du frottement*.—Lorsque les rivures sont bien faites, le retrait du rivet sur lui-même produit une pression et par suite un frottement considérable, qui en général s'ajoute à la résistance du rivet, parce qu'alors les trous sont exactement remplis. Quelques expériences citées par **M. E.**

Clark, tendraient à faire estimer le frottement produit par un seul rivet de 21 à 22 millimètres à 5000 ou 6000 kilogr.; ce qui l'a conduit à conclure que les solides formés avec des tôles ainsi assemblées étaient aussi forts que s'ils étaient d'une seule pièce.

Cette conclusion semble exagérée, mais comme en réalité les charges que l'on fait supporter, d'une manière permanente, aux solides, ne sont qu'une fraction égale à $\frac{1}{4}$ et très-souvent à $\frac{1}{6}$ de celle qui produirait la rupture des tôles, et, par conséquent, à $\frac{1}{2}$ ou $\frac{1}{3}$ de celles qui amèneraient l'arrachement des joints à simple rivure, on voit que dans les limites des charges que nous admettons, on peut, quant aux flexions, considérer les solides ainsi formés comme étant d'une seule pièce.

Mais ces observations doivent engager les constructeurs à diminuer la valeur du coefficient pratique R à appliquer au calcul de ces solides en tôle, ainsi qu'on le verra plus loin.

Enfin, nous ajouterons que si les rivets sont longs, il faut avoir soin d'en refroidir le corps en les mettant en place, pour que le retrait et la tension qui en résultent ne soient pas trop considérables, ce qui amènerait l'arrachement de la tête ou de la rivure.

59. *Expériences de MM. Gouin et Cie.* — MM. Gouin et Cie, chargés de la reconstruction du pont de Clichy, ont fait récemment quelques expériences pour vérifier les résistances données par les auteurs anglais pour les rivets. Les résultats de ces expériences sont consignés dans les comptes rendus des travaux de la Société des ingénieurs civils, séance du 18 juin 1852.

Voici comment on a opéré :

On a fait tourner de petites tringles en fer corroyé, dit extra-martelé de Grenelle, à des diamètres de 8, 10, 12 et 16 millimètres. Ces tringles étaient insérées en guise de goupilles dans deux pièces en acier trempé, l'une d'elles plate et recouverte par les deux branches de la fourchette par laquelle l'autre se trouvait terminée à son extrémité ; le trou destiné à recevoir la tringle était parfaitement alésé, et, au moyen de poids convenablement placés, on tirait les deux pièces en sens contraires, jusqu'au complet cisaillement des petites tringles. Les poids suspendus, au moment de la rupture, ont été divisés par le nombre de centimètres compris dans les deux surfaces de séparation, et l'on a trouvé les résultats suivants :

Diamètres des broches.	Poids produisant la rupture par cent. carré.			
8 $^{mill.}$	3270^{kil},	moyenne de 10 expériences.		
10	3155	»	10	»
12	3148	»	10	»
16	3183	»	10	»

Le même fer, tiré longitudinalement, ne se rompait que sous une charge de 4000 kilogr. par centimètre carré.

Des expériences exécutées avec le même appareil, en introduisant les broches chaudes et en les rivant sur les deux faces extérieures de la fourchette, ont donné, à la place du chiffre de 3183 kilogr. indiqué dans le tableau, celui de 3255 kilogr., dont la différence avec le premier donne en quelque sorte la mesure du surcroît de résistance obtenu par le rapprochement des surfaces.

Résistance du bois à l'extension.

40. *Expériences de M. Rondelet sur la résistance des bois à la rupture par extension.* — M. Rondelet a fait sur des tringles de bois de chêne, d'une densité de 861 kilogr. au mètre cube, de différentes longueurs et dimensions, des expériences pour déterminer la résistance à la rupture par extension. Les résultats de ces expériences peuvent se résumer ainsi qu'il suit :

LONGUEUR des ÉCHANTILLONS.	COTÉ de la SECTION CARRÉE.	RÉSISTANCE A LA RUPTURE, par centimètre carré.
m.	cent.	kil.
0,027	0,226	984,2
0,054		971,3
0,217	0,451	961.8
0,325		973,8
0,217		979,7
0,305	0,677	9.1,0
0,487		982,0
Moyenne générale.......		976,3

Il résulte de ces expériences, dans lesquelles les aires des sections ont varié dans le rapport de 1 à 9, et les longueurs dans celui de 1 à 18 :

1° Que la résistance du chêne à la rupture par extension est proportionnelle à la section transversale des pièces ;

2° Que cette résistance est indépendante de la longueur des pièces, quand celle-ci est assez faible pour que le poids propre du solide ne doive pas entrer en ligne de compte ;

3° Qu'elle est moyennement de 976^{kil},2 par centimètre carré de section ou de 9^{kil},762 par millimètre carré.

On remarquera que ces expériences n'ont été faites que sur la résistance à la rupture par extension, et que l'on n'a pas mesuré les allongements produits par diverses charges ; aussi ne les citons-nous que faute d'expériences spéciales sur la résistance du bois à l'allongement par traction longitudinale.

41. *Expériences de MM. Chevandier et Wertheim.* — Nous classerons à part les résultats d'expériences récentes de MM. Chevandier et Wertheim sur la résistance du bois. De ce travail important les auteurs ont tiré les conclusions principales suivantes :

1° La densité des bois paraît varier fort peu avec l'âge.

2° Le coefficient d'élasticité diminue au contraire au delà d'un certain âge, il dépend aussi de la sécheresse et de l'exposition du terrain dans lequel les arbres ont poussé ; ainsi les bois venus aux expositions nord, nord-est, nord-ouest, et dans les terrains secs, ont toujours un coefficient élevé et d'autant plus fort que ces deux conditions se trouvent réunies, tandis que les arbres venus dans les terrains fangeux présentent les coefficients les plus faibles.

3° L'âge et l'exposition influent sur la cohésion.

4° Les coefficients d'élasticité des hêtres venus dans le grès vosgien sont tous plus forts pour des arbres comparables, que ceux des hêtres venus dans les grès bigarrés et dans le muschelkalk.

5° Les arbres coupés en pleine séve et ceux coupés avant la séve n'ont pas présenté de différences sensibles sous le rapport de l'élasticité.

6° L'épaisseur des couches ligneuses des bois ne paraît avoir d'influence sur la valeur du coefficient d'élasticité que pour le sapin, qui a fourni des valeurs d'autant plus grandes que les couches étaient plus minces.

7° Dans les bois il n'y a pas, à proprement parler, de limite d'élasticité, et il se produit toujours un allongement permanent en même temps qu'un allongement élastique.

Il résulterait de cette circonstance que la limite d'élasticité n'existerait pas pour les bois expérimentés par MM. Chevandier et Wertheim, mais pour se conformer aux idées admises jusqu'à ce jour, et rattacher les résultats de leurs expériences à ceux de leurs prédécesseurs, les auteurs ont donné pour la valeur de la limite d'élasticité la charge sous laquelle il se produit déjà un allongement permanent très-faible ; la limite qu'ils indiquent dans le tableau suivant pour la charge sur laquelle l'élasticité du bois commence à s'établir correspond à un allongement permanent de 0^{m},00005 par mètre.

LIMITE D'ÉLASTICITÉ OU CHARGE PAR MILLIMÈTRE CARRÉ DE SECTION TRANSVERSALE SOUS LAQUELLE L'ÉLASTICITÉ DU BOIS COMMENCE A S'ALTÉRER D'UNE MANIÈRE SENSIBLE D'APRÈS MM. CHEVANDIER ET WERTHEIM.

ESSENCE DES BOIS.	BOIS VERTS.	BOIS DESSÉCHÉS	
		dans un local clos.	à l'air et au soleil.
	kilogr.	kilogr.	kilogr.
Acacia.....................	»	3,175	3,188
Sapin.....................	»	1,597	2,153
Charme.....................	1,282	»	»
Bouleau.....................	0,764	»	1,647
Hêtre.....................	»	2,018	2,317
Chêne à glands sessiles	»	1,936	2,349
Pin silvestre...............	»	1,391	1,633
Orme.....................	0,987	»	1,842
Sycomore.....................	1,647	»	2,303
Frêne	1,726	»	2,029
Aune tremble...............	1,449	»	1,809
Tremble.....................	2,302	»	3,082
Érable.....................	»	»	2,715
Peuplier.....................	»	1,200	1,484

On voit par ce tableau que cette limite s'élève avec la dessiccation, et que les bois très-humides prennent plus facilement que les bois secs des allongements permanents.

Dans les bois fortement desséchés à l'étuve, la limite d'élasticité coïncide presque avec la charge qui détermine la rupture, c'est-à-dire que ces bois ne peuvent presque pas prendre d'allongement permanent; on voit aussi que cette dessiccation artificielle et accélérée des bois augmente beaucoup leur résistance à la flexion.

Le tableau suivant contient les résultats moyens des expériences de MM. Chevandier et Wertheim.

ESPÈCES.	DENSITÉ.	COEFFICIENT D'ÉLASTICITÉ E rapporté au millimètre carré.	LIMITE D'ÉLASTICITÉ ou charge par millimètre carré, correspondant à cette limite.	COHÉSION ou charge par millimètre carré capable de produire la rupture.
		kilogr.	kilogr.	kilogr.
Acacia	0,717	1261,9	3,188	7,93
Sapin	0,493	1113,2	2,153	4,18
Charme	0,756	1085,7	1,282	2,99
Bouleau	0,812	997,2	1,617	4,30
Hêtre	0,823	980,4	2,317	3,57
Chêne à glands pédonculés	0,808	977,8	»	6,49
Chêne à glands sessiles	0,872	921,8	2,349	5,66
Pin silvestre	0,559	564,1	1,633	2,48
Orme	0,723	1165,3	1,842	6,99
Sycomore	0,692	1163,8	1,139	6,16
Frêne	0,697	1121,4	1,246	6,78
Aune	0,601	1108,1	1,121	4,54
Tremble	0,602	1075,9	1,035	7,20
Érable	0,674	1021,4	1,068	3,58
Peuplier	0,477	517,2	1,007	1,97

Les mêmes observateurs ont aussi déterminé le coefficient d'élasticité et la cohésion des bois, dans le sens du rayon et dans le sens de la tangente aux couches ligneuses.

L'examen du tableau suivant, dans lequel sont consignés les chiffres comparatifs des expériences, montrera que la résistance dans le sens du rayon est toujours plus grande que la résistance dans le sens de la tangente aux couches ligneuses ; le rapport entre les coefficients d'élasticité dans les deux cas varie en moyenne de 3 à 1,15 ; pour le chêne et le sapin, qui sont les bois usuels, ces rapports sont respectivement 1,46 et 2,76. Ce n'est que pour le pin silvestre qu'il est plus considérable, et, en général, la différence est surtout sensible pour les bois résineux à couches ligneuses très-marquées.

RÉSULTATS MOYENS DES EXPÉRIENCES DE MM. CHEVANDIER ET WERTHEIM.

ESPÈCES.	DANS LE SENS DU RAYON.		DANS LE SENS DE LA TANGENTE AUX COUCHES.	
	Coefficient d'élasticité E.	Cohésion ou charge par millimètre carré capable de produire la rupture.	Coefficient d'élasticité E.	Cohésion ou charge par millimètre carré capable de produire la rupture.
	kilogr.	kilogr.	kilogr.	kilogr.
Charme........	208,4	1,007	103,4	0,408
Tremble......	107,6	0,171	43,7	0,411
Aune........	98,3	0,329	59,4	0,175
Sycomore.....	134,9	0,522	80,5	0,610
Érable........	157,1	0,716	72,7	0,371
Chêne........	188,7	0,582	129,8	0,406
Bouleau.......	81,1	0,823	155,2	1,063
Hêtre........	269,7	0,885	159,3	0,752
Frêne........	111,3	0,218	102,0	0,408
Orme........	122,6	0,315	63,4	0,366
Peuplier......	73,3	0,146	38,9	0,214
Sapin........	94,5	0,220	34,1	0,297
Pin silvestre...	97,7	0,256	28,6	0,196
Acacia........	170,3	»	152,2	1,231

Résistance des câbles.

42. *Proportion comparative des câbles en chanvre goudronné et des câbles-chaînes en usage dans la marine anglaise.* — Le tableau suivant, extrait de l'ouvrage de M. P. Barlow, contient sur les câbles en chanvre et en fer forgé, tels qu'ils sont employés en Angleterre, diverses indications, parmi lesquelles on trouvera les dimensions comparatives de ces deux genres de câbles appliqués aux bâtiments de même rang.

RANG des BATIMENTS.	CABLES EN CHANVRE de 183ᵐ,000 de longueur, de 1ʳᵉ qualité.			NOMBRE DE FILS de caret.	TENSION de rupture		DIAMÈTRE et poids des câbles en fer substitués aux câbles en chanvre.	TENSION d'épreuve.
	circonférence.	diamètre	poids.		totale.	par mill. carré.		
	m.	m.	kil.					
1ᵉʳ rang { grand.....	0,635	0,202	3240	607				
moyen......	0,610	0,194	2988	566			$D = 0^m,053$	kilogr.
petit........	0,594	0,189	2736	525			1110ᵏⁱˡ.	82000
2ᵉ rang.............	0,594	0,189	2736	525	116000	kil. 4,43		
3ᵉ rang { grand.......	0,594	0,189	2736	525				
petit........	0,560	0,178	2520	457	90500	3,64	$D = 0,0508$	73000
4ᵉ rang { de 60 canons.	0,532	0,169	2208	416		4,04	967ᵏⁱˡ.	
de 58 canons.	0,483	0,154	1872	314			$D = 0,0465$	64000
de 50 canons.	0,470	0,149	1764	334			887ᵏⁱˡ.	
5ᵉ rang { de 48 canons.	0,458	0,146	1656	347	61000	3,64	$D = 0,0444$	56000
de 46 canons. } de 42 canons.	0,445	0,142	1584	284			774ᵏⁱˡ.	
6ᵉ rang de 28 canons.	0,368	0,117	1080	202	40000	3,72	$D = 0,0348$ 467ᵏⁱˡ.	34500
Sloop.............	0,343	0,109	936	172			$D = 0,0318$ 413ᵏⁱˡ.	28400
Brick.. { grand.......	0,343	0,109	936	172				
petit........	0,280	0,069	612	166			$D = 0,0285$ 317ᵏⁱˡ.	23300
						moyen. 3,93		

Il semblerait, d'après ce tableau, que la résistance moyenne à la rupture des câbles en chanvre, goudronnés, employés par la marine anglaise, serait de 3ᵏⁱˡ,93 par millimètre carré, valeur inférieure à celle qui est admise dans la marine française.

La règle commune, en France, est de calculer la force des cordages goudronnés par la formule

$$35C^2,$$

C étant la circonférence exprimée en centimètres. Ce qui revient à 345D², D étant le diamètre en centimètres, ou 3,45D² en exprimant D en millimètres.

La surface étant égale à $\dfrac{D^2}{1,273}$, cette règle revient à

$$3,45 \times 1,273 = 4^{kil},39 \text{ par millimètre carré de section.}$$

Les résultats des expériences faites en France sur les cordages goudronnés employés dans la marine sont représentés plus exactement par la formule

$$(45 - 0,25\,C)\,C^2,$$

C étant exprimé en centimètres.

45. *Force des câbles en fer.* — Des expériences directes faites par le capitaine Brown ont donné pour la force des anneaux de fer à câbles, du diamètre de 0ᵐ,0381, la tension de 77000 kilogr. L'aire de section étant $2 \times \dfrac{\overline{38,1}^2}{1,273} = 2240$ mill. carrés, la résistance par millimètre carré de section est de

$$\frac{77000}{2240} = 34^{\text{kil}},40.$$

L'essai comparatif de la résistance du fer employé a donné pour ce fer 40 kilogr. par millimètre carré. Ainsi la force du fer transformé en chaîne est réduite dans le rapport **de** 40 à 34 kilogr.

Mais les câbles essayés n'avaient pas d'étançons en fonte au milieu, comme on le pratique ordinairement, et par l'addition de ces étais qui s'opposent à l'allongement des anneaux, en même temps qu'ils empêchent la chaîne de se nouer, on a obtenu pour les chaînes à peu près la même résistance que pour une barre de fer de même section que les deux côtés réunis de l'anneau.

Il n'est pas inutile de dire que les expériences dont on vient de citer les résultats ont été faites à la presse hydraulique, et que les tensions indiquées ayant été déduites de l'observation de la charge des soupapes ou de celle d'un tube manométrique, elles peuvent avoir été estimées un peu haut.

44. *Proportions adoptées en France pour les cordages en chanvre et les chaînes en fer.* — La force d'épreuve des câbles-chaînes en fer pour le service de la marine est de 17 kilogr. par millimètre carré de la double section du fer pour les chaînes à étais de 16 millimètres de diamètre et au-dessus, et de 14 kilogr. par millimètre carré pour les chaînes en fer de moins de 16 millimètres de diamètre auxquelles on ne donne pas d'étais.

Cette force d'épreuve, exprimée en fraction du diamètre, revient à

$$26^{kil},7 \; D^2 \text{ pour les chaînes à étais,}$$

et à $\qquad 22^{kil},0 \; D^2$ pour les chaînes sans étais,

D étant le diamètre en millimètres.

Lorsque l'on a introduit dans la marine française l'usage des câbles-chaînes en fer, pour les substituer aux câbles en chanvre, on n'a évalué la résistance du fer qu'à 27 kilogr. par millimètre carré, ou plutôt on a supposé la surface résistante du fer réduite d'un quart de sa valeur réelle ou à une fois et demie celle d'une seule section transversale du fer dont la qualité était telle que sa résistance à la rupture par millimètre carré était égale à 36 kilogr.

D'après cette base, en exprimant les dimensions et la résistance du câble en chanvre par la formule

$$(45 - 0,25 \, C) \, C^2,$$

C étant la circonférence en centimètres, celle du câble-chaîne en fer le serait par

$$2 \times 27 \times \frac{D^2}{1,273} = 42,4 \, D^2,$$

D exprimant en millimètres le diamètre du fer employé.

Depuis l'adoption des chaînes, quelques dimensions employées se sont un peu écartées de cette règle, mais les écarts ont peu d'importance. Au surplus, la concordance des câbles en chanvre ou en fer, admise par le règlement actuel, est indiquée dans le tableau suivant:

PROPORTIONS COMPARATIVES DES CABLES EN CHANVRE, GOUDRONNÉS, ET DES CABLES-CHAINES EN FER EN USAGE DANS LA MARINE FRANÇAISE.

RANG des BATIMENTS.	CABLES EN CHANVRE.			CABLES-CHAINES EN FER.		
	Circonférence en centimètres.	Diamètre en centimètres.	Poids de 100^m de longueur.	Diamètre en millimètres.	Poids de 100^m de longueur.	Force d'épreuve.
			kil.		kil.	kil.
Vaisseaux de 1er et 2e rang...	66	21,0	3500	54	6576	77000
Vaisseaux de 3e rang (nouveau).	65	20,7	3392	52	5863	71500
Vaisseaux de 4e rang.........	60	19,1	2895	42	5043	61000
Frégates de 1er rang........						
Frégates de 2e rang........	48	15,3	1852	46	4700	56000
Frégates de 3e rang........	46	14,6	1700	42	3851	46500
Corvettes de 1re classe.......	40	12,7	1288	38	3187	38500
Corvettes de 2e classe.......	38	12,1	1161	34	2502	31000
Bricks. 1re classe........	35	11,1	985	32	2379	27000
Bricks. 2e classe........	29	9,2	676	28	1797	21000
Canonnières, bricks, goëlettes de 6....	23	7,6	426	24	1392	15500
Goëlettes de 4......	20	6,4	322	20	953	10500

Le poids des câbles en chanvre peut varier de **7 pour 100** environ, en plus ou en moins, selon le mode de commettage adopté. Leur longueur habituelle est de 200 mètres, et on en réunit quelquefois deux par une épissure.

Les câbles en fer ont actuellement **360 mètres** de longueur pour les vaisseaux et les frégates, et environ **300 mètres** pour les autres bâtiments.

En comparant ce tableau avec celui du n° **42**, relatif aux câbles adoptés par la marine anglaise, l'on voit qu'il y a une concordance à peu près complète entre les dimensions adoptées par les deux nations.

Nous ajouterons que pour les chaînes de dimensions inférieures à celles du tableau et sans étais, le diamètre du fer employé est ordinairement le dixième de la circonférence du cordage en chanvre correspondant.

Charges limites ou permanentes.

45. *Manière de déterminer les charges limites ou l'effort de traction que l'on peut faire supporter aux corps d'une manière permanente.* — Les données fournies par l'expérience faisant connaître, pour les différents matériaux employés dans les constructions, la limite de la charge qu'une pièce donnée peut supporter par chaque centimètre carré de section transversale, on pourrait être conduit à penser qu'après avoir calculé l'effort de traction auquel cette pièce doit être soumise, il suffirait de lui donner les dimensions nécessaires pour qu'elle soit simplement capable de résister à cet effort, sans altération de son élasticité ; mais pour les cas ordinaires de la pratique, et afin de se mettre à l'abri de l'effet des surcharges et des efforts accidentels, il est prudent de s'imposer la condition que la charge permanente soit telle, que l'allongement ne dépasse pas la moitié de celui qui correspond à la limite d'élasticité. Alors en nommant i' la valeur de l'allongement toléré et P' la charge capable de le produire, on aura $P' = E i'$, pour déterminer la charge que l'on peut faire supporter au corps d'une manière permanente, ou ce qu'on nomme simplement *la charge permanente*.

Les résultats des expériences directes sont malheureusement encore trop peu nombreux ; nous insérons ceux qui sont connus et les valeurs de E, de P et de i correspondant à la limite d'élasticité, que l'on en déduit, dans le tableau suivant :

DÉSIGNATION des CORPS.	ALLONGEMENT relatif à la limite d'élasticité naturelle.	CHARGE par millim. q. correspondant à cette limite.	VALEUR du coefficient E d'élasticité par millim. q.
	mill.	kil.	kil.
Chêne..........................	$\frac{1}{600} = 0{,}00167$	2,00	1200
Sapin jaune ou blanc..............	$\frac{1}{850} = 0{,}00117$	2,17	1854
Sapin rouge ou pin	$\frac{1}{470} = 0{,}00210$	3,15	1500
Mélèze ou larix...................	$\frac{1}{620} = 0{,}00192$	1,73	900
Hêtre rouge......................	$\frac{1}{570} = 0{,}00175$	1,63	930
Frêne............................	$\frac{1}{885} = 0{,}00113$	1,27	1120
Orme	$\frac{1}{414} = 0{,}00242$	2,35	970
Fers doux passés à la filière, de petite dimension	$\frac{1}{1250} = 0{,}00080$	14,75	18000
Fers en barres....................	$\frac{1}{1520} = 0{,}00066$	12,205	20000
Fers du Berry étirés**.............	»	»	20869
Fers du Berry recuits**............	»	»	20784
Acier d'Allemagne, de très-bonne qualité *, recuit à l'huile..............	$\frac{1}{835} = 0{,}00120$	25,00	21000
Acier fondu, très-fin, recuit à l'huile, trempé...........................	$\frac{1}{4500} = 0{,}00222$	66,00	30000
Acier fondu { étiré**................	»	»	19549
Acier fondu { recuit **.............	»	»	19561
Acier anglais en fil { étiré **......	»	»	18809
Acier anglais en fil { recuit **.....	»	»	17278
Acier ordinaire recuit au blanc **.....	»	»	18045
Fonte de fer, à grains fins...........	$\frac{1}{1200} = 0{,}00083$	10,00	12000
Fonte grise ord^{re}, anglaise, bonne qual.	$\frac{1}{1400} = 0{,}00078$	6,00	9096
Fils de cuivre étirés................	»	»	12000
Fils de cuivre recuits**.............	»	»	10500
Fils de laiton recuits.	$\frac{1}{742} = 0{,}00135$	15,00	10000
Laiton fondu......................	$\frac{1}{1320} = 0{,}00076$	4,80	6450
Bronze de canon fondu.............	$\frac{1}{1590} = 0{,}00063$	2,00	3200
Fils de plomb de coupelle, étiré à froid, de 4 mill. de diamètre...........	$\frac{1}{1490} = 0{,}00067$	0,40	600
Fils de plomb impur, du commerce, étiré à froid, de 6 mill. de diamètre.	$\frac{1}{2000} = 0{,}00050$	0,40	800
Plomb fondu ordinaire	$\frac{1}{477} = 0{,}00210$	1,00	500
Étain	»	»	3200
Zinc**...........................	»	»	9600
Or étiré**........................	»	»	8131
Or recuit **......................	»	»	5585
Argent étiré......................	»	»	7358
Argent recuit**...................	»	»	7140
Platine fil moyen**................	»	»	17044
Platine fil moyen recuit**..........	»	»	15518

* D'après des expériences sur la flexion.
** Expériences de M. Wertheim.

46. *Influence du recuit.* — D'après ce tableau, qui sera complété plus tard par d'autres données déduites des expériences sur la flexion, il semble que le recuit n'altère pas l'élasticité du fer et de l'acier, mais il n'en est pas de même du cuivre, de l'or, du platine et même de l'argent.

Il convient d'ailleurs d'ajouter que le recuit, tel qu'on le donne pour de semblables expériences ou à des pièces de petites dimensions, ne dure qu'un instant; tandis que pour les grosses pièces de fer, telles que les essieux, pour lesquelles cette opération dure beaucoup plus longtemps, l'action prolongée et tranquille d'une température, même assez basse, paraît exercer sur l'arrangement des molécules du fer une action qui les rapproche de l'état cristallin, et ramène un très-bon fer doux et fibreux à celui de fer à facettes de la plus mauvaise qualité. D'où il faudrait conclure que le recuit des essieux et des grosses pièces est une opération plus nuisible qu'utile à leur résistance*. Aussi paraît-on y avoir assez généralement renoncé.

47. *Influence d'un courant électrique sur l'élasticité.* — Il résulte aussi des expériences de M. Wertheim, qu'un courant électrique diminue un peu la valeur du coefficient d'élasticité, et par conséquent la résistance des métaux, mais que cette diminution cesse avec le courant électrique.

48. *Application et usage du tableau précédent.* — Si, par exemple, on veut, à l'aide de ce tableau, calculer l'allongement éprouvé par une barre de fer rond de 25 millimètres de diamètre sur 8^m,00 de longueur, sous un effort de traction de 4000 kilogr., on trouve d'abord que l'effort supporté par chaque millimètre de section sera égal à

$$\frac{4000 \times 1{,}273}{(25)^2} = 8^{kil}{,}15.$$

---

* En écrivant ces mots, j'ai sous les yeux un morceau de fer des Pyrénées qui, en sortant de la forge, était doux et nerveux. Après avoir subi, pendant cinq mois et douze jours, un recuit modéré et continu, il est passé à l'état de fer cristallisé, offrant des facettes de 4 à 5 mill. d'étendue.

La charge correspondant à la limite d'élasticité, pour le fer en barre, étant, d'après le tableau, $12^{kil},205$, et l'allongement correspondant égal à $0^m,00066$, on aura l'allongement cherché par la proportion

$$12^{kil},205 : 0^m,00066 :: 8^{kil},15 : x,$$

d'où
$$x = \frac{0,00066 \times 8,15}{12,205} = 0^m,00044.$$

L'allongement total pour une barre de $8^m,00$ serait donc

$$0^m,00044 \times 8 = 0^m,00352 ;$$

il dépasserait par conséquent la moitié de celui pour lequel l'élasticité commence à s'altérer; l'effort de 4000 kilogr. serait trop grand s'il devait être permanent.

49. *Application aux chaînes qui ont servi à élever les ponts tubulaires sur le détroit de Menai.* — Une des opérations les plus hardies des ingénieurs anglais, a été la mise en place des ponts tubulaires du détroit de Menai; et, sans entrer dans des détails descriptifs que l'on trouvera dans les ouvrages de MM. Fairbairn et Edwin Clark, il est bon d'examiner si les proportions adoptées pour les différentes parties des appareils étaient telles qu'elles pussent offrir toute sécurité.

Deux presses hydrauliques étaient placées au sommet de chacune des piles qui devaient supporter les ponts. Le diamètre intérieur de leur cylindre était de $20^{po} = 0^m,508$; celui du piston creux était, extérieurement, de $18^{po} = 0^m457$. L'épaisseur du métal du cylindre, $8^{po},75 = 0^m,222$. Le tuyau pour forcer l'eau dans la presse était en fer forgé de $0^{po},50 = 0^m,0127$ de diamètre et de $0^m,00635$ d'épaisseur. Le chapeau de la presse était guidé verticalement au moyen de deux tiges en fer de $0^m,127$ de diamètre, assemblées dans une traverse en fonte fixée sur la maçonnerie.

Pour chaque course totale du piston de la presse le tube était élevé de $1^m,830$, en 30 à 45 minutes.

Les chaînes avaient été percées et rabotées avec un très-grand soin par MM. Howard et Ravenhill. Chaque brin des chaînes consistait alternativement en 8 et en 9 plaques de

1^m,83 de longueur, de centre en centre. L'aire de section était la même sur toute la longueur de la chaîne. L'épaisseur de chacune des plaques des séries de 8 était de 0^m,0317 et celle des plaques des séries de 9 était de 0^m,0279. La largeur de chaque plaque était de 0^m,178.

L'aire de chaque maillon de 8 plaques était donc de 452 centimètres carrés, son poids de 842^{kil},44.

L'aire de chaque maillon de 9 plaques était de 445 centimètres carrés, et son poids de 839^{kil},74.

L'aire des quatre chaînes qui élevaient le tube était de 1780 centimètres carrés, et la plus grande charge à laquelle elles étaient soumises était de 8,3 tonnes par pouce carré, ou 1 366^{kil},6 par centimètre carré, soit 13^{kil},66 par millimètre carré. Les épaulements des maillons ont supporté jusqu'à 10 tonnes par pouce carré ou 1 574^{kil},2 par centimètre carré, soit 15^{kil},74 par millimètre carré.

Ces charges pour des opérations aussi importantes et aussi périlleuses me semblent excessives et dépassent beaucoup trop la limite de 6 à 7 kilogr. que l'on adopte généralement en France.

Aussi les chaînes s'allongèrent-elles sous la charge, de 0^{po},225 pour 3 pieds ou de $\frac{1}{160}$, et conservèrent-elles un allongement permanent de 0^{po},175 ou de $\frac{1}{205}$ de leur longueur, tandis que les allongements permanents correspondant à la limite d'élasticité et qu'il convient de faire supporter au fer forgé ne doivent être au plus que de $\frac{1}{1250}$ à $\frac{1}{1520}$.

Il y a lieu de croire que l'on a reconnu le danger qu'il y avait eu à dépasser ainsi les limites de l'élasticité, car pour l'élévation des tubes du pont Britannia qui pesaient avec tous les apparaux 1 914 tonnes, tandis que ceux de Conway en pesaient 1 260, on employa d'un côté les deux presses qui avaient servi au pont de Conway et de l'autre une presse beaucoup plus forte. De sorte que la tension des chaînes des deux premières presses fut moindre pour ce second cas et réduite dans le rapport de 1260 à $\frac{1914}{2} = 957$, ou de 4 à 3, et par conséquent à $11^{kil},95$ environ par millimètre carré, ce qui est encore bien considérable, même pour des manœuvres temporaires.

50. *Observations relatives aux applications*. — S'il convient en général pour des constructions permanentes de borner les charges par millimètre carré à la moitié de celles qui correspondent à la limite d'élasticité, on peut néanmoins, dans des cas particuliers, lorsqu'il s'agit de pièces pour lesquelles la légèreté serait une condition de rigueur, et si l'on n'avait pas à craindre des efforts accidentels très-supérieurs aux efforts moyens, élever ces efforts aux trois quarts de ceux qui sont relatifs à cette limite; tel est le cas des colonnes en fer forgé des presses hydrauliques, qui ne supportent que momentanément l'effort maximum limite auquel elles sont soumises, et que l'on peut, par conséquent, exposer aux $\frac{3}{4}$ de la charge capable d'altérer l'élasticité ou à 9 kilogr. par millimètre carré de section.

Au contraire pour les pièces qui peuvent accidentellement être exposées à des efforts supérieurs à la valeur moyenne sur laquelle on a compté, il sera prudent de donner un excès de solidité.

C'est au constructeur à examiner avec attention les circonstances dans lesquelles il se trouve placé.

51. *Observations sur les efforts de traction auxquels il convient d'exposer les corps employés dans les constructions*. — Nous avons dit que presque toutes les constructions étant exposées à des vibrations ou à des chocs qui peuvent accidentellement augmenter de beaucoup les efforts moyens auxquels les corps sont habituellement exposés, il était prudent de calculer leurs dimensions en ne les soumettant qu'à des efforts égaux à la moitié de ceux qui produisent les allongements, au delà desquels l'élasticité commence à s'altérer. C'est ainsi que pour le fer doux en barres, dont la limite d'allongement par mètre est de $0^m,00066$ (n° 45) sous un effort de traction longitudinale de $12^{kil},205$ par millimètre carré de section, il conviendra de limiter les efforts moyens à 6^{kil},102.

Cette base de la proportion des charges, par la considération des limites de l'allongement, indiquée par M. Poncelet, est parfaitement rationnelle et se lie, autant qu'on peut le désirer, à l'observation des faits; mais malheureusement les expériences sur l'élasticité des corps sont beaucoup moins nombreuses que celles qui ont été exécutées sur la rupture, parce que l'on a longtemps considéré à tort l'observation des phénomènes de la rupture comme la plus importante pour l'art des constructions.

52. *Résultats d'observations sur la résistance des corps à la rupture par extension.* —Faute de documents assez complets sur l'élasticité des corps, nous sommes donc forcés de recourir aux expériences sur la rupture, quoique celles-ci offrent beaucoup moins de précision et de régularité que les premières.

De l'ensemble des faits observés, on a conclu que, quand un solide prismatique ou cylindrique est soumis à un effort de traction longitudinale, sa résistance à la rupture est à peu près proportionnelle à l'aire de sa section transversale. On a vu, aux n^{os} **10** et suivants, que les expériences citées de M. E. Hodgkinson et de Rondelet confirment à peu près cette conclusion.

L'observation des bonnes constructions a conduit aussi à admettre que les efforts permanents auxquels on peut soumettre les prismes ou les cylindres, ne doivent pas excéder

pour les bois, les pierres et les mortiers   1/10 ⎱
pour les métaux. . . . . 1/6   ⎰ de la charge de rupture.

C'est d'après cette base qu'a été formé le tableau suivant, qui indique les charges capables de produire la rupture par traction et celles que l'on peut faire supporter aux corps avec sécurité et d'une manière permanente, pour la plupart de ceux qui sont employés dans les constructions.

TABLE DES EFFORTS DE TRACTION LONGITUDINALE CAPABLES DE PRODUIRE LA RUPTURE ET DE CEUX QUE L'ON PEUT FAIRE SUPPORTER AUX DIFFÉRENTS CORPS AVEC SÉCURITÉ.

DÉSIGNATION DES CORPS.	EFFORT PAR MILLIMÈTRE CARRÉ	
	capable de produire la rupture.	qu'on peut faire supporter au corps avec sécurité.
BOIS.	kilogr.	kilogr.
Chêne dans le sens des fibres, fort..............	8,00	0,800
Chêne dans le sens des fibres, faible.............	6,00	0,600
Tremble dans le sens des fibres.............	6 à 7	0,60 à 0,70
Sapin, *idem*..................	8 à 9	0,80 à 0,90
Sapin des Vosges, *idem*..........	4,00	0,40
Pin silvestre des Vosges, *idem*........	2,48	0,240
Frêne, *idem*..........	12,00	1,20
Frêne des Vosges, *idem*........	6,78	0,678
Orme, *idem*............	10,40	1,04
Orme des Vosges, *idem*...........	6,99	0,699
Hêtre, *idem*...........	8,00	0,800
Teak, *idem*., employé aux constructions navales....	11,00	1,100
Buis, *idem*..............	14,00	1,400
Poirier, *idem*........	6,90	0,690
Acajou, *idem*..........	5,60	0,560
Tremble des Vosges, *idem*.........	7,20	0,720
Tremble, latéralement aux fibres, par glissement...	0,57	0,057
Sapin, *idem*...............	0,42	0,042
Chêne perpendiculairement aux fibres..........	1,60	0,160
Peuplier, *idem*........	1,25	0,125
Larix, *idem*.	0,94	0,094
Chêne ou sapin. { Pièces droites formées de morceaux assemblés par entailles ou crémaillères..	4,00	0,400
Arcs en planches de champ, ou en bois plié...........	3,00	0,300
MÉTAUX.		
Fer forgé { le plus fort, de petit échantillon......	60,00	10,00
ou étiré { le plus faible, de très-gros échantillon..	25,00	4,16
en barres, moyen........	40,00	6,66
Fer ou tôle { tiré dans le sens du laminage.........	41,00	7,00
laminée { tiré dans le sens perpendiculaire......	36,00	6,00

DÉSIGNATION DES CORPS.	EFFORT PAR MILLIMÈTRE CARRÉ	
	capable de produire la rupture.	qu'on peut faire supporter au corps avec sécurité.
	kilogr.	kilogr.
Tôles fortes, corroyées dans les deux sens........	35,00	6,00
Fer dit *ruban*, très-doux......................	45,00	7,50
Fil de fer non recuit, { moyen, de 1 à 3 millimètres de diamètre.	60,00	10,00
de l'Aigle, de 0^{mill},23 de diamètre......	90,00	15,50
le plus fort, de 0^{mill},5 à 1^{mill} de diamètre.	80,00	13,33
le plus faible, d'un grand diamètre.....	50,00	8,33
Fil de fer en faisceau ou câble..................	30,00	5,00
Chaînes en fer doux, { ordinaires, à maillons oblongs........	24,00	4,00
renforcées par des étançons..........	32,00	5,33
Fonte de fer grise, { la plus forte, coulée verticalement......	13,50	2,25
la plus faible, coulée horizontalement...	12,50	2,17
Acier { fondu ou de cémentation étiré au marteau, en petits échantillons..........	100,00	16,76
le plus mauvais, en gros échantillons, mal trempé.....................	36,00	6,00
moyen.....................	75,00	12,50
Bronze de canons, moyennement..................	23,00	3,83
Cuivre rouge { laminé, dans le sens de la longueur....	21,00	3,50
idem, de qualité supérieure..........	26,00	4,33
battu.....................	25,00	4,17
fondu.....................	13,40	2,33
Cuivre jaune ou laiton fin....................	12,60	2,10
Arcs ou pièces d'assemblage en fer forgé ou en fonte grise...................	25,20	4,20
Cuivre rouge en fil non recuit, { le plus fort, au-dessous de 1 millimètre de diamètre....................	70,00	11,76
moyen, de 1 à 2 millim. de diamètre....	50,00	8,33
idem, le plus mauvais............ ..	40,00	6,67
Cuivre jaune en fil non rec., { le plus fort, au-dessous de 1 millimètre de diamètre.....................	85,00	14,16
moyen, *idem*	50,00	8,33
Fil de platine, { écroui, non recuit de 0^{mill},127 de diam..	116,00	19,33
idem, recuit....................	34,00	5,67
Étain fondu.....................	3,00	0,50
Zinc fondu.....................	6,00	1,00
Zinc laminé.....................	5,00	0,833

DÉSIGNATION DES CORPS.	EFFORT PAR MILLIMÈTRE CARRÉ	
	capable de produire la rupture.	qu'on peut faire supporter au corps avec sécurité.
	kilogr.	kilogr.
Plomb fondu	1,28	0,213
Plomb laminé	1,35	0,225
Fil de plomb de coupelle, fondu, passé à la filière, de 4 millimètres de diamètre	1,36	0,227
CORDES.		
Aussières et grelins en chanvre de Strasbourg, de 13 à 14 millimètres de diamètre	8,80	4,40
idem, en chanvre de Lorraine	6,50	3,25
idem, en chanvre de Lorraine ou de Strasbourg, de 23 millimètres de diamètre	6,00	3,00
idem, de Strasbourg, de 40 à 54 mill. de diamètre	5,50	2,75
Cordages goudronnés	4,40	2,20
Vieille corde, de 23 millimètres de diamètre	4,20	2,10
Courroie en cuir noir	»	0,20
PIERRES.		
Basalte d'Auvergne	77,00	7,70
Calcaire de Portland	60,00	6,00
idem, blanc à grains fins et homogènes	14,40	1,44
idem, à tissu compacte, lithographique	30,80	3,08
idem, à tissu arénacé, sablonneuse	22,90	2,29
idem, à tissu oolithique	13,70	1,37
Briques { de Provence, très-bien cuites	19,50	1,95
Briques { ordinaires, faibles	8,00	0,80
Plâtre { gâché, ferme	11,70	1,17
Plâtre { gâché, moins ferme	5,80	0,58
Plâtre { fabriqué à la manière ordinaire	4,00	0,40
Mortiers { en chaux grasse et sable de quatorze ans	4,20	0,42
Mortiers { *idem*, mauvais	0,75	0,075
Mortiers { en chaux hydraulique ordinaire et sable	9,00	0,90
Mortiers { en chaux éminemment hydraulique	15,00	1,50
Mortiers { ciment de Pouilly, d'un an	9,60	0,96

L'usage de ce tableau ne présente aucune difficulté, et quand on connaîtra la charge de traction à faire supporter à un corps, on en déduira facilement l'aire superficielle de sa section transversale en millimètres carrés. Si par exemple il s'agit d'une corde destinée à soutenir un poids ou une tension de 600 kilogr., la charge qu'on peut lui faire supporter avec sécurité étant de $3^{kil},25$ par millimètre carré pour les diamètres moyens, l'aire de sa section devra être de $\dfrac{600}{3,25} = 185$ millimètres carrés et le diamètre $d = \sqrt{185 \times 1,273} = 15^{mil},3$. Mais si la corde est longue, on devra prendre des précautions pour qu'elle ne se détorde pas, ce qui peu à peu l'affaiblirait et pourrait amener sa rupture.

RÉSISTANCES VIVES D'ÉLASTICITÉ ET DE RUPTURE.

53. *Résistance vive d'élasticité.* — Puisque les corps s'allongent sous l'action des forces qui les tirent dans le sens de leur longueur, leur résistance à cet allongement développe, pour chaque élément de l'allongement total, une quantité de travail, mesurée par le produit de l'effort exercé et de cet allongement.

La quadrature des courbes analogues à celles qui sont représentées (pl. I, fig. 1), dont les ordonnées sont les efforts exercés et dont les abscisses sont les allongements ou les chemins parcourus dans la direction de ces efforts, nous donnerait la valeur de ce travail pour un allongement donné.

Cette quadrature effectuée depuis le commencement des allongements jusqu'à celui qui correspond à la limite d'élasticité, donne le travail développé dans cet intervalle par la résistance du corps ; M. Poncelet a donné à ce travail le nom de *résistance vive d'élasticité*, et il le désigne par la lettre T_e.

Si l'on pousse la quadrature jusqu'à l'effort ou à l'allongement qui a lieu au moment de la rupture, on aura le travail total qui a été nécessaire pour rompre le corps, travail que le même auteur nomme *résistance vive de rupture*, et qu'il représente par la lettre T_r pour le mètre de longueur et l'unité de section superficielle.

On remarquera de suite que le travail T_e ou la résistance vive d'élasticité est donnée par l'aire du triangle dont la base est l'allongement par mètre correspondant à la limite d'élasticité, multiplié par la longueur L du corps, et dont la hauteur est l'effort correspondant à cette limite, ce qui donne pour chaque millimètre carré le travail $\frac{1}{2}PiL = \frac{1}{2}ELi^2$ à cause de $P = Ei$, et pour la section A, exprimée en mètres carrés, $T_e = \frac{1}{2}EALi^2$.

On voit que plus ce produit sera considérable, plus le corps sera susceptible de conserver son élasticité sous l'action des efforts qui tendent à l'allonger.

Un coup d'œil jeté sur les courbes de la figure 1 (pl. I) montre que les fers durs offrent une résistance vive d'élasticité beaucoup plus considérable que les fers tendres.

54. *Résistance vive de rupture.* —Si l'on étend la quadrature à la surface totale des courbes limitées par l'ordonnée qui correspond à la rupture, on voit que cette surface qui représente le travail développé pour produire la rupture est beaucoup plus considérable pour les fers doux que pour les fers durs, ce qui montre l'avantage et la sécurité qu'offrent les fers doux pour tous les cas où les pièces sont exposées à des chocs ou à des efforts accidentels.

55. *Application des considérations précédentes.* — Pour montrer par des exemples l'utilité des considérations précédentes, si nous en faisons l'application aux trois séries d'expériences représentées par les courbes A*aaa*, A*bbb*, A*ccc* (pl. I, fig. 1), respectivement relatives aux fers doux, très-ductiles, au fer dur recuit et au fer dur non recuit, nous trouvons que les allongements du premier, étant proportionnels aux efforts de traction jusqu'à la charge de 16 kilogr. au plus par millimètre de section et l'allongement par mètre courant étant $i = 0^m,00086$, le travail de la résistance élastique ou sa résistance vive d'élasticité a pour valeur par millimètre carré de section :

$$T_e = \tfrac{1}{2} Pi = \tfrac{1}{2} \times 16^{kil},00 \times 0^m,00086 = 0^{k.m},00688.$$

S'il s'agissait d'une barre de fer rond de $6^m,00$ de longueur et de $0^m,030$ de diamètre ou de 707 millimètres carrés de section, le travail ou sa résistance vive serait :

$$T_e AL = 0^{k.m},00688 \times 6 \times 707 = 29^{k.m},18496.$$

Par exemple, si un corps de poids Q tombant d'une hauteur H devait dans sa chute être brusquement arrêté par cette barre, le travail développé sur ce corps par la pesanteur, ou la moitié de sa force vive $\tfrac{1}{2}\dfrac{Q}{g} v^2 = QH$, devant être détruit par la résistance de cette barre, il faudrait, pour que l'élasticité de celle-ci ne fût pas altérée, que le produit QH n'excédât pas $29^{k.m},18$; ainsi, un poids de 1000 kilogr. tombant d'une hauteur de $0^m,02918$ développerait le travail au delà duquel l'élasticité de cette barre serait altérée.

La quadrature de la surface totale, limitée par la courbe Aaaa, ou la résistance vive de rupture, donnerait $T_r = 4^{k.m},497$ par mètre de longueur et par millimètre carré de section, ce qui montre que pour le fer ductile employé dans l'expérience de M. Bornet, la résistance vive de rupture a été égale à plus de 650 fois sa résistance vive d'élasticité.

L'application à la barre de $6^m,00$ de long sur $0^m,030$ de diamètre, donnerait pour la résistance vive de cette barre à la rupture, la valeur

$$T_r AL = 4^{k.m},497 \times 707^{mil} \times 6 = 19\,076^{k.m},27,$$

d'où résulte qu'un poids de 1000^{kil} devrait tomber de $19^m,076$ pour produire la rupture de cette barre. On voit par cet exemple que le fer doux ne se rompt qu'après avoir détruit une force vive ou avoir développé un travail résistant bien supérieur à celui qui suffirait pour altérer son élasticité.

56. En faisant la quadrature analogue pour les fils de fer durs recuits et non recuits, M. Poncelet a trouvé pour

Le fer dur recuit $T_e = 0^{k.m},00662$, $\qquad T_r = 0^{k.m},500$,

Le fer non recuit $T_e = 0^{k.m},00585$, $\qquad T_r = 0^{k.m},6810$.

Ce qui montre que pour les fers durs non recuits le travail correspondant à la rupture est beaucoup plus voisin du travail correspondant à l'altération de l'élasticité que pour les mêmes fers recuits et surtout pour les fers doux, et que par conséquent si les fers durs présentent l'avantage de conserver leur élasticité plus longtemps, ou sous de plus fortes charges que les fers doux, ils offrent l'inconvénient d'être beaucoup plus fragiles par l'effet des chocs.

On doit en effet se rappeler que toute force vive est égale au double du travail nécessaire pour la produire ou pour l'éteindre, et que l'effort susceptible de développer ce travail est d'autant plus faible, que le chemin parcouru dans sa direction propre est plus grand. De là résulte évidemment que les corps extensibles, tels que les fers doux, présentent pour la résistance à des chocs plus de sécurité que les corps durs et rigides. C'est ainsi que pour les chaînes d'attelage, les câbles en fer de la marine, etc., on doit préférer les fers les plus doux aux fers les plus durs.

DEUXIÈME PARTIE.

RÉSISTANCE DES CORPS SOLIDES
A LA COMPRESSION.

57. Les effets qui sont produits sur les corps solides par des efforts de compression dépendent essentiellement de la constitution de ces corps et de leurs proportions. S'ils sont grenus, comme les pierres calcaires compactes ou la fonte, ils s'écrasent en se fendillant, et les expériences de Coulomb sur les pierres, ainsi que celles de M. Vicat sur le plâtre, montrent que, dans ce cas, les cubes se partagent en pyramides dont la base est la face inférieure du cube, et dont le sommet se trouve à son centre. La fonte même, d'après les expériences de M. Hodgkinson, présente des formes de rupture analogues. Mais quand il s'agit de corps fibreux, tels que les bois comprimés dans la longueur des fibres, il faut distinguer le cas où ils sont courts et celui où leur longueur excède huit à dix fois le côté de la base : dans le premier, les fibres refoulées s'écartent, le corps se renfle en tous sens vers le milieu sans fléchir ; dans le second, il y a d'abord compression, quelquefois aussi gonflement, mais au delà d'un certain terme le corps fléchit, cède et se rompt.

La plupart des expériences entreprises par les ingénieurs qui se sont occupés de cette matière, ne sont, en général, relatives qu'à la résistance à la rupture, et non pas à la mesure de la compression éprouvée par les corps. Sous ce rapport elles sont donc incomplètes, et ce n'est qu'à défaut d'autres expériences plus concluantes, que nous les reproduirons ici. Cependant il a été fait récemment, sur la compression de la fonte et du fer, de très-intéressantes recherches dues à M. E. Hodgkinson; nous en discuterons plus loin les résultats.

Résistance des bois à la compression.

58. *Expériences sur la résistance des bois à la compression dans le sens de la longueur des fibres.* — M. Rondelet dit que d'après un grand nombre d'expériences, dont il ne rapporte pas les éléments, un cube de bois de chêne chargé debout, c'est-à-dire comprimé dans le sens de la longueur de ses fibres, ne s'écrase que sous une charge de 384^{kil},7 à 461^{kil},6 par centimètre carré de superficie, et un cube de sapin sous une charge de 438^{kil},6 à 461^{kil},6.

Il ajoute que des cubes de chacun de ces bois mis en expérience ont diminué de hauteur, en se refoulant sans se désunir, ceux en bois de chêne de plus d'un tiers, ceux en sapin de moitié.

La résistance des supports en bois diminue dès qu'ils commencent à plier, parce qu'alors, outre la compression longitudinale, l'effort auquel ils sont soumis tend à exercer, autour de celle de leurs extrémités qui est fixe, un mouvement de rotation dont le bras de levier est d'autant plus grand que la flexion s'accroit elle-même davantage.

M. Rondelet fixe ainsi qu'il suit le décroissement de la résistance dont sont susceptibles les poteaux à mesure que leur hauteur augmente, en prenant pour unité la résistance du cube :

Rapport de la hauteur au côté de la base	1	12	24	36	48	60	72
Rapport des résistances	1	$\frac{5}{6}$	$\frac{1}{2}$	$\frac{1}{3}$	$\frac{1}{6}$	$\frac{1}{12}$	$\frac{1}{24}$

En partant ainsi de la charge d'écrasement, estimée à 420 kilogr. par centimètre carré pour le chêne et le sapin de la meilleure qualité, et en proportionnant les solides de hauteurs différentes d'après la règle posée par M. Rondelet, on forme le tableau suivant :

Rapport de la hauteur à la dimension transversale....................	1	12	24	36	48	60	72
Rapport des résistances............	1	$\frac{5}{6}-$	$\frac{1}{2}$	$\frac{1}{3}$	$\frac{1}{6}$	$\frac{1}{12}$	$\frac{1}{24}$
Résistance à l'écrasement pour le chêne et le sapin, en kil. par cent. carré..	420	350	210	140	70	35	17,5

On a représenté graphiquement (p. I, fig. 17) ces éléments en prenant pour abscisses les rapports des longueurs ou hauteurs à la plus petite dimension et pour ordonnées les charges de rupture, puis on a fait passer par tous les points ainsi déterminés une courbe représentant la loi continue qui les lie.

A l'aide de cette courbe, régularisée dans la partie supérieure, on a modifié les chiffres qui résultent de la règle de Rondelet et obtenu les résultats suivants.

Rapport des hauteurs à la plus petite dimension	1	12	14	16	18	20	22	24	28	32	36	40	48	60	72
harges de rupture en kilog. par cent. car. d'après Rondelet	420	310	292	276	258	243	227	212	183	156	132	108	72	38	17,5

Pour passer de ces données relatives à la rupture des poteaux en bois par compression, à la détermination des charges qu'on peut leur faire supporter avec sécurité d'une manière permanente, M. Rondelet, admettant que dans certaines circonstances les charges supportées peuvent s'élever au double ou au triple de la charge normale, donnait pour règle qu'il n'est pas prudent de charger un poteau de chêne, d'une hauteur égale à deux fois le côté de sa base, de plus de 48 kilogr. par centimètre carré de sa base, et un poteau d'une hauteur égale à quinze fois le côté de sa base de plus de 38^{kil},10 par centimètre carré.

En comparant ces charges avec celles de rupture par compression que l'on déduit du tracé et qui seraient respectivement égales à 330 kilogr. et à 285 kilogr. par centimètre carré, on voit que le célèbre architecte admettait que les charges permanentes des poteaux en bois pouvaient s'élever à $\frac{1}{7}$ environ de celles de rupture par compression.

Si l'on adoptait cette proportion pour des bois de bonne

qualité, d'essence de chêne ou de sapin, on pourrait, d'après ce qui a été dit plus haut, en prenant le septième des charges d'écrasement, déterminer les charges permanentes à faire supporter aux poteaux en bois et en former le tableau suivant :

POIDS DONT ON POURRAIT, D'APRÈS RONDELET, CHARGER AVEC SÉCURITÉ LES POTEAUX EN BOIS.

Rapp^t de la hauteur à la plus petite dimension $\frac{l}{b}$	12	14	16	18	20	22	24	28	32	36	40	48	60	72
Charges en kilog. Par cent. carré.	44,3	42,0	39,4	37,0	35,0	32,7	30,0	26,0	22,0	19,1	15,4	10,2	5,4	2,5

Mais l'on verra plus loin que cette gradation des charges doit être modifiée.

59. *Expériences de M. E. Hodgkinson sur la résistance des bois à l'écrasement.* — Ce savant expérimentateur a soumis à des efforts de compression douze cylindres en bois de teak de $\frac{1}{2}$, 1 et 2 pieds anglais de diamètre et de hauteur double de leur diamètre ; savoir quatre de chaque dimension, les huit derniers étant pris dans la même pièce de bois ; la pression était exactement dirigée dans le sens des fibres.

Les résultats de ces expériences sont consignés dans le tableau suivant :

CHARGES D'ÉCRASEMENT DES CYLINDRES EN BOIS DE TEAK.

DIAMÈTRE DES CYLINDRES 0^m,0127.			DIAMÈTRE DES CYLINDRES 0^m,0254.			DIAMÈTRE DES CYLINDRES 0^m,0508.		
CHARGES			CHARGES			CHARGES		
observées.	moyennes.	en kil. par cent. q.	observées.	moyennes.	en kil. par cent. q	observées.	moyennes.	en kil. par cent. q.
liv.	liv.	kil.	liv.	liv.	kil.	liv.	liv.	kil.
2 335			10 507			38 909		
2 543	2 439	872,83	9 499	10 171	900,78	39 721	40 304	910,65
2 543			10 507			41 294		
2 335			10 171			41 294		

On voit par ces résultats que les charges d'écrasement ont varié à très-peu près entre elles comme les surfaces des bases des cylindres, puisque la moyenne générale des résistances par centimètre carré, égale à 894^{kil},75, ne diffère des moyennes partielles que de $\frac{1}{40}$ à $\frac{1}{60}$ de sa valeur. Elles sont d'ailleurs beaucoup plus fortes que celles qu'indique Rondelet.

Le même observateur rapporte dans le XLe volume des *Transactions philosophiques* les résultats suivants d'un grand nombre d'autres expériences sur la résistance des bois de diverses essences, façonnés en cylindre de 25^{mill},4 de diamètre sur 50^{mill},8 de hauteur, à bases plates. Les premiers chiffres sont relatifs à l'état moyen de dessiccation et les seconds à l'état de sécheresse auquel les échantillons étaient parvenus après deux mois de séjour dans une espèce d'étuve.

RÉSISTANCE DES BOIS A L'ÉCRASEMENT.

ESSENCE DES BOIS.	CHARGE PAR CENTIM. CARRÉ QUI PRODUIT L'ÉCRASEMENT.	
	Bois à l'état ordinaire de sécheresse.	Bois très-sec.
	kil.	kil.
Aune	480,065	489,130
Frêne	610,218	658,000
Laurier	528,346	528,346
Hêtre	543,455	658,000
Bouleau d'Amérique	»	819,645
Bouleau d'Angleterre	231,705	449,916
Cèdre	398,754	412,035
Pommier sauvage	456,733	502,343
Sapin rouge	403,955	462,847
Sapin blanc	476,550	512,545
Sureau	523,637	700,877
Orme	»	726,036
Sapin de Prusse	456,733	479,222
Horn beam	318,568	512,252
Acajou	576,134	576,134
Chêne de Québec	297,344	421,102
Chêne anglais	455,679	706,850
Chêne de Dantzick très-sec	»	543.315
Pin résineux	477,184	477,184
Pin jaune rempli de térébenthine	377,740	382,600
Pin rouge	379,147	528,346
Peuplier	218,372	360,101
Prunier sec	256,794	»
Prunier sec	579,152	737,420
Sycomore	497,705	»
Teak	»	850,357
Larix	224,958	391,304
Noyer	426,092	507,895
Saule	202,961	430,660

Les résultats de ces expériences sont nombreux et importants, et ils montrent, comme Rondelet l'avait observé, que le sapin et le chêne, à l'état de dessiccation ordinaire, offrent à très-peu près la même résistance à l'écrasement. Mais on remarquera que la résistance du sapin ne paraît pas augmenter avec l'accroissement de la dessiccation, tandis que celle du chêne devient, au contraire, beaucoup plus considérable, ce qui en définitive doit faire préférer le chêne pour les piliers ou poteaux destinés à des constructions permanentes.

60. *Expériences de M. G. Rennie.* — D'après cet ingénieur anglais, la résistance d'un cube de bois debout à l'écrasement est pour :

le chêne anglais.......	$271^{kil},3$ par centimètre carré ;	
le sapin blanc........	134 ,8	*id.*
le pin d'Auvergne.....	112 ,8	*id.*
l'orme..............	90 ,24	*id.*

Ces résultats sont bien inférieurs à ceux que M. Rondelet a obtenus ; mais les expériences de M. Hodgkinson montrant l'énorme influence de l'état de siccité des bois, l'on ne doit pas s'étonner de semblables divergences, et l'accord du chiffre $271^{kil},3$, obtenu par M. Rennie, avec celui de 297 kilogr. que M. Hodgkinson a déduit de ses expériences sur le chêne de Québec incomplétement desséché, donne lieu de penser que les bois éprouvés par M. Rennie étaient dans ce dernier cas.

61. *Expériences de M. E. Hodgkinson sur les poteaux en bois.* — Les expériences de ce savant observateur sur la résistance des poteaux en bois sont malheureusement bien moins nombreuses que celles qu'il a exécutées sur la fonte, quoique la grande flexibilité de cette substance pût permettre de mieux observer la marche des flexions par rapport aux charges, et d'en déduire des conséquences utiles.

D'après la comparaison des résultats de ses essais avec les

équarrissages et les longueurs des supports à section carrée et à bases plates, l'auteur conclut que ces résultats, relatifs au chène de Dantzick, sont représentés par la formule

$$P^{liv} = 25313 \cdot \frac{b^4}{l^2} ,$$

dans laquelle b est le côté de la section carrée exprimé en pouces, et l la hauteur en pieds anglais.

En traduisant cette formule en mesures métriques, elle devient

$$P^{kil} = 2565 \cdot \frac{b^4}{l^2} ,$$

b étant exprimé en centimètres, et l en décimètres.

Dans le cas où les poteaux ne seraient pas à section carrée, en nommant a la plus grande dimension transversale, et b la plus petite, la formule serait

$$P^{kil} = 2565 \cdot \frac{ab^3}{l^2}.$$

Si nous calculons par cette formule la résistance de ceux des échantillons soumis à l'expérience par M. E. Hodgkinson, qui étaient sans défaut et dont les bases planes étaient bien posées sur leur lit, nous trouvons, entre les résultats de la formule et ceux de l'expérience, un accord assez satisfaisant, comme on peut le voir au tableau suivant.

EXPÉRIENCES SUR DES POTEAUX EN BOIS DE CHÊNE DE DANTZICK, A BASES PLATES, PRIS DANS UNE PIÈCE DE CHOIX COUPÉE DEPUIS NEUF MOIS ENVIRON.

HAUTEUR.	COTÉ du CARRÉ.	CHARGE DE RUPTURE	
		OBSERVÉE.	CALCULÉE.
décim.	centim.	kilogr.	kilogr.
15,37	4,45	4360	4257
11,70	2,59	793	843
11,70	3,81	3560	3948

Malgré l'accord que ces résultats paraissent présenter entre la formule et l'expérience, l'on ne doit pas se dissimuler que ces expériences sont encore bien peu nombreuses.

On remarquera d'ailleurs que ces résultats se rapportent à des bois de petite section transversale, dont la hauteur a varié de 30 à 45 fois leur équarrissage.

62. *Formules pratiques pour les poteaux en bois.* Si l'on admettait que les poteaux en bois ne dussent pas être chargés de plus du dixième du poids capable de les rompre par flexion, la formule deviendrait pour les poteaux :

à section carrée,
$$P = 256{,}5 . \frac{b^4}{l^2} ,$$

à section rectangulaire,
$$P = 256{,}5 . \frac{ab^3}{l^2} .$$

63. *Application au magasin aux blés de la Villette.* — Il existe à Paris, depuis douze à quinze ans, au bassin de la Villette, un vaste magasin construit par M. Vuignier, ingénieur civil, pour recevoir des blés, et qui peut nous offrir une comparaison intéressante avec les résultats de ces formules.

Ce magasin a 56^m,5 de longueur sur 34 mètres de largeur dans œuvre, et 21 mètres de hauteur sous l'entrait. Il est partagé en sept étages y compris le rez-de-chaussée. Chaque étage a une superficie de 1921 mètres carrés, excepté le rez-de-chaussée, dans lequel pénètre un canal qui permet l'arrivée des bateaux chargés au centre de l'édifice. Mais il faut déduire de la surface de chaque étage environ 400 mètres pour les passages, ce qui la réduit à peu près à 1500 mètres disponibles pour recevoir le blé.

Les travées ont 3^m,80 d'entre axe, et les poteaux sont disposés sur des lignes distantes aussi de 3^m,80 : de sorte que la surface de chaque étage est soutenue par 144 poteaux, qui portent la charge indépendamment des murs.

Le blé y est déposé en tas de 1^m,20 au plus de hauteur, à raison de 12996 kilogr. ou 173^{hect},28 au maximum par poteau, ou environ 12 hectolit. par mètre carré ; de sorte que ce magasin peut recevoir, et a effectivement contenu, à certaines époques, 18000 hectolitres de blé par étage, et dans ses six étages superposés, environ 90000 à 100000 hectolitres. Chacun des poteaux est maintenu à sa base entre deux poutres moisées avec lesquelles il est fortement boulonné, et son extrémité repose sur la face supérieure d'un chapeau en fonte qui coiffe le poteau inférieur. Ce chapeau emboîte la tête des poteaux, et est fortement relié avec les poutres de l'étage supérieur.

Il résulte de cet assemblage simple et très-solide (pl. I, fig. 18), que tous les supports, du haut en bas du bâtiment, et toutes les poutres qui les maintiennent, sont parfaitement reliés, et ne peuvent dévier, les premiers de la verticale, les autres de l'horizontale.

La charge des poteaux du cinquième étage, qui portent l'étage supérieur, se compose ainsi qu'il suit :

Blé.........................	12996 kilogr.
Poids du plancher en chêne.......	421
Poids des solives................	582
Deux poutres jumelles moisées....	260
	14259 kilogr.

L'équarrissage de ces poteaux est de $0^m,22$ sur $0^m,20$; leur section a 440 centimètres carrés. La charge par centimètre carré est donc de $\dfrac{14259}{440} = 33$ kilogr.

La hauteur des poteaux étant de $2^m,50$, ou 12,5 fois la plus petite dimension, on voit que, d'après le tableau du n° 58, ils sont peu chargés et auraient pu être plus faibles.

Ceux du quatrième étage, qui supportent deux fois la même charge, plus le poids du poteau supérieur, évalué à 100 kilogr. environ avec ses ferrures, sont chargés de

$$2 \times 14259^{kil} + 100^{kil} = 28618^{kil}.$$

Leur équarrissage est de $0^m,24$ sur $0^m,20$; leur section a

480 centimètres carrés. La charge par centimètre carré est donc de $\dfrac{28618}{480} = 60$ kilogr.

Leur hauteur étant aussi de $2^m,50$, ou 12,5 fois la plus petite dimension, on voit qu'ils sont plus chargés que le tableau précédent ne l'indique, dans le rapport de 60 à 45.

Les poteaux du rez-de-chaussée ont à supporter la charge des six étages supérieurs, ou

$$6 \times 14259^{kil} + 600^{kil} = 86200^{kil}.$$

Ils n'ont que $0^m,35$ sur $0^m,20$ d'équarrissage, ou 700 centimètres carrés de section. La charge par centimètre carré est donc de $\dfrac{86200}{700} = 123$ kilogr.

Leur hauteur est $3^m,20$, ou 16 fois la plus petite dimension. Le tableau du n° 58 n'indiquant pour ce cas qu'une charge de $39^{kil},4$ par centimètre, on voit que ces poteaux ont pu supporter sans accident une charge triple de celle qu'indiquerait le tableau déduit des données de Rondelet.

Appliquons maintenant la formule du n° **61** au calcul des charges que ces poteaux pourraient supporter d'après leurs dimensions, puis, à l'inverse, à celui des dimensions qu'il eût été convenable de leur donner d'après les charges.

64. *Application de la formule du n° **61** aux poteaux du magasin de la Villette.* — Pour comparer les résultats donnés par ces formules avec la construction remarquable et éprouvée du magasin de la Villette, nous calculerons d'abord les charges que les poteaux de ce magasin pourraient porter, ensuite les dimensions qu'il aurait fallu leur donner d'après les charges réelles maximum auxquelles ils peuvent être soumis.

Cinquième étage. Les poteaux ont les dimensions suivantes (n° **63**) :

$$a = 22^{cent}, \quad b = 20^{cent}, \quad l = 25^{dec} ;$$

on en déduit

$$P = 256,5 \times \frac{22 \times \overline{20}^3}{\overline{25}^2} = 72230^{kil}.$$

La charge maximum n'est que de 14259 kilogr.; les poteaux de cet étage seront donc trop forts.

Au quatrième étage on a :

$$a = 24^{\text{cent}}, \quad b = 20^{\text{cent}}, \quad l = 25^{\text{dec}};$$

on en déduit

$$P = 256,5 \times \frac{24 \times \overline{20}^3}{\overline{25}^2} = 78797^{\text{kil}}.$$

La charge maximum n'est que de 28618 kilogr.

Au rez-de-chaussée on a :

$$a = 35^{\text{cent}}, \quad b = 20^{\text{cent}}, \quad l = 32^{\text{dec}};$$

on en déduit

$$P = 256,5 \times \frac{35 \times \overline{20}^3}{\overline{32}^2} = 70180^{\text{kil}}.$$

La charge maximum s'est élevée à 86200 kilogr., sans qu'il en soit résulté d'accident.

Si nous calculons les dimensions qu'il eût été convenable, d'après les formules, de donner aux poteaux de ces trois étages, en les supposant à section carrée, nous trouvons :

Pour le cinquième étage,

$$b^4 = \frac{14259 \times \overline{25}^2}{256,5}, \quad \text{d'où} \quad b = 13^{\text{cent}},6;$$

pour le quatrième étage,

$$b^4 = \frac{28618 \times \overline{25}^3}{256,5}, \quad \text{d'où} \quad b = 16^{\text{cent}},25;$$

pour le rez-de-chaussée,

$$b^4 = \frac{86200 \times \overline{32}^2}{256,5}, \quad \text{d'où} \quad b = 24^{\text{cent}},22.$$

Cette comparaison, et surtout celle qui se rapporte au rez-de-chaussée de ce magasin, montre qu'entre certaines limites, les formules pratiques déduites des expériences de M. E. Hodgkinson pourraient être admises. Nous reviendrons plus loin sur leur application.

65. *Expériences sur des poteaux de sapin rouge.* — Le même auteur a exécuté quelques expériences sur des pièces de sapin rouge, ayant toutes $14^{dec},74$ de longueur, et dont la section transversale avait les dimensions suivantes :

1re pièce, $a = b = 5^{cent},08$; charge de rupture, $P = 5440^{kil}$;

2e pièce, $a = 7^{cent},2$, $b = 3^{cent},6$ .... $P = 3490^{kil}$;

$3^{\bullet}$ pièce, $a = 8^{cent},82$, $b = 2^{cent},94$ .... $P = 1975^{kil}$.

Les deux dernières pièces se sont rompues par flexion, perpendiculairement au côté le plus large.

En comparant les charges de rupture avec les dimensions a, b et l, au moyen de la formule

$$P = K . \frac{ab^3}{l^2},$$

dans laquelle K serait un coefficient constant, on trouve, pour les valeurs de K :

Pour la première pièce............ $K = 2234^{kil},3$,

la deuxième pièce............ $K = 2276\ ,2$,

la troisième pièce .... $K = \underline{1914\ ,6}$,

Moyenne.......... $K = 2141\ ,7$;

de sorte que les résultats de ces expériences seraient représentés par la formule

$$P = 2142 . \frac{ab^3}{l^2} \quad \text{ou} \quad P = 2142 . \frac{b^4}{l^2},$$

selon que les pièces seraient à section rectangulaire ou à section carrée.

Ces expériences vérifient donc aussi la loi exprimée par la formule du n° **61**, et montrent que le sapin rouge, employé comme poteau ou pour résister à la compression, est moins fort que le chêne dans le rapport de 2142 à 2565, ou de 0,84, à 1,00 tandis que l'on avait admis jusqu'ici que le sapin rouge résistait plus que le chêne. On remarquera que dans ces expériences, le rapport de la longueur des pièces à leur plus petite dimension transversale a varié depuis 29 jusqu'à 50.

En continuant à admettre que les charges permanentes ne doivent pas excéder le dixième de celles de rupture, les formules pratiques à employer pour calculer les dimensions des poteaux en sapin rouge seraient, pour les pièces à section :

carrée,
$$P = 214^{kil},2 \cdot \frac{b^4}{l^2};$$

rectangulaire,
$$P = 214^{kil},2 \cdot \frac{ab^3}{l^2};$$

dans lesquelles a et b sont toujours exprimés en centimètres et l en décimètres.

Si d'ailleurs l'on se reporte au tableau du n° **59**, on verra qu'il n'y a pas de différence notable entre la résistance à l'écrasement du sapin rouge et du sapin blanc, celui-ci paraissant même un peu plus fort. Il en est de même du pin résineux, de sorte que les formules ci-dessus pourront être adoptées pour ces différents bois.

Il y a cependant une différence notable entre les sapins des Vosges et certaines espèces de chênes qui sont moins résistants que d'autres bois de même essence ; et il y a lieu d'en tenir compte.

66. *Formules pratiques pour les poteaux en bois.* — D'après ces considérations, l'on établirait les formules pratiques suivantes :

NOMS DES BOIS.	PIÈCES A SECTION	
	CARRÉE.	RECTANGULAIRE.
Chêne fort............	$P = 256,5 \cdot \dfrac{b^4}{l^2}$	$P = 256,5 \cdot \dfrac{ab^3}{l^2}$
Chêne faible..........	$P = 180 \cdot \dfrac{b^4}{l^2}$	$P = 180 \cdot \dfrac{ab^3}{l^2}$
Sapin rouge et blanc fort et Pin résineux..	$P = 214,2 \cdot \dfrac{b^4}{l^2}$	$P = 214 \cdot \dfrac{ab^3}{l^2}$
Sapin blanc faible et Pin jaune...............	$P = 160 \cdot \dfrac{b^4}{l^2}$	$P = 160 \cdot \dfrac{ab^3}{l^2}$

67. *Comparaison des résultats fournis par les règles déduites des données de Rondelet et des expériences de M. E. Hodgkinson.* — Pour chercher à déduire de ce qui précède des règles pratiques que l'on puisse employer avec sécurité, si nous appliquons la formule relative au chêne fort à un poteau de 15 centimètres d'équarrissage, par exemple, en faisant varier sa hauteur, nous formerons le tableau suivant :

Rapp^t de la hauteur des poteaux carrés à leur équarrissage	12	14	16	18	20	24	28	32	36	40	48	60	72
Charges par cent. carré en kil.	178	131	100	79	61	44,5	32,8	25	19,8	16,0	11,1	7,1	4,9

Prenant ensuite les rapports des hauteurs à l'équarrissage pour abscisses, comme au n° **58**, et les charges par centimètre carré pour ordonnées, nous tracerons, sur la figure **19** (pl. I), la courbe qui représentera la loi exprimée par la formule déduite des expériences de **M. E. Hodgkinson.**

Or, l'examen de cette courbe comparée à celle que nous avons tirée des données de Rondelet, montre d'abord qu'elles s'accordent à très-peu près entre les limites 30 et 45 du rapport des hauteurs aux équarrissages, et que, pour des valeurs ou des hauteurs plus grandes, la formule donne des charges encore à peu près les mêmes que celles de Rondelet. Il n'y a que pour des hauteurs notablement inférieures à **30** fois l'équarrissage, que la formule du n° **62** donne des charges bien plus grandes que celles de la règle déduite des données de Rondelet.

Mais si l'on se reporte à l'application que nous avons faite, aux n^{os} **63** et **64**, de la formule aux poteaux du rez-de-chaussée du magasin aux blés de la Villette, qui, avec un équarrissage de 31 centimètres sur 20, et une hauteur de 32 décimètres, égale à 16 fois la plus petite dimension transversale, ont supporté à plusieurs reprises, depuis plus de douze ans, et pendant des temps assez longs, une charge de 86200 kilogr., ou de $\frac{86200}{700} = 123$ kilogr. par centimètre carré, tandis que pour cette proportion, la formule ne revient qu'à une charge de 100 kilogr., l'on sera sans doute porté à en conclure avec nous que, même à cette limite de hauteur, la formule conduit à des charges que la pratique peut admettre.

D'après l'ensemble de cette discussion, nous croyons que, pour des hauteurs de poteaux comprises dans les limites ordinaires de 12 à 60 fois environ le côté de l'équarrissage ou la plus petite dimension transversale, les formules pratiques du n° **66** peuvent être employées avec sécurité.

68. *Usage des formules du n° 66.* — Les formules pratiques du n° **66** sont d'un emploi trop facile pour qu'il soit nécessaire d'entrer à ce sujet dans aucun détail. Il suffira d'en donner une application.

Supposons, par exemple, qu'il s'agisse de déterminer l'équarrissage d'un poteau à section carrée, en chêne fort, devant avoir 5 mètres de hauteur, et destiné à supporter une charge de 12000 kilogr.

La formule à employer est alors

$$P = 256,5 \cdot \frac{d^4}{l^2},$$

dans laquelle $P = 12000$ kilogr., $l = 50$ décimètres.

Elle donne :

$$d^4 = \frac{12000 \times \overline{50}^2}{256,5} = 116960; \quad \text{d'où} \quad d = 18^{\text{cent}},5.$$

Nous ne saurions d'ailleurs trop insister sur l'avantage qu'offrent, pour la solidité et la stabilité des constructions, les bons assemblages et les moyens de liaison invariable des différentes parties des charpentes.

69. *Pilots.* — Les pilots, contenus de tous côtés par le sol dans lequel ils sont enfoncés, et assemblés par leurs têtes dans des chapeaux qui les rendent solidaires, ne peuvent être regardés comme des supports isolés. On adopte, pour calculer leur nombre ou leurs dimensions, la règle suivante donnée par Rondelet.

L'équarrissage des bois à employer étant le plus souvent indiqué d'avance par la facilité plus ou moins grande que les localités offrent pour se les procurer, on calcule le nombre des pilots par cette règle, *que l'on peut charger chaque centimètre carré de leur section de 30 à 35 kilogr.*

Supposons, par exemple, qu'il s'agisse d'un édifice dont le poids total doive être de 15 000 000 kilogr., et qu'on veuille le fonder sur des pilots de 30 centimètres de diamètre.

La charge que l'on pourra faire porter à chacun des pilots sera $\frac{(30)^2}{1,273} \times 35^{\text{kil}} = 24745$ kilogr.; et par conséquent leur nombre sera de $\frac{15\,000\,000}{24745} = 606$.

On aura soin de les répartir de manière qu'ils supportent des portions à peu près égales de la charge totale.

70. *Résistance des bois à la compression perpendiculaire à la longueur des fibres.* — M. Gauthey recommande, pour la solidité et la conservation des assemblages, et pour éviter le refoulement des fibres des joints, de ne pas leur faire supporter des charges de plus de 160 kilogr. par centimètre carré, perpendiculairement à la longueur des fibres, et de 200 kilogr. parallèlement à cette longueur. Les charges indiquées précédemment étant de beaucoup inférieures à ces limites, il y a peu à s'occuper de ce refoulement. On sait d'ailleurs aujourd'hui que l'emploi des armatures en fonte ou en fer consolide beaucoup les assemblages, en évitant les mortaises profondes et en répartissant la pression sur une plus grande surface.

Résistance des pierres à la compression.

71. *Expériences de Rondelet sur l'influence de la hauteur des supports en pierre, sur leur résistance à l'écrasement.* — M. Rondelet rapporte dans la troisième édition de son

Traité de l'art de bâtir quelques expériences qu'il a faites pour constater l'influence de la hauteur des piliers en pierre de plusieurs assises ; et quoiqu'elles soient incomplètes puisqu'il n'a employé que trois assises cubiques dans chaque cas, nous en rapporterons une partie.

NATURE DES PIERRES.	NOMBRE de CUBES.	POIDS qui produit L'ÉCRASEM'.
		kilog.
	1	8851
Pierre de liais fort dure............	2	5411
	3	4780
	1	6650
Pierre dure du fond de Bayeux......	2	4223
	3	3890
	1	5138
Roche dure de Châtillon............	2	4010
	3	3850

Si l'on représente graphiquement (pl. I, fig. 20) ces résultats, en prenant le nombre d'assises ou de cubes pour abscisses et les charges qui produisent l'écrasement pour ordonnées, on voit que la résistance à l'écrasement décroît d'abord très-rapidement à mesure que le nombre des assises augmente, mais que dès qu'il est égal à trois, il semblerait que la courbe qui représente la loi de cette résistance tend à devenir à peu près parallèle à la ligne des abscisses, ce qui indiquerait que la résistance devient constante et indépendante de la hauteur. Elle serait alors égale à un peu plus de la moitié de la résistance d'une seule assise, ou d'un cube, à l'écrasement. Cette conclusion ne saurait évidemment s'appliquer qu'à des hauteurs très-limitées, attendu que dans les constructions il y a presque toujours des poussées horizontales, qui exercent une influence spéciale bien plus dangereuse que les charges verticales.

72. *Expériences de M. Vicat sur la résistance des solides à la rupture par compression.* — Les expériences de ce savant ingénieur, publiées dans les *Annales des ponts et chaussées* pour l'année 1833, 2ᵉ semestre, sont particulièrement relatives aux phénomènes physiques, qui précèdent et accompagnent la rupture ou l'affaissement des solides grenus ou compactes, tels que les pierres, le plâtre, le mortier, les briques, etc.

L'auteur, qui a reconnu, comme Rondelet et Coulomb, la formation de six pyramides dans la rupture des matières tendres ou granuleuses, fait remarquer que cette subdivision est précédée par une première désorganisation qui altère complétement la constitution du corps, et dont la division en pyramides n'est que la conséquence. Il fait observer que cette désorganisation se fait graduellement, et qu'elle est déjà en partie opérée avant que des fentes ou des éclats viennent l'annoncer. Il cite entre autres exemples de cet effet, celui des piliers du Panthéon de Paris, qui n'offraient, en 1780, que 96 fentes ou éclats, tandis qu'on en comptait 650 en 1797. Cette remarque, qui a aussi été faite par d'autres observateurs, montre que quand la pression devient suffisante pour écraser les corps solides, elle se transmet, si ce n'est en tous sens, comme dans les liquides, au moins dans toute leur étendue, puisque toutes les molécules sont désagrégées.

Les expériences de M. Vicat ont été faites avec soin, mais sur des solides de très-petites dimensions. Il en conclut que pour les prismes et pour les cylindres semblables, c'est-à-dire dont les hauteurs sont entre elles dans le même rapport que les côtés ou les diamètres des bases : *les résistances à l'écrasement sont proportionnelles à l'aire des sections horizontales ou des bases;* c'est ce que justifient les résultats suivants extraits du tableau qu'il a donné de ses expériences.

DÉSIGNATION DES MATÉRIAUX.			RÉSISTANCE à l'écrasem^t.	RAPPORT DES	
				Résistances.	Surfaces des bases.
		cent.	kil.		
Plâtre ordinaire, cube ayant pour côté..		1,00	42,21	1,00	1,00
		1,20	58,47	1,39	1,44
		2,00	169,82	4,02	4,00
	CÔTÉS. cent.	HAUT^s. cent			
	1,00	2,00	41,95	1,00	1,00
Prismes quadrangulaires ayant pour côtés et pour hauteurs respectives...	1,00	5,00	39,09	»	»
	2,00	4,00	165,20	3,94	4,00
	1,00	0,50	46,30	1,00	1,00
	2,00	1,00	172,46	3,73	4,00
PLATRE.					
Cube de 2^c,00 de côté.................			169.82	1,26	1,273
Cylindre inscrit, chargé debout.........			134,00	1,000	1,000
Cube de 2^c,00 de côté.................			457,51	1,250	1,273
Cylindre inscrit, chargé debout.........			366,00	1,000	1,000
BRIQUE CRUE.					
Cube de 2^c,00 de côté.................			139,79	1,250	1,273
Cylindre inscrit, chargé debout.........			107,50	1,000	1,000
CALCAIRE.					
Cube de 2^c,00 de côté.................			979,84	1,275	1,273
Cylindre inscrit, chargé debout.........			782,89	1,000	1,000

73. *Résistance des pyramides semblables.* — Les expériences du même ingénieur montrent que les pyramides tronquées semblables suivent la même loi que les prismes, c'est-à-dire que leurs résistances à la rupture sont proportionnelles aux carrés des côtés homologues ou à la surface de leurs bases.

74. *Résistance des cylindres employés comme rouleaux.* — Voici comment s'exprime M. Vicat sur la rupture des cylindres et des sphères :

« Les cylindres chargés sur leurs arêtes ou employés
« comme rouleaux pressés entre deux plans horizontaux,
« commencent par se déprimer sur les lignes de contact,
« bientôt deux coins abc, $a'b'c'$ (pl. I, fig. 21) se forment
« sur les faces de dépression ; chacun a pour côtés deux plans
« qui se coupent à angle droit suivant une horizontale con-

« tenue tout entière dans le plan vertical qui passe par
« l'axe du cylindre. Le tranchant *c* du coin supérieur est éloi-
« gné du tranchant *c'* du coin inférieur des $\frac{2}{3}$ du diamètre
« du cylindre.

  « Au moment où la décomposition que l'on vient de dé-
« crire se décide, la rupture a lieu; les deux coins, en se
« rapprochant, fendent le reste du cylindre dont les deux
« moitiés sont projetées à droite et à gauche. Tel est le mode
« de rupture offert constamment par les solides cylindriques
« à texture arénacée, terreuse ou grenue, tels que pierres,
« briques et mortiers. Les fragments séparés par les coins ne
« paraissent pas altérés dans leur cohésion intime, mais les
« coins sont presque pulvérulents.

  « L'expérience prouve que les résistances à la rupture des
« cylindres employés comme rouleaux sont proportionnelles
« aux produits des axes par les diamètres. D'où il suit que
« pour des cylindres semblables ces forces sont comme les
« carrés des diamètres, et pour les cylindres de même lon-
« gueur comme les diamètres seulement. »

  75. *Résistance des sphères.* — « Une sphère (pl. I , fig. 21)
« étant pressée entre deux plans horizontaux, se déprime
« aux points de contact : bientôt il se forme deux cônes *abc*,
« *a'b'c'* dont chacun a pour base la surface circulaire dépri-
« mée. La sphère sollicitée par les efforts de ces deux cônes
« dont les sommets *c* et *c'* regardent le centre, se fend en
« deux, ou en trois, ou en quatre, et il ne reste des petits
« cônes que leurs débris.

  « Si un instant avant la rupture on dégage la sphère pour
« en examiner l'état, on trouve les espaces occupés par les
« cônes remplis d'une matière pulvérulente fortement com-
« primée. Ainsi les cônes ne commencent à agir avec effi-
« cacité que lorsque la matière dont ils sont composés a passé
« par la pulvérulence, pour se constituer ensuite dans un
« nouvel état de densité plus convenable à l'effet qu'elle doit
« produire.

« L'expérience prouve de plus que les résistances des
« sphères à la rupture par écrasement sont entre elles comme
« les carrés de leurs diamètres. »

Les nombreuses observations que nous avons recueillies à
Metz, M. Piobert et moi, sur la rupture des projectiles brisés
par le choc, ont montré que dans ce cas la rupture se fait
d'une manière analogue, avec cette différence que le point
choqué est le plus ordinairement le sommet déprimé d'une
pyramide à cinq faces quand la vitesse du choc n'est pas
très-considérable, et qu'aux grandes vitesses cette pyramide
se change en un cône à génératrice curviligne, qui est
presque toujours multiple ou formé de plusieurs autres
cônes conaxiques, et dont l'axe diminue de longueur à
mesure que la vitesse du choc augmente.

76. *Influence de la hauteur des supports ou du nombre des
assises.* — La grande diminution de résistance des supports
composés de plusieurs assises, observée par Rondelet, est
attribuée par M. Vicat, pour la majeure partie, à l'influence
du dégauchissement imparfait des assises et à l'absence du
mortier ou du ciment, qui aurait fait disparaître ou du moins
aurait beaucoup atténué cette différence. Il cite à l'appui de
cette opinion plusieurs expériences exécutées sur des prismes en plâtre, dans lesquelles il a trouvé que, la résistance d'un prisme monolithe de hauteur h étant représentée par l'unité, on a pour celles des prismes

> *à deux assises et de hauteur*   h..... 0,930
> *à quatre assises et de hauteur* 2h..... 0,861
> *à huit assises et de hauteur*   4h..... 0,834

même sans interposition de mortier. Il pense donc que la
subdivision d'un pilier en assises, dont chacune est monolithe et dont les joints bien dressés sont convenablement garnis de mortier, ne diminue pas sensiblement sa résistance
à l'écrasement; mais il indique qu'il n'en est pas de même
quand les assises sont subdivisées par des joints verticaux.

De l'ensemble de ses expériences il conclut que : « les
« solides semblables d'une seule pièce ou composés sembla-
« blement d'un même nombre de pièces, étant semblable-
« ment chargés, résistent dans le rapport des carrés de leurs
« côtés homologues. »

77. *Conclusions pratiques.* — L'auteur croit pouvoir conclure de ses dernières expériences, que la charge qu'on
peut faire porter aux corps soumis à des efforts de compression d'une manière permanente, est 0,30 de celle qui produirait l'écrasement; mais il ajoute qu'il faudrait encore faire
la part des malfaçons dans la pose et dans la taille, celle des
défauts invisibles, etc.; il n'indique pas le rapport auquel
il pense que l'on devrait s'arrêter pour obtenir la sécurité
convenable.

78. *Expériences faites au pont Britannia sur la résistance
à l'écrasement des maçonneries de briques ou de pierres.* —
L'appareil employé dans ces expériences se composait d'un
plateau sur lequel on plaçait les poids formant la charge,
et il reposait immédiatement sur une plaque de fonte qui
appuyait sur la maçonnerie à essayer, par l'intermédiaire
d'une planche de sapin destinée à répartir uniformément
la pression. Une plaque semblable, recouverte aussi d'une
planche, recevait cette maçonnerie à la partie inférieure.

Quatre guides cylindriques maintenaient le parallélisme
des plaques de fonte, et la pression de la charge était transmise au milieu de la plaque supérieure par une forte tige
de fer forgé liée au plateau.

La maçonnerie de briques à essayer était, ainsi que les
pierres, disposée en cubes. Celle de briques était faite avec
du ciment et à joints croisés.

Les briques employées n'étaient pas très-dures et avaient
été, suivant l'usage anglais, fabriquées sur place et cuites
en tas, à l'air, avec de la houille.

Les grès rouges soumis aux expériences étaient les uns

secs et les autres humides, ce qui paraît exercer une grande influence sur la résistance.

EXPÉRIENCES SUR LA RÉSISTANCE DE LA MAÇONNERIE DE BRIQUES ET DE PIERRES A L'ÉCRASEMENT.	RÉSISTANCE par centim. carré en kilogr.
MAÇONNERIE DE BRIQUES. Cubes de $0^m,23$ de côté, en briques cimentées, placés entre des planches....................	kilogr. 38,791 43,059 31,927 39,993 29,373
Moyenne....................	36,625
Cette résistance moyenne équivaut au poids d'une hauteur de maçonnerie de briques de 190 mètres.	
GRÈS. Cube de grès rouge de $0^m,076$ de côté, pesant $0^{kil},95$, complétement sec, entre des planches..................	143,580
Cube de grès de $0^m,076$, pesant $1^{kil},14$, un peu humide, posé sur ciment.....................	90,306
Cube de grès de $0^m,076$, pesant $0^{kil},94$, très-humide, posé sur ciment.....................	76,252
Cube de grès de $0^m,152$, pesant 9^{kil}, posé sur ciment	275,581
Moyenne....................	153,550
Cette résistance moyenne équivaut à une hauteur de maçonnerie de la même pierre de 760 mètres.	
PIERRE CALCAIRE. Cube de $0^m,076$, en pierre calcaire de l'île d'Anglesey, pesant $1^{kil},20$, placé entre des planches *	465,09
Cube de $0^m,076$, pesant $1^{kil},06$, placé entre des planches..	564,96
Cube de $0^m,076$, pesant $1^{kil},06$.....................	541,34
Trois cubes séparés de $0^m,0254$ chacun pesant $0^{kil},8$, disposés en triangle entre des planches..................	452,72
Moyenne....................	532,63
Cette résistance moyenne équivaut à une hauteur de maçonnerie de la même pierre de 2100 mètres.	
* Cette pierre présentait au pourtour de nombreuses fentes et des éclats, mais les deux tiers de sa surface étaient intacts.	

79. *Conclusions des expériences sur les pierres et les maçonneries.* — Outre les expériences que nous venons de citer *sur la résistance des pierres et des maçonneries*, il en a été exécuté beaucoup d'autres dont les conséquences généralement admises sont :

1° Que les qualités physiques des pierres, telles que la dureté, la pesanteur spécifique, la couleur, ne peuvent servir d'indice pour juger exactement de la résistance. Il est nécessaire de recourir à des expériences spéciales sur chaque espèce de matériaux.

2° Que dans une même carrière, les pierres qui proviennent du ciel ou *toit* et du fond ou *mur* des couches, qui sont en général moins denses, sont aussi moins résistantes que celles du milieu.

3° Que pour des figures semblables, la résistance est proportionnelle à l'aire des sections transversales.

4° Que pour une même nature de pierre, la résistance est la plus grande possible quand l'échantillon a la forme cubique.

5° Que la résistance d'un cube étant représentée par l'unité, celle du cylindre inscrit posé sur sa base sera 0,80, celle du même cylindre posé sur une arête sera 0,32, et celle de la sphère inscrite 0,26.

6° Que les pierres dures cèdent fort peu à la pression et se divisent tout à coup en lames et en aiguilles sans consistance, qui se réduisent facilement en poussière.

7° Que les pierres tendres se partagent, dans les premiers instants de la rupture, en pyramides ou en cônes, ayant pour bases les faces supérieures et inférieures.

8° Que la résistance des supports diminue d'autant plus qu'ils sont composés d'un plus grand nombre de parties.

9° Que dans les constructions ordinaires, on ne doit charger les maçonneries en pierres de taille et les maçonneries en moellons que du vingtième du poids que pourraient supporter sans s'écraser les matériaux dont elles sont composées.

80. *Efforts de compression que l'on peut avec sécurité faire supporter d'une manière permanente aux matériaux.* — C'est d'après ces résultats généraux des expériences directes et de l'observation des bonnes constructions existantes, que l'on a formé le tableau qui donne les poids dont on peut charger avec sécurité les supports en maçonnerie de différentes natures soumis à des efforts de compression.

DÉSIGNATION DES CORPS.	POIDS du décimètre cube.	POIDS dont on peut char- ger les corps avec sécurité, le rapport de la longueur à la plus petite di- mension étant < 12.
PIERRES VOLCANIQUES, GRANITEUSES, SILICEUSES ET ARGILEUSES.	kilogr.	kilogr.
Basalte de Suède et d'Auvergne	2,95	200, »
Lave dure du Vésuve	2,60	59, »
Lave tendre de Naples	1,97	23, »
Porphyre...........................	2,87	247, »
Granit vert des Vosges...	2,85	62, »
Granit gris de Bretagne..................	2,74	65, »
Granit de Normandie, dit gatonas	2,66	70, »
Granit gris des Vosges	2,64	42, »
Grès très-dur blanc ou roussâtre	2,50	87, »
Grès tendre.....	2,49	00,40
Pierre de porc ou puante (argileuse)...........	2,66	68, »
Pierre grise de Florence (argileuse à grains fins)....	2,56	42, »
PIERRES CALCAIRES.		
Marbre noir de Flandre......................	2,72	79, »
Marbre blanc veiné, statuaire et marbre turquin....	2,69	31, »
Pierre noire de St-Fortunat, très-dure et coquilleuse.	2,65	63, »
Roche de Châtillon, près Paris, pure et un peu co- quilleuse	2,29	17, »
Liais de Bagneux, près Paris, très-dur à grain fin ..	2,44	44, »
Roche douce —	2,08	13, »
Roche d'Arcueil, près Paris.................	2,30	25, »
Pierre de Saillancourt, près Pontoise.. .{1re qualité.	2,41	14, »
{2e —	2,29	12, »
{3e —	2,10	9, »
Pierre ferme de Conflans, employée à Paris.......	2,07	9, »
Pierre tendre (lambourde vergelée) employée à Paris, résistant à l'eau...................	1,80	6, »
Calcaire dur de Givry, près Paris.............	2,36	31, »
Calcaire tendre, idem.................	2,07	12, »
Calcaire jaune oolithique de Jaumont, près Metz... {	2,20 2,00	18, » 12, »
Idem d'Armanvilliers près Metz........ ....{	2,00 2,00	12, » 10, »
Roche vive de Saulny près Metz	2,55	30, »

DÉSIGNATION DES CORPS.	POIDS du décimètre cube.	POIDS dont on peut charger les corps avec sécurité, le rapport de la longueur à la plus petite dimension étant < 12.
	kilogr.	kilogr.
Roche jaune de Rozérieulles, près Metz...........	2,40	18, »
Calcaire bleu à gryphées, donnant la chaux hydrau-lique de Metz.....................................	2,60	30, »
Lambourde de qualité inférieure résistant mal à l'eau.	1,56	2, »
BRIQUES.		
Brique dure très-cuite......................	1,56	15, »
Brique rouge................................	2,17	6, »
Brique rouge pâle.........................	2,09	4, »
Brique de Hammersmith	»	7, »
Brique de Hammersmith brûlée ou vitrifiée	»	10, »
Briques anglaises ou flamandes tendres............	»	1, 8
PLATRE ET MORTIERS.		
Plâtre gâché à l'eau...........................	»	5, »
Plâtre gâché au lait de chaux	»	7, 3
Mortier ordinaire en chaux et sable...............	»	3,50
Mortier en ciment et tuileaux pilés...............	»	4,80
Mortier en grès pilé...........................	»	2,90
Mortier en pouzzolane de Naples et de Rome.......	»	3,70
Béton en bon mortier, do 18 mois.................	»	4, »

Avant de terminer cette revue des principaux résultats de l'expérience, il ne sera pas inutile de rapporter quelques données relatives à l'usure des pierres et à la cohésion des mortiers.

81. *Résistance des différentes sortes de pierre à l'usé.* — Pour le dallage des édifices, il importe d'employer des pierres qui s'usent peu sous le frottement répété des chaussures des passants. M. Rondelet rapporte, page 298 du premier volume de son *Traité de l'art de bâtir*, des expériences dont il a déduit le classement suivant des différentes pierres essayées comparées au granit antique, dont la résistance est représentée par 1000.

DÉSIGNATION DES PIERRES.	RÉSISTANCE relative à l'usé.
Granit antique..........................	1000
Granit vert des Vosges...................	952
Granit feuille morte......................	923
Granit gris..............................	889
Granit de Bretagne.......................	857
Granit gris de Normandie..................	800
Marbre bleu turquin......................	125
Marbre blanc veiné.......................	100
Pierre de liais...........................	87

M. Rondelet fait d'ailleurs remarquer qu'il n'y a pas de rapport direct entre la résistance à l'usé et la résistance à l'écrasement.

Il serait à désirer que des expériences semblables fussent faites sur les différentes matières dont on recouvre les trottoirs et autres passages publics depuis quelques années.

Cohésion et adhérence des mortiers.

82. *Expériences sur la résistance et l'adhérence du mortier et du plâtre.* — M. Rondelet rapporte (page 218, Ier vol.) diverses expériences exécutées de 1783 à 1802 sur la résistance du mortier et du plâtre. De ces expériences, faites en écrasant des briques de mortier de 0^m,15 de longueur, 0^m,10 de largeur et 0^m,04 d'épaisseur, dix-huit mois après leur fabrication, au moyen d'un levier de pression chargé de poids, il a conclu que :

1° La massivation, ou l'action de battre le mortier, augmente sa force, qui croît dans le rapport de 1 à 1,3 environ par le battage.

2° Les sables les plus arides ou les plus dépourvus de matières terreuses ne sont pas toujours les meilleurs.

3° Le bon plâtre cuit, gâché à point, a la force moyenne du mortier de chaux grasse et le plâtre gâché avec du lait a une force supérieure au mortier ordinaire.

En répétant, en 1802, les mêmes expériences sur des briques de mortier de la même fabrication, c'est-à-dire quinze ans après, il a reconnu que la résistance primitive étant 1000, celle des différents mortiers avait acquis, après ce laps de temps, les valeurs suivantes :

DÉSIGNATION DES MORTIERS.	RÉSISTANCE relative, la résis- tance primitive supposée égale à 1000.
Mortier de chaux et sable de rivière............	1125
Mortier de ciment pur......................	1250
Mortier de ciment et sable...................	1111
Mortier de poudre de grès...................	1011
Mortier de poudre de pierre de Conflans........	1400
Mortier de pouzzolane de Rome...............	1143
Mortier de pouzzolane grise de Naples.........	1333
Mortier de pouzzolane blanche...............	1286
Mortier de pouzzolane d'Écosse...............	1055

83. *Force avec laquelle le mortier unit les pierres.* — Le même auteur rapporte les expériences qu'il a faites pour déterminer l'effort qu'il faut exercer normalement à une surface de joint pour séparer deux pierres scellées avec du mortier de chaux et sable fin, fait avec soin, après six mois de dessiccation. Les surfaces scellées n'avaient que $0^{mq},00293$ d'étendue, et en admettant ce que d'autres expériences dont il sera parlé plus loin tendent à établir, que la résistance à la séparation soit proportionnelle à l'étendue de la surface, on en déduit pour la résistance par mètre carré de surface les valeurs suivantes :

DÉSIGNATION DES PIERRES SCELLÉES EN MORTIER.	RÉSISTANCE par mètre carré.
Pierre de liais à surfaces polies au grès........	10692 kil.
Pierre de liais à surfaces moins polies..........	11699
Pierre d'Arcueil.........................	12030
Pierre de Saint-Leu......................	15480
Pierre de Vergelée.......................	15870
Pierre de Conflans.......................	18040
Pierre meulière..........................	20380
Brique de Bourgogne......................	23050
Tuileaux................................	23560

84. *Force avec laquelle le plâtre unit les pierres.* — M. Rondelet a fait des expériences analogues avec le plâtre, en scellant deux cubes semblables aux précédents et en déterminant après six mois l'effort nécessaire pour les séparer.

DÉSIGNATION DES PIERRES.	RÉSISTANCE par mètre carré.
Pierre de liais..........................	20716^{kil}.
Pierre dure d'Arcueil.....................	21216
Pierre dure du faubourg Saint-Marceau........	15035
Pierre de Saint-Leu.......................	24726
Pierre de Conflans.......................	27872
Pierre de Vergelée.......................	24057
Pierre meulière..........................	31575
Briques	33580

M. Rondelet fait remarquer que la force de cohésion et de réunion du mortier croît avec le temps, au lieu que celle du plâtre diminue, surtout lorsqu'il est exposé à l'air et à l'humidité. Jusqu'à sept ou huit ans, la liaison du plâtre est plus forte que celle du mortier ordinaire ; après dix ou douze ans, celle du mortier est plus grande.

85. *Comparaison entre la force de cohésion et la résistance à l'écrasement.* — En comparant ces deux résistances, M. Rondelet a trouvé que la première était à la seconde dans les rapports suivants :

DÉSIGNATION DES SUBTANCES.	RAPPORT entre la résistance à la rupture par raction et la résistance à l'écrasement.
Mortier de chaux et de sable, de 16 ans........	1:12
Plâtre..................................	1:9,5
Briques en ciment........................	1:7,5
Briques en pouzzolane.....................	1:8
Mortiers antiques........................	1:8

Résistance de la fonte à la compression.

86. *Expériences de M. E. Hodgkinson* [*]. — On doit encore à ce physicien des expériences précises et nombreuses sur la compression de la fonte, dans lesquelles il a mesuré les compressions élastiques et les compressions permanentes.

Les barres soumises à l'expérience avaient 3^m,05 de longueur sur 6$^{cent.q}$,45 de section. Elles étaient contenues dans un bâtis en fer qui les empêchait de fléchir. On avait soin de les graisser pour diminuer leur frottement latéral dans les guides, et on les frappait de temps à autre avec un marteau pour éviter l'adhérence.

La fonte provenait de la même coulée que les barres employées aux expériences sur l'extension du même métal, rapportées au n° **14.**

Les résultats moyens d'une expérience, rapportés aux mesures métriques sont insérés dans le tableau suivant :

RÉSISTANCE DE LA FONTE A LA COMPRESSION.

CHARGE par centimètre carré.	COMPRESSION PAR MÈTRE DE LONGUEUR		COEFFICIENT d'élasticité rapporté au mètre carré.
	totale.	permanente.	
kil.	m.	mill.	kil.
145,105	0,00015605	0,003914	9 292 781 000
290,209	0,00032396	0,01882	8 986 080 000
439,315	0,00049784	0,03331	8 744 071 000
580,419	0,00065625	0,05374	8 845 800 000
725,525	0,00082808	0,07053	8 764 470 000
870,644	0,00100253	0,09053	8 684 430 000
1015,535	0,0011795	0,1170	8 611 720 000
1160,840	0,0013606	0,14258	8 531 780 000
1305,945	0,0015411	0,17085	8 474 260 000
1451,050	0,0017175	0,20685	8 448 391 000
1744,256	0,0020786	0,36810	8 376 781 000
2032,171	0,0024733	0,45810	8 216 480 000
2326,664	0,0029432	0,50768	7 887 180 000

* *Rapport des commissaires de l'enquête sur l'emploi du fer*, p. 67 et suiv.

87. *Représentation et conséquences de ces expériences.* — En représentant les résultats de ces expériences par une construction graphique, dans laquelle les abscisses sont les raccourcissements ou compressions à l'échelle de 40 mill. pour 1 mill. et dont les ordonnées sont les charges à l'échelle de 5 mill. pour un kilogramme par millimètre carré, on a obtenu pour représenter la relation des charges aux compressions totales une ligne qui, jusqu'aux charges de $14^{kil},50$ et même $17^{kil},41$ par millimètre carré, est sensiblement droite. (Voy. la figure 1, pl. II, réduite sur la gravure à demi-grandeur.)

Si des compressions totales on retranche les compressions permanentes, les restes, qui sont les compressions élastiques, sont exactement proportionnels aux charges jusqu'à celles de $23^{kil},27$ par millimètre carré de section.

Il résulte de là que les compressions, soit totales, soit élastiques, sont, entre des limites très-étendues, proportionnelles aux charges. Quant aux valeurs absolues des compressions permanentes, elles sont, jusqu'à des charges de 10 à 12 kilogr. par millimètre carré, tellement faibles, que dans la pratique on peut les négliger.

Le rapport des charges par mètre carré aux compressions exprimées en mètres, par mètre de longueur, a pour valeur moyenne depuis les plus petites charges jusqu'à celle de $17^{kil},41$ par millimètre carré

$$E = 8\,804\,764\,000^{kil},$$

et cette valeur moyenne ne diffère au plus que de $\frac{1}{22}$ de celle qui s'en écarte le plus.

On voit d'ailleurs qu'elle est à peu près la même que la valeur relative à l'extension, de sorte que pour les faibles variations de longueur, il est, au moins pour la pratique, à peu près exact de regarder les résistances de la fonte à l'extension et à la compression comme égales entre elles, ce qui est la base de la théorie de la résistance à la flexion que nous exposerons plus tard. Mais il doit être bien entendu que cela ne peut être admis qu'entre des limites étroites. Alors, en prenant la moyenne des valeurs trouvées au n° 15 et au précédent, on a

$$E = 9\,096\,070\,000^{kil} \text{ pour l'extension;}$$
$$E = 8\,804\,764\,000 \quad \text{pour la compression;}$$

valeur moyenne $E = 8\,950\,417\,000^{kil}$ pour le coefficient d'élasticité de la fonte.

D'après l'ensemble des expériences antérieures à celles de M. E. Hodgkinson, on admettait pour la fonte grise à grain fin :

$$E = 12\,000\,000\,000^{kil}.$$

Mais il ne faut pas perdre de vue qu'il y a une différence considérable entre la résistance des fontes selon le degré de finesse et la nature de leur grain, la qualité du métal, etc.

88. *Expériences de M. Eaton Hodgkinson sur la résistance à l'écrasement des pièces courtes en fonte de fer.* — Antérieurement aux expériences que nous venons de citer, le même observateur en avait fait d'autres sur la résistance de la fonte à la rupture par compression, sur des échantillons plus courts, en se bornant à déterminer les charges d'écrasement[1]. L'auteur indique que tous les soins convenables avaient été pris pour s'assurer que les bases des cylindres ou des prismes soumis à la compression étaient exactement parallèles entre elles, perpendiculaires à l'axe de figure des solides et pressées entre deux surfaces parallèles, de façon que la pression s'exerçait également sur tous les éléments de ces bases.

Le tableau suivant contient les résultats des expériences faites sur des cylindres et des prismes de fonte n° 2 des fonderies de *Carron*, en Écosse.

---

[1] *Experimental researches on the strength and other properties of cast iron*, by Eaton Kodgkinson. 1842. — *Philosophical transactions*, année 1840.

HAUTEUR des échantillons.	CHARGES.						
	CYLINDRES.				Prismes droits à base triangulaire équilatérale. Aire = $0^{m.q}$,0002095.	Prismes droits à bases carrées de 0^m,0127 de côté. Aire = $0^{m.q}$,00016129.	Prismes droits à base rectangulaire de 0^m,0254 sur 0^m,000637 Aire = $0^{m.q}$,00016193.
	Diam. = 0^m,00635. Aire = $0^{m.q}$,00003168.	Diam. = 0^m,009525. Aire = $0^{m.q}$,00007127.	Diam. = 0^m,0127. Aire = $0^{m.q}$,0001267.	Diam. = 0^m,0163. Aire = $0^{m.q}$,0002087.			
m.	kil.	kil.	kil.	kil.	kil.	kil.	kil.
0,00318	12505,30 11658,03	12002,94	10960,00	»	»	»	»
0,00635	9758,58	10467,06	9709, »	»	»	»	»
0,00953	9393,70	8736,24	9504,50	»	»	»	»
0,01270	9018,70	8673,91	8709,20	»	7702, »	7230,40	8540,70
0,01588	9030,14	9003,37	»	8456,30	»	»	»
0,01905	8559,24	9577,70	8443,10	7847,80	7247, »	6800,30	»
0,02223	»	»	»	7847,80	»	»	»
0,02540	8298,75	9461,94	8228, »	»	6792, »	6732,60	7041,90
0,03175	»	9088,59	8699,20	»	»	»	»
0,03810	»	9001,46	8439,01	»	»	»	»
0,05080	»	8777,35	7854,10	»	»	»	»

89. *Conséquences de ces expériences.* — La comparaison de ces résultats montre que les échantillons les plus courts supportent généralement, à diamètre égal ou à dimensions égales de la base, des charges plus fortes que les échantillons les plus longs. Dans les plus courts, la rupture se produit par l'écrasement du milieu de la pièce et son élargissement, de sorte qu'il rompt, déchire et arrache les parties qui l'entourent. C'est ce qui arrive généralement quand les dimensions latérales du prisme ou le diamètre du cylindre sont assez grands par rapport à sa hauteur.

Quand ces dimensions sont égales ou peu inférieures à la hauteur, la rupture se produit par la division oblique du corps suivant plusieurs directions.

Dans le cas des prismes en fonte, la flexion est nulle ou très-petite avant la rupture, et alors celle-ci a lieu par la formation de deux cônes ou pyramides, dont les bases sont les extrémités du corps, et qui rompent et écartent les côtés, ou bien, ainsi que cela arrive généralement pour les cylindres, la rupture se produit par le glissement d'une sorte de coin partant de l'une des bases qui forme la sienne, et dont l'angle est constant pour une même espèce de matériaux et variable d'une espèce à l'autre.

Pour la fonte, cet angle est tel que la hauteur du coin est un peu moindre qu'une fois et demie le diamètre. Dans cette fracture, la partie du cylindre dont le coin se détache, se renfle vers le milieu, et se trouve raccourcie surtout avec la fonte douce.

Le mode de fracture est le même, et la force de la pièce mise en essai reste sensiblement la même, à dimensions latérales égales, quand la hauteur augmente, pourvu que cette dimension soit comprise entre 1 fois et 4 à 5 fois le diamètre pour les cylindres, ou la moindre dimension latérale pour les autres formes de solides.

Mais au delà de cette proportion, la résistance diminue d'autant plus que la hauteur croît davantage.

Les expériences n'ont signalé qu'une assez faible différence entre la résistance de la fonte obtenue à l'air froid et celle qu'on obtient à l'air chaud.

Enfin, la comparaison des résultats du tableau précédent montre que *la résistance de la fonte à l'écrasement est sensiblement proportionnelle à l'aire de la section transversale.* Ainsi les cylindres de $0^m,0127$ de diamètre supportent à peu près 4 fois la charge de ceux de $0^m,0063$: les différences assez légères que présentent les échantillons de plus grandes dimensions, peuvent être attribuées à ce qu'ils étaient pris dans des masses plus grandes, et par conséquent d'un métal plus doux.

Il faut en effet avoir égard à l'influence notable qu'exerce la différence d'arrangement des molécules à la surface et à l'intérieur. Par l'effet du refroidissement du métal après la coulée, la surface extérieure a le grain plus fin, plus serré que l'intérieur, et elle est plus résistante. Il arrive même, pour les gros échantillons, que la différence que présente la cassure est très-grande, et qu'en même temps celle de la résistance est aussi considérable. C'est ce que l'on a vérifié en comparant la résistance d'échantillons de même dimension, dont les uns étaient coulés directement, et dont les autres étaient pris dans des masses plus considérables.

90. *Résistance de la fonte à l'écrasement par unité de surface.* — Pour rapporter la résistance des fontes éprouvées précédemment à l'unité de surface, il convient de se borner à comparer entre elles les expériences faites sur les échantillons dont la hauteur était à peu près comprise entre 1 fois et 2 fois la hauteur du coin qui glissait, ce qui revient à une hauteur comprise entre 1,50 et 3 fois le diamètre. On laisse ainsi de côté les prismes trop courts, dont la résistance est plus grande, parce que le coin de rupture ne peut se former, et les prismes trop longs, qui pourraient fléchir.

Les tableaux suivants contiennent séparément les résultats relatifs à la fonte obtenue à l'air chaud et à l'air froid*.

RÉSISTANCE DE LA FONTE A L'AIR CHAUD A L'ÉCRASEMENT (fonte de Carron, n° 2).

DIMENSIONS DE LA BASE de l'échantillon.	NOMBRE d'expériences.	VALEUR OBSERVÉE de la charge d'écrasement.	CHARGE MOYENNE d'écrasement		MOYENNE GÉNÉRALE	
			par pouce carré.	par cent. carré.	par pouce carré.	par cent. carré.
Cylindres droits.		liv	liv	kilogr.	du cylindre.	kilogr.
diamètre 0,25	3	6 426	130 909	9199,95	121 685 liv	
en pouces 0,33	4	14 542	131 665	9253,08		8551,65
anglais 0,50	5	22 110	112 605	7913,40	$= 54^t\ 6\frac{1}{2}$ cw	
0,64	1	35 888	111 560	7840,15		
Prisme droit					des prismes	
0P,50 × 0P,50	3	25 104	100 416	7057,14	100 739 liv	7079,75
1P,0 × 0,26.	2	26 276	101 062	7102,37	$= 44^t\ 19\frac{1}{2}$ cw	
Moyenne générale...	»	»	»	»	114 703 liv	8061,01

* *Transactions of the British association for, etc.* vol. VI.

RÉSISTANCE A L'ÉCRASEMENT DE LA FONTE A L'AIR FROID (fonte de Carron, n° 2).

DIMENSIONS DE LA BASE.	NOMBRE d'expériences.	VALEUR OBSERVÉE de la charge d'écrasement.	CHARGE MOYENNE d'écrasement.		MOYENNE GÉNÉRALE	
			par pouce carré.	par cent. carré.	par pouce. carré.	par cent. carré.
Cylindres droits.		liv	liv	liv.		kilogr.
Diamètre en pouces anglais. 0,25	2	6 088	124 063	8718,83	118 211 liv = 52' 15 ¼ cw	8308,25
0,33	4	14 190	128 478	9029,10		
0,50	7	24 290	123 708	8693,88		
0,45	2	15 369	96 634	6791,19		
Triangle équilatéral de 0ᵖ,866 de côté.	2	32 398	99 769	7011,51	101964 liv = 45' 10 ½ cw	7165,77
Carré de 0ᵖ,50 × 0ᵖ,5	2	24 538	98 152	6897,87		
Rect. de 1ᵖ × 0ᵖ,243	3	26 237	107 971	7587,92		
Moyenne générale..	»	»	»	»	111 248 liv	7818,61

On voit d'abord que la résistance à l'écrasement ne présente que bien peu de différence selon que la fonte a été obtenue à l'air chaud ou à l'air froid.

La diminution de résistance fournie par les derniers échantillons de chacun de ces tableaux peut être attribuée à ce qu'ils avaient été pris dans des masses plus grandes, dont l'intérieur était en métal plus doux et plus tendre que celui des petits cylindres.

91. *Autres résultats d'expériences.* — Le tableau suivant donne la résistance à l'écrasement de fontes anglaises et écossaises de diverses autres origines, et pour des solides de diverses formes. L'influence du mode de traitement à l'air froid ou à l'air chaud ne s'y fait non plus remarquer par aucune différence bien sensible dans la résistance moyenne par centimètre carré.

RÉSISTANCE DE LA FONTE A L'ÉCRASEMENT.

ORIGINE DES FONTES.	FORME DES ÉCHANTILLONS.	RÉSISTANCE moyenne à l'écrasement par centimètre carré.
		kil.
Devon (Écosse), n° 3, air chaud.....	Cylindre.	10220.80
Buffery (près Birmingham), n° 1, air chaud..	«	6071.76
Id. air froid .	«	6562.84
Coel-Talon (Galles), n° 2, air chaud.	«	5814.33
Id. air froid..	«	5746.58
Carron (Écosse), n° 2, air chaud....	Cylindres et prismes.	8061.03
Id. air froid.....	«	7818.22
Carron, Id. n° 3, air chaud....	Prismes.	9377.82
Id. air froid.....	«	8112.96
Low-Moor (Yorkshire), n° 3, air froid.	Cylindres et prismes à bases rectangulaires.	8145.92
Mélange de fontes, le même que dans les expériences sur la résistance à l'extension, n° 16.	Cylindres de 0ᵖ,508 sur 0ᵖ,6 de diamètre.	7287.30 7031.18
	Prismes pris dans les solives.	8555.50

92. *Comparaison de la résistance de la fonte à la rupture par extension et à la rupture par compression.* — L'on peut maintenant, à l'aide des expériences déjà citées, comparer les efforts nécessaires pour écraser et pour arracher des surfaces égales de fonte de fer, et former le tableau suivant.

On voit, par ce tableau, que la résistance de la fonte à la rupture par écrasement est de 4,337 fois à 8,493 fois aussi grande que sa résistance à l'extension. Le rapport moyen de ces résistances est 6,595. M. E. Hodgkinson croit cette moyenne un peu faible, et pense que le véritable rapport entre les deux résistances serait compris entre 7 et 8, si tous les échantillons avaient été pris, deux à deux, dans les mêmes pièces de fonte.

TABLEAU COMPARATIF DE LA RÉSISTANCE DE LA FONTE DE FER A LA RUPTURE PAR ÉCRASEMENT ET PAR TRACTION.

DÉSIGNATION DES FONTES.		RÉSISTANCE A L'ÉCRASEMENT		RÉSISTANCE A L'EXTENSION		RAPPORT des deux résistances.
		par pou. car.	par cen. car.	par pou. car.	par cen. car.	
		liv.	kil.	kil.	kil.	
Fonte de Devonshire	n° 3, air chaud	145 435	10 220	21 907	1539	6,686 : 1
Fonte de Buffery	n° 1, air chaud	86 397	6 072	13 434	944	6,431 : 1
	n° 1, air froid	93 385	6 563	17 466	1227	5,346 : 1
Fonte de Coel Talon	n° 2, air chaud	82 734	5 814	16 676	1175	4,961 : 1
	n° 2, air froid	81 770	5 747	18 855	1325	4,337 : 1
Fonte de Carron	n° 2, air chaud	114 703	8 054	13 505	949	8,493 : 1
	n° 2, air froid	111 248	7 818	16 683	1172	6,668 : 1
	n° 3, air chaud	133 440	9 378	17 755	1248	7,715 : 1
	n° 3, air froid	115 442	8 113	14 200	998	8,129 : 1
Fonte de Low-Moor	n° 3, air froid	109 801	7 717	14 5	1021	7,554 : 1
Mélanges de fontes, employés dans les expériences sur les solives.		110 908	7 794	17 136	1204	6,472 : 1
Moyenne générale ..			7 577		1164	

95. *Observation sur les résultats précédents.* — Les valeurs moyennes générales déduites de ce tableau, tant pour la résistance à l'écrasement que pour celle à la rupture par extension, sont, la première surtout, plus faibles que celle que l'on a déduite des expériences faites par d'autres observateurs, et qui est rapportée au n° 87. Cela tient sans doute à ce que les fontes essayées par M. E. Hodgkinson étaient toutes des fontes anglaises ou écossaises, obtenues au coke, très-carburées, et peut-être de première fusion, ce qui, comme on le sait, donne un métal plus doux, mais beaucoup plus tendre que les fontes de couleur gris clair de seconde fusion.

94. *Expériences comparatives sur la rupture de la fonte par extension et par compression.* — Une comparaison analogue à la précédente, entre la résistance de la fonte à la rupture par allongement et par écrasement, a été faite par le même auteur entre des fontes d'origines diverses. Les résultats en sont consignés dans le tableau suivant :

RÉSULTATS D'EXPÉRIENCES SUR LA RÉSISTANCE A LA RUPTURE PAR EXTENSION ET PAR COMPRESSION DE DIVERSES ESPÈCES DE FONTE.

(Tous les échantillons soumis à l'écrasement étaient courts et de petits diamètres.)

NATURE DES FONTES.	RÉSISTANCE A LA RUPTURE PAR EXTENSION en tonn. par pouc. carré.	en kilog. par cent. carré.	HAUTEUR des échantillons en cent	RÉSISTANCE A LA RUPTURE PAR COMPRESSION en tonn. par pouc. carré.	en kilog. par cent. carré.	RAPPORT entre la résistance à l'extens. et la résistance à la comp.
	tonn.	kilog.	cent.	tonn.	kilog.	
Low moor n° 1....	5,667	892,4	1,90	28,809	4536,5	1 : 4,765
			3,82	25,198	3964,8	
Low moor n° 2....	6,901	1086,7	1,90	44,430	6996,4	1 :6,205
			3,82	41,219	6490,8	
Clyde n° 1	7,198	1133,4	1,90	41,459	6528,5	1 : 5,631
			3,82	39,616	7728,0	
Clyde n° 2	7,949	1250,7	1,90	49,103	7732,3	1 : 5,953
			3,82	45,549	7172,6	
Clyde n° 3	10,477	1649,8	1,90	47,855	7537,3	1 : 4,518
			3,81	46,821	7372,9	
Blaenavon n° 1....	6,222	979,8	1,90	40,562	6387,3	1 : 6,149
			3,82	35,964	5663,3	
Blaenavon n° 2....	7,466	1175,7	1,90	52,502	8267,5	1 : 6,577
			3,82	45,717	7199,1	
Blaenavon n° 3....	6,380	1005,7	1,90	30,606	4820,5	1 : 4,796
			3,81	30,594	4817,7	
Calder n° 1.......	6,131	965,5	1,90	32,229	5075,1	1 : 5,394
			3,81	33,921	5341,5	
Coltness n° 3.....	6,820	1073,9	1,90	44,723	7042,5	1 : 6,611
			3,81	45,460	7158,6	
Brayenbo n° 1....	6,440	1014,1	1,90	33,399	5299,3	1 : 5,216
			3,81	33,784	5319,9	
Brayenbo n° 3....	6,923	1041,1	1,90	33,988	5352,1	1 : 4,936
			3,81	34,356	5410,1	
Bowling n° 2	6,032	949,9	1,90	33,967	5351,9	1 : 5,555
			3,81	33,028	5202,5	
Yatalyfera n° 2.... (Anthracite.)	6,478	1020,1	1,90	44,610	7024,8	1 : 6,735
			3,81	42,660	6717,7	
Yniscedwin n° 1... (Anthracite.)	6,228	980,7	1,90	37,281	5870,6	1 : 5,811
			3,81	35,115	5529,6	
Yniscedwin n° 2... (Anthracite.)	5,959	938,4	1,90	34,430	5421,7	1 : 5,712
			3,81	33,646	5298,2	
Stirling 2ᵉ qualité.	11,502	1811,2	1,90	55,952	8810,3	1 : 4,751
			3,81	53,329	8397,7	
Stirling 3ᵉ qualité.	10,474	1649,3	1,90	70,827	11153,0	1 : 6,149
			3,81	57,980	9130,1	
Moyenne...		1163ᵏ65			6320,86	
Rapport moyen...						1 : 5, 64

95. *Observation sur les résultats précédents.* — Ce tableau montre combien les résistances des fontes, soit à l'extension, soit à la compression, sont différentes, et de quelle importance il peut être, dans les grandes constructions, de s'assurer au préalable de la nature du mélange et de la qualité des fontes que l'on emploie. Ainsi l'on voit, par exemple, que les résistances à l'extension et à la rupture des fontes de Stirling en Écosse, fabriquées par M. Morries, sont doubles de celles des fontes de Lowmoor dans le Yorkshire.

Le diamètre de la plupart des cylindres écrasés dans ces expériences était de $0^m,019$; et l'on voit que quand la hauteur est comprise entre 1 et 2 fois le diamètre, ces expériences semblent indiquer que la résistance à l'écrasement est à peu près la même.

Enfin il faut rappeler que tous les échantillons essayés étant de petite dimension, la résistance qu'ils ont offerte est plus grande que ne serait, à proportion, celle de grosses pièces de fonte.

De l'ensemble de ces expériences, on déduit, pour les valeurs moyennes des résistances :

Résistance à la rupture par extension, $R_e = 11\,636\,500^{kil}$ par mètre carré ;

Résistance à la rupture par compression, $R_c = 63\,208\,600^{kil}$ par mètre carré,

et le rapport moyen de ces deux résistances est égal à celui de 1 à 5,637.

Résistance du fer comparée à celle de la fonte.

96. *Comparaison de l'emploi de la fonte et du fer forgé pour les pièces soumises à des efforts de compression.* — Les expériences sur la résistance de la fonte et du fer à la compression, montrent qu'à la limite où la rupture a lieu, la fonte supporte des charges plus considérables que le fer forgé.

Cela est hors de doute; mais s'ensuit-il que dans les constructions, et quand il s'agit de pièces exposées à des efforts de compression, où les charges permanentes doivent être limitées au-dessous de celles où l'élasticité est sensiblement altérée, on doive préférer la fonte au fer, uniquement par la raison qu'elle résiste davantage à la rupture par compression? nous ne le pensons pas.

En effet, entre les limites où les compressions sont proportionnelles aux charges, le fer se comprime beaucoup moins que la fonte; la valeur de son coefficient d'élasticité est alors beaucoup plus grande, et presque double de celui de la fonte.

C'est ce que prouvent les expériences suivantes, analogues à celles que nous avons rapportées au n° 86, mais qui ont été faites comparativement entre la fonte et le fer.

Ces expériences exécutées sur des barres carrées de 3^m,05 de longueur, ayant toutes environ 25 millimètres d'épaisseur dans le sens transversal, présentent un grand intérêt; pour éviter la flexion de ces barres déjà longues par rapport à leurs dimensions transversales, l'appareil était disposé avec tout le soin convenable; les barres en expérience étaient placées verticalement dans de fortes pièces de fonte qui les maintenaient dans toute leur longueur et qui étaient formées de deux parties assemblées entre elles par des boulons et armées de distance en distance de nervures destinées à protéger les parois immédiatement en contact avec les barres sur lesquelles la pression était exercée directement.

M. Hodgkinson a ainsi constaté que la fonte s'est comprimée sous les mêmes charges deux fois plus environ que le fer forgé; mais il ajoute que les barres de fer cédaient déjà à un certain degré sous une charge un peu inférieure à 12 tonnes par pouce carré, ou de 18^{kil},9 par millimètre carré, tandis que la fonte ne s'écrasait que sous une charge double et quelquefois triple.

Les résultats de ces expériences traduits en mesures françaises sont rapportés dans le tableau suivant :

EXPÉRIENCES COMPARATIVES DE M. E. HODGKINSON SUR LA RÉSISTANCE DE LA FONTE ET DU FER A LA COMPRESSION.

BARRE DE FONTE de 6^{cq},82 de section.		BARRE DE FER de 6^{cq},77 de section.		BARRE DE FONTE de 6^{cq},92 de section.		BARRE DE FER de 6^{cq},68 de section.	
Charge par centimètre carré.	Compression totale en mill.	Charge par centimètre carré.	Compression totale en mill.	Charge par centimètre carré.	Compression totale en mill.	Charge par centimètre carré.	Compression totale en mill.
kil.	mill.	kil.	mill.	kil.	mill.	kil.	mill.
336	1,37	341	0,71	333	1,18	346	0,68
487	1,93	644	1,32	627	2,08	652	1,19
637	2,59	940	1,85	773	2,59	955	1,70
792	3,19	1093	2,16	918	3,12	1262	2,26
944	3,83	1245	2,44	1210	4,22	1410	2,54
1230	4,39	1392	2,72	1360	4,80	1562	2,87
1370	5,33	1545	3,02	1505	5,38	1712	3,25
1528	6,32	1695	3,30	1800	6,45	1870	3,63
1825	7,61	1840	3,61	2095	7,66	2020	4,14
2120	9,05	1995	3,91	2360	9,01	2170	4,83
2420	10,75	2145	4,42	2680	10,5		
2720	12,75	2290	5,44	2980	12,2		
3020	14,60			3270	14,2		
3320	17,61			3560	16,9		
3620	21,95						
4200							

97. *Représentation graphique de ces résultats.* — En représentant graphiquement, pl. II, fig. 2, les résultats de ces expériences, en prenant les charges pour abscisses et les compressions totales pour ordonnées, on reconnaît, comme nous l'avons déjà fait, que les compressions de la fonte sont proportionnelles aux charges dans une certaine étendue, très-différente pour les deux barres de fonte, car pour l'une cette proportionnalité s'est maintenue jusque vers la charge de 1800 kilogr. par centimètre carré, tandis que pour l'autre elle n'a pas lieu au delà de 1000 kilogr. par centimètre carré.

Pour le fer, la proportionnalité, pl. II, fig. 3, s'observe également sur l'une des barres jusqu'à la charge de 1800 kilogrammes, et pour l'autre jusqu'à celle de 1400 kilogr. par centimètre carré.

Mais le rapport des charges aux compressions est beaucoup plus grand pour le fer que pour la fonte, et si l'on calcule les valeurs du coefficient d'élasticité d'après le rapport des abscisses des droites obtenues à leurs ordonnées, en réduisant celles-ci, qui représentent les compressions, au mètre de longueur et rapportant les charges au mètre carré, on trouve pour la fonte :

$$1^{\text{re}} \text{ barre.} \ldots \ldots \quad E = 7\,500\,000\,000 \text{ kilogr.}$$
$$2^{\text{e}} \text{ barre.} \ldots \ldots \quad E = 9\,160\,000\,000$$
$$\text{Moyenne.} \ldots \ldots \quad E = 8\,333\,000\,000 \text{ kilogr.}$$

Et pour le fer :

$$1^{\text{re}} \text{ barre.} \ldots \ldots \quad E = 15\,640\,000\,000 \text{ kilogr.}$$
$$2^{\text{e}} \text{ barre.} \ldots \ldots \quad E = 16\,950\,000\,000$$
$$\text{Moyenne.} \ldots \ldots \quad E = 16\,295\,000\,000 \text{ kilogr.}$$

Ce qui montre que dans ce cas le coefficient d'élasticité du fer exposé à la compression a été presque double de celui de la fonte et qu'il diffère assez peu du coefficient d'élasticité du fer exposé à l'extension, puisque celui-ci varie de $18\,000\,000\,000$ à $20\,000\,000\,000$ kilogr.

On voit donc qu'en effet quand les charges permanentes seront inférieures à celles qui altèrent l'élasticité, c'est-à-dire à 14 kilogr. environ par millimètre carré, le fer se comprimera moins que la fonte.

Ainsi, bien que la rupture par compression arrive plus tard ou sous de plus fortes charges pour la fonte que pour le fer, comme la fonte se déforme davantage à charge égale, il y a en général lieu de préférer le fer à la fonte, même dans ce cas, à moins que l'économie n'ait une grande importance.

C'est donc avec raison que dans la construction des ponts tubulaires du détroit de Menai, M. Fairbairn a insisté pour l'emploi exclusif du fer.

98. *Charge permanente du fer soumis à la compression.*— On se rappellera d'ailleurs que puisque le fer forgé est écrasé sous une pression de 25 kilogr. par millimètre carré, il conviendra de limiter les efforts de compression au quart au plus de cette quantité et même au sixième, c'est-à-dire à 6 ou à 4 kilogr. par millimètre carré pour les corps disposés ou proportionnés de manière à ne pas céder par flexion. On voit donc que la charge pratique de 6 kilogr., admise pour l'extension, peut aussi être adoptée dans la plupart des cas de compression pour les supports courts ou pour les pièces assemblées d'une manière assez rigide pour que la flexion partielle de leurs éléments ne se produise pas.

99. *Disposition qu'il convient de donner aux plaques de tôle destinées à résister à des efforts de compression.* — Dans ce cas il est de la plus grande importance de répartir la matière de façon à diminuer le plus possible la flexion qui joue un rôle important dans les déformations par compression.

Aussi quand on sera forcé d'employer des feuilles minces de tôle, il faudra les canneler en lignes ondulées et opposer l'une à côté de l'autre deux feuilles semblables en les réunissant par des rivets.

Lorsqu'il s'agit de pièces destinées à supporter de grands efforts, et pour lesquelles on emploie des tôles épaisses, une bonne disposition, par suite de la grande facilité des assemblages, est celle qui a été proposée par M. Fairbairn et adoptée par M. Stéphenson pour les ponts tubulaires. Elle consiste à composer la partie du support exposée à la compression en cellules quadrangulaires, dont les angles sont garnis de cornières assemblées aux feuilles par des rivets.

Dans ce cas la résistance des pièces de longueur moyenne, ou qui sont disposées de manière à ne pouvoir guère prendre de flexion générale, ainsi que cela arrive pour les grandes poutres en tôle, paraît indépendante de leur longueur et simplement proportionnelle à l'aire de la section transversale.

Nous aurons occasion de revenir sur ce sujet en nous

occupant des expériences sur les ponts tubulaires, et d'indiquer la règle pratique suivie dans ce cas.

Colonnes en fonte.

100. *Colonnes et supports en fonte.* — Quant aux supports isolés, tels que les colonnes en fonte et en fer, malgré les recherches théoriques des savants les plus distingués, et les expériences d'observateurs habiles, les lois qui lient la résistance et les dimensions sont encore très-peu connues. La théorie conduit à admettre que la résistance est proportionnelle à la quatrième puissance du diamètre, et en raison inverse du carré de la hauteur, mais l'on ne possède pas d'expérience qui confirme cette conclusion pour les supports en fonte. Nous nous bornerons en conséquence à la discussion des résultats des principales expériences et à l'emploi d'une formule empyrique qui puisse suffire pour les cas usuels.

101. *Colonnes en fonte.* — M. E. Hodgkinson a publié [*] de nombreuses expériences qu'il a exécutées sur des supports en fonte de formes et de dispositions différentes. Nous en rapporterons les principales conséquences relatives aux colonnes. Les colonnes essayées étaient : des piliers cylindriques, pleins ou creux, d'un diamètre uniforme, terminés, soit par des extrémités arrondies, soit par des extrémités plates exactement perpendiculaires à la longueur, soit par des bases plates plus larges que le corps du cylindre, et des piliers cylindriques pleins, renflés vers le milieu de leur longueur.

Au moyen d'un appareil bien disposé, la compression était exercée, sur les solides à extrémités arrondies, dans le sens même de l'axe, et pour les autres, perpendiculairement aux bases.

Tous les piliers en fonte provenaient des forges de Lowmoor, Yorkshire, et étaient en fonte n° 3, de bonne qualité, à grains gris assez serrés et de dureté moyenne.

---

[*] *Transactions philosophiques*, 1840.

De l'ensemble de ces expériences, l'auteur a conclu :

1° Que dans tous les piliers longs, à dimensions égales, la résistance à la rupture est à peu près trois fois plus grande quand les extrémités sont plates et perpendiculaires à la longueur ainsi qu'à la direction de l'effort, que lorsqu'elles sont arrondies.

2° Qu'un pilier long de dimension uniforme dont les extrémités sont solidement fixées par des disques, des bases, ou de toute autre manière, présente la même résistance à la rupture par compression qu'un pilier de même section, mais de longueur moitié moindre, dont les extrémités seraient arrondies, même si l'effort était dirigé suivant l'axe.

Ce dernier résultat s'accorde avec ce que nous avons dit au n° **63**, des piliers ou poteaux en bois du magasin à blé de la Villette.

3° Le renflement ou l'accroissement de diamètre des colonnes vers le milieu de leur longueur, augmente seulement leur résistance de un septième à un huitième.

Quant au rapport de la résistance au diamètre et à la longueur ou hauteur des supports, M. E. Hodgkinson a trouvé que la théorie d'où l'on conclut que la résistance est proportionnelle à la quatrième puissance du diamètre et inversement proportionnelle au carré de la hauteur, n'est pas confirmée par les résultats de ses expériences. Mais il faut observer que l'auteur s'est principalement préoccupé de la rupture, et non des flexions qui sont renfermées dans les limites où l'élasticité n'est pas altérée. La théorie étant basée sur des hypothèses qui ne sont à peu près exactes que dans ces limites, il n'est nullement étonnant qu'elle ne soit pas d'accord avec des expériences poussées jusqu'à la rupture.

Par un mode de discussion des résultats, que nous ne reproduirons pas ici, l'auteur a été conduit à la formule empyrique suivante, qui représente avec une exactitude suffisante l'ensemble de ces résultats pour des piliers dont la hauteur est comprise entre 25 et 120 fois leur diamètre.

La résistance à la rupture par compression, exprimée en

tonnes anglaises, est, pour les colonnes pleines, à bases plates,

$$P = 44^{\text{ton}}.16 \, \frac{d^{3.6}}{l^{1.7}}$$

et pour les colonnes creuses, à bases plates,

$$P = 43^{\text{ton}}.30 \, \frac{d^{3.6} - d'^{3.6}}{l^{1.7}}.$$

Dans ces formules :

P exprime des tonnes anglaises;

d et d' les diamètres extérieur et intérieur en pouces;

l la longueur ou hauteur en pieds.

Ces formules reviennent, en mesures françaises, aux suivantes :

Colonnes pleines, à bases plates, $\mathrm{P}^{\text{kil}} = 10676 \, \dfrac{d^{3.6}}{l^{1.7}}$,

Colonnes creuses, à bases plates, $\mathrm{P}^{\text{kil}} = 10676 \, \dfrac{d^{3.6} - d'^{3.6}}{l^{1.7}}$,

dans lesquelles d et d' sont exprimés en centimètres, et l en décimètres. On n'a point eu égard à la différence assez faible entre les coefficients relatifs aux colonnes pleines et aux colonnes creuses.

102. *Formules et tables pratiques.* — La prudence exige que de semblables supports ne soient pas chargés de plus du sixième de la charge de rupture, de sorte que les formules pratiques seraient :

Pour les colonnes pleines, à bases plates,

$$\mathrm{P}^{\text{kil}} = 1780 \, \frac{d^{3.6}}{l^{1.7}},$$

Pour les colonnes creuses, à bases plates,

$$\mathrm{P}^{\text{kil}} = 1780 \, \frac{d^{3.6} - d'^{3.6}}{l^{1.7}}.$$

Mais ces formules sont peu commodes à calculer, et il nous a semblé convenable de les transformer en tables usuelles. A cet effet, on s'est donné une série de diamètres et de hauteurs comprenant les cas les plus fréquents de la pratique, et l'on a supposé, pour les colonnes creuses, que le diamètre intérieur était les quatre cinquièmes du diamètre extérieur.

TABLEAU DES DIMENSIONS DES COLONNES PLEINES EN FONTE ET DES CHARGES QU'ON PEUT LEUR FAIRE SUPPORTER AVEC SÉCURITÉ.

DIAMÈTRES en centimèt.	HAUTEURS en mètres.	CHARGES.
cent.	métr.	kilogr.
5	1,00	11 660
	1,20	8 600 *
	1,25	8 006
	1,40	6 600 *
	1,50	5 853
	1,60	5 250 *
	1,75	4 504
	1,80	4 300 *
	2,00	3 589
	2,20	3 000 *
	2,24	2 609 *
	2,25	2 456
6	1,20	16 487
	1,35	13 500 *
	1,50	11 282
	1,65	9 650 *
	1,80	8 276
	1,95	7 200 *
	2,10	6 368
	2,25	5 650 *
	2,40	5 075
	2,55	4 600 *
	2,70	4 150 *
	2,85	3 800 *
	3,00	3 473
8	1,60	28 480
	1,80	23 300 *
	2,00	19 489
	2,20	16 550 *
	2,40	14 295
	2,60	12 450 *
	2,80	10 999
	3,00	9 800 *
	3,20	8 766
	3,40	7 900 *
	3,60	7 200 *
	3,80	6 550 *
	4,00	5 998

DIAMÈTRES en centimèt.	HAUTEURS en mètres.	CHARGES.
cent.	métr.	kilogr.
10	2,00	43 519
	2,25	35 700 *
	2,50	29 780
	2,75	25 250 *
	3,00	21 843
	3,25	19 100 *
	3,50	16 808
	3,75	15 000 *
	4,00	13 394
	4,25	12 150 *
	4,50	11 000 *
	4,75	10 050 *
	5,00	9 165
12	3,00	42 108
	3,50	32 450 *
	3,75	28 815
	4,00	25 800 *
	4,50	21 135
	5,00	17 650 *
	5,25	16 284
	5,50	15 050 *
	6,00	12 960
	6,50	11 609 *
	7,00	9 930 *
	7,50	8 869
	8,00	8 000 *
	8,50	8 500 *
	9,00	6 535
15	4,00	57 678
	4,50	47 250 *
	5,00	39 462
	5,50	33 550 *
	6,00	28 945
	6,50	25 350 *
	7,00	22 300 *
	7,50	19 750 *
	8,00	17 749
	8,50	15 900 *
	9,00	14 500 *

DIAMÈTRES en centimèt.	HAUTEURS en mètres.	CHARGES.
cent.	métr.	kilogr.
15	9,50	13 200 *
	10,00	12 146
	10,50	11 200 *
	11,00	10 350 *
	11,50	9 600 *
	12,00	8 909
20	4,00	163 760
	4,50	135 000 *
	5,00	112 070
	5,50	95 000 *
	6,00	82 200
	6,50	71 500 *
	7,00	63 200 *
	7,50	56 500 *
	8,00	54 105
	8,50	45 000 *
	9,00	40 500 *
	9,50	37 000 *
	10,00	34 493
	10,50	31 300 *
	11,00	29 000 *
	11,50	27 500 *
	12,00	25 300
25	4,00	362 670
	4,50	300 000 *
	5,00	248 180
	5,50	210 500 *
	6,00	182 030
	6,50	159 500 *
	7,00	141 000 *
	7,50	125 300 *
	8,00	111 620
	8,50	100 000 *
	9,00	90 800 *
	10,00	83 000
	10,50	70 800 *
	11,00	65 300 *
	11,50	61 000 *
	12,00	56 027

TABLEAU DES DIMENSIONS DES COLONNES CREUSES EN FONTE ET DES CHARGES QU'ON PEUT LEUR FAIRE SUPPORTER AVEC SÉCURITÉ.

| DIAMÈTRES | | HAUTEUR. | CHARGES. |
extér. en cent.	intér. en cent.	m.	
6,0	4,5	1,20	9 105
		1,30	8 000*
		1,40	7 100*
		1,50	6 230
		1,60	5 600*
		1,70	5 000*
		1,80	4 570
		1,90	4 180*
		2,00	3 830*
		2,10	3 516
		2,20	3 300*
		2,30	3 050*
		2,40	2 802
		2,60	2 500*
		2,80	2 150*
		3,00	1 918
8,0	6,4	1,60	15 727
		1,80	13 000*
		2,00	10 762
		2,20	9 250*
		2,40	7 894
		2,60	6 900*
		2,80	6 074
		3,00	5 400*
		3,20	4 841
		3,40	4 250*
		3,60	3 880*
		3,80	3 500*
		4,00	3 313
10,0	8,0	2,00	25 133
		2,25	20 500*
		2,50	17 199
		2,75	14 500*
		3,00	12 615
		3,25	11 000*
		3,50	9 707
		3,75	8 750*
		4,00	7 916
		4,25	7 000*
		4,50	6 370*
		4,75	5 740*
		5,00	5 294

| DIAMÈTRES | | HAUTEUR. | CHARGES. |
extér. en cent.	intér. en cent.	m.	
12,0	9,6	4,00	14 257
		4,50	11 650*
		5,00	9 756
		5,50	8 250*
		6,00	7 156
		6,50	6 210*
		7,00	5 570
		7,50	4 900*
		8,00	4 388
		8,50	4 000*
		9,00	3 650
		9,50	3 350*
		10,00	3 003*
		10,50	2 750*
		11,00	2 550
		11,50	2 400*
		12,00	2 203
15,0	12,0	4,00	31 836
		4,50	25 720*
		5,00	21 786
		5,50	18 500*
		6,00	15 979
		6,50	13 830*
		7,00	12 240
		7,50	10 800*
		8,00	9 799
		8,50	8 800*
		9,00	8 100
		9,50	7 380*
		10,00	6 705
		10,50	6 250*
		11,00	5 800
		11,50	5 370*
		12,00	4 918
20,0	16,0	4,00	89 677
		4,50	72 800*
		5,00	61 367
		5,50	52 000*
		6,00	45 012
		6,50	39 200*
		7,00	34 700
		7,50	30 800*

DIAMÈTRES		HAUTEUR.	CHARGES.	DIAMÈTRES		HAUTEUR.	CHARGES.
extér. en cent.	intér. en cent.			extér. en cent.	intér. en cent.		
		m.				m.	
20,0	16,0	8,00	27 601	25	20	6,00	100 509
		8,50	24 700*			6,50	87 600*
		9,00	22 500			7,00	77 700
		9,50	20 600*			7,50	69 000*
		10,00	18 888			8,00	61 632
		10,50	17 400*			8,50	55 500*
		11,00	16 000			9,00	50 200
		11,50	14 750*			9,50	46 250*
		12,00	13 854			10,00	42 176
25	20	4,00	200 240			10,50	38 200*
		4,50	162 000*			11,00	35 300
		5,00	137 030			11,50	32 500*
		5,50	116 500*			12,00	30 936

105. *Usage des tables.* — Il a paru plus commode, pour la pratique et pour la construction, d'établir ces tables en adoptant des diamètres en nombres ronds de centimètres, et des hauteurs en nombres ronds de décimètres. Mais il peut arriver fréquemment qu'entre les charges à faire supporter et celles qui sont indiquées aux tables, il y ait des différences assez grandes pour que l'on veuille avoir des dimensions plus exactes que la table ne les fournirait alors.

Pour étendre les tables aux cas pour lesquels on n'a pas calculé les charges, on peut d'abord en représenter les résultats graphiquement pour chaque diamètre, en prenant les hauteurs pour abscisses et les charges calculées pour ordonnées. On obtient ainsi des courbes d'interpolation, qui expriment la relation entre les charges et les hauteurs, et d'où on peut déduire, d'après l'échelle, d'autres charges correspondantes à d'autres diamètres. C'est ainsi qu'ont été déterminées les charges marquées d'un astérisque dans les tables, et leurs valeurs sont bien assez exactes pour la pratique.

Nous ferons remarquer en passant, que les courbes dont nous venons de parler, et qui sont reproduites pl. II, fig. 4 et 5, offrent beaucoup d'analogie avec celle de la figure du n° **65**, relative aux poteaux en bois, et qui représente l'ensemble des proportions indiquées par Rondelet, ; elles sont d'ailleurs suffisamment conformes aux résultats directs des expériences de M. E. Hodgkinson.

104. *Détermination du diamètre pour une charge et une hauteur données.* — Le tableau qui précède contient assez de valeurs différentes des diamètres et de la charge, pour que la plupart des données ordinaires des applications puissent s'y rencontrer, ou qu'on y trouve du moins des valeurs assez voisines de ces données, pour que la solution de toutes les questions puisse s'en déduire.

Si, par exemple, on avait à faire supporter une charge de 42 000 kilogr. à une colonne de 5^m,50 de hauteur, on trouverait que parmi les colonnes de 5^m,50 dont les diamètres sont donnés, celle qui porte la charge la plus voisine de 42 000 kilogr., est la colonne de 15 centimètres de diamètre dont la charge est de 33 550 kilogr.; et comme nous n'avons proportionné les charges permanentes qu'à un sixième de la charge de rupture, on pourrait, à la rigueur, adopter ce diamètre sans crainte.

Mais si la différence entre les charges comprises au tableau et la charge donnée pour une hauteur déterminée était très-considérable, il faudrait recourir à la formule du n° **100**, dont l'emploi n'est pas commode. On peut éviter le calcul de cette formule par la méthode graphique suivante.

105. *Procédé graphique pour trouver le diamètre qu'il convient de donner à une colonne de hauteur donnée.* — Supposons, par exemple, que la charge soit de 80 000 kilogr. et la hauteur de 7^m,00. On opérera ainsi qu'il suit : on cherchera dans la table, et l'on réunira les diamètres et les charges qui correspondent aux hauteurs de 7^m,0, et qui sont immédiatement supérieurs et inférieurs à la charge de 80 000 kilogr., au nombre de quatre ou de trois au moins. On trouvera ainsi les éléments suivants :

HAUTEUR COMMUNE.	DIAMÈTRES.	CHARGES.
mètres.	centimètres.	kilog.
7	15	22 200
»	20	63 200
»	25	111 000

On prendra, pl. III, fig. 2, les diamètres pour abscisses et les charges pour les ordonnées d'une courbe que l'on tracera à la règle ployante, et qui représentera la loi qui lie les diamètres des colonnes de 7^m,00 de hauteur aux charges qu'elles peuvent porter.

Puis, on mènera parallèlement à la ligne des abscisses une droite à une hauteur correspondante à la charge donnée de 80 000 kilogr. Cette droite coupera la courbe en un point dont l'abscisse sera le diamètre convenable cherché pour la colonne. Le tracé montre que ce diamètre sera 17^{cent},7.

On voit que cette méthode expéditive dispensera de tout calcul.

106. *Application de la même méthode aux colonnes creuses.*— Supposons de même qu'une colonne creuse de 6^m,00 de hauteur doive soutenir une charge de 55 000 kilogr.; on trouvera dans la table, pour les colonnes de cette hauteur et des divers diamètres qui y sont contenus, les éléments suivants :

HAUTEUR COMMUNE.	DIAMÈTRES EXTÉRIEURS.	CHARGES.
mètres.	centimètres.	kilog.
	12	12 960
6	15	28 941
	20	82 200
	25	182 030

En construisant (pl. III, fig. 1) la courbe dont les diamètres sont les abscisses, et les ordonnées les charges, puis menant à la ligne des abscisses une parallèle, qui, à l'échelle, soit à une distance représentant la charge de 55 000 kilogr., elle coupera la courbe en un point dont l'abscisse donnera la valeur de $0^m,80$ pour le diamètre extérieur de la colonne. Le diamètre intérieur devant être les quatre cinquièmes de l'autre, sa dimension sera égale à $0^m,144$, et la colonne sera déterminée.

107. *Comparaison des colonnes creuses et des colonnes pleines.* — Si nous comparons les charges qui peuvent être supportées avec sécurité par des colonnes creuses et des colonnes pleines de même diamètre extérieur, et que nous prenions en même temps le rapport des surfaces de leurs sections transversales, nous trouverons que le premier rapport est beaucoup plus grand que le second, ce qui montre le grand avantage qu'offrent les colonnes creuses sous le point de vue de l'économie du métal. Ainsi, à la hauteur de $6^m,00$ pour les colonnes creuses, de 20 centimètres de diamètre, la charge est de 45 012 kilogr., et pour les colonnes pleines, de même diamètre, elle est de 82 200. La première charge est les 0,55 de la seconde. D'une autre part, les surfaces des sections transversales sont rsspectivement entre elles dans le rapport de $\dfrac{\overline{0,20}^2-\overline{0,16}^2}{\overline{0,20}^2}=0,36$; ainsi, le rapport des charges est égal à 0,55, tandis que celui des sections ou des quantités de métal n'est que de 0,36. Ce qui montre le grand avantage de l'emploi des colonnes creuses.

Aussi sont-elles généralement en usage, avec d'autant plus de motifs que, dans beaucoup de cas, l'on utilise leur vide intérieur pour servir de tuyau d'écoulement aux eaux. Mais, d'un autre côté, il est à craindre qu'à la coulée le noyau ne se décentre, et que l'épaisseur de métal ne soit pas partout la même, ce qui serait un défaut grave. Il faudra donc, à la réception, s'assurer avec soin que cet accident n'est pas arrivé, et refuser toute colonne où l'on trouverait une excentricité notable.

108. *Observation relative à quelques circonstances diverses.* — M. Hodgkinson conclut de ses expériences que la forme de la section transversale, ordinairement adoptée par les constructeurs pour les bielles des machines à vapeur, et qui est celle d'une croix, présente moins de résistance, à quantité égale de matière, qu'un cylindre creux de diamètre uniforme. Les résistances à la rupture de la bielle à tige cruciforme et de la bielle à section annulaire, seraient entre elles dans le rapport de 18 à 40 environ.

Lorsqu'un pilier est mis en place, et chargé de telle sorte que l'effort auquel il est soumis agisse dans le sens de la diagonale, sa résistance à la rupture est réduite au tiers au moins. Ce qui confirme ce que nous avons dit au n° **68** de l'avantage des assemblages invariables.

109. *Influence des mêmes efforts de compression ou de tension plusieurs fois répétés.* — M. Ed. Clark remarque avec raison que si, par l'action d'une certaine charge, un solide a éprouvé une compression ou un allongement permanent, et si on le soumet de nouveau à la même charge, la compression ou l'allongement total ne sera pas le même dans le second cas que dans le premier. On conçoit, en effet, que le solide a éprouvé dans sa constitution, dans la disposition, dans l'écartement de ses molécules, par suite de la compression ou de l'allongement permanent, des modifications qui influent sur les nouvelles déformations auxquelles l'expose la seconde épreuve. Cela est visible pour les cordes neuves qui s'allongent beaucoup plus sous les premières tensions auxquelles on les soumet, qu'elles ne le font plus tard sous les mêmes efforts, sans pour cela que leur résistance absolue soit changée.

Ces effets s'observent dans les métaux coulés à de grandes épaisseurs, à un degré d'autant plus sensible qu'ils forment des masses plus considérables, dans l'intérieur desquelles il y a plus de vides, par suite du retrait. Mais alors ils sont accompagnés d'altérations plus ou moins graves.

Le martelage à froid rend le fer doux, le cuivre et le bronze beaucoup plus élastique, en changeant la disposition et la distance de leurs molécules. C'est même sur cet effet que sont fondés plusieurs procédés de fabrication.

M. Ed. Clark cite un exemple remarquable de ce genre d'effet observé sur une presse hydraulique, destinée à produire des tuyaux de plomb continus, par l'action d'une pression exercée sur le plomb à l'état pâteux ou demi-fluide. La pression dans le cylindre s'élevait jusqu'à 13 600 atmosphères, et on essaya sans succès l'emploi de cylindres en fonte de $0^m,305$ d'épaisseur. Ils se déchiraient à l'intérieur, et les fentes s'accroissaient graduellement jusqu'à l'extérieur. Une augmentation d'épaisseur n'en produisit pas dans la résistance; après avoir brisé ainsi plusieurs cylindres de fonte, MM. Easton et Amos, les constructeurs, eurent recours à un cylindre de fer forgé de $0^m,203$ d'épaisseur.

Dans les premiers essais, le diamètre intérieur du cylindre s'augmenta tellement que le piston devint trop petit; on fit un nouveau piston plus fort, qui bientôt fut aussi trop petit; cet effet s'étant répété plusieurs fois, l'on était sur le point de renoncer aussi au cylindre de fer, lorsqu'en mesurant son diamètre extérieur, l'on s'aperçut qu'il n'avait pas augmenté, et l'on en conclut que le métal s'était comprimé, et que cet effet devant avoir un terme, le cylindre pourrait remplir le but proposé. C'est, en effet, ce qui arriva, et, par la suite, le cylindre en fer forgé a fait très-bon usage.

Arcs en fonte.

110. *Des efforts de compression auxquels l'on soumet dans la pratique les arcs en fonte.* — Dans la construction des ponts en fonte auxquels on donne la forme d'arcs surbaissés, dont les extrémités sont arrêtées d'une manière fixe par les culées ou les tympans des piles, et dont la principale charge est le plus souvent le poids propre du pont, les ingénieurs admettent que toutes les parties de l'arc sont également comprimées par des efforts normaux à la section transversale de l'arc. Il n'est pas sans intérêt de calculer, d'après cette hypothèse, la pression que supportent les arcs de plusieurs grands ponts. A cet effet, on suit la règle suivante.

Appelant toujours (pl. III, fig. 3) :

2P le poids total du pont, y compris une charge additionnelle ;

2c la portée ou la corde de l'arc ;

f la flèche ou montée de l'arc ;

T la compression exercée sur la section transversale, supposée la même partout ;

Q sa composante horizontale :

En admettant que l'arc de cercle puisse, sans erreur notable, être remplacé par un arc de parabole passant par le sommet et par les deux points d'appui sur les culées, on voit facilement que l'on a la proportion

$$Q : P :: c : 2f, \quad \text{d'où} \quad Q = \frac{Pc}{2f},$$

et, par suite,

$$T = \sqrt{P^2 + Q^2} = P \sqrt{1 + \frac{c^2}{4f^2}},$$

ce qui permet de calculer la pression totale P, exercée sur la section transversale des joints de culée, et, par suite, la pression par unité de surface.

C'est d'après cette base que l'on a formé le tableau suivant (page 118), dont nous devons la communication à l'obligeance de M. Poirée, ingénieur des ponts et chaussées, attaché au chemin de Lyon.

En examinant les chiffres contenus dans ce tableau, l'on voit les efforts de compression produits par le poids propre du pont dépasser toujours de beaucoup ceux qui sont dus à la charge accidentelle, même en supposant celle-ci de 200 kilogr. par mètre carré, ou équivalente au poids d'une réunion d'hommes à raison de trois à peu près par mètre carré.

Ces charges sont d'ailleurs très-différentes entre elles selon les circonstances, et elles varient beaucoup suivant la hardiesse des constructeurs. La plus grande de $4^{kil},40$ par millim., est celle du pont d'Austerlitz, qui a environ quarante ans d'existence, mais auquel il a fallu faire assez souvent des réparations de détail. Ensuite vient la charge de $3^{kil},30$ pour le pont du chemin de fer d'Avignon à Marseille, mais il n'est pas encore terminé.

Parmi les ponts les plus chargés se trouve ensuite le pont de Villeneuve-Saint-Georges sur le chemin de Lyon, qui paraît jusqu'ici avoir très-bien résisté à toutes les causes de fatigue et qui est chargé de $2^{kil},81$ au plus par millimètre carré, ou de 2 810 000 kilogr. par mètre carré.

Si l'on se reporte aux expériences de M. E. Hodgkinson et aux autres observations faites sur la résistance de la fonte à la compression, desquelles il résulte que l'élasticité des fontes anglaises ne s'altère guère que sous des pressions qui dépassent 16 à 17 kilogr. par millimètre carré, on voit que dans la construction des ponts, les ingénieurs se tiennent bien au-dessous de cette limite et ne portent les charges totales permanentes et accidentelles qu'à $\frac{1}{4}$ ou $\frac{1}{6}$ de celle qui altérerait l'élasticité.

INDICATION des OUVRAGES.	NOMBRE D'ARCHES.	NOMBRE d'arcs par arche.	ESPACEMENTS des ARCS.	MODE de CONSTRUCTION
1.	2.	3.	4.	5.
Pont d'Austerlitz, à Paris.......	5	7	1,95	Arcs composés de soirs évidés.
Pont du Carrousel, à Paris......	3	4	2,80	Système Polonceau en tubes elliptique
Viaduc du canal Saint-Denis (chemin de fer du Nord).........	1	4	2,10 sous les voies. / 1,30 entre les voies.	Id.
Viaduc de Villeneuve-St-Georges (chemin de fer de Lyon.)......	3	7	1,34	Arcs en plaques dou
Viaduc du Mée... (Id.)........	3	7	1,34	Id.
Viaduc de la gare de Charenton....... (Id.).............	2	7	1,34	Id.
Viaduc de Bernières (chemin de fer de Troyes)..............	3	6	1,13 sous les voies. / 1,50 entre les voies.	Id.
Viaduc de Montereau.. (Id.)....	4	6	1,13 sous les voies. / 1,50 entre les voies.	Id.
Viaduc de Nevers (chemin de fer du Centre)..................	7	7	1,31	Id.
Viaduc du Rhône (chemin de fer d'Avignon à Marseille)........	7	8	1,25 entre les axes des arcs intermédiaires. / 1,25 entre les axes des arcs intermédiaires et les arcs de tête.	Id.
Viaduc de la Mulatière à Lyon (chemin de fer de Saint-Étienne et route du Perrache à la Mulatière).	4	9	1,20 sous les voies. / 1,70 sous la route.	Système Polonceau en tubes elliptique

111. *Effets de la dilatation dans les ponts en fonte.* — **Les** effets de contraction et de dilatation produits par les changements journaliers de température sont encore une cause de fatigue considérable pour les ponts en général.

On conçoit en effet que quand un arc, maintenu par des culées ou des piles qui ont été construites assez solidement pour être à peu près immobiles et inflexibles, éprouve un accroissement de longueur par dilatation, il doit se pro-

approximativement.	OUVERTURE de chaque arche.	FLÈCHE.	HAUTEUR des arcs.	SECTION DES ARCS. Ensemble par arche.	PRESSION par mill. carré sous le poids de la construction.	PRESSIONS en ajoutant une charge accidentelle au poids de la construction.
	7.	8.	9.	10.	11.	12.
	m.	m.	m.	m. q.	kil.	kil.
8	32,30	3,23	1,25	0,212	3,95	4,40 avec une surcharge accidentelle de 200^{kil} par m. carré.
6	47,00	4,90	0,84	0, 38	1, 9	2,31 _id._
6	31,22	3,45	0,84	0,294	1,03	1,81 avec une surcharge accidentelle de 6000^{kil} par m. courant du pont.
3	15,00	1,50	0,55 à la clef.	0,241	1,73	2,59 _id._
			0,70 aux naissances	0,281	1,88	2,81 _id._
4	40,00	5,00	1,75	0,508	1,81	2,34 _id._
0	35,00	4,00	1,00	0^m,345	Id.	» _id._
3	22,00	2,45	0,50	0$^{m.q}$,22	1,19	1,95 _id._
0	24,60	3,13	Id.	Id.	Id.	» _id._
0	42,00	4,55	1,15	0, 50	2,00	2,7 _id._
0	60,00	5,00	1,70	1,016	2, 8	3,36 _id._
0	40,14	4,50	0,90	0,720	1,00	1,44 pour les arcs correspondant aux voies en fer.

duire dans ses joints des séparations , des ouvertures. Les joints inférieurs près des appuis s'ouvrent par suite d'une rotation qui se fait sur la partie supérieure de ces joints; à l'inverse, les joints supérieurs, à la clef ou dans son voisinage, s'ouvrent en dessus et se ferment en dessous. Les effets inverses se produisent dans les contractions produites par les refroidissements ou par les flexions sous les charges.

Il résulte évidemment de ces mouvements que les pressions ne sont plus réparties normalement aux surfaces des joints, ni proportionnellement à l'étendue de ces surfaces, et c'est ce qui oblige les ingénieurs à rester au-dessous des limites de l'élasticité dans les calculs établis sur l'hypothèse d'un état moyen de coïncidence des joints.

A l'appui de ces considérations, il n'est pas inutile de citer quelques exemples des exhaussements que peuvent produire à la clef des arcs, des variations données de température, pour les comparer à celles qu'occasionnent les charges accidentelles qui passent sur les ponts.

Ainsi, au pont de la gare de Charenton, une augmentation de la température de l'air de 14°, a produit 14 millimètres d'exhaussement à la clef du premier arc exposé à l'ouest.

Au pont de Villeneuve-Saint-Georges on a observé un exhaussement de 9 millimètres à la clef de l'arc exposé aussi à l'ouest.

C'est ordinairement vers le soir, avant le coucher du soleil, qu'a lieu le plus grand relèvement; et le matin, avant le lever, que l'on observe le plus grand abaissement.

Afin de se mettre à l'abri de cet inconvénient, il ne faut pas oublier d'ailleurs que dans la plupart des constructions soignées, les ingénieurs ont été conduits à adopter des dispositions telles que la dilatation puisse librement s'opérer, soit en permettant un mouvement général de la construction, soit en disposant de distance en distance des moyens de compensation dans certains assemblages.

112. *Flexions des arcs en fonte sous l'action des charges accidentelles.* — Le tableau suivant donne les résultats d'observations faites sur quelques viaducs construits en fonte.

On voit par les chiffres de ce tableau que les flexions qu'on nomme statiques, c'est-à-dire relatives au cas où la charge est au repos sur le viaduc, sont un peu plus faibles, dans presque tous les cas, que les flexions dynamiques, ou qui ont lieu pendant le mouvement. Cet effet tient à des causes analogues à celles que nous discuterons plus tard en parlant de l'influence de la vitesse de passage des charges sur les flexions.

Mais on remarquera aussi que par suite de la rigidité des constructions et de leur masse totale, la différence des deux flexions est, très-faible et n'est jamais de nature à compromettre la stabilité.

TABLEAU DES FLEXIONS DES ARCS DE DIVERS VIADUCS.

CIRCONSTANCES DE L'EXPÉRIENCE.	POIDS EN TONNES DE LA MACHINE produisant la flexion.				POIDS DU TENDER.	FLEXIONS A LA CLEF. STATIQUE.	DYNAMIQUE Moyenne.	DYNAMIQUE Limites extrêmes.	RELÈVEMENT A LA CLEF DES ARCS la mach. agissant sur l'arche en expérience.	sur l'arche suivante.	OBSERVATIONS.
	Avant.	Milieu.	Arrière.	Total.							
Viaduc de la gare de Charenton (chemin de Lyon).											
Machine à voyageurs seule............	8,5	12	5	25,5	20	3,4	3,8	de 3,6 à 4,1	0	0,5	Vitesse de 20 à 60^kilom à l'heure.
Id., avec train de voyageurs......	»	»	»	»	»	»	3,9	de 3,5 à 4,1	0	»	*Id.,* de 45^kilom à l'heure.
Id., le pont étant déchargé de 200 t. de sable par arche.	»	»	»	»	»	»	4,3	de 4,1 à 4,4	0	»	*Id., Id.*
Machine mixte, 1re série, seule............	12	13.5	3,2	28,7	20	3,9	4,2	de 4,1 à 4,3	0	0,7	Vitesse de 25^kilom à l'heure.
Id., 2e série, avec train de voyageurs......	10,5	9	5,5	25,0	20	»	3,9	de 3,6 à 4,2	0	0,6	Vitesse de 25 à 55^kilom à l'heure.
Id., le pont étant déchargé de 200 t. de sable par arche.	»	»	»	»	»	»	4,1	de 3,9 à 4,3	0	0,6	*Id., id.*
Mêmes machines avec des roues de 1,80 au lieu de 1,60..	»	»	»	»	»	»	4,3	de 4,0 à 4,8	0	0,6	*Id.,* de 40 à 65.
Id., le pont étant déchargé............	»	»	»	»	»	»	4,6	de 4,5 à 4,6	0	0,6	*Id.,* de 60.
Machine à 6 roues couplées avec train de machine.......	7,2	10,2	8,8	26,2	20	»	3,7	de 5,6 à 4,0	0	0,6	*Id.,* de 20 à 40.
Id., le pont étant déchargé............	»	»	»	»	»	»	4,2	de 4,1 à 4,3	0	0,6	*Id.,* de 30 à 40.
Viaduc de Montereau (chemin de Montereau à Troyes).											
Machine à voyageurs du chemin de Troyes....	3	9	6	18	9	4	4,0	de 3,9 à 4,0	0	0,7	Vitesse de 10 à 30^kilom.
Id., de la ligne de Lyon............	8,5	12	5	25,5	20	5,3	5,8	de 5,6 à 6,0	0	1,0	*Id.,* de 15 à 45.
Machine mixte, 2e série, de la ligne de Lyon..........	10,5	9	5,5	25	20	5,3	5,6	de 5,3 à 5,7	0	1,1	*Id., id.*
Id..... 1re série.. ... *id.*	12	13,5	3,2	28,7	20	5,6	6,4	de 6,1 à 6,6	0	1,2	*Id., id.*
Une machine à voyageurs et une machine mixte, 2e série, de la ligne de Lyon, de front sur l'arche, à la clef.....	»	»	»	50	40	6	»	»	0	1,7	»
Les mêmes machines étant placées sur la même voie en prolongement l'une de l'autre............	»	»	»	50	40	4,5	»	»	0	non mesurée.	»
Viaduc du canal Saint-Denis (chemin du Nord).											
Machine à voyageurs avec train............	»	»	»	22	»	5,1	5,4	»	0,5	Ce viaduc n'a qu'une arche.	Vitesse de 20^kilom environ.
Machine Crampton............	»	»	»	28	»	»	5,8	de 5,7 à 6,1	0,6		*Id.,* de 60^kilom environ.
Viaduc de Villeneuve-Saint-Georges (chemin de Lyon).											
Machine mixte, 1re série............	12	13.5	3.2	28.7	20	1,8	»	»	»	0.2	Vitesse de 30^kilom environ.

113. *Transmission des poussées horizontales d'une arche aux suivantes dans le cas des charges accidentelles.* — Le même ingénieur a aussi observé que lorsqu'une machine locomotive ou un train s'engage sur un viaduc, les composantes horizontales ou les poussées produites sur le premier arc se transmettent de proche en proche aux autres arcs par l'intermédiaire des tympans qui les séparent; et comme ces effets se produisent alternativement dans un sens et dans l'autre, il s'ensuit que quand les piles ou les tympans qui les surmontent et sont placés entre les arcs n'ont pas une épaisseur et une surface de joints suffisante, la cohésion des mortiers est détruite. C'est ce qui a été remarqué entre autres sur un grand viaduc en charpente construit sur la Seine. Il importe donc dans la prévision de ces effets de donner aux piles des viaducs de chemins de fer une épaisseur plus grande que celle qu'exigerait le poids propre du viaduc. Il n'est pas moins nécessaire de donner aux arcs et aux tympans qui les séparent une grande rigidité dans le sens horizontal.

TROISIÈME PARTIE.

FLEXION.

Considérations générales sur la résistance des solides soumis à des efforts qui tendent à les faire fléchir perpendiculairement à leur longueur.

114. *Notions sur la manière dont se comportent les corps soumis à la flexion transversale.* — Lorsqu'un solide, posé horizontalement sur deux points d'appui, fléchit sous l'action d'une charge placée en son milieu et agissant verticalement, sa face inférieure devient convexe et sa face supérieure concave. Il importe de constater par l'expérience comment les molécules ou les fibres longitudinales qu'elles forment se comportent sur ces deux faces, de reconnaître si les unes, celles de dessous, s'allongent, et si les autres, celles de dessus, se compriment; de sorte que ces effets opposés, allant en décroissant de l'extérieur à l'intérieur, il devrait se trouver une couche dont les fibres ne seraient ni allongées ni raccourcies, et resteraient de longueur invariable.

Galilée, dans l'essai d'une théorie de la résistance des corps à la flexion, supposait que toutes les fibres s'allongeaient, à partir de celles qui sont placées à la face concave. Cette hypothèse fut aussi admise par Mariotte et par Leibnitz.

L'expérience seule pouvant décider en pareille matière, Duhamel du Monceaux* fit des essais qui sont insérés dans les *Mémoires de l'Académie des sciences* pour l'année 1767.

---

* *Du transport, de la conservation et de la force des bois,* par Duhamel du Monceaux, membre de l'Académie des sciences, etc. 1767.

Pour les exécuter il a choisi du saule, parce que ce bois est d'une densité plus uniforme que le chêne et l'orme, et que les couches annuelles sont moins distinctes dans le saule que dans les autres bois; qu'enfin il est plus liant sans être fort dur. Il fit couper des barreaux, pris dans de jeunes arbres, de façon que le cœur de l'arbre se trouvât au centre des barreaux auxquels il donna 0^m,975 de longueur sur 0^m,040 d'équarrissage

Ces barreaux étaient posés sur des tréteaux écartés de 0^m,935, et chargés en leur milieu d'un poids que l'on augmentait graduellement jusqu'à ce que la rupture arrivât.

Une première série de cinq barreaux, sans aucune modification, fut expérimentée pour déterminer leur force absolue. Pour une seconde série de deux barreaux, un trait de scie transversal fut pratiqué au milieu de la face supérieure de chaque pièce, et fut prolongé jusqu'au tiers de l'épaisseur de la pièce; les deux barreaux d'une troisième série furent également sciés à $\frac{1}{2}$ de leur épaisseur; ceux d'une quatrième série de six barreaux aux $\frac{3}{4}$ de leur épaisseur. Dans le trait de scie on introduisit une planchette de bois de chêne sec pour remplir le vide produit par l'épaisseur du trait. D'après les expériences, les barreaux se sont rompus sous les charges suivantes.

Charges de rupture.

Barreaux entiers...................... 256^{kil},91

Barreaux sciés à $\frac{1}{3}$ d'épaisseur.......... 269 ,71

Barreaux sciés à $\frac{1}{2}$ d'épaisseur.......... 265 ,31

Barreaux sciés à $\frac{1}{4}$ d'épaisseur.......... 259 ,76

Il résulte évidemment de ces expériences que les traits de scie pratiqués dans ces pièces ne les ont pas affaiblies, parce qu'ils n'ont pas empêché les fibres supérieures, placées du côté de la concavité, de se comprimer contre la planchette qui remplissait le joint et de résister comme si elles n'avaient pas été interrompues. Il y a même lieu de croire que la planchette de chêne, plus dure que le saule qu'elle remplaçait, ayant offert à la compression des fibres un point d'appui plus ferme, a contribué à la légère augmentation de résistance des pièces sciées.

Quoi qu'il en soit, le mode d'action des fibres du bois dans la flexion des pièces est très-bien mis en évidence par ces expériences.

Duhamel a aussi exécuté des expériences analogues sur des pièces de pin du Nord de $0^m,975$ de longueur, de $0^m,034$ d'épaisseur et $0^m,016$ de largeur, posées sur les mêmes appuis et chargées en leur milieu; les premières étaient entières et les autres sciées en quatre endroits, les unes à $\frac{1}{3}$ de leur épaisseur, les autres à $\frac{1}{2}$, les dernières aux $\frac{2}{3}$. Il a observé les flexions et les charges rapportée ci-dessous :

DÉSIGNATION DES PIÈCES.	FLEXIONS correspondant aux charges de			CHARGES produisant la rupture et les dernières flexions.	CHARGES moyennes de rupture.
	24^{kil},475	36^{kil},712	73^{kil},75		
	mill.	mill.	mill.	kil.	kil.
Pièces entières............	13,54	21,46	58,65	73,75	70,65
	15,79	22,56	54,15	67,55	
Pièces sciées en quatre endroits, à $\frac{1}{3}$ de leur épaisseur.	19,18	33,84	71,05	69,51	64,65
	19,18	30,61	68,79	65,59	
	20,10	07,35	66,55	58,86	
Pièces sciées en quatre endroits, à $\frac{1}{2}$ de leur épaisseur.	19,74	31,02	66,55	77,66	71,62
	20,87	32,86	68,79	65,59	
Pièces sciées en quatre endroits, aux $\frac{2}{3}$ de leur épaisseur.	21,46	34,40	77,83	72,20	66,94
	18,05	33,84	82,34	61,68	

Ces expériences montrent que les traits de scie ont facilité la flexion des pièces, mais qu'ils n'ont pas diminué considérablement leur résistance à la rupture.

Il résulte donc de ces expériences que les fibres du bois, placées du côté de la convexité des pièces fléchies, s'allongent, tandis que celles qui sont du côté de la convexité se compriment et se raccourcissent. L'allongement et le raccourcissement étant d'ailleurs évidemment d'autant plus grands que les fibres sont plus voisines des surfaces extérieures, ils vont en diminuant vers l'intérieur, et il doit y avoir pour chaque section une couche de fibres qui n'éprouve ni allongement ni raccourcissement et à laquelle on a donné pour cette raison le nom de *couche des fibres invariables*.

115. *Expérience directe pour constater la compression et l'extension des fibres des solides fléchis.* — Une expérience toute récente a été faite au Conservatoire des Arts et Métiers pour constater d'une manière irrécusable la compression des fibres placées à la partie concave des solides et l'extension des fibres placées à la partie convexe.

Une pièce de bois de sapin de $0^m,0974$ sur $0^m,0973$ d'équarrissage, et de $2^m,00$ de longueur, a été posée horizontalement sur deux appuis distants de $1^m,803$. Elle pesait $8^{kil},900$.

Au milieu de cette pièce et perpendiculairement à sa longueur, on a placé un rouleau à l'axe duquel on a suspendu un plateau qui, en y comprenant un poids additionnel de $6^{kil},910$, formait avec la charge représentant l'action du poids propre du solide, une charge constante de 50 kilogrammes.

Sur le plateau on posait successivement et avec précaution les charges variables.

Dans le sens de la longueur des faces supérieure et inférieure, on avait pratiqué sur chacune de ces faces une petite rainure dans laquelle étaient introduites à frottement doux deux languettes très-minces en bois, un peu plus longues que cette pièce, et que l'on avait graissées pour les rendre plus mobiles.

La pièce étant posée librement et sans charge sur les appuis, on a marqué par des traits fins les affleurements des bouts de la pièce sur les languettes, puis on a commencé à placer doucement les charges sur le plateau.

A mesure que le solide a commencé à fléchir, on a observé que les traits marqués sur la languette supérieure dépassaient de plus en plus les extrémités de cette pièce, ce qui montrait évidemment que la surface supérieure du corps diminuait de longueur et par conséquent se comprimait. En même temps, les traits marqués sur la languette inférieure étaient recouverts par les extrémités de la pièce, ce qui prouvait que celle-ci s'allongeait ou s'étendait à la surface inférieure.

Le tableau suivant contient les résultats des observations :

CHARGES TOTALES.	FLEXIONS mesurées après 30'.	COMPRESSION totale de la face supérieure.	EXTENSION totale de la face inférieure.
kilog.	mètre.		
200	0,00525	»	»
300	0,00820	»	»
400	0,01090	»	»
500	0,01310	»	»
600	0,01530	0,0017	0,00195

L'on voit par ce tableau et par la représentation graphique des résultats (pl. III, fig. 4), que les flexions sont sensiblement proportionnelles aux charges jusque vers la charge de 400 à 500 kilogr.; or, d'après les formules pratiques ordinaires que nous ferons connaître plus loin, une semblable pièce, pour ne pas être exposée à l'altération de son élasticité, ne devrait porter d'une manière permanente qu'une charge de 205 kilogr. environ*. Par conséquent, dans les limites des charges permanentes que ces règles permettent d'employer, on voit que la proportionnalité des flexions aux charges peut être regardée comme suffisamment exacte.

La mesure du raccourcissement des fibres comprimées a donné pour la charge de 600 kilogr. 0,0017
Et celle des allongements des fibres étendues. . 0,00195

Moyenne. 0,001825

---

* La formule est $2P = 2\,\dfrac{100\,000 \times \overline{0,0974}^{3}}{0,9015} = 201^{kil},28.$

quantités que l'on peut regarder comme sensiblement égales puisqu'elles ne diffèrent que de $0^{mill},25$, longueur dont les moyens de mesurage employés ne permettaient guère de répondre.

Il résulte donc de cette expérience une nouvelle confirmation de l'allongement des fibres de la partie du solide qui devient convexe, du raccourcissement ou de la compression de celles de la face concave, et enfin de l'existence d'une couche de fibres invariables de longueur.

116. *Expériences de M. Dupin.* — Des expériences antérieures exécutées à Rochefort par ce célèbre géomètre et qui sont relatées dans son cours de mécanique industrielle, l'avaient conduit aux mêmes conclusions.

Une pièce de bois ABCD (pl. III, fig. 5) avait été posée sur deux points opposés, éloignés de $2^m,00$ l'un de l'autre. Un certain nombre de lignes droites 11, 22, 33, 44..... perpendiculaires aux faces parallèles AB et CD ayant été tracées sur les faces verticales, on chargea la pièce de poids suspendus au milieu de sa longueur.

La pièce fléchit sous la charge, et, en examinant les lignes 11, 22, 33, etc., M. Dupin reconnut qu'elles n'avaient pas cessé d'être droites et normales aux deux faces AB et CD du solide.

Il en résultait nécessairement que toutes les fibres comprises à l'origine entre les deux profils 11 et 22, par exemple, y étaient restées comprises pendant la flexion, et qu'elles s'étaient nécessairement allongées ou raccourcies de quantités proportionnelles à leur distance à l'axe de rotation de chacun des plans 11, 22. Mais comme la mesure des longueurs des faces supérieures et inférieures n'a pas été donnée, cette expérience ne montre pas par elle-même qu'il y ait eu des fibres raccourcies, attendu que les lignes 11, 22 seraient aussi restées perpendiculaires aux faces AB et CD si la rotation avait eu lieu autour des points 1 et 2 supérieurs.

Toutefois, cette expérience, rapprochée de celle de Duhamel, qui constatait le fait de la compression, conduisit son auteur à admettre l'existence d'une couche de fibres invariables.

117. *Expérience de M. Duleau.* — M. Duleau, dans son essai sur la résistance du fer forgé, rapporte l'expérience suivante :

« On a courbé par force, à froid, une pièce en fer carré
« de 0^m,02 de côté, suivant un arc de cercle, de manière à
« ce que les deux faces latérales restent planes. Sur ces
« deux faces on avait tracé des lignes perpendiculaires à
« l'axe de la pièce et distantes de 0^m,025. On a donné suc-
« cessivement à la pièce trois courbures telles que, sur une
« longueur d'arc de 0^m,30, la flèche fût de 0^m,022, 0^m,037 et
« 0^m,058. Les lignes tracées sur les faces planes sont restées
« droites et perpendiculaires à la pièce, *et l'allongement de*
« *la partie convexe s'est trouvé justement égal au raccourcis-*
« *sement de la partie concave.*

	m.	m.	m.
Pour des flèches de.............	0,022	0,037	0,058
Cet allongement a été pour 0^m,30 de longueur.................	0,005	0,010	0,0175
ou par mètre............... ..	0,0167	0,0333	0,0583

« Cette expérience prouve que les fibres du fer ont
« éprouvé un allongement ou un raccourcissement propor-
« tionnel à leur distance du milieu de la pièce, et par con-
« séquent que le même poids qui agit sur une fibre paral-
« lèlement à sa longueur, soit pour la tirer, soit pour la
« refouler, l'allonge ou la raccourcit de la même quantité.
« Ici les fibres avaient perdu leur force élastique ; la pro-
« priété qu'elles ont présentée existe donc, à plus forte rai-
« son, lorsque l'action qu'elles ont éprouvée n'a pas détruit
« cette élasticité. »

Sans déduire de cette expérience des conclusions aussi absolues que l'auteur, on peut au moins en tirer la conséquence que, dans la flexion des corps, il y a extension des fibres situées à la partie convexe et refoulement de celles qui sont à la partie concave, et que nécessairement il existe à l'intérieur des corps une couche de fibres de longueur invariable.

118. *Observations de plusieurs ingénieurs.* —Enfin les observations nombreuses recueillies par MM. Fairbairn, Hodgkinson, E. Clark et autres auteurs anglais, ont prouvé que des effets analogues se produisaient dans la flexion des métaux.

M. E. Hodgkinson a signalé le mode remarquable de rupture que présentent les barreaux en fonte. Au moment où ils cèdent sous la charge, il s'en détache, vers le milieu de la partie concave, une sorte de coin curviligne (pl. III, fig. 6), qui est quelquefois projeté au-dessus du solide. Sa forme et cette projection sont évidemment un effet de la compression.

Dans les nombreuses expériences faites sur des solives en tôle de fer, à profil plein ou creux, l'on a toujours remarqué que ces solides rompaient par extension des fibres de la partie convexe ou par compression de la partie concave, selon que la forme et les proportions adoptées faisaient prévaloir la résistance à la compression sur la résistance à l'extension, *et vice versa.*

L'existence d'une couche de fibres dont la longueur n'a pas varié quand un corps a pris une certaine flexion est donc suffisamment établie par toutes les expériences que nous avons citées. Mais quelle est la position de cette couche de fibres dans le profil transversal du corps? et cette position est-elle constante ou la même pour toutes les flexions? C'est ce que nous examinerons plus tard en comparant les résultats de l'expérience et ceux de la théorie.

Passons maintenant à d'autres faits d'observation.

119. *Expériences de M. Ch. Dupin.* — Dans un mémoire présenté à l'Institut en 1813, M. Ch. Dupin a exposé les résultats des expériences et des recherches auxquelles il s'était livré à Corcyre en 1811. Nous donnerons ici une analyse succincte de ce travail important.

Les bois employés étaient d'essence de chêne, de cyprès, de hêtre et de sapin, et débités sous forme de parallélipipèdes de $2^m,00$ de longueur, posés sur des supports dont ils mesuraient la plus courte distance, en les dépassant très-peu de chaque côté. Ils ont été chargés de poids placés au milieu de leur longueur.

L'auteur a d'abord reconnu que *les flexions sont proportionnelles aux charges*, toutes choses étant égales d'ailleurs; c'est ce que prouvent les expériences suivantes, exécutées avec des pièces de $0^m,03$ d'équarissage et de $2^m,00$ de portée, chargées en leur milieu de poids successivement croissants.

ESSENCE DES BOIS EMPLOYÉS.	FLEXIONS PRODUITES PAR DES CHARGES DE							RAPPORT des flexions en millim. aux charges en kilog.	DENSITÉ des bois employés.
	4 kil.	8 kil.	12 kil.	16 kil.	20 kil.	24 kil.	28 kil.		
	mm.	mm.	mm.	mm.	mm.	mm.	mm.		
Chêne........	5,8	11,2	17,1	22,6	28,2	34,9	40,6	1,450	0,7321
Cyprès........	7,	14,2	21,5	28,7	35,9	44,2	51,0	1,724	0,6610
Hêtre.........	8,4	16,9	25,9	34,5	43,4	54,0	63,5	2,170	0,6595
Sapin du Nord.	13,0	26,2	»	»	»	»	»	3,275	0,4428

Si l'on représente ces résultats graphiquement (pl. III, fig. 7), en prenant les charges pour abscisses à l'échelle de $2^{mill},50$ par kilogr. et les flexions en demi-grandeur, on voit que tous les points ainsi déterminés sont situés sur des lignes droites passant par l'origine des coordonnées. On remarque toutefois qu'au delà des charges capables de produire des flexions de 40 millimètres, les points correspondants sont un peu au-dessus des lignes droites, et que par conséquent les flexions étaient alors supérieures à celles qu'aurait fournies la proportionnalité des flexions aux charges.

Mais on doit remarquer qu'une flexion de 40 millimètres sur $2^m,00$ de portée ou de $\frac{1}{50}$ de la portée, est déjà excessive et dépasse ce que l'on peut tolérer dans les constructions. En effet, pour une portée de 5^m,00 seulement, cela correspondrait à 0^m,10 de flèche, ce qui n'est admissible presque dans aucun cas. De ces expériences, on est donc autorisé, avec l'auteur, à conclure la vérification de cette loi, qu'entre les limites où l'élasticité n'est pas altérée et pour les flexions que l'on peut tolérer dans les constructions, *les flexions des parallélipipèdes posés sur deux points d'appui sont proportionnelles aux charges qui agissent en leur milieu.*

120. *Comparaison de la densité des bois à leur rigidité.* — La flexibilité des bois est d'autant plus grande que l'accroissement de la flèche produite par un même poids ou que le rapport de la flexion totale à la charge qui la produit est plus considérable. Or, si, pour comparer ce rapport, qui est donné par la tangente géométrique de l'inclinaison des droites de la figure précédente, et dont la valeur est inscrite dans la neuvième colonne du tableau précédent avec les densités déterminées par l'auteur, on prenait celles-ci pour abscisses et les inclinaisons des droites des flexions pour ordonnées, on verrait que les points ainsi déterminés, et surtout les deux extrêmes, sont à peu près sur une ligne droite passant à une distance de l'origine égale à l'unité et telle qu'en nommant

i les inclinaisons ou le rapport des flexions aux charges,

d la densité du bois ou le poids du mètre cube en kilogr., on aurait entre ces quantités la relation

$$i = 5{,}877\,(1 - d) \text{ millimètres};$$

relation qui, du reste, ne peut être appliquée avec sûreté qu'aux bois expérimentés par M. Dupin, et qui aurait besoin d'être vérifiée sur une échelle plus étendue.

Quoi qu'il en soit, l'on n'en doit pas moins conclure, avec cet illustre ingénieur, que la résistance des bois à la flexion croît avec leur densité. D'où il déduit cette autre conséquence importante que :

« De deux vaisseaux de même rang et dont la charpente
« sera d'égal volume, ou en général de deux appareils de
« charpente d'égal volume, celui qui sera construit avec le
« bois le plus pesant prendra moins d'arc que celui qui
« sera construit avec le bois le plus léger. » Ainsi les vaisseaux de la Baltique et de la Hollande construits avec les
sapins du Nord doivent prendre plus d'arc que ceux de la
Méditerranée, et ceux-ci plus que les vaisseaux espagnols
construits avec les bois très-pesants du nouveau monde, ou
que les vaisseaux anglais, dont une partie est construite
avec le bois dur qu'on appelle *African wood.*

Mais, ajoute-t-il, si au contraire on construisait deux
vaisseaux sur le même plan, de manière que leur charpente
eût cependant le même poids, « on verrait que le vaisseau
« construit avec le bois le plus léger serait celui dont l'arc
« serait au contraire le moins considérable et qui présen-
« terait la plus grande solidité. »

121. *Comparaison de l'effet des charges uniformément
réparties à celui des charges agissant au milieu de la distance
des appuis.* — M. Charles Dupin a aussi cherché à comparer
les flexions produites dans ces deux circonstances différentes.
Les résultats de ses expériences sont consignés dans le tableau suivant, auquel nous avons joint les poids qui, placés
au milieu des pièces, eussent produit la même flexion que
les poids uniformément répartis, pour établir directement
le rapport des charges qui dans les deux cas produiraient
une flexion identique.

ESSENCE DES BOIS.	DIMENSIONS		La charge agissant au milieu.		La charge étant uniformément répartie.		CHARGE qui placée au milieu produirait cette flexion.	RAPPORT de ces charges.
	verticale.	horizontale.	charge.	flexion.	charge.	flexion.		
	m.	m.	kilog.	mill.	kilog.	mill.	kilog.	
Chêne, prismatique	0,02	0,03	6,00	33,0	9,00	32,0	5,818	0,649
	0,02	0,02	6,00	15,0	9,00	14,5	»	»
Chêne, cylindrique. diamèt.	0,02	1,90	48,0	3,00	48,0	1,900	0,633	
	0,02	4,75	123,0	7,50	123,0	4,750	0,633	

Or on verra plus loin que la théorie indique que pour une même flexion, les charges placées au milieu et les charges uniformément réparties doivent être dans le rapport de 5 à 8 ou 0,625; si l'on remarque que les charges employées par M. Dupin n'étaient pas réellement uniformément réparties, mais bien distribuées par portions égales, à des distances égales, on voit que ces expériences fournissent une vérification de la théorie, bien suffisante pour la pratique.

122. *Rapport des flexions à la largeur et à l'épaisseur des pièces.* — La théorie dont il sera parlé plus tard conduit à conclure que pour des pièces prismatiques, les flexions, à portées égales, doivent être en raison inverse des largeurs et des cubes des épaisseurs, de sorte que si l'on appelle a la largeur et b l'épaisseur, les flexions seront en raison inverse du produit ab^3.

D'après cela si l'on fait fléchir la même pièce sous la même charge en la plaçant d'abord à plat (pl. III, fig. 8) de manière que sa dimension a soit horizontale et b verticale; puis de champ, de manière que b soit horizontale et a verticale, les flexions observées devront d'après la théorie être dans le rapport inverse de ab^3 à ba^3 ou dans celui de a^2 à b^2, c'est-à-dire dans le rapport des carrés des dimensions, c'est ce que vérifient fort bien les expériences suivantes de M. Dupin :

Expériences sur une pièce de sapin de $0^m,03$ sur $0^m,02$.

Charges	2 kilog	4 kilog	6 kilog	8 kilog	10 kilog
Flexions à plat	16 mill	32 mill	48 mill	64 mill	80 mill
Flexions de champ	6,80	14	21,30	28,50	37,60
Rapport des flexions	2,36	2,28	2,25	2,24	2,13
Moyenne de ce rapport............ 2,25					

Le rapport des carrés des dimensions étant celui de 9 : 4 ou 2,25, on voit qu'il y a accord à peu près parfait entre les résultats de l'expérience et les indications de la théorie.

Une vérification semblable a été obtenue sur une autre pièce de sapin de 0ᵐ,05 sur 0ᵐ,02 d'équarrissage.

De ces expériences, résulte donc aussi la vérification de cette conclusion de la théorie que la flexion est en raison inverse du produit de la largeur a et du cube b^3 de l'épaisseur des pièces.

123. *Flexibilité des bois en fonction de la distance des appuis.* — L'auteur a fait varier la distance des appuis sur lesquels les pièces étaient posées, mais sans réduire la longueur de celles-ci qui avaient un peu plus de 2ᵐ,00 ; de sorte que pour toutes les portées inférieures à 2ᵐ,00, une portion des pièces se trouvait en surplomb en dehors des appuis et contribuait à atténuer l'effet de la charge et par suite la flexion. Il est facile de tenir compte de l'effet de ces parties en surplomb ; mais il a si peu d'influence sur les résultats, que cette correction semble inutile pour asseoir la conclusion que l'on en déduit.

En effet les résultats des mesures directes sont consignés dans le tableau suivant :

Sapin du Nord. Règle prismatique de 0ᵐ,02 sur 0ᵐ,05 chargée de 10ᵏⁱˡ en son milieu. — Poids de la règle, 1ᵏⁱˡ,104.

Distance des appuis en mètres.........	1,00	1,125	1,250	1,375	1,500	1,625	1,750	1.875	2,000
Flexions en milliᵉˢ....	10,0	15,5	21.9	28,7	36,7	47,0	58.0	70,0	84,0
Cubes des portées....	1,000	1,424	1,953	2,600	3,375	4,291	5,359	6,591	8,000

Chêne. Règle de 0,02 sur 0,03, posée sur plat. — Poids de la règle, 0ᵏⁱˡ,94.

Distance des appuis en mètres.......	1,00	1,10	1,20	1,30	1,40	1,50	1,60	1,70	1,80	1,90	2,00
Flexions en milliᵉˢ..	6,0	8,10	10,8	13,3	16,7	21,0	25,0	30,5	36,0	42,0	49,0
Cubes des portées.	1,000	1,331	1,728	2,197	2,744	3,375	4,096	4,913	5,832	6,859	8,00

Si l'on prend à une échelle quelconque, comme on l'a fait (pl. III, fig. 9) pour la règle de chêne, les cubes des portées pour abscisses et les flexions pour ordonnées à une échelle suffisamment grande, on trouve que tous les points ainsi déterminés sont en ligne droite ; d'où l'on conclut avec l'auteur et conformément à la théorie, que *les flexions des pièces chargées en leur milieu sont entre elles comme les cubes des portées.*

124. *Conclusions de ces expériences.* — De l'analyse succincte que nous venons de donner des belles expériences de M. Ch. Dupin, l'on a conclu successivement, que toutes choses étant égales d'ailleurs, les flexions des pièces posées sur deux appuis et chargées au milieu de leur longueur sont :

1° Proportionnelles aux charges 2P qu'elles supportent ;

2° En raison inverse du produit de la largeur a et du cube de la hauteur b des pièces ;

3° Proportionnelles au cube de la portée 2c, c dans tout ce qui va suivre désignant la demi-portée ;

4° Que la flexion produite par une charge uniformément répartie est les $\frac{5}{8}$ de celle qui serait due à la même charge placée au milieu de la pièce, ou, ce qui revient au même, que la première charge équivaut aux $\frac{5}{8}$ de la seconde.

D'après cela si l'on considère deux pièces prismatiques, du même bois, posées sur deux appuis et chargées en leur milieu, et qu'on nomme :

1° f, a, b, 2P et 2c, la flexion, la largeur, l'épaisseur, la charge et la portée de la première ;

2° f', a', b', 2P′ et 2c′ les quantités analogues pour la seconde ;

3° f_1 la flexion d'une pièce pour laquelle l'équarrissage et la portée seraient les mêmes que pour la première et la charge égale à 2P′.

4° f_2 la flexion d'une pièce pour laquelle la charge 2P′ et la portée 2c seraient les mêmes que pour la précédente, la largeur égale à a' et la hauteur égale à b',

On aura, d'après les résultats de l'expérience :

$$f : f_1 :: \mathrm{P} : \mathrm{P}'$$

$$f_1 : f_2 :: \frac{1}{ab^3} : \frac{1}{a'b'^3}$$

$$f_2 : f' :: c^3 : c'^3.$$

D'où l'on tire en multipliant terme à terme :

$$f : f' :: \frac{Pc^3}{ab^3} : \frac{P'c'^3}{a'b'^3} ;$$

d'où
$$f = f' \cdot \frac{a'b'^3}{P'c'^3} \cdot \frac{Pc^3}{ab^3}.$$

Lors donc que des expériences spéciales ont fait connaître pour un prisme rectangulaire d'équarissage connu a' et b', et d'une portée $2c'$ donnée, soumis à une charge $2P'$, la flexion f' correspondante, on voit que le facteur $f' \frac{a'b'^3}{P'c'^3}$ étant connu on en pourra déduire la flexion de tout autre solide prismatique de même matière pour lequel l'équarrissage, la portée et la charge seraient différents.

Ainsi par exemple pour la pièce de sapin du Nord employée par M. Charles Dupin dans les expériences rapportées au n° **123**, on a

$$a' = 0^m,02, \quad b' = 0^m,05, \quad 2P' = 10^{kil}, \quad 2c' = 2^m,00, \quad f' = 0^m,084.$$

On en déduit

$$f = \frac{Pc^3}{23800523 \, ab^3}$$

pour calculer la flexion des bois de même nature et au même état, lorsque la portée sera $2c$ et la charge au milieu $2P$.

Notions théoriques.

123. *Considérations générales sur la flexion, la compression et la rupture des corps fibreux.* — Dans l'étude que nous nous proposons de faire de la résistance qu'opposent les corps employés dans les constructions à la flexion et à la rupture, nous nous fonderons principalement sur les résultats de l'expérience et de l'observation pour en déduire des règles que les praticiens puissent adopter avec confiance et sécurité. Mais il n'est pas moins utile de considérer directement

en eux-mêmes les phénomènes que présentent les corps qui
éprouvent des flexions plus ou moins grandes, afin d'en déduire, s'il se peut, des règles théoriques dont la comparaison
avec les résultats de l'expérience permette de généraliser
et d'étendre les conséquences que l'on peut tirer de celle-ci.

126. *Des effets qui se produisent dans les corps fibreux,
fléchis, comprimés ou tordus par des forces extérieures.*—Cherchons donc à nous rendre compte des phénomènes généraux que présentent les corps soumis à l'action de forces
extérieures qui tendent à les fléchir, à les comprimer ou à
les tordre, et suivons à cet effet les notions simples exposées
par M. Poncelet dans son cours à la Faculté des sciences.

Soit ABC (pl. III, fig. 10) un corps fibreux sollicité par un
certain nombre de forces extérieures P, Q, R, S, T, etc.,
dirigées selon des directions quelconques. Le corps cède
d'abord à l'action de ces forces, et aussitôt se développent
les réactions moléculaires ou les résistances des fibres, des
molécules qui le composent, au déplacement par extension,
par compression ou par torsion. Bientôt, si ces déplacements
et les efforts qui les produisent ne dépassent pas les limites
pour lesquelles l'élasticité serait altérée, le mouvement s'arrête, et l'équilibre s'établit entre les forces extérieures et les
forces moléculaires. Tout le corps étant parvenu à cet état,
l'équilibre existe séparément pour toutes les sections que
l'on peut faire dans le corps, et l'on peut rechercher les
conditions de cet équilibre pour chaque section, en considérant le reste du corps comme solidifié. Ainsi, par exemple, pour une section IK, il faudra rechercher les conditions
de l'équilibre entre les forces extérieures Q et R agissant à
droite de cette section et les forces moléculaires développées
dans la section même. Lorsque cet équilibre aura été assuré
pour celle des sections où l'effet des forces extérieures serait
le plus grand, il le sera *a fortiori* pour tout le corps. Cette
section a été nommée par M. Poncelet la *section dangereuse*,
parce que c'est en effet celle où les déformations doivent être

les plus grandes, et pour laquelle il importe donc essentiellement de les renfermer dans des limites convenables. Ces considérations sont générales et s'appliquent évidemment aux effets de torsion, comme à ceux de flexion et de compression.

127. *Notions sur la flexion et la courbure des lignes.* — Pour l'intelligence de ce qui va suivre, rappelons quelques notions sur la courbure des lignes. Si l'on considère (pl. III, fig. 11) deux éléments consécutifs ac et cb d'une courbe et qu'on mène en leurs milieux m et n deux lignes mo et no normales à ces éléments, ces lignes se couperont en un point o, qui serait le centre du cercle qui passerait par les points a, b et c, et qui, à la limite de petitesse des éléments, se confondrait avec la courbe. Ce cercle s'appelle le *cercle osculateur* de la courbe, et les lignes égales mo et no sont les rayons de courbure que nous désignerons par r. L'angle compris entre les normales consécutives, ou l'arc décrit à l'unité de distance qui le mesure, étant désigné par e, l'arc élémentaire s de la courbe a pour expression $s = re$, d'où $r = \dfrac{s}{e}$ et $e = \dfrac{s}{r}$. La courbure de la courbe étant d'ailleurs d'autant plus grande, plus rapide, que le rayon r est plus petit, elle est exprimée par le rapport $\dfrac{1}{r} = \dfrac{e}{s}$, et l'on remarquera que l'angle e des normales mo et no est égal à celui que forment les tangentes à la courbe en m et en n, ou les prolongements des éléments ac et cb; angle que l'on nomme l'angle de contingence. Cela posé, et sans entrer à ce sujet dans des détails qui ne seraient pas à leur place, examinons ce qui se passe dans la flexion des corps.

128. *Hypothèse de Galilée sur le mode de résistance des matériaux à la flexion.* — C'est à l'illustre Galilée que l'on doit les premières recherches scientifiques sur la manière dont les corps résistent aux efforts auxquels ils sont soumis dans les constructions; elles sont développées dans ses Dialogues, publiés en 1638. Galilée considérait les corps comme composés de petites fibres appliquées parallèlement les unes sur les autres, et supposait la résistance totale proportionnelle à l'étendue de la section transversale et indépendante du degré d'extension qu'elles prenaient avant de se rompre, hypothèse qui, comme nous le verrons plus tard, n'est pas conforme à la nature. Il admettait de plus que dans une section transversale quelconque, l'axe autour duquel se faisait la rotation, au moment de la flexion ou de la rupture, était placé à la partie inférieure de la section, de sorte que toutes les fibres du corps s'allongeaient à peu près proportionnellement à leur distance à sa face inférieure.

Si, dans cette hypothèse, on considère (pl. III, fig. 12) un solide prismatique à section rectangulaire, on voit qu'en nommant E la résistance par unité de surface, celle d'une tranche de surface élémentaire s, située à la distance v de l'axe mn de rotation, serait Es, et que le moment de cette résistance par rapport à mn, serait égal à Esv, ou au produit du nombre constant E, par le moment de cette tranche élémentaire par rapport à la section mn de la couche inférieure; de sorte que le moment total ou la somme des moments semblables serait égal au produit de la surface totale A de la section, par la résistance E par unité de surface, et par la distance de son centre de gravité à l'axe mn, le centre de gravité étant le point d'application de la résultante de toutes les forces égales appliquées aux différentes surfaces élémentaires dont l'ensemble constitue la surface totale. Dans le cas d'une pièce prismatique à section rectangulaire, de largeur a et de hauteur b, on aurait $A = ab$, la distance du centre de gravité à l'axe mn serait $\dfrac{b}{2}$, et la somme des moments des résistances des fibres serait, dans l'hypothèse de Galilée :

$$E \cdot ab \times \frac{b}{2} = E \cdot \frac{ab^2}{2}.$$

Et pour que l'équilibre subsistât entre les forces extérieures et la section que l'on considère, il faudrait donc que la somme des moments de ces forces et celle des résistances moléculaires, par rapport à l'axe mn, fussent égales, de sorte qu'en nommant M la somme de ces moments, on devrait avoir :

$$M = E \cdot \frac{ab^2}{2}.$$

129. *Hypothèses de Mariotte et de Leibnitz.* — Mariotte ayant voulu vérifier les résultats de la théorie de Galilée, ne les trouva pas conformes à l'expérience et fut conduit à considérer les corps comme composés de fibres extensibles qui résistaient à l'extension proportionnellement à leur allongement. Cette supposition qui avait déjà été faite par Hooke, célèbre géomètre anglais, qui vivait en 1670, était déjà plus voisine de la vérité ; mais elle fut étendue par Mariotte jusqu'à l'instant de la rupture qui n'arrive, comme on le sait, que quand l'élasticité a été altérée et par conséquent après que les allongements ont cessé d'être proportionnels aux efforts.

Leibnitz, en se basant sur l'hypothèse de Hooke et en supposant encore que la rotation produite par la flexion se faisait autour d'un axe situé à la partie inférieure du corps, parvint à une formule qui concorde mieux avec les résultats de l'expérience.

En effet, si dans cette hypothèse l'on examine (pl. III, fig. 13) ce qui se passe dans une tranche élémentaire comprise entre deux plans normaux à sa longueur et infiniment voisins, et que l'on considère en particulier une fibre élémentaire mn située à la distance v de l'arête inférieure c de la section, on voit en menant cp parallèle à mm' que cette fibre mn, qui avait primitivement une longueur égale à $m'c$, a éprouvé un allongement pn, et que d'après ce que l'on a dit au n° **127**, on a

$$pn : m'c :: cn \text{ ou } v : m'o \text{ ou } r; \quad \text{d'où} \quad \frac{pn}{m'c} = \frac{v}{r}.$$

Or le rapport $\frac{pn}{m'c}$ est ce que l'on a appelé précédemment

(n° 6) l'allongement proportionnel i, et tant qu'il ne dépasse pas la limite i' qui correspond à la limite à laquelle
l'élasticité est altérée, la résistance de la fibre est proportionnelle au coefficient E d'élasticité, à l'aire de la section
transversale a de la fibre et à son allongement proportionnel i; de sorte que l'on a pour la valeur de cette résistance :

$$Eai = Ea\frac{v}{r}.$$

Et son moment par rapport à l'axe de rotation de la section, supposé en c sera :

$$Ea\frac{v}{r} \cdot v = E\frac{a}{r}v^2 = \frac{E}{r} \times av^2 ;$$

c'est-à-dire égal au produit du quotient $\frac{E}{r}$ du coefficient
d'élasticité divisé par le rayon de courbure, et du moment
d'inertie de la section transversale de la fibre élémentaire
que l'on considère par rapport à l'arête inférieure c de la
section du corps.

La somme des moments semblables ou le moment total
de la résistance des fibres de la section serait donc

$$\frac{E}{r}(av^2 + a'v'^2 + \text{etc}\ldots) = \frac{EI}{r},$$

en remarquant que la somme des produits $av^2 + a'v'^2 +$ etc.,
est le moment d'inertie de la section par rapport à l'axe
inférieur de rotation, moment que nous désignerons par
la lettre I.

D'après cette théorie on devrait donc avoir, entre cette
somme des moments des forces moléculaires et celle M des
moments des forces extérieures, la relation

$$M = \frac{EI}{r}.$$

Mais l'hypothèse de la rotation autour de la ligne inférieure de la section transversale n'est pas d'accord avec l'observation, ainsi qu'on l'a vu par les expériences rapportées aux n°ˢ **114** à **121**, et l'existence d'une couche de fibres qui, pour chaque position d'équilibre, ne subissent ni allongement ni raccourcissement, se trouve au contraire démontrée par l'expérience.

150. *Théorie de la résistance des corps fibreux à la flexion transversale.* — C'est sur cette considération de l'existence d'une fibre invariable dans l'intérieur des corps, regardés comme composés de fibres parallèles, qu'est fondée la théorie actuelle de la résistance des corps à la flexion.

La rotation qui se produit dans chaque section s'effectuant pour chacune d'elles autour de la ligne contenue dans cette couche des fibres invariables, il s'ensuit que l'allongement et le raccourcissement des fibres situées en dehors de la couche des fibres invariables, sont proportionnels à leur distance à cette couche.

A l'aide de cette considération, examinons maintenant (pl. III, fig. 14) ce qui se passe entre deux sections infiniment voisines et perpendiculaires à la longueur d'un corps fibreux fléchi, que nous supposerons par exemple solidement encastré par l'une de ses extrémités et soumis à l'autre à l'action d'une force extérieure P qui agit normalement à sa longueur dans le plan vertical moyen qui le diviserait longitudinalement en deux parties égales.

Soient IK et *ik* les sections que l'on considère et dont les plans prolongés se rencontrent suivant une ligne perpendiculaire au plan moyen du corps et qui se projette en *o*. Dans la flexion des corps les sections IK et *ik* restant normales à la ligne des fibres invariables, le point *o* sera le centre de courbure de cette ligne, et l'on aura d'après ce qui précède (n° **127**), $co = r$, $Cc = s$.

Si par le point *c*, l'on mène une parallèle *cl'* à la ligne CI, il est évident qu'une fibre quelconque *mn*, qui avait avant la flexion une longueur égale à $Cc = mp$, se sera allongée de la quantité pn qui sera proportionnelle à sa distance pa à la fibre invariable Cc; la figure montre par les triangles semblables Coc et pcn que l'on a $pn : cn :: s : r$; d'où $pn = \dfrac{s}{r} \times cn = \dfrac{s}{r} v$, en appelant v l'ordonnée du point n, ou sa distance à la couche des fibres invariables, et l'allongement relatif de cette fibre, ou par unité de longueur, sera donné par le rapport :

$$\frac{pn}{mp} = \frac{pn}{Cc} = \frac{cn}{co} = \frac{v}{r} = i.$$

Or, si l'on nomme a l'aire élémentaire de la section de cette fibre, on sait par ce qui précède que sa résistance à l'allongement, que nous appellerons p, aura pour expression $p = \mathrm{E}ai = \mathrm{E}a\dfrac{v}{r} = \dfrac{\mathrm{E}}{r} \times av$.

Si la force, qui tend à fléchir le corps, reste normale à sa longueur, et que les flexions soient très-petites, ainsi que cela doit toujours arriver dans les constructions, la composante de cette force perpendiculairement à l'une quelconque des sections normales, sera nulle ou négligeable; par conséquent la force extérieure qui tendrait à produire une translation longitudinale est aussi nulle ou négligeable; il n'y a pas de translation et les forces moléculaires doivent se faire équilibre quant à la translation longitudinale. Or si les résistances moléculaires des fibres sont toutes normales à cette section, il faudra donc que les résistances à l'extension, des fibres placées d'un côté de la surface des fibres invariables, fassent directement équilibre, quant à la translation, aux résistances à la compression, situées de l'autre côté; et comme toutes ces forces sont parallèles, cela exige que leur somme soit égale à zéro. C'est la première condition de l'équilibre dans cette section.

Si l'on remarque que l'une quelconque de ces forces a pour expression

$$p = \frac{\mathrm{E}}{r} av,$$

et que le facteur $\dfrac{E}{r}$ est le même pour toutes les fibres, la somme des forces analogues, pour toutes les fibres a, a', a'', placées à des distances v, v', v'', ... etc., qui doit être nulle, sera :

$$\frac{E}{r}(av + a'v' + a''v'' + \ldots \text{etc.}) = 0.$$

131. *La ligne des fibres invariables passe par le centre de gravité de la section transversale.* — On voit que la condition que cette somme soit nulle revient à dire que la somme des moments des sections de chacune des fibres, par rapport à la ligne des fibres invariables, doit être nulle; c'est-à-dire, d'après le théorème connu des moments, que cette ligne des fibres invariables passe par le centre de gravité de la section. Or, on sait, soit par les méthodes géométriques directes, soit par la méthode de Th. Simpson, déterminer le centre de gravité d'une aire plane (Ire partie, n°s 6 et suiv.); nous pourrons donc toujours, quelle que soit la forme de la section transversale du corps que l'on considère, déterminer la ligne, perpendiculaire au sens de la résultante des forces extérieures, qui contient les fibres invariables.

132. *Observations relatives à l'extension et à la compression des fibres.* — Nous avons admis que le facteur $\dfrac{E}{r}$ était constant pour toutes les fibres, soit qu'elles fussent allongées ou comprimées, c'est-à-dire que les valeurs du nombre $\dfrac{P}{i} = E$ (6), ou que le rapport des efforts de traction longitudinale aux allongements i par mètre courant qu'ils produisent, était le même que celui du même effort au raccourcissement proportionnel qu'il occasionnerait s'il comprimait le corps. En un mot, cela revient à supposer que dans les limites d'allongement et de raccourcissement qui n'altèrent pas l'élasticité, la résistance à l'extension est la même que la résistance à la compression pour une même variation de la longueur. Or, cette hypothèse, suffisamment exacte peut-être pour les bois et les corps fibreux, ne l'est probablement pas autant pour les corps grenus, tels que les métaux.

On a vu cependant aux n°ˢ **92** et **93** que pour la fonte en particulier, tant qu'il ne s'agit que de faibles extensions ou compressions, le rapport des charges aux allongements et aux raccourcissements proportionnels est constant et sensiblement le même pour les deux cas, ce qui permet d'appliquer dans ces limites le raisonnement précédent.

Enfin, ce qui prouve *a posteriori* que dans les flexions que la pratique des constructions permet de tolérer, l'on peut admettre l'égalité des résistances à l'extension et à la compression, c'est que les valeurs des coefficients d'élasticité des substances le plus généralement employées, fournies par les expériences sur la flexion des corps, pour le calcul desquels on applique les considérations précédentes, sont sensiblement les mêmes que celles que l'on déduit des expériences sur l'allongement direct. Nous reviendrons plus tard sur cette considération.

133. *Condition générale de l'équilibre entre les forces extérieures et les forces moléculaires.* — Si nous continuons de considérer un corps de forme quelconque (pl. III, fig. 14) encastré par l'une de ses extrémités et soumis à des forces extérieures P, Q, R, etc., et une quelconque de ses sections IK, lorsque ce corps sera parvenu à une position d'équilibre, la flexion générale et par suite la rotation des fibres élémentaires de la section IK autour de la ligne des fibres invariables ayant cessé, il faudra nécessairement que la somme des moments des résistances moléculaires, telles que $p = \dfrac{E}{r} av$ des fibres, par rapport à cette ligne, soit égale à la somme des moments des forces extérieures qui agissent à droite de la section IK. C'est la deuxième condition de l'équilibre dans cette section.

Or, si l'on se reporte à la figure 13, on verra de suite, comme au n° **129**, que le moment de la résistance p de la fibre *mn* par rapport à la ligne des fibres invariables, est $pv = \dfrac{E}{r} av^2$, et que la somme de tous les moments semblables sera pour la section entière :

$$\frac{E}{r}\left(av^2 + a'v'^2 + a''v''^2 + \text{etc...}\right).$$

La somme des produits av^2, $a'v'^2$, etc., de l'aire de la section transversale de chaque fibre par le carré de sa distance à la ligne des fibres invariables est ce qu'on a nommé dans la première partie des leçons le *moment d'inertie*, que nous avons désigné par I.

Donc la somme des moments de toutes les résistances moléculaires à l'extension et à la compression est $\dfrac{E}{r}$ I, et cette somme doit être égale à celle des moments $Pp + Qq + \text{etc...} = M$ des forces extérieures qui tendent à produire la rotation autour de la section IK que l'on considère.

On a donc, en général, pour la condition d'équilibre et pour une section quelconque, la relation

$$\frac{EI}{r} = Pp + Qq + \text{etc...} = M.$$

134. *Limites des résistances permanentes.* — Mais pour que cet équilibre puisse subsister d'une manière permanente, pour que la résistance de la pièce soit durable et offre la sécurité nécessaire, il faut qu'aucune des fibres de la section transversale que l'on considère ne soit soumise à un allongement ou à une compression qui dépasse les limites de l'élasticité.

Dans la rotation qui se produit autour de la ligne des fibres invariables, la fibre la plus éloignée de cette ligne est évidemment celle qui s'allonge ou se raccourcit le plus. Si, par exemple, ci est plus grand que ck, la fibre dont la longueur a subi la plus grande variation est II', et son allongement est I'i; or on a par les triangles semblables, en appelant v' la distance cl' de cette fibre à l'axe des fibres invariables :

$$\frac{l'i}{Cc} = \frac{cl'}{Co} = \frac{v'}{r};$$

et en nommant i' l'allongement ou le raccourcissement proportionnel que les fibres peuvent éprouver sans altération de leur élasticité, il faut que l'allongement $\frac{v'}{r}$ de la fibre la plus éloignée soit égal à i', ce qui donne :

$$\frac{v'}{r} = i'; \;\; \text{d'où} \;\; \frac{1}{r} = \frac{i'}{v'}.$$

Par conséquent
$$\frac{EI}{r} = \frac{EIi'}{v'}.$$

Mais si, d'après ce que l'on a dit précédemment, on continue à appeler R l'effort permanent d'extension ou de compression que chaque unité de surface du corps peut supporter avec sécurité, on aura :

$$R = Ei' \;\; \text{d'où} \;\; i' = \frac{R}{E}, \text{ et par suite } \frac{EI}{r} = \frac{EIi'}{v'} = \frac{RI}{v'};$$

pour la somme des moments des résistances moléculaires de la section que l'on considère, à l'extension et à la compression, quand ces fibres ne seront soumises qu'à des efforts qu'elles puissent supporter avec sécurité, sans que leur élasticité ait à subir aucune altération.

La relation à établir pour la stabilité de la construction entre les résistances moléculaires et les forces extérieures est donc :

$$\frac{RI}{v'} = Pp + Qq + \text{etc}... = M.$$

135. *Valeur de l'allongement ou du raccourcissement proportionnel éprouvé dans la flexion.* — On déduit aussi de ce qui précède que l'allongement ou le raccourcissement éprouvé par la fibre qui subit la plus grande variation de longueur est exprimé par $i' = \dfrac{R}{E}$, et en mettant pour R la valeur déduite de l'équation précédente $i' = \dfrac{Mv'}{EI}$, ce qui permettra de calculer i' toutes les fois que l'on connaîtra les quantités qui entrent dans le second nombre de cette expression, ainsi que nous en verrons des exemples plus tard.

136. *Observation sur la formule précédente.* — Il importe de remarquer que cette formule exprime d'une manière générale la condition de l'équilibre entre les forces extérieures qui tendent à faire fléchir ou à rompre le corps et les forces intérieures de résistance à l'extension et à la compression, appelées les forces moléculaires, qui se développent dans chacune de ses sections transversales. Elle se traduit simplement en ces termes :

Quand un corps solide encastré par l'une de ses extrémités et sollicité à fléchir ou à rompre sous l'action de forces extérieures est parvenu à un état d'équilibre, la somme des moments de toutes les résistances moléculaires à l'extension et à la compression dans une section transversale quelconque est exprimée par le produit $\dfrac{RI}{v'}$, *et est égale à la somme des moments des forces extérieures, par rapport à cette section.*

On aura donc assuré la stabilité ou la résistance du solide lorsque l'on aura donné à ses différentes sections, si elles sont variables, ou à la section constante, si le solide a partout le même profil, des dimensions telles que cet équilibre ait lieu pour les sections les plus faibles, ou pour celles où il y a le plus de chances de rupture.

Il est d'ailleurs évident que pour les solides à section transversale constante la section dangereuse est celle pour laquelle la somme des moments des forces extérieures est la plus grande; que, par conséquent, c'est habituellement la section d'encastrement.

Cette même formule $\dfrac{RI}{v'} = M$, d'où $R = \dfrac{Mv'}{I}$, permettra de déterminer par l'observation des constructions qui ont pour elles la sanction du temps, et par celle des résultats des expériences directes, les valeurs qu'il convient d'attribuer au nombre R, relatif à chaque substance, soit pour obtenir dans les constructions la stabilité, la durée convenable, soit pour déterminer la rupture; on en verra plus loin de nombreux exemples.

157. *Cas où il est nécessaire de tenir compte des forces qui agissent normalement à la section du corps que l'on considère.* — En ne tenant compte jusqu'ici que de l'action des forces qui agissent pour produire des rotations dans la section du corps que l'on considère, nous avons implicitement supposé que l'on pouvait négliger l'effort que les composantes de ces forces perpendiculaires à cette section peuvent exercer pour produire l'allongement général de ses fibres ou leur compression. Dans un grand nombre de cas, on peut, en effet, faire abstraction de ces extensions ou compressions générales, et ne tenir compte que de celles qui sont dues à la flexion du corps. Mais il en est d'autres où les efforts normaux aux sections, ou agissant dans le sens de la longueur du corps, acquièrent assez d'intensité pour qu'il soit convenable et même nécessaire d'apprécier leur influence.

C'est ce qu'il est facile de faire en décomposant toutes les forces extérieures en deux autres, l'une parallèle à la section que l'on considère et qui contribuera à la flexion, l'autre normale à cette section et qui produira l'extension ou la compression.

Nommant T la somme algébrique de toutes ces composantes normales, on verra par le sens dans lequel elle agit si elle tend à allonger ou à comprimer le corps. Dans le premier cas, elle produira par unité de surface une tension $\frac{T}{A}$ et un allongement proportionnel (n° **6**) que nous désignerons par i'' et qui sera $i'' = \frac{T}{AE}$.

Il suit de là que la fibre la plus éloignée de la ligne des fibres neutres éprouvera :

1° Par l'action des composantes normales à la section un allongement proportionnel i'' exprimé par

$$i'' = \frac{T}{AE} \, ;$$

2° Par l'action des composantes parallèles à cette section, un allongement proportionnel i' exprimé par (n° **134**)

$$i' = \frac{R}{E} = \frac{(Pp + Qq + \text{etc}\ldots)v'}{EI} = \frac{Mv'}{EI} \, ,$$

en nommant toujours M la somme des moments des forces qui tendent à produire la flexion, par rapport à la section que l'on considère.

Donc l'allongement total de cette fibre sera :

$$i = i' + i'' = \frac{T}{AE} + \frac{Mv'}{EI} \, ,$$

et, pour qu'il ne dépasse pas la limite de l'élasticité, il faudra que l'on ait encore $i = \frac{R}{E}$ (n° **134**). Donc pour que la pièce résiste d'une manière permanente, il faut établir la relation

$$\frac{R}{E} = \frac{T}{AE} + \frac{Mv'}{EI} \, , \quad \text{ou} \quad R = \frac{T}{A} + \frac{Mv'}{I} \, .$$

Dans le cas où la résultante T tendrait à produire une compression générale des fibres de la section considérée, la fibre la plus éloignée de la ligne des fibres neutres éprouverait, si elle est située dans la partie supérieure de la section :

1° Par l'action des forces normales à la section, une compression proportionnelle exprimée par :

$$i'' = \frac{T}{AE} \, ;$$

2° Par l'action des composantes parallèles à cette section, un allongement proportionnel exprimé par :

$$i' = \frac{Mv'}{EI} \, .$$

Donc la compression ou l'allongement total serait

$$i = i'' - i' = \frac{T}{AE} - \frac{Mv'}{EI} \quad \text{ou} \quad i = i' - i'' = \frac{Mv'}{EI} - \frac{T}{AE}.$$

En ayant soin de prendre dans tous les cas pour i la valeur positive fournie par l'une ou l'autre de ces relations.

On aura donc à établir dans ce cas, pour la stabilité de la construction, la relation

$$R = \frac{T}{A} - \frac{Mv'}{I} \quad \text{ou} \quad R = \frac{Mv'}{I} - \frac{T}{A}.$$

Enfin si la fibre la plus comprimée était plus éloignée de la ligne des fibres invariables que celle qui est la plus allongée, il faudrait, dans le dernier cas que nous venons d'examiner, ajouter les deux compressions i' et i'' comme dans le premier cas, où l'on considérait les allongements, et l'on aurait encore à la limite des compressions qui n'altèrent pas l'élasticité

$$R = \frac{T}{A} + \frac{Mv'}{I}.$$

138. *Remarques sur les quantités* A *et* I. — On remarquera que les quantités A et I qui représentent l'une l'aire de la section transversale, l'autre le moment d'inertie de cette section par rapport à la ligne des fibres invariables, ne dépendent que des dimensions et de la forme du profil de cette section, et que par conséquent R étant connu d'après l'observation des bonnes constructions, comme nous l'indiquerons plus loin, T et M dépendant de l'intensité et de la disposition des forces extérieures qui agissent sur le corps, on pourra toujours déterminer les dimensions et les proportions de la section transversale ou les quantités A et I, de manière que les relations précédentes, qui expriment l'équilibre permanent, soient satisfaites, ce qui constitue la recherche importante des proportions des corps, propres à assurer la stabilité des constructions.

139. *Cas où le corps a un profil constant sur toute sa longueur.* — Dans un grand nombre de cas le corps a sur toute sa longueur le même profil, et alors les quantités A et I sont constantes; dès lors la section dangereuse est évidemment celle pour laquelle le second membre des relations précédentes

$$\frac{Mv'}{I} \pm \frac{T}{A}$$

acquiert sa plus grande valeur.

Dans le cas où le corps est encastré par l'une de ses extrémités, la section d'encastrement est habituellement la section dangereuse, et si l'allongement ou la compression que produit la résultante T des composantes normales à cette section est nul ou très-faible par rapport à celui qui provient de la flexion, cette section est toujours la plus dangereuse. Dans ce dernier cas qui se présente fréquemment dans la pratique, les relations de stabilité se réduisent à

$$R = \frac{Mv'}{I}; \quad \text{d'où l'on tire} \quad I = \frac{Mv'}{R} \quad \text{ou} \quad \frac{I}{v'} = \frac{M}{R}.$$

Dans certains cas, l'on peut disposer ou distribuer les forces extérieures, de manière que la somme de leurs moments, par rapport à la section dangereuse, soit nulle, et alors la pièce n'étant plus soumise qu'à des efforts d'extension et de compression, la relation de stabilité se réduit à

$$R = \frac{T}{A}; \quad \text{d'où l'on tire} \quad A = \frac{T}{R},$$

ce qui conduit immédiatement à la détermination de la section transversale, quand on connaît la force T qui tend à comprimer ou à étendre le corps.

Ce cas est celui des piliers ou des colonnes qui soutiennent les chaînes des ponts suspendus. La direction et la tension de ces chaînes doivent être combinées de telle façon que la somme des moments des forces qui tendent à produire la rotation du support sur sa base, soit nulle ou à peu près, et qu'il ne soit soumis qu'à une compression.

Valeurs des moments d'inertie de divers profils.

140. *Valeurs des quantités* I *et* $\frac{I}{v'}$, *relatives aux différents profils en usage dans les constructions.* — On a vu que la ligne des fibres invariables devait passer par le centre de gravité, ce qui permet de rechercher la valeur du moment d'inertie I et du rapport $\frac{I}{v'}$ pour les différents profils en usage.

Pour donner une idée de la manière de calculer ces quantités, et montrer comment on passe des formules générales qui précèdent aux formules pratiques, nous examinerons quelques cas particuliers.

Mais commençons d'abord par une considération générale fort simple due à M. Poncelet. Soit IK (pl. III, fig. 15) une section transversale quelconque du corps, et a l'aire d'une fibre située à la distance mc ou $m'c' = v$ de la ligne des fibres invariables AB. Menons $mp = m'c' = mc$ perpendiculaire au plan de IK ; on aura évidemment $av = a \times mp$ ou le volume du prisme dont la base est a et la hauteur mp ou v, et le produit $av^2 = a \times mp \times mc$ sera le moment de ce volume, par rapport au plan des fibres invariables qui passe par le centre de gravité, et qui est perpendiculaire au plan des forces moléculaires.

Donc pour avoir le moment d'inertie total, il faudrait prendre la somme des moments de toutes les tranches élémentaires des profils semblables à ILc et L'Kc, tant en dessus qu'en dessous de cM, et ajouter l'une à l'autre les deux sommes respectivement relatives aux parties supérieure et inférieure de la section.

Or, pour le triangle ILc, cette somme est égale au moment du triangle par rapport à cM, ou au produit de sa surface $\frac{1}{2}c$I $\times$ IL par la distance $\frac{2}{3}c$I de son centre de gra-

vité à la ligne cM; elle est donc égale à $\frac{1}{3}c$I³, attendu que
cI $=$ IL.

141. *Cas où le contour de la section transversale considérée est quelconque.* — Lorsque le profil de la section transversale sera quelconque, si l'on appelle toujours v l'ordonnée extérieure $c'c_1$ de son contour extérieur par rapport à la ligne AB et e l'épaisseur d'une tranche élémentaire $c'c_1$ du profil, le moment d'inertie de cette tranche par rapport à AB sera $\frac{1}{3}v^3e$ et la valeur de la quantité $\frac{I}{v'}$ relative à cette tranche sera $\frac{1}{3}v^2e$.

Pour avoir les valeurs totales de I et de $\frac{I}{v'}$ pour la section entière, il faudra donc prendre la somme de toutes les quantités semblables, ce qui se fera facilement, soit par les méthodes de calcul connues, s'il s'agit de formes régulières et géométriques, soit par la formule de Simpson.

Dans ce dernier cas si l'on nomme a la largeur du profil AB, on la partagera en un nombre pair $2n$ de parties égales; on aura par le tracé, pour chaque point de division, les ordonnées

$$v_1, \quad v_2, \quad v_3 \ldots \ldots \ldots v_{2n+1},$$

et l'on en déduira

$$I = \tfrac{1}{3} \cdot \tfrac{1}{3}\frac{a}{2n}\left[v_1{}^3 + v_2{}^3{}_{n+1} + 4(v_2{}^3 + v_4{}^3 + \text{etc}\ldots) + 2v_3{}^3 + v_5{}^3 + \text{etc}\ldots)\right]$$

et

$$\frac{I}{v'} = \tfrac{1}{3} \cdot \tfrac{1}{3}\frac{a}{2nv'}\left[v_1{}^3 + v_2{}^3{}_{n+1} + 4(v_2{}^3 + v_4{}^3 + \text{etc}\ldots) + 2(v_3{}^3 + v_5{}^3 + \text{etc}\ldots)\right]$$

v' étant la plus grande de toutes les ordonnées du profil considéré; on prendra séparément les valeurs de ces quantités pour les deux parties du profil situées au-dessus et au-dessous de la ligne AB et on les ajoutera pour avoir les valeurs totales de I et de $\frac{I}{v'}$.

On se rappelle d'ailleurs qu'à l'aide de la même méthode de Simpson, on sait déterminer la ligne AB, qui contient le

centre de gravité de la section (Ire partie, n° **128**), et c'est
pourquoi nous l'avons supposée connue.

142. *Formes particulières.* — Dans la plupart des applications la forme du profil transversal du corps est assez simple
pour qu'il soit facile de déterminer directement les valeurs
de I et de $\dfrac{I}{v'}$: nous allons examiner les formes les plus
usuelles.

143. *Section rectangulaire.* — Dans ce cas (pl. III, fig. 16)
toutes les tranches semblables à ILcMK sont égales, et le
plan des fibres invariables partage la hauteur totale b du
rectangle en deux parties égales. La somme des produits
des volumes élémentaires des prismes mp par leur distance
mc à la ligne AB, est égale au produit du volume total
$\frac{1}{2}c$I$\times$IL$\times a$, du prisme qui aurait ILc pour base et la
largeur a de la pièce pour hauteur, par la distance $\frac{2}{3}c$I de
son centre de gravité à la ligne AB. En posant IK$=b$,
le volume du prisme est exprimé par $\frac{1}{2}\cdot\dfrac{b}{2}\times\dfrac{b}{2}\times a=\frac{1}{8}ab^2$;
la distance de son centre de gravité à cC est $\frac{2}{3}c$I$=\frac{1}{3}b$; on
a donc, pour le moment d'inertie du prisme supérieur à
cAB, la valeur $\frac{1}{24}ab^3$; on a la même valeur pour le prisme
inférieur, attendu que tout est symétrique de part et d'autre de AB ou de cC, et par conséquent

$$I=\tfrac{1}{12}ab^3=\tfrac{1}{12}Ab^2; \quad \text{d'où} \quad \frac{I}{v'}=\tfrac{1}{6}ab^2=\tfrac{1}{6}Ab,$$

en appelant A la surface $a\times b$ de la section transversale
du solide.

Si la pièce est à section carrée, on a

$$a=b \quad \text{et} \quad I=\tfrac{1}{12}Ab^2=\tfrac{1}{12}b^4, \quad \frac{I}{v'}=\tfrac{1}{6}b^3.$$

144. *Moment d'inertie d'un rectangle par rapport à l'un des
côtés.* — Dans ce cas (pl. III, fig. 17), le moment d'inertie
serait encore égal au volume du prisme, ou

$$\tfrac{1}{2}c\text{I}\times\text{IL}\times a\times\tfrac{2}{3}c\text{I},$$

expression qui, dans le cas actuel, à cause de $cI = IL = b$, devient

$$I = \tfrac{1}{3} ab^3 = \tfrac{1}{3} A b^2.$$

Si un autre rectangle semblable était situé symétriquement au-dessous de la ligne AB, son moment par rapport à cette ligne serait encore $\tfrac{1}{3} ab^3$, et la somme de ces deux moments, ou $\tfrac{2}{3} ab^3$, revient à celle du n° **143**, si l'on remplace $2b$, qui est maintenant la hauteur totale, par b, qui exprimait cette hauteur dans les formules antérieures.

145. *Profil en double T.* — Dans ce cas (pl. III, fig. 18), qui se présente très-fréquemment dans les constructions, si les deux nervures, supérieure et inférieure, sont égales, il est évident que la ligne des fibres neutres AB est au milieu de la section transversale, et que le moment d'inertie est égal à la somme des moments d'inertie des rectangles qui constituent la nervure, et de celui qui constitue le corps de la pièce, ou, ce qui revient au même et conduit à des formules plus commodes pour les calculs, est égal à celui du rectangle extérieur EFGH, diminué de deux fois celui d'un des rectangles égaux MI et KL. On a donc

$$I = \tfrac{1}{12} (ab^3 - 2a'b'^3),$$

et la plus grande ordonnée étant $v' = \tfrac{1}{2} b$,

$$\frac{I}{v'} = \tfrac{1}{6} \frac{(ab^3 - 2a'b'^3)}{b}.$$

146. *Fers à double* T *laminés.* — Dans certains cas, et en particulier pour les fers à double T fabriqués au laminoir, la saillie a' des nervures, ainsi que leur épaisseur e et la hauteur b, restent constantes pour une série de barres dont l'épaisseur du corps, que nous désignerons par e_1, varie seule avec la charge que les pièces doivent supporter.

Il convient alors de prendre pour quantité inconnue à déterminer cette épaisseur e_1. Il est facile de voir que le moment d'inertie peut s'exprimer comme il suit :

$$I = \tfrac{1}{12} e_1 b^3 + \tfrac{1}{6} a'(b^3 - b'^3).$$

Cette formule peut être simplifiée lorsque l'on connaît le rapport de b' à b; si, par exemple,

$$b' = 0,90b; \quad \text{d'où} \quad b'^3 = 0,729b^3, \quad b^3 - b'^3 = 0,271b^3,$$

a' restant constant pour une même valeur de la hauteur b, la formule devient alors :

$$I = \tfrac{1}{12} e_1 b^3 + \frac{0,271 ab^3}{6},$$

et par suite, $$\frac{I}{v'} = \tfrac{1}{6} e_1 b^2 + 0,0903 b^2.$$

Nous en verrons plus loin l'application.

147. *Fers à double* T *en pièces de tôle assemblées par des cornières.* — Dans ce cas (pl. III, fig. 19), qui se présente souvent pour les constructions de ponts de chemins de fer, il convient encore d'exprimer le moment d'inertie sous une autre forme plus commode pour les calculs d'application.

Il est facile de voir que le moment d'inertie du profil a pour expression :

$$I = \tfrac{1}{12}[ab^3 - 2(a'b'^3 + a''b''^3 + a'''b'''^3)],$$

et que la fibre la plus allongée ou la plus raccourcie étant à la distance $v' = \tfrac{1}{2} b$ de la fibre invariable, placée au milieu, l'on a :

$$\frac{I}{v'} = \tfrac{1}{6} \frac{[ab^3 - 2(a'b'^3 + a''b''^3 + a'''b'''^3)]}{b}.$$

Nous verrons l'application de cette formule à quelques cas de pratique.

148. *Modification du profil précédent.* — Il arrive quelquefois que la forme que nous venons d'examiner n'a pas la symétrie que nous avons supposée, et que les nervures diffèrent l'une de l'autre. Dans ce cas, le centre de gravité, et par suite la ligne des fibres invariables, ne sont plus au milieu de la hauteur, mais plus rapprochés de la nervure la plus forte, et la formule devrait être modifiée.

Dans bien des cas, la différence des dimensions est assez faible pour que l'on puisse se contenter de la formule ci-dessus ; en supposant les deux nervures égales à la plus petite, l'excédant de résistance qui en résultera pour la pièce telle qu'elle sera réellement, n'en assurera que mieux la solidité.

Cependant, comme il se présente des cas où il y a entre les dimensions des nervures supérieure et inférieure une différence très-grande, il faut savoir en tenir compte. On y parviendra facilement, comme on peut le voir par l'exemple suivant, pour lequel nous choisirons un fer à double T, tel qu'on les emploie actuellement pour les solives en fonte des ponts et pour les couvertures à grande portée ou les planchers en fer.

En prenant les moments des deux parties (pl. III, fig. 20) du profil, situées au-dessus et au-dessous de la ligne LM des fibres invariables, et nommant x la distance inconnue de la ligne des fibres invariables à la face supérieure, a et a_1' les largeurs horizontales des nervures supérieure et inférieure, a_1 l'épaisseur du corps de la pièce, b_1 et b_1' l'épaisseur des nervures supérieure et inférieure, b la hauteur totale extérieure du solide, on a, pour le moment de la partie supérieure,

$$a_1 x \times \tfrac{1}{2} x + (a - a_1)b_1 \times \left(x - \frac{b_1}{2} \right) ;$$

et pour le moment de la partie inférieure,

$$a_1(b - x) \times \frac{(b - x)}{2} + (a_1' - a_1)b_1' \times \left(b - x - \frac{b_1'}{2} \right).$$

Ces deux moments doivent être égaux puisque la distance x se rapporte au centre de gravité de la section ; en effectuant les calculs, et égalant ces deux moments, l'on a :

$$x = \frac{(a - a')b_1^2 + a_1 b^2 + 2(a_1' - a_1)b_1'\left(b - \frac{b_1'}{2} \right)}{2[(a - a_1)b_1 + a_1 b + (a_1' - a_1)b_1']}.$$

Lorsqu'on a ainsi déterminé la position de la ligne des fibres neutres, il est facile de trouver, par les formules précédentes (n°s 144 et suiv.), les valeurs des moments d'inertie des deux parties, supérieure et inférieure, par rapport à cette ligne ; et en les ajoutant, on aura le moment d'inertie total. On aura ainsi, pour le moment d'inertie de la partie supérieure,

$$\tfrac{1}{3}ax^3 - \tfrac{1}{3}(a - a_1)(x - b_1)^3,$$

et pour le moment d'inertie de la partie inférieure,

$$\tfrac{1}{3}a_1'(b - x)^3 - \tfrac{1}{3}(a_1' - a_1)(b - x - b_1')^3;$$

d'où, en ajoutant l'une à l'autre ces deux expressions :

$$I = \tfrac{1}{3}\left[ax^3 - (a - a_1)(x - b_1)^3 + a_1'(b - x)^3 - (a_1' - a_1)(b - x - b_1')^3\right]$$

Lorsque la nervure la plus forte sera en dessous, le centre de gravité sera situé à une distance plus grande de la face supérieure que de la face inférieure, la fibre la plus éloignée de la ligne des fibres invariables sera alors sur la face supérieure, à la distance $v' = x$, et l'on aura

$$\frac{I}{v'} = \tfrac{1}{3}\frac{\left[ax^3 - (a - a_1)(x - b_1)^3 + a_1'(b - x)^3 - (a_1' - a_1)(b - x - b_1')^3\right]}{x}.$$

Si au contraire la nervure la plus forte était à la partie supérieure, $b - x$ serait plus grand que x, et ce serait cette valeur plus grande de $b - x$ qu'il faudrait introduire dans la formule pour celle de v'.

Ces formules, en apparence assez longues, se simplifieront beaucoup et seront d'ailleurs toujours faciles à calculer, dès qu'on y mettra, pour les dimensions des pièces, leurs valeurs numériques si elles sont constantes, ou quand on établira entre elles des rapports fixés à l'avance.

149. *Tubes rectangulaires creux.* — Dans ce cas (pl. III, fig. 21), l'on aurait $I = \tfrac{1}{12}(ab^3 - a'b'^3) = \tfrac{1}{12}(A'b^2 - A''b'^2)$, en nommant $A' = ab$ et $A'' = a'b'$ les aires des sections transversales des parallélépipèdes extérieur et intérieur.

Mais si b' diffère peu de b, comme il arrive pour les tubes en tôle de fer assez mince, on pourrait prendre $b' = b$, et alors on aurait $I = \frac{1}{12}(A' - A'')b^2 = \frac{1}{12}Ab^2$, en nommant $A = A' - A''$ la surface de la section transversale du tuyau.

On en déduirait :

$$\frac{I}{v'} = \tfrac{1}{6}Ab, \quad \text{attendu qu'alors} \quad v' = \frac{b}{2}.$$

Par conséquent la formule d'équilibre serait, pour ces tubes,

$$\frac{RI}{v'} = \tfrac{1}{6}RAb = PC.$$

On verra plus loin l'application de cette formule aux tubes gigantesques des ponts tubulaires du détroit de Menay et de la rivière Conway.

150. *Tubes à section carrée.* — Dans ce cas, on a $a = b$, $a' = b'$, et les formules ci-dessus deviennent :

$$I = \tfrac{1}{12}(b^4 - b'^4) \quad \text{et} \quad \frac{I}{v'} = \tfrac{1}{6}\left(\frac{b^4 - b'^4}{b}\right),$$

attendu que $v' = \tfrac{1}{2}b$.

Dans tous les cas où b différera peu de b', on pourra réduire cette dernière expression à

$$\frac{I}{v'} = \tfrac{1}{6}(b^3 - b'^3);$$

ce qui tend seulement à conduire à une valeur légèrement trop faible pour $\frac{I}{v'}$, et facilite les calculs.

151. *Profils en croix d'équerre.* — La pièce (pl. III, fig. 22) étant encore symétrique et disposée comme l'indique la figure, son centre de gravité est sur la ligne RS, qui partage le rectangle en deux parties égales parallèlement à ses côtés, et il est clair que le moment d'inertie de la section totale est égal à celui du rectangle EFGH, augmenté de deux fois celui du rectangle IMNO. On a donc, d'après les notations de la figure,

$$I = \tfrac{1}{12}(ab^3 + 2a'b'^3);$$

et comme ici la plus grande ordonnée v' du profil est $v' = \frac{1}{2}b$,

$$\frac{I}{v'} = \frac{1}{6}\frac{ab^3 + 2a'b'3}{b}.$$

152. *Profil circulaire.* — On démontre que, pour une section circulaire, en appelant R le rayon, la valeur du moment d'inertie est

$$I = \frac{1}{4}3,14R^4 = \frac{1}{4}AR^2 = \frac{AD^2}{16},$$

et attendu que $v' = R$,

$$\frac{I}{v'} = \frac{1}{4}3,14R^3 = \frac{AR}{4} = \frac{AD}{8}.$$

En effet, soit *acb* (pl. III, fig. 23) un secteur élémentaire du cercle, il est aisé de voir que si l'on considère d'abord une bande circulaire élémentaire d'épaisseur e de ce secteur, ayant l'arc *ab* pour base, le moment d'inertie de cette bande par rapport au diamètre AB sera :

$$ab \times e \times ii'^2.$$

Or, si l'on construit en rabattement le trapèze $abb''a''$, dont la base serait *ab*, les côtés parallèles $aa'' = aa'$, $bb'' = bb'$, et la moyenne de ces côtés $ii'' = ii'$, le moment $ab \times e \times ii'$ sera égal au volume d'un petit prisme élémentaire tronqué, dont la base serait $ab \times e$, et la hauteur moyenne ii'. Par conséquent le moment d'inertie de cette petite bande serait égal au moment du volume du prisme élémentaire correspondant, par rapport à un plan perpendiculaire à celui du cercle, et dont la trace serait AB.

La somme de tous les moments semblables serait donc égale au moment de la pyramide dont le sommet serait en *c,* et qui aurait pour base le trapèze $abb''a''$. Donc, enfin, le moment d'inertie du secteur *abc* est égal au volume de cette pyramide multiplié par la distance de son centre de gravité à la ligne AB. Or, ce volume est :

$$\tfrac{1}{3}ic \times abb''a'' = \tfrac{1}{3}R \times ab \times ii';$$

et les triangles abd et cii'' étant semblables, on a :

$$ab : ad :: ci : ii'; \quad \text{d'où} \quad ab \times ii' = ad \times ci = a'b' \times ci.$$

Le volume est donc exprimé par $\frac{1}{3}R^2 . a'b'$.

La distance du centre de gravité de la pyramide à son sommet est $\frac{3}{4}R$, et par conséquent le même point est à une distance de la ligne AB égale à $\frac{3}{4}ii'$.

Le moment d'inertie de cette pyramide élémentaire est donc :

$$\tfrac{1}{3}R^2 \times a'b' \times \tfrac{3}{4}ii' = \tfrac{1}{4}R^2 \times a'b' \times ii'.$$

Or, $a'b' \times ii'$, c'est la surface de l'élément du cercle correspondant à l'arc élémentaire ab; donc, pour le cercle entier dont la surface est $\pi R^2 = 3,14R^2$. on aura

$$I = \tfrac{1}{4}3,14R^4 = \tfrac{1}{4}AR^2;$$

et comme ici $v' = R$, il s'ensuit que

$$\frac{I}{v'} = \tfrac{1}{4}3,14R^3 = \tfrac{1}{4}AR.$$

133. *Profil annulaire de deux cercles concentriques.* — Dans ce cas, en nommant R' et R" les rayons extérieur et intérieur, il est évident que le moment d'inertie est égal à celui du cercle extérieur, moins celui du cercle intérieur, et qu'il a par conséquent pour expression :

$$I = \tfrac{1}{4} . 3,14(R'^4 - R''^4) = \tfrac{1}{4}A(R'^2 + R''^2) = 0,0491(D'^4 - D''^4).$$

L'ordonnée la plus éloignée de la surface des fibres invariables étant ici $v' = R'$, on a :

$$\frac{I}{v'} = \frac{3,14(R'^4 - R''^4)}{4 . R'} = \frac{A(R'^2 + R''^2)}{4R'} = \frac{0,0982(D'^4 - D''^4)}{D'} .$$

134. *Comparaison d'un cylindre plein à un cylindre creux, sous le rapport de la résistance à la flexion.* — La valeur de la quantité $\dfrac{I}{v'}$ étant, dans le premier cas, $\tfrac{1}{4}AR$, et dans le second, $\tfrac{1}{4}A\dfrac{(R'^2 + R''^2)}{R'}$, si l'on s'impose la condition que l'aire de la section soit la même dans les deux cas, ce qui donne $R^2 = R'^2 - R''^2$, le rapport des deux valeurs $\frac{I}{v'}$ est $\frac{RR'}{R'^2 + R''^2}$. Si, par exemple, on suppose $R'' = \frac{4}{5}R'$, ce qui est une proportion assez fréquemment usitée, on en déduit $R = \frac{3}{5}R'$, et le rapport ci-dessus devient $\frac{RR'}{R'^2 + R''^2} = \frac{15}{41}$.

Ce qui montre qu'à section égale, et par suite à volume égal, le moment d'inertie, et par suite la résistance d'un cylindre plein, n'est guère que le tiers de celle d'un cylindre creux dont les dimensions sont conformes aux proportions ci-dessus indiquées; cela explique aussi pourquoi des végétaux creux peuvent, sans se rompre, supporter des flexions beaucoup plus considérables que les végétaux pleins.

155. *Tubes cylindriques à parois minces.* — S'il s'agit de tubes cylindriques à parois assez minces, le moment d'inertie I devient simplement

$$I = \frac{AR_1^2}{2} \quad \text{et} \quad \frac{I}{v'} = \frac{AR_1}{4},$$

en nommant R_1 le rayon des tubes. La formule d'équilibre devient alors

$$\frac{RI}{v'} = \frac{R \cdot AR_1}{2} = PC.$$

156. *Profils elliptiques.* — $2a$ étant le petit axe, et $2b$ le grand axe, le moment d'inertie et la valeur de $\frac{I}{v''}$ pour un profil elliptique plein, sont par rapport :

au petit axe, $\quad I = \frac{\pi a b^3}{4} = \frac{A b^2}{4} \quad\quad \frac{I}{v'} = \frac{\pi a b^2}{2}$

au grand axe, $\quad I = \frac{\pi b a^3}{3} = \frac{A a^2}{4} \quad\quad \frac{I}{v'} = \frac{\pi b a^2}{2}.$

Pour le profil annulaire elliptique (pl. III, fig. 24), $2a'$ et

$2b'$ étant le petit et le grand axe intérieurs, on a, par rapport :

au petit axe, $\quad I = \frac{\pi}{4}(ab^3 - a'b'^3), \qquad \frac{I}{v'} = \frac{\pi(ab^3 - a'b'^3)}{2b};$

au grand axe, $\quad I = \frac{\pi}{4}(ba^3 - b'a'^3), \qquad \frac{I}{v'} = \frac{\pi(ba^3 - b'a'^3)}{2d}.$

157. *Profil en* T. — Dans ce cas (pl. III, fig. 25), il faut d'abord déterminer la position de la ligne des fibres invariables qui n'est pas connue *a priori*. Or, puisqu'elle doit contenir le centre de gravité de la section, en appelant z sa distance à la face supérieure, on a, d'après le théorème des moments, en prenant ceux-ci par rapport à la ligne supérieure AB,

$$ab \times \tfrac{1}{2}b + a'b' \times (\tfrac{1}{2}b' + b) = (ab + a'b')z;$$

d'où $$z = \tfrac{1}{2}\frac{ab^2 + a'b'^2 + 2a'bb'}{ab + a'b'}.$$

Cela fait, il est facile de voir que le moment d'inertie de l'aire ABECDFA est égal à la somme des moments d'inertie du rectangle ABGH et du rectangle CDIK, diminuée de ceux des deux rectangles EG et HF. Or, d'après ce que l'on a vu au n° **144**, cette quantité est égale à

$$I = \tfrac{1}{3}[az^3 - (a - a')(z - b)^3 + a'(b + b' - z)^3].$$

La fibre la plus éloignée du plan des fibres neutres est évidemment située à la face CD ou à la distance $v' = b + b' - z$ de ce plan; on a donc :

$$\frac{I}{v'} = \tfrac{1}{3}\frac{[az^3 - (a - a')(z - b)^3 + a'(b + b' - z)^3]}{b + b' - z},$$

expression dans laquelle il faudra substituer, pour chaque cas, les valeurs de z relatives aux proportions adoptées.

158. *Proportions ordinaires des pièces en fonte*. — Pour les pièces en fonte du profil précédent, on peut adopter la proportion suivante :

$$a' = b = \tfrac{1}{2}a \quad \text{et} \quad b' = a,$$

ce qui conduit à

$$z = \tfrac{2}{5}a \quad \text{et} \quad \frac{\mathrm{I}}{v'} = \tfrac{1}{15}a^3 ;$$

et par conséquent on en déduit la formule pratique :

$$\frac{\mathrm{R} \cdot a^3}{15} = \mathrm{PC}; \quad \text{d'où} \quad a^3 \frac{15 \cdot \mathrm{PC}}{\mathrm{R}}.$$

Si l'on fait $a' = b = \tfrac{1}{6}a \quad \text{et} \quad b' = \tfrac{1}{2}a,$
l'on en déduit

$$z = \tfrac{13}{60}a, \quad \text{ou environ} \quad z = \tfrac{1}{5}a ;$$

puis, $\dfrac{\mathrm{I}}{v'} = \tfrac{11}{500}a^3 ; \quad \text{d'où} \quad \dfrac{\mathrm{RI}}{v'} = \tfrac{11}{500}\mathrm{R}a^3 = \mathrm{PC} ;$

d'où
$$a^3 = \frac{500\,\mathrm{PC}}{11\mathrm{R}}.$$

159. *Pièces minces en fer.* — Pour les couvertures en fer, on peut adopter les relations :

$$b = 0{,}10a = a' \quad \text{et} \quad b' = a,$$

ce qui conduit à

$$z = \tfrac{13}{40}a, \quad \text{ou environ} \quad \tfrac{1}{3}a ;$$

et par suite, $\dfrac{\mathrm{I}}{v'} = 0{,}03072\,a^3.$

Applications et formules pratiques.

160. *Formules pratiques.* — Puisque nous connaissons les valeurs du moment d'inertie et celle du rapport $\dfrac{\mathrm{I}}{v'}$ de ce moment d'inertie à la distance de la fibre la plus allongée ou la plus raccourcie, à la ligne de fibres invariables qui passe par le centre de gravité du profil transversal pour les formes les plus usuelles, il nous devient facile de passer de la formule générale aux formules qui se rapportent aux cas d'application les plus ordinaires et aux règles pratiques à suivre.

161. *Solide encastré par l'une de ses extrémités et soumis à un effort* **P**, *agissant à son autre extrémité, perpendiculairement à sa longueur et à une charge uniformément répartie.* — Prenons d'abord pour exemple le cas simple et fréquent d'un solide encastré par l'une de ses extrémités, et soumis à un effort dirigé perpendiculairement à sa longueur ou parallèlement à la section encastrée, agissant à l'autre extrémité, et à une charge uniformément répartie sur cette longueur.

La formule théorique se réduira alors à une forme très-simple, en appelant **P** la force qui agit à l'extrémité du corps perpendiculairement à sa longueur et parallèlement à la section encastrée;

C la longueur du corps qui est ici le bras du levier de l'effort P par rapport à la section encastrée;

p la charge par mètre courant uniformément répartie;

Le moment de la charge **P**, par rapport à la section d'encastrement, sera PC, et la somme des moments de la charge uniformément répartie sera $\frac{1}{2} pC^2$.

En effet, si l'on considère un élément c de la longueur du solide situé à la distance C de l'encastrement, la portion de la charge uniformément répartie que supporte cet élément est pc, et son moment par rapport à la section encastrée est pCc. Pour avoir la somme de tous les moments semblables relatifs à la charge uniformément répartie, il faut donc prendre celle des produits pCc. Or, en raisonnant comme on l'a déjà fait au n° **61** de la Ire partie des *Leçons de mécanique pratique*, on voit de suite que cette somme est égale à $\frac{1}{2} pC^2$.

Il résulte de là que la somme totale des moments sera

$$M = PC + \tfrac{1}{2} pC^2.$$

162. *Valeur pratique du nombre* R. — Quant au nombre R, qui, d'après la définition du n° **134**, exprime l'effort permanent d'extension ou de compression que chaque unité de surface du corps peut supporter avec sécurité, sa valeur relative aux différents corps, est donnée dans le tableau du n° **45** pour le cas où l'effort est exercé dans le sens de la longueur. Mais lorsqu'il s'agit de flexions transversales, dans lesquelles certaines fibres sont allongées et d'autres comprimées, et surtout de corps grenus tels que la fonte, l'hypothèse de l'égalité de résistance à la compression ou à l'extension n'est admissible, comme nous l'avons vu, qu'entre des limites assez étroites, et il est prudent de ne pas pousser les charges jusqu'à la limite où l'élasticité serait altérée. Il faut donc recourir simplement à l'observation des bonnes constructions, à la fois solides et légères, et c'est d'après des comparaisons de ce genre, que dans les formules relatives à la flexion des corps, on admet, pour cette quantité, les valeurs consignées dans le tableau suivant, où nous avons distingué le cas des matériaux et des constructions ordinaires et celui des matériaux de choix et des constructions légères.

NATURE DES MATÉRIAUX.	VALEURS DE L'EFFORT qu'on peut faire supporter avec sécurité par mètre carré de section transversale.	
	Cas ordinaires.	Matériaux de choix et constructions allégées.
	kilogr.	kilogr.
Fonte	7 500 000	10 000 000
Fer forgé.	6 000 000	8 000 000
Acier { de 1re qualité.	16 660 000	22 000 000
Acier { de qualité moyenne.	12 500 000	16 633 000
Bois de chêne ou de sapin.	600 000	800 000

Dans les formules pratiques que nous allons donner, l'on n'introduira que les premières valeurs de R relatives aux cas ordinaires, mais pour passer de ces formules à celles qu'il conviendrait d'employer pour les matériaux de choix ou les constructions allégées, il suffira d'augmenter de $\frac{1}{3}$ de sa valeur le coefficient de la formule qui donnera les valeurs des dimensions cherchées. Ceci étant une fois dit, on saura, lorsqu'il sera nécessaire, l'appliquer dans tous les cas que nous examinerons.

Nous aurons d'ailleurs dans ce qui va suivre plus d'une occasion de comparer les constructions existantes avec les formules et de constater que les valeurs du nombre R, que nous avons adoptées, se rapprochent presque toujours beaucoup de celles que l'on déduit des discussions de ce genre. Dans certains cas l'on verra même qu'il convient de donner au nombre R des valeurs moindres que celles qui précèdent.

Ces préliminaires posés, la recherche des formules pratiques, pour les divers cas usuels, ne présente plus de difficulté.

165. *Solide prismatique encastré par l'une de ses extrémités, soumis à un effort* P, *agissant à l'une de ses extrémités perpendiculairement à sa longueur* C, *et à une charge uniformément répartie sur sa longueur, agissant dans le même sens que* P. Dans ce cas, en conservant les notations précédentes, on a

$$\frac{\mathrm{I}}{v'} = \tfrac{1}{6}\,ab^2, \quad \mathrm{M} = \mathrm{PC} + \tfrac{1}{2}\,p\mathrm{C}^2 = \left(\mathrm{P} + \frac{p\mathrm{C}}{2}\right)\mathrm{C};$$

et selon que le corps est en fonte, R = 7 500 000 kilogr.

en fer,   R = 6 000 000

ou en bois de chêne ou de sapin, R = 600 000

La formule $\dfrac{I}{v'} = \dfrac{M}{R}$, devient donc pour

la fonte $\quad \frac{1}{6} ab^2 = \dfrac{\left(P + \frac{pC}{2}\right)C}{7\,500\,000}$, ou $\quad ab^2 = \dfrac{\left(P + \frac{pC}{2}\right)C}{1\,250\,000}$,

le fer $\quad \frac{1}{6} ab^2 = \dfrac{\left(P + \frac{pC}{2}\right)C}{6\,000\,000}$, ou $\quad ab^2 = \dfrac{\left(P + \frac{pC}{2}\right)C}{1\,000\,000}$,

le bois $\quad \frac{1}{6} ab^2 = \dfrac{\left(P + \frac{pC}{2}\right)C}{600\,000}$, ou $\quad ab^2 = \dfrac{\left(P + \frac{pC}{2}\right)C}{100\,000}$.

Ces formules sont celles qui sont données au n° **406** de la **4e** édition de l'*Aide-mémoire*.

164. *Solide cylindrique à section circulaire dans les mêmes conditions que le précédent.* — Dans ce cas l'on a (n° **152**) $\dfrac{I}{v'} = \frac{1}{4} 3,1416 R^3 = 0,0982 D^3$, en appelant D le diamètre du cylindre, et la formule $\dfrac{I}{v'} = \dfrac{M}{R}$ devient alors pour :

la fonte $\quad 0,0982 D^3 = \dfrac{\left(P + \frac{pC}{2}\right)C}{7\,500\,000}$, $\quad D^3 = \dfrac{\left(P + \frac{pC}{2}\right)C}{736\,312}$,

le fer $\quad 0,0982 D^3 = \dfrac{\left(P + \frac{pC}{2}\right)C}{6\,000\,000}$, $\quad D^3 = \dfrac{\left(P + \frac{pC}{2}\right)C}{589\,050}$,

le bois $\quad 0,0982 D^3 = \dfrac{\left(P + \frac{pC}{2}\right)C}{600\,000}$, $\quad D^3 = \dfrac{\left(P + \frac{pC}{2}\right)C}{58\,905}$,

165. *Tourillons des roues hydrauliques.* — Pour les tourillons des roues hydrauliques et ceux des arbres de transmission, qui sont exposés à s'user par le frottement, il convient de donner au nombre R une valeur moindre, et l'expérience a conduit à la prendre égale à la moitié de la valeur précédente. On a ainsi : R = 3 750 000 kilogr. pour la fonte, ce qui donne :

$$D^3 = \frac{PC}{368\,156}.$$

(Cette formule est celle qui est donnée au n° **412** de la 4ᵉ édition de l'*Aide-mémoire*.)

166. *Cas où le solide considéré au n° **166** a pour profil la forme d'un double* T. — On a vu, au n° **145**, qu'alors

$$\frac{I}{v'} = \frac{1}{6}\,\frac{ab^3 - 2a'b'^3}{b},$$

de sorte que la formule $\dfrac{I}{v'} = \dfrac{M}{R}$ devient dans ce cas, pour la fonte,

$$\frac{1}{6}\frac{ab^3 - 2a'b'^3}{b} = \frac{\left(P + \frac{pC}{2}\right)C}{7\,500\,000} \quad \text{ou} \quad \frac{ab^3 - 2a'b'^3}{b} = \frac{\left(P + \frac{pC}{2}\right)C}{1\,250\,000}.$$

Ce qui revient à la formule pratique du n° **420** de la 4ᵉ édition de l'*Aide-mémoire*, sauf le terme relatif à la charge uniformément répartie, introduit ici.

Pour le fer, on aurait :

$$\frac{1}{6}\frac{ab^3 - 2a'b'^3}{b} = \frac{\left(P + \frac{pC}{2}\right)C}{6\,000\,000} \quad \text{ou} \quad \frac{ab^3 - 2a'b'^3}{b} = \frac{\left(P + \frac{pC}{2}\right)C}{1\,000\,000}.$$

167. *Tubes creux à section rectangulaire.* — Dans le cas où la section transversale du solide encastré par l'une de ses extrémités et soumis aux efforts indiqués au n° **163**, serait celle d'un tuyau creux à section rectangulaire symétrique en haut et en bas, on aurait évidemment

$$I = \frac{1}{12}(ab^3 - a'b'^3) \quad \text{et} \quad \frac{I}{v'} = \frac{1}{6}\frac{ab^3 - a'b'^3}{b},$$

et, par suite, la formule serait pour la fonte :

$$\frac{1}{6}\frac{ab^3-a'b'^3}{b}=\frac{\left(P+\frac{pC}{2}\right)C}{7\,500\,000}\qquad\text{ou}\qquad\frac{ab^3-a'b'^3}{b}=\frac{\left(P+\frac{pC}{2}\right)C}{1\,250\,000},$$

pour le fer :

$$\frac{1}{6}\frac{ab^3-a'b'^3}{b}=\frac{\left(P+\frac{pC}{2}\right)C}{6\,000\,000}\qquad\text{ou}\qquad\frac{ab^3-a'b'^3}{b}=\frac{\left(P+\frac{pC}{2}\right)C}{1\,000\,000},$$

et pour le bois :

$$\frac{1}{6}\frac{ab^3-a'b'^3}{b}=\frac{\left(P+\frac{pC}{2}\right)C}{600\,000}\qquad\text{ou}\qquad\frac{ab^3-a'b'^3}{b}=\frac{\left(P+\frac{pC}{2}\right)C}{100\,000}.$$

168. *Solides dont le profil a la forme d'une croix.* — Dans ce cas, l'on a vu au n° **151** que $\dfrac{I}{v'}=\dfrac{1}{6}\dfrac{ab^3+2a'b'^3}{b}$; par conséquent la formule $\dfrac{I}{v'}=\dfrac{M}{R}$ devient pour la fonte :

$$\frac{1}{6}\frac{ab^3+2a'b'^3}{b}=\frac{\left(P+\frac{pC}{2}\right)C}{7\,500\,000}\qquad\text{ou}\qquad\frac{ab^3+2a'b'^3}{b}=\frac{\left(P+\frac{pC}{2}\right)C}{1\,250\,000},$$

pour le fer :

$$\frac{1}{6}\frac{ab^3+2a'b'^3}{b}=\frac{\left(P+\frac{pC}{2}\right)C}{6\,000\,000}\qquad\text{ou}\qquad\frac{ab^3+2a'b'^3}{b}=\frac{\left(P+\frac{pC}{2}\right)C}{1\,000\,000},$$

et pour le bois :

$$\frac{1}{6}\frac{ab^3+2a'b'^3}{b}=\frac{\left(P+\frac{pC}{2}\right)C}{600\,000}\qquad\text{ou}\qquad\frac{ab^3+2a'b'^3}{b}=\frac{\left(P+\frac{pC}{2}\right)C}{100\,000}.$$

(Formules du n° **424** de l'*Aide-mémoire*, 4ᵉ édition.)

169. *Modification des formules précédentes.* — Si le solide n'est soumis qu'à la charge P, qui agit à l'extrémité, ou que l'on puisse négliger son poids propre, qui est une charge répartie uniformément, on fera $p=0$ dans toutes les formules précédentes, et l'on aura ainsi celles qui conviennent au cas où l'on ne tient compte que de la force extérieure P.

Si, au contraire, il n'y a aucune force qui agisse à l'extrémité, et si le solide n'est soumis qu'à une charge uniformément répartie, on fera P = 0, et l'on aura les formules pratiques pour ce cas.

Nous ne croyons pas nécessaire de transcrire ici les formules ainsi simplifiées par suppression d'un de leurs termes. On les trouvera d'ailleurs dans l'*Aide-mémoire*.

170. *Cas où la charge* P *et la charge* pC, *uniformément répartie, agissent en sens contraires.*—Les moments PC et $\frac{1}{2}pC^2$, sont alors de signes contraires, et l'on a :

$$\frac{RI}{v'} = PC - \tfrac{1}{2}pC^2 \quad \text{ou} \quad \frac{RI}{v'} = \tfrac{1}{2}pC^2 - PC,$$

selon que, d'après les données de la question, on a

$$P > \tfrac{1}{2}pC \quad \text{ou} \quad \tfrac{1}{2}pC > P.$$

La courbure à la section d'encastrement pourrait alors être nulle si l'on avait (voy. le n° **202**),

$$P = \tfrac{1}{2}pC.$$

171. *Cas où le prisme est soumis à des pressions perpendiculaires à sa longueur et comprises dans son* **plan longitudinal moyen,** *mais distribuées d'une manière quelconque.*—Supposons d'abord qu'il s'agisse de deux forces P et Q (pl. III, fig. 26) agissant dans le même sens, à des distances C et C' de la section d'encastrement, et distantes entre elles de la quantité D = C — C'. Si l'on considère encore une section quelconque faite en IK, et qui soit à la distance X de la direction de la force P, on aura, comme par le passé, pour la relation d'équilibre entre les résistances moléculaires développées dans cette section et les forces extérieures P et Q,

$$\frac{RI}{v'} = PX + Q(X - D) = (P + Q)X - QD.$$

Il est encore évident ici que la plus grande valeur de la somme des moments des forces extérieures aura lieu pour la section d'encastrement, où $X = C$; on aura donc, pour cette section et pour le calcul de la charge permanente,

$$\frac{RI}{v'} = (P + Q)\,C - QD.$$

On voit d'ailleurs que la relation ci-dessus reviendrait à supposer la charge P, qui agit à l'extrémité, augmentée d'une charge égale $Q\,.\,\dfrac{C - D}{C}$, dont le moment par rapport à la section encastrée serait évidemment $Q\,(C - D) = QC'$.

La même observation s'appliquant à d'autres forces agissant dans le même sens et réparties d'une manière quelconque, on voit qu'il suffira de prendre la somme des moments de toutes ces forces par rapport à la section d'encastrement, ou de les réduire respectivement dans le rapport de leur éloignement C' de cette section à la longueur totale C du corps, et de les supposer ajoutées à la force P. On égalera alors la somme totale des moments, ou le moment de la force totale, à l'expression $\dfrac{RI}{v'}$, qui exprime la somme des moments des résistances moléculaires de la section d'encastrement.

172. *Cas où le prisme est, en outre, chargé de poids uniformément répartis.* — Si le prisme avait en outre à supporter une charge pC uniformément répartie sur sa longueur, on ajouterait au moment des forces extérieures, comme par le passé, $\frac{1}{2}\,pC^2$, et l'on aurait pour l'équilibre permanent dans le cas précédent de deux forces :

$$\frac{RI}{v'} = \left(P + Q\,.\,\frac{C - D}{C}\right)C + \tfrac{1}{2}\,pC^2 = \left(P + Q\,.\,\frac{C - D}{C} + \tfrac{1}{2}\,.\,pC\right)C$$
$$= PC + QC' + \tfrac{1}{2}\,pC^2.$$

173. *Cas où les forces agissent en sens contraires.* — Dans le cas (pl. III, fig. 27) où la force P agirait de bas en haut, et la force Q de haut en bas, la relation d'équilibre relative à une section quelconque IK située entre la direction de Q et la section d'encastrement serait :

$$\frac{RI}{v'} = PX - Q(X - D) \quad \text{ou} \quad \frac{RI}{v'} = Q(X - D) - PX,$$

selon que l'un ou l'autre des moments PX ou $Q(X-D)$ l'emporterait.

Si l'on se rappelle (n° **134**) que l'on a $\dfrac{RI}{v'} = \dfrac{EI}{r}$, on voit que le rapport $\dfrac{RI}{v'}$, et, par conséquent, la courbure $\dfrac{1}{r}$ sera nulle ou le rayon de courbure infini pour la section où l'on aurait

$$PX = Q(X - D),$$

ce qui donne
$$X = \frac{QD}{Q - P}.$$

Or, ce point est précisément le point d'application de la résultante des forces P et Q. En cet endroit la courbure sera nulle, mais comme de part et d'autre de ce point la pièce prendra des courbures en sens opposés, il s'ensuit qu'il sera ce que l'on appelle le lieu de l'inflexion de la courbe.

La flexion ira donc en augmentant de ce point vers la section d'encastrement pour laquelle on a $X = C$, et, par suite,

$$\frac{EI}{r} = \frac{RI}{v'} = PC - Q(C - D) = \left(P - Q.\frac{C - D}{C}\right)C,$$

ou
$$\frac{RI}{v'} = \left(Q.\frac{C - D}{C} - P\right)C,$$

et depuis le même point jusqu'à celui pour lequel la quantité soustractive $Q(X - D) = 0$, ou bien $X = D$, ce qui donne

$$\frac{EI}{r} = \frac{RI}{v'} = P . D.$$

Or, il pourra arriver que le moment PD étant plus grand que le moment $\left(P - Q.\dfrac{C - D}{C}\right)C$ ou $\left(Q.\dfrac{C - D}{C} - P\right)C$, la courbure soit la plus grande au point pour lequel $X = D$, c'est ce que l'on reconnaîtra facilement et ce qui arrivera quand on aura :

$$PD > Q(C - D) - PC \quad \text{ou} \quad D > \frac{Q - P}{Q + P} C,$$

expression qui suppose $Q > P$.

On devra donc calculer les charges ou la quantité $\frac{I}{v'}$ d'après la plus grande valeur du moment des forces auxquelles le corps est soumis.

Il est d'ailleurs évident que l'on agirait de même, si à l'action des forces extérieures l'on devait joindre celle d'une charge pC uniformément répartie, dont le moment $\frac{1}{2} pC^2$ devrait être ajouté, avec son signe, à la somme des autres moments.

On aurait alors pour la relation d'équilibre

$$\frac{RI}{v'} = PX - Q(X - D) - \tfrac{1}{2} pX^2$$

ou

$$\frac{RI}{v'} = Q(X - D) + \tfrac{1}{2} pX^2 - PX.$$

Le point d'inflexion pour lequel la courbure est nulle, sera donné par la relation

$$PX - Q(X - D) - \tfrac{1}{2} pX^2 = 0 \quad \text{ou} \quad X^2 - \frac{2(P - Q)}{p} X - \frac{2QD}{p} = 0$$

d'où

$$X = P - Q \pm \sqrt{\frac{(P - Q)^2}{p} + \frac{2QD}{p}}.$$

La valeur négative de X indiquant un point d'inflexion situé à droite de l'extrémité ou en dehors du solide, n'est pas applicable à la question.

D'un côté, la flexion ira en croissant depuis le point d'inflexion jusqu'à la section d'encastrement où $X = C$, ce qui donne

$$\frac{RI}{v'} = PC - Q(C - D) - \tfrac{1}{2} pC^2 = PC - QC' - \tfrac{1}{2} pC^2$$

ou

$$\frac{RI}{v'} = QC' + \tfrac{1}{2} pC^2 - PC,$$

12

selon que l'on aura $PC >$ ou $< QC' + \frac{1}{2} pC^2$. On devra d'ailleurs calculer $\dfrac{RI}{v'}$ d'après la plus grande des deux différences.

De l'autre côté du point d'inflexion, la courbure augmentera et sera à son maximum pour le point où la quantité soustractive sera nulle, ce qui donne

$$Q(X - D) + \tfrac{1}{2} pX^2 = 0 \quad \text{ou} \quad X^2 + \frac{2QX}{p} - \frac{2QD}{p} = 0 ;$$

d'où
$$X = -\frac{Q}{p} \pm \sqrt{\frac{Q^2}{p^2} + \frac{2QD}{p}}.$$

Une seule des deux valeurs, celle qui est positive, convenant d'ailleurs à la question, on calculera la valeur

$$X = \frac{-Q + \sqrt{Q^2 + 2QDp}}{p},$$

et l'on s'assurera si la valeur de $\dfrac{RI}{v'}$ à laquelle elle conduit est plus ou moins grande que celle qui répond à l'encastrement, pour déterminer $\dfrac{I}{v'}$ en conséquence.

174. *Solide prismatique ou cylindrique posé horizontalement sur deux appuis et chargé en son milieu perpendiculairement à sa longueur.* — Dans ce cas simple, tout étant symétrique de part et d'autre du milieu du corps, ses deux moitiés fléchissent également sous l'action de la charge. Les fibres placées à la partie inférieure s'allongent, celles qui sont placées à la partie supérieure se compriment, et bientôt il s'établit autour de la ligne des fibres neutres un équilibre entre la résistance des fibres étendues, celle des fibres comprimées, et l'action de la charge ; le corps arrive à un état de flexion stable, et toutes les résistances moléculaires font équilibre à l'action de la charge.

En cet état, la section transversale faite au milieu du corps, est devenue invariable et peut être regardée comme la section d'encastrement de chacune de ses deux moitiés qui seraient alors exactement dans le même état que si elles étaient encastrées en cet endroit et soumises, à l'extrémité qui repose sur les appuis, à un effort égal à la moitié de la charge totale et dirigé en sens contraire.

On conçoit, en effet, facilement, que si l'on nomme

2P la charge totale placée au milieu,

2C la portée totale ou la distance entre les appuis,

la pression sur chacun de ces appuis sera égale à la moitié P de la charge, et que le corps étant parvenu à l'équilibre et à une forme qui cesse de varier, on peut le regarder comme fixe en son milieu et soumis, à chacune de ses extrémités, à l'effort P, développé par chacun des appuis et agissant avec le bras de levier C.

Dès lors, chacune des deux parties égales du corps peut être traitée comme le solide encastré par l'une de ses extrémités, du n° 130, et l'on a, pour exprimer l'équilibre des forces moléculaires et des forces extérieures, les mêmes relations :

$$\frac{EI}{r} = \frac{RI}{v'} = PC,$$

que l'on appliquera aux diverses formes du profil, supposé constant, en y mettant pour R et pour $\frac{I}{v'}$ les valeurs convenables pour la matière et pour le profil choisi.

Dans toute application numérique de cette formule et des suivantes, il importe de ne pas oublier que si le poids et la portée sont donnés, il ne faut introduire pour P et C respectivement que la moitié de ces nombres, P étant la moitié de la charge au milieu, et C la demi-portée seulement.

175. *Solide prismatique ou cylindrique posé horizontalement sur deux appuis et soumis, perpendiculairement à sa longueur, à une charge* 2P *placée au milieu, et à une charge uniformément répartie.* — Dans ce cas, les mêmes considérations que précédemment montrent que le solide, parvenu à une position d'équilibre, peut être considéré comme encastré en son milieu, devenu invariable, et ayant chacune de ses moitiés soumise à un effort $P + \frac{pC}{2}$ agissant perpendiculairement à sa longueur et à la distance C du point d'encastrement.

On a alors pour la relation d'équilibre entre les résistances moléculaires et les forces extérieures

$$\frac{EI}{r} = \frac{RI}{v'} = \left(P + \frac{pC}{2} \right) C,$$

formule dans laquelle on introduira pour R la valeur relative à la matière dont le corps formé, et pour $\frac{I}{v'}$ la valeur dépendant du profil de la section transversale supposée constante.

176. *Observations sur la facilité qu'offre le cas actuel pour la recherche des lois des phénomènes de flexion et de rupture.* — Les deux cas que l'on vient d'examiner sont ceux qui se prêtent le mieux aux recherches expérimentales et sur lesquels il en a été fait le plus grand nombre. Nous avons déjà indiqué (n°⁵ **114** et suivants) plusieurs des principaux résultats obtenus par divers expérimentateurs; nous aurons plus tard l'occasion d'en rapporter d'autres.

Nous nous bornerons à faire remarquer ici que c'est principalement par des observations faites sur un corps posé sur deux points d'appui et chargé en son milieu, que l'on peut reconnaître et que l'on a reconnu les lois physiques des phénomènes de la flexion et de la rupture des corps solides, sous l'action des efforts extérieurs.

177. *Solide prismatique ou cylindrique posé librement sur deux appuis et chargé d'un poids 2P, en un point distant des appuis des quantités l' et l".*—Appelant toujours 2C la distance des appuis, on a $l' + l'' = 2C$, et appelant P' et P" les pressions exercées sur les points d'appui A et B (pl. III, fig. 28), on aura d'abord pour déterminer ces pressions qui sont les composantes de la charge 2P en ces points : $P' \times 2C = 2Pl''$ et $P'' \times 2C = 2Pl'$ d'où

$$P' = \frac{Pl''}{C} \quad \text{et} \quad P'' = \frac{Pl'}{C}.$$

Si maintenant on considère une section quelconque IK du solide, située entre le point d'appui A et le point d'application M de la charge, à la distance X de l'autre point d'appui B et, si l'on cherche la relation d'équilibre à établir entre les forces extérieures qui agissent à droite de la section IK et les résistances moléculaires, on aura, en appliquant la règle générale des nᵒˢ **126** et suivants, et en remplaçant l' par sa valeur $l' = 2C - l''$,

$$\frac{EI}{r} = \frac{RI}{v'} = P''X - 2P(X - l'') = \frac{Pl''}{C}(2C - X).$$

La courbure $\frac{1}{r}$ sera nulle ou le rayon de courbure infini pour $X = 2C$, ou au point A ; elle aura la plus grande valeur pour la plus petite de X, c'est-à-dire pour $X = l''$, ainsi la section dangereuse sera au point même d'application de la force 2P.

Pour une section quelconque I'K', comprise entre le point d'application M de la charge 2P et le point d'appui B, à une distance X' de ce point, la relation d'équilibre permanent sera

$$\frac{EI}{r} = \frac{RI}{v'} = P''X' = \frac{Pl'}{C} = \frac{P(2C - l'')}{C}X'.$$

Sa plus grande valeur sera relative à $X' = l''$, ce qui conduit à la relation

$$\frac{EI}{r} = \frac{RI}{v'} = \frac{P(2C - l'')}{C}l'' = \frac{Pl'l''}{C}$$

(ce qui est la formule de l'*Aide-mémoire*).

178. *Cas où le prisme est en outre chargé d'un poids uni-*

formément réparti. — En appelant toujours p la charge par mètre courant, on aura d'abord :

$$P' \times 2C = 2Pl'' + 2pC^2 \quad \text{et} \quad P'' \times 2C = 2Pl' + 2pC^2,$$

d'où l'on tire $P' = \dfrac{2Pl'' + 2pC^2}{2C} \quad$ et $\quad P'' = \dfrac{2Pl' + 2pC^2}{2C}.$

On en déduit ensuite pour la section IK, située entre A et M,

$$\frac{EI}{r} = \frac{RI}{v'} = P''X - 2P(X - l'') - \tfrac{1}{2}pX^2$$

$$= 2\frac{Pl''}{2C}(2C - X) + \tfrac{1}{2}pX(2C - X),$$

et pour une section quelconque I'K', située entre le point d'application M de la charge 2P et le point d'appui B, à une distance X' du point A, la relation d'équilibre permanent sera

$$\frac{EI}{r} = \frac{RI}{v'} = P''X' - \tfrac{1}{2}pX'^2 = X'\left[\frac{2Pl'}{2C} + \tfrac{1}{2}p(2C - X')\right].$$

Si dans la première expression on fait $X = 2C$, on a $\dfrac{EI}{r} = 0$, ce qui indique que la courbure est nulle en A ou le rayon de courbure infini, et le maximum correspond évidemment à $X = l''$, ce qui donne $2C - X = 2C - l'' = l'$, et réduit l'expression à

$$\frac{EI}{r} = \frac{RI}{v'} = \frac{l'l''}{2C}[2P + \tfrac{1}{2}p(2C)].$$

En effet, le premier terme de l'expression ci-dessus :

$$\frac{2Pl''}{2C}(2C - X)$$

atteint évidemment son maximum pour la plus petite valeur $X = l''$ de la distance de la section IK au point B, et quant au second, si l'on trace le cercle dont le diamètre est $AB = 2C$, on voit que le facteur $X(2C - X)$, égal au carré de l'ordonnée de ce cercle, croit à mesure que X diminue depuis $X = 2C$ et atteint sa valeur maximum pour $X = C$, c'est-à-dire au delà du point M.

Ainsi, dans cette branche AM du solide fléchi, le maximum de courbure est en M.

Quant à l'autre branche MB, la courbure est encore nulle en B, où $X' = 0$, et pour le maximum, on voit que le premier terme du second membre $\frac{2Pl'}{2C}X'$ atteint le sien pour $X' = l''$, mais que le second terme $\frac{1}{2}p(2C - X')X$ atteint comme on l'a vu ci-dessus le sien pour $X' = C$, par conséquent le maximum de leur somme doit être entre le point M et le milieu de la pièce ou de la portée, et c'est là le point dangereux.

Si l'on tenait à déterminer la position de ce point de courbure maximum, on y parviendrait en calculant diverses valeurs du second membre, correspondant à des valeurs de X, décroissantes depuis $X = l''$; on prendrait les valeurs de X pour abscisses d'une courbe dont les ordonnées seraient les valeurs du second membre $X'\left[\frac{2Pl'}{2C} + \frac{1}{2}p(2C - X')\right]$ et l'on multiplierait assez ces valeurs pour atteindre et dépasser le maximum qui correspondra au point le plus élevé de la courbe, que l'on déterminera ensuite facilement ainsi que son abscisse par la méthode que nous avons indiquée dans la première section pour déterminer le point de contact d'une tangente parallèle à une droite donnée.

179. *Prisme posé sur deux appuis et chargé de poids distribués d'une manière quelconque.* — Supposons (pl. III, fig. 29) un solide prismatique ou cylindrique posé sur deux appuis et soumis à l'action :

de poids $\qquad$ $P_1\ P_2\ P_3\ P_4\ P_5\ P_6$,

situés à des distances $l'_1\ l'_2\ l'_3\ l'_4\ l'_5\ l'_6$, du point d'appui A,

et à des distances $\quad l''_1\ l''_2\ l''_3\ l''_4\ l''_5\ l''_6$, du point d'appui B;

en suivant, comme dans les numéros précédents, le mode simple de discussion adopté par M. Poncelet, on voit que les pressions P' et P'' exercées sur les points d'appui A et B seront respectivement, d'après la théorie des forces parallèles :

$$P' = \frac{P_1 l''_1 + P_2 l''_2 + P_3 l''_3 + \text{etc}...}{2C}$$

et
$$P'' = \frac{P_1 l'_1 + P_2 l'_2 + P_3 l'_3 + \text{etc}...}{2C},$$

et l'on aura ensuite pour la condition d'équilibre relative à une section IK placée entre deux points A_2 et A_3, par exemple, et à une distance X du point d'appui B,

$$\frac{EI}{r} = \frac{RI}{v'} = P''X - P_3(X - l''_3) - P_4(X - l''_4) - P_5(X - l''_5) - \text{etc}...$$

ou

$$\frac{EI}{r} = \frac{RI}{v'} = (P'' - P_3 - P_4 - P_5 - \text{etc}.)X + P_3 l''_3 + P_4 l''_4 + P_5 l''_5 + \text{etc}.$$

Or, le second membre, et par conséquent la courbure, croîtra avec X, si l'on a $P'' > P_3 + P_4 + P_5 + \text{etc}.$, et la plus grande courbure aura lieu en un des points A_1 ou A_2, suivant les cas.

La plus grande courbure appartiendra donc à l'un des points d'application, et la section dangereuse sera celle pour laquelle le second membre de cette relation sera un maximum, ce qu'il sera toujours facile de reconnaître.

Si, par exemple, on trouve que c'est pour le point A_3 que ce second membre a sa plus grande valeur, on fera $X = l''_3$, et l'on aura pour la relation d'équilibre :

$$\frac{EI}{r} = \frac{RI}{v'} = (P'' - P_4 - P_5 - P_6 - \text{etc}.) l''_3 + P_4 l''_4 + P_5 l''_5 + \text{etc}...,$$

et par suite on connaîtra la valeur de $\dfrac{I}{v'}$, qu'il faudra adopter pour la stabilité de la construction.

180. *Cas où les forces se réduisent à deux forces égales, agissant à des distances des appuis respectivement égales entre elles.* — Dans ce cas (pl. III, fig. 30) si l'on appelle P la charge en chacun des points situés à la distance l des appuis, la charge totale est 2P, et les pressions P′ et P″ sur ces appuis sont :

$$P' = P'' = \frac{Pl + P(2C - l)}{2C} = P.$$

On en déduit ensuite pour l'équilibre, dans une section quelconque IK, située à la distance X du point B :

$$\frac{EI}{r} = \frac{RI}{v'} = PX - P(X - l) = Pl.$$

Le second membre de cette relation restant le même entre les points A_1 et A_2 d'application des forces, il s'ensuit que dans cet intervalle la courbure est constante, et que la courbe est un cercle dont le rayon est :

$$r = \frac{EI}{Pl},$$

et la flèche de courbure de cet arc sera égale à la flèche de l'arc dont la corde est $A_1 A_2$ et le rayon r, et par conséquent à

$$\frac{1}{4} \frac{(A_1 A_2)^2}{2r} = \frac{Pl(2C - 2l)^2}{8EI}.$$

A cette flèche de l'arc il faut ajouter celle des deux bouts, que l'on peut considérer comme des solides encastrés en A_1 ou en A_2, et qui est, comme on le verra au n° **203**, $\frac{1}{3} \frac{Pl^3}{EI}$. De sorte que la flexion totale est :

$$\frac{1}{3} \frac{Pl^3}{EI} + \frac{Pl(2C - 2l)^2}{8EI}.$$

On voit d'ailleurs facilement par l'examen de l'équation d'équilibre que cette répartition de la charge est beaucoup plus favorable à la solidité que si cette charge 2P agissait au milieu de la pièce; aussi cette disposition est-elle fort en usage pour les roues hydrauliques.

181. *Cas où l'on veut tenir compte du poids du solide ou d'une charge uniformément répartie.*—Dans ce cas, il est facile de voir que l'on a $P' = P'' = P + pC$, et pour la relation d'équilibre en une section quelconque IK située entre les points A_1 et A_2 :

$$\frac{EI}{r} = \frac{RI}{v'} = P'X - P(X - l) - \frac{pX^2}{2} = Pl + \frac{pX}{2}(2C - X).$$

La valeur du maximum du second membre, correspondant évidemment au milieu de la longueur de l'arbre, il est clair que la section dangereuse se trouve en cet endroit; on a donc pour cette section $X = C$ et :

$$\frac{EI}{r} = \frac{RI}{v'} = Pl + \frac{pC^2}{2}.$$

Telle est la formule à appliquer aux arbres des roues hydrauliques, si l'on veut tenir compte de leur poids propre.

182. *Autres applications relatives aux arbres des roues hydrauliques.* — Les roues hydrauliques sont ordinairement composées de fermes ou systèmes de bras qui supportent les aubes ou les augets sur lesquels agit l'eau. Les fermes, habituellement au nombre de deux, trois ou quatre au plus, ne sont pas toujours réparties, sur la longueur de l'arbre, symétriquement par rapport aux points d'appui. Les considérations générales du n° **179** s'appliquent facilement à ces divers cas; mais il ne sera pas inutile de montrer directement quelle est la conséquence de ce mode de répartition des fermes.

1° Cas où la charge est répartie par parties égales en deux points A_1 et A_2 (pl. III, fig. 31), situés à des distances l et l' des appuis A et B.

On a d'abord pour les pressions P' et P'' sur les appuis :

$$P' = \frac{P(2C - l) + Pl'}{2C} = \frac{P.2C + P(l' - l)}{2C}$$

et

$$P'' = \frac{PC(2C - l') + Pl}{2C} = \frac{P.2C - P(l' - l)}{2C}.$$

Puis pour la relation d'équilibre d'une section quelconque IK située entre A_1 et A_2, à la distance X du point d'appui B on a :

$$\frac{EI}{r} = \frac{RI}{v'} = P''X - P(X - l') = (P'' - P)X + Pl'.$$

En remarquant que, d'après la valeur ci-dessus de P'', on a :

$$P'' - P = \frac{P(l - l')}{2C} = - \frac{P(l' - l)}{2C}.$$

Or, si l'on a $A'' > P$, ce qui suppose $l > l'$, le point dangereux sera en A_1.

Si l'on a $P'' < P$, ce qui suppose $l < l'$, le point dangereux sera A_2.

Dans le premier cas, $X = 2C - l$, et l'équation d'équilibre permanent devient :

$$\frac{EI}{r} = \frac{RI}{v'} = \frac{P(l - l')}{2C}(2C - l) + Pl' = Pl - \frac{Pl(l - l')}{2C}.$$

Dans le deuxième cas $X = l'$, et l'on a :

$$\frac{EI}{r} = \frac{RI}{v'} = Pl' - \frac{P(l' - l)}{2C} l'.$$

Pour assurer la stabilité de la construction, il suffira donc de calculer la valeur des seconds membres de ces relations et d'égaler le premier membre $\frac{RI}{v'}$ à la plus grande des deux.

2° Cas où la charge 2P est répartie par parties égales sur trois points d'appuis équidistants.

En conservant les notations du n° **179** et y faisant $P_1 = P_2 = P_3 = \frac{2P}{3}$ on a d'abord :

$$P' = \frac{2P}{3} \frac{(l''_1 + l''_2 + l''_3)}{2C} \quad \text{et} \quad P'' = \frac{2P}{3} \frac{(l'_1 + l'_2 + l'_3)}{2C}.$$

Puis pour la relation d'équilibre d'une section IK située entre A_1 et A_2, à la distance X du point d'appui B :

$$\frac{EI}{r} = \frac{RI}{v'} = (P'' - \tfrac{4}{3}P)X + \tfrac{2}{3}P(l''_2 + l''_3).$$

Si l'on a $P'' > \frac{4}{3}P$, ce qui revient à $l'_1 + l'_2 + l'_3 > 4C$, le point dangereux sera en A_1 et correspondra à $X = l''_1$.

On a alors pour la relation d'équilibre :

$$\frac{EI}{r} = \frac{RI}{v'} = \frac{2}{3}P\left(\frac{l'_1 + l'_2 + l'_3}{2C}\right)l''_1 - \frac{4}{3}Pl''_1 + \frac{2}{3}P(l''_2 + l''_3),$$

ou à cause de $\dfrac{l'_1 + l'_2 + l'_3}{3} = l'_2$ et de $l''_1 - l''_2 = l''_2 - l''_3 = d$, en appelant d la distance des fermes, il vient :

$$\frac{EI}{r} = \frac{RI}{v'} = \frac{P}{C}l''_1 l'_2 - 2Pd.$$

Si, au contraire, l'on a $P'' < \frac{4}{3}P$, ce qui revient à $l'_1 + l'_2 + l'_3 < 4C$, le point dangereux sera en A_2 et correspondra à $X = l''_2$, et par suite :

$$\frac{EI}{r} = \frac{RI}{v'} = \frac{P}{C}l_2'' l_2' - \frac{2}{3}Pd.$$

Et enfin, si l'on considère le troisième point d'appui A_3, on aura pour l'équilibre en cet endroit :

$$\frac{EI}{r} = \frac{RI}{v'} = \frac{P}{C}l_3'' l_2'.$$

On calculera la valeur de chacun des seconds membres des relations ci-dessus et on adoptera la plus grande pour la valeur de $\dfrac{RI}{v'}$.

On procéderait de même pour le cas où la charge serait répartie par portions égales sur quatre points d'appui

183. *Solide posé sur un appui et encastré à l'autre extrémité, et soumis à une charge* P *agissant en un point quelconque de sa longueur.* — Si l'on nomme (pl. III, fig. 32) toujours C la distance de l'appui à l'encastrement, C' le bras de levier de la charge P, la réaction Q' exercée par l'appui sera, d'après

des considérations développées par **M.** Navier, et qui ne
sont pas de nature à être reproduites ici [*]

$$Q' = - P . \frac{C'^2(3C - C')}{2C'^3},$$

qui pour le cas où $C' = \frac{1}{2} C$ se réduit à $Q' = - \frac{5}{16} P$, et a été
vérifiée au moyen d'expériences par feu **M.** Guillebon,
ingénieur des ponts et chaussées, ce qui nous permet de
l'admettre sans démonstration.

On remarquera que dans cette expression on a toujours

$$C' < C \qquad \text{et par suite} \qquad Q' < P.$$

La résistance de l'appui pourra donc être regardée comme
une force agissant de bas en haut; de sorte que l'examen
de ce cas rentrera dans celui d'un solide encastré soumis à
l'action de deux forces agissant en sens contraires, qui a été
traité au n° **173.** On aura donc encore d'après la notation
ci-dessus, et en considérant une section quelconque IK du
solide, située à une distance X du point d'appui, pour
l'équation qui exprimera l'équilibre entre les résistances
moléculaires et les forces extérieures, l'expression :

$$\frac{RI}{v'} = Q'X - P(X - D) = (Q' - P) X + PD,$$

dont la valeur maximum correspond évidemment à $X = C$.

Ici comme au n° **173** on trouvera la position du point
d'inflexion en supposant $\frac{RI}{v'} = \frac{EI}{r} = 0$, ce qui correspond à
$\frac{1}{r} = 0$, ou à une courbure nulle, et donne d'abord pour
déterminer ce point

$$X = \frac{PD}{P - Q'} = \frac{2C^3D}{2C^3 - 3C'^2C - C'^3},$$

---

[*] *Leçons sur l'application de la Mécanique*, par Navier, première partie,
page 235.

expression dans laquelle il suffira de substituer pour Q' sa valeur absolue

$$P.\ \frac{C'^2(3C-C')}{2C^3}.$$

La flexion allant en augmentant à partir de ce point jusqu'à la section d'encastrement d'une part, et de l'autre jusque vers le point qui repose sur l'appui, on aura pour la première partie, en faisant $X=C$:

$$\frac{RI}{v'} = Q'C - P(C-D);$$

et pour la deuxième partie la flexion maximum correspondra évidemment à $X=D$. Ce qui donne :

$$\frac{RI}{v'} = Q'D.$$

On devra donc calculer ces deux valeurs et prendre la plus grande pour celle qu'il convient d'adopter pour déterminer $\frac{RI}{v'}$. On substituera d'ailleurs à Q' sa valeur absolue indiquée ci-dessus.

Si outre la charge P, le solide était soumis à une charge uniformément répartie pC, on aurait pour la condition d'équilibre entre les forces extérieures et les résistances moléculaires la relation :

$$\frac{RI}{v'} = Q'X - P(X-D) + \frac{pX^2}{2} \ \text{ou}\ \frac{RI}{v'} = P(X-D) + \frac{pX^2}{2} - Q'X$$

dans laquelle

$$Q' = -\frac{PC'^2(3C-C')}{2C^3} - \tfrac{3}{8}PC.$$

Expression dans laquelle, C' étant toujours plus petit que C, on a $Q' < P$.

On trouverait encore pour la position du point d'inflexion la condition :

$$Q'X - P(X - D) + \frac{pX^2}{2} = 0, \quad \text{d'où} \quad X^2 + \frac{2(Q' - P)}{p}X + PD = 0,$$

d'où
$$X = -\frac{Q' - P}{p} \pm \sqrt{\frac{(Q' - P)^2}{p^2} + PD}.$$

Mais comme on a $Q' < P$ et que X ne saurait être négatif pour la solution de la question, on se bornera à la valeur positive du radical.

On trouvera évidemment qu'en partant du point d'inflexion et en allant vers l'encastrement, la plus grande valeur de $\frac{RI}{v'}$ correspond à $X = C$, ce qui donne

$$\frac{RI}{v'} = Q'C - P(C - D) + \frac{pC^2}{2}.$$

Et qu'en allant du même point vers le point d'appui, le maximum de $\frac{RI}{v'}$ répond à $X = D$, ce qui donne

$$\frac{RI}{v'} = Q'D - \frac{pD^2}{2}.$$

On choisira la plus grande des deux valeurs pour servir à la détermination des dimensions de la pièce.

Mais si l'on remarque que dans l'un et dans l'autre des cas que l'on vient d'examiner on a $Q' < P$, on voit que, lorsque C' différera peu de C et sera par exemple égal à $\frac{3}{4}C$, on aura $Q' = 0{,}774P$; on pourra donc avec sécurité calculer les dimensions dans l'hypothèse de $Q' = P$, ce qui simplifie beaucoup les formules et donne simplement :

$$\frac{RI}{C'} = PD$$

pour le cas où l'on néglige la charge uniformément répartie, et

$$\frac{RI}{v'} = PD + \frac{pD^2}{2}$$

pour celui où l'on en tient compte.

Ce cas se présente quelquefois dans les magasins à poudre et dans les magasins d'artillerie, où des poutres d'une seule pièce, engagées dans les murs ou posées sur des consoles et soutenues en leurs milieux par des poteaux, ne peuvent être regardées comme encastrées à leurs extrémités, mais seulement en leurs milieux par l'effet de la présence des poteaux.

Des solides d'égale résistance.

184. *Des solides qui dans toutes leurs sections présentent une égale résistance.*—La relation $\dfrac{M}{R} = \dfrac{I}{v'}$ du n° **134**, qui exprime que le résultat de la division du moment des forces extérieures par rapport à la section que l'on considère, par le plus grand effort que l'on puisse avec sécurité faire subir à la fibre la plus allongée ou la plus comprimée, doit être égal au moment d'inertie de la section par rapport à la ligne des fibres invariables, divisé par la plus grande ordonnée du profil à partir de cette ligne, revient comme on l'a vu dans le cas où il n'y a qu'une seule force P agissant à une distance X de la section et parallèlement à son plan, à

$$\frac{PX}{R} = \frac{I}{v'}, \quad \text{d'où} \quad \frac{P}{R} = \frac{I}{v'X}.$$

Sous cette forme, on voit de suite que pour une matière donnée pour laquelle R est connu, l'effort P que pourra supporter une section quelconque sera constant, si le second membre $\dfrac{I}{v'X}$ a pour toutes les sections la même valeur.

Ainsi par exemple pour une section rectangulaire de largeur a et de hauteur b, on a (n° **143**) $\dfrac{I}{v'} = \tfrac{1}{6}ab^2$ ou $\tfrac{1}{6}ay^2$ pour un profil quelconque dont la hauteur serait y. Or, si le profil longitudinal de la pièce a partout même largeur a, et si sa hauteur y varie de façon que l'on ait toujours $y^2 = 2kx$, ce qui arriverait pour un profil parabolique on aura

$$\frac{P}{R} = \frac{I}{v'X} = \frac{ay^2}{6X} = \tfrac{1}{3}ka,$$

valeur constante, qui indique que le solide présentera partout la même résistance à l'action de la force extérieure P.

On déterminera d'ailleurs facilement le nombre k en faisant attention à ce que, pour la section d'encastrement, la hauteur $y = b$ est déterminée par la relation $PC = \tfrac{1}{6}Rab^2$, dans laquelle P, C, R et a sont connus, si la largeur de la pièce est donnée ; ce qui conduit ensuite à la valeur de $k = \dfrac{b^2}{2C}$, b et C ayant ici les valeurs relatives à la section d'encastrement. On en déduira ensuite pour l'équation de la courbe du profil longitudinal

$$y^2 = 2kx = \frac{b^2}{C}\,x,$$

formule dans laquelle x représente l'abscisse de la courbe du profil, à partir du point d'application de l'effort P, et y l'ordonnée de la courbe ; telle est la formule qui convient à un profil limité d'une part par une branche de parabole, et de l'autre par l'axe de cette courbe ; la résistance de la pièce serait doublée et toujours constante si le profil était limité par les deux branches de la parabole, parce qu'alors chaque section se trouverait double de ce qu'elle était primitivement.

Si l'on supposait au contraire b constant et que l'on fît $a = C$ pour la section encastrée, et $a = x$ dans toutes les autres, ce qui donnerait à la projection horizontale du solide la forme d'un triangle dont la base serait égale à la hauteur, on aurait

$$\frac{P}{R} = \frac{I}{v'C} = \frac{\tfrac{1}{6}ab}{C} = \tfrac{1}{6}b^2.$$

Ce qui permet de faire des consoles d'égale résistance avec des pierres plates ou des pièces d'épaisseur uniforme.

On voit d'ailleurs que l'on pourrait encore trouver d'autres rapports à établir entre les quantités a, b et C pour satisfaire à la condition que toutes les sections fussent d'égale résistance.

185. *Solides d'égale résistance à section circulaire.*—Dans ce cas l'on a (n° **152**):

$$I = \tfrac{1}{4}\pi R'^4 \qquad v' = R',$$

et par conséquent $\quad \dfrac{P}{R} = \dfrac{I}{v'X} = \tfrac{1}{4}\dfrac{\pi R'^3}{X}.$

On rendra donc le second membre constant si l'on établit entre le rayon de la section transversale du corps, et la distance de la section considérée à la direction de la force P, la relation

$$R'^3 = 2kX,$$

ce qui donnera $\quad \dfrac{P}{R} = \tfrac{1}{2}\pi k;$

$2k$ étant un nombre constant que l'on déterminera encore facilement ici en observant que pour la section d'encastrement, C est connu et R' déterminé par la relation $\dfrac{P}{R} = \tfrac{1}{4}\dfrac{R'^3}{C}\pi$, ce qui donne $2k = \dfrac{R'^3}{C} = \dfrac{4P}{\pi R}$ et par suite, $y^3 = \dfrac{R'^3}{C}x$ en désignant encore ici par x les abscisses de la courbe, mesurées dans le sens de l'axe du solide, à partir du point d'application de la force P, et par y les rayons des sections correspondantes.

186. *Cas où le solide n'est soumis qu'à une charge uniformément répartie agissant perpendiculairement à sa longueur.* — L'expression générale se réduit alors à

$$\frac{RI}{v'} = \tfrac{1}{2}pC^2,$$

et l'on voit que le solide sera d'égale résistance dans toutes les sections si l'on satisfait à la condition que $\frac{1}{2}\frac{p}{R}=\frac{I}{v'C^2}$ soit une quantité constante.

S'il s'agit par exemple d'un solide à section rectangulaire pour lequel $\frac{I}{v'}=\frac{1}{6}ab^2$, et si l'on suppose a constant, on remplira la condition ci-dessus en faisant $b^2=2kC^2$, et comme, pour la section d'encastrement, C est donné et que b sera déterminé par la condition :

$$\frac{1}{6}\frac{ab^2}{C^2}=\frac{1}{2}\frac{p}{R} \quad \text{ou} \quad b^2=\frac{3pC^3}{R},$$

on aura entre les ordonnées y et les abscisses du profil longitudinal du solide la relation

$$y^2=2kx^2=\frac{b^2}{C^2}x^2 \quad \text{ou} \quad y=\frac{b}{C}x,$$

ce qui est l'équation d'une ligne droite (pl. IV, fig. 1), faisant avec la face supérieure du solide supposée horizontale un angle dont la tangente trigonométrique est $\frac{b}{C}$.

Cette forme est celle qui convient pour les consoles des balcons, dont la charge peut être regardée comme uniformément répartie, quand ils sont entièrement occupés par un grand nombre de personnes.

Nous reviendrons plus tard, en parlant des formes et des proportions usuelles, sur cette considération des solides d'égale résistance, et nous nous bornerons pour le moment à ce qui précède, en répétant que la condition de constance du rapport $\frac{I}{v'C}$ peut être satisfaite de plusieurs façons, parmi lesquelles il convient de choisir celles qui sont à la fois les plus simples et les plus convenables, suivant la nature des matériaux à employer.

187. *Cas où il est nécessaire de faire le calcul pour plusieurs sections transversales.*—Lorsqu'au contraire une pièce présentera des formes telles que le rapport $\frac{I}{v'}$ soit variable, on de-

vra en appliquant le calcul à plusieurs sections transversales, s'assurer qu'elles satisfont toutes à la condition
d'équilibre

$$\frac{P}{R} = \frac{F}{v'C},$$

et renforcer celles qui n'y satisferaient pas, en augmentant
leur moment d'inertie I.

De la courbe élastique et de l'étendue des flexions.

188. *Tracé de la courbe élastique.* — On nomme *courbe
élastique* ou simplement *élastique*, la courbe qu'affecte un
solide soumis à l'action d'une ou de plusieurs forces qui le
font fléchir sans altérer son élasticité. Or, si l'on se reporte
à la relation du n° **133**, entre les moments des forces extérieures et ceux des résistances moléculaires,

$$\frac{EI}{r} = Pp + Qq + \text{etc}... = M,$$

on en tire, pour la valeur du rayon de courbure, en un
point quelconque de la longueur du solide

$$r = \frac{EI}{Pp + Qq + \text{etc}...} = \frac{EI}{M}.$$

S'il s'agissait d'une charge verticale P, agissant de bas en
haut, à l'extrémité d'une pièce horizontale de longueur C,
et d'une charge uniformément répartie, agissant sur toute la
longueur en sens contraire, à raison de p kilogr. par mètre
courant, on aurait, pour la section d'encastrement,
$M = PC - \frac{1}{2}pC^2$; ce qui montre que le rayon de courbure
serait infini ou la courbure nulle si l'on avait $P = \frac{1}{2}pC$,
ainsi que nous nous sommes contenté de l'indiquer au
n° **170**. Alors la tangente au point d'encastrement reste
horizontale.

Pour chaque point, on peut calculer la valeur du moment
d'inertie I de la section correspondante du solide, et la

somme $Pp + Qq + $ etc... des moments des forces extérieures par rapport au plan de cette section; on en déduira donc la valeur du rayon de courbure, et l'on pourra, à l'aide des valeurs de ce rayon, tracer la courbe de proche en proche.

Pour rendre plus sensible l'application de cette méthode, due à M. Poncelet, supposons (pl. IV, fig. 2) qu'il s'agisse d'une pièce prismatique ou cylindrique à section constante. Le moment d'inertie I de cette section sera constant, et si le solide n'est soumis qu'à l'action d'une seule force P, agissant à la distance C de son point d'encastrement A, on aura d'abord le rayon de courbure de l'élastique en ce point par la relation

$$r = \frac{EI}{PC}.$$

Le centre de courbure se trouvera en o dans le prolongement de la section d'encastrement à une distance $Ao = r = \frac{EI}{PC}$, on décrira du point o comme centre, un arc de cercle AA', auquel on donnera une ouverture de 1 à 2° par exemple.

Appelant ensuite C' la distance du point A' à la direction de la force P, on en déduira $r = \frac{EI}{PC} = A'C'$, et l'on trouvera en o' le centre de courbure correspondant à la section faite en A' dans le prolongement de A'o.

On donnera à ce nouvel arc une ouverture de 1 à 2°, et l'on continuera ainsi à tracer une série d'arcs de cercle, dont l'ensemble donnera par enveloppe la courbe cherchée, qui se terminera à la rencontre de l'un des cercles avec la direction de la force P.

Il peut arriver que les rayons de courbure deviennent tellement grands qu'il soit fort difficile de les employer au tracé. On y suppléera en remarquant (n° **127**) que le rayon de courbure est égal à $r = \frac{s}{e}$, s étant l'arc élémentaire, et e l'arc du rayon égal à l'unité qui mesure l'angle de deux éléments consécutifs de la courbe ou celui de leurs tangentes, et que l'on nomme l'angle de contingence; cette relation donne : $s = re = \dfrac{EI}{PC'} \cdot e$ pour la section distante de C' de la direction de la force P; en faisant $e = \dfrac{2^0}{360^0} \times 6{,}2832 = 0^m{,}025$, ce qui correspond à un angle de 2^0, on mettra cette valeur dans celle de s, et l'on en déduira la longueur de l'arc correspondant à chaque valeur de C'.

Après avoir donc calculé les premiers rayons de courbure, et tracé, s'ils sont assez petits, les premiers arcs, on prolongera le dernier arc obtenu par sa tangente $A'A''p'$ par exemple. On fera du côté de la flexion un angle $p''A''p' = 2^0$ avec cette tangente, et sur la ligne $p''A''$ on portera une longueur $A''A'''$ égale à la valeur de $\dfrac{EI}{PC'''} \cdot e$ déduite de la formule précédente.

Cette méthode donnera, dans tous les cas où les flexions ne dépassent pas les limites de l'élasticité, la forme de la courbe élastique avec une approximation bien suffisante pour la pratique.

189. *Cas où la courbe élastique est un arc de cercle.*—Si le solide prismatique ou cylindrique est sollicité par deux forces égales et parallèles, mais dirigées en sens contraires (pl. IV, fig. 3), ce que l'on nomme un couple, ayant par rapport à la section encastrée des bras de levier C et C', la somme des moments se réduit à $PC - PC' = P(C - C') = PD$, en nommant D la distance entre les directions des deux forces parallèles. Alors, quel que soit le point du solide que l'on considère entre A et D, la valeur du rayon de courbure

$$r = \frac{EI}{PD}$$

est constante, et la courbe élastique est pour cet intervalle un cercle facile à décrire.

190. *Cas où la courbure de la pièce est déterminée par un gabarit sur lequel il s'agit de la ployer.* — Dans la construction des navires, pour le charronage, pour les arcs des ;ı ı pentes en bois plié, etc., l'on doit souvent faire prendre à des pièces de bois des formes obligées, et il est bon de savoir calculer quel est l'effort à exercer, soit pour les fléchir, soit pour les maintenir fléchies.

Cet effort sera donné dans chaque cas par la formule

$$P = \frac{EI}{r.C} = \frac{EI.e}{s.C},$$

dans laquelle les différentes lettres ont la même signification que précédemment.

Dans les cas semblables, la pièce a une longueur plus grande que les gabarits, et, à mesure qu'elle est courbée, on la fixe par des liens, par des chevilles, des boulons ou des vis, selon la nature de la construction. Chaque point de ligature devient un point d'encastrement, et l'on voit que l'effort à exercer à l'extrémité de la pièce, devient d'autant plus grand que l'on approche davantage de l'extrémité du gabarit. C'est pourquoi les pièces de ce genre doivent être surtout très-solidement fixées à leurs extrémités, sur les gabarits, sur les poteaux, sur les membrures, etc., contre lesquelles elles doivent s'appliquer.

191. *Détermination des flèches de courbure.* —Il ne suffit pas, dans beaucoup de cas, de régler les charges ou les dimensions des corps, de manière qu'ils n'éprouvent pas d'altération permanente dans leur élasticité; mais il importe, en outre, de connaître et de renfermer les flexions qu'ils peuvent prendre, dans des limites convenables pour le service qu'on en attend.

Si l'on se rappelle que, dans les constructions, les flexions éprouvées par les corps sont et doivent être toujours très-faibles, on pourra les calculer à l'aide des considérations suivantes, empruntées à M. Poncelet.

Soit C*b* (pl. IV, fig. 4) la tangente en un point quelconque C de la courbe élastique, et C'*b'* celle qui correspond au point infiniment voisin C'. Soit AB' la longueur de la pièce supposée droite avant sa flexion, et traçons la développante B'*bb*'B de l'élastique. Les tangentes C*b* et C'*b'*, limitées à cette courbe, seront respectivement égales en longueur aux arcs CB et C'B de l'élastique. Lorsque le corps sera parvenu à la position ACB, sa flexion totale sera mesurée par BD', et quand son extrémité passera de la position *b* à la position infiniment voisine *b'*, la flexion élémentaire ou le chemin parcouru dans le sens de l'effort vertical P sera mesuré par la projection *b'a* de l'arc *bb'* sur la verticale. Or, cet arc élémentaire *bb'* de développante peut être regardé comme un arc de cercle décrit du centre C avec le rayon C*b*, et égal à S$\times$*o*, en nommant S l'arc CB de l'élastique, et *o* l'angle des deux tangentes consécutives C*b* et C'*b'*, ou l'arc de rayon égal à l'unité qui le mesure; et comme l'arc élémentaire de l'élastique CC' ou $s = ro$, on a $bb' = \dfrac{Ss}{r}$.

D'une autre part, la projection CD de l'arc CB sur l'horizontale menée par le point C, est le bras de levier de la force extérieure P, et la projection CE, de l'arc CC' sur la même horizontale, est la variation élémentaire x de ce bras de levier.

Cela posé, la figure montre que le triangle rectangle CC'E et le triangle *abb'* sont semblables, ce qui conduit à la proportion

$$\text{CC' ou } s : \text{CE ou } x :: bb' \text{ ou } \frac{Ss}{r} : ab' :$$

d'où

$$ab' = \frac{Sx}{r} = \frac{P}{EI} \cdot SXx,$$

à cause de

$$r = \frac{EI}{PX}.$$

Dans le cas où les flexions sont très-faibles, ainsi que cela est nécessaire dans presque toutes les constructions, l'arc total S de l'élastique diffère très-peu de sa projection horizontale X, et l'expression ci-dessus revient à

$$ab' = \frac{P}{EI} X^2 x.$$

Telle est l'expression de la flèche élémentaire de courbure pour une flexion angulaire infiniment petite. La somme de toutes les quantités semblables donnera la flèche totale BD' que nous appellerons f.

Or, si l'on considère X comme l'ordonnée d'une ligne inclinée à 45° (pl. IV, fig. 5) sur l'axe des abscisses, il est facile de voir que Xx sera l'aire d'une tranche élémentaire, comprise entre deux ordonnées distantes de x, et le produit Xx . X $=$ X^2x ne sera lui-même autre chose que le moment de cette aire par rapport au sommet du triangle, ou par rapport à une ligne parallèle à la tranche, menée par le sommet. Donc la somme de tous les produits semblables sera égale à la surface du triangle $\frac{1}{2}$X^2, multipliée par la distance $\frac{2}{3}$X de son centre de gravité au sommet, et, par conséquent, égale à $\frac{1}{3}$X^3. Donc enfin, la flèche de courbure totale, prise par la portion du solide BC, sera $f = \frac{\text{P}}{\text{EI}} \frac{1}{3}$X^3, et si on la prend pour la longueur totale à partir de la section d'encastrement, pour laquelle on fera X égal à C ou à la longueur du corps avant la flexion, au lieu de prendre sa projection après la flexion, ce qui compensera à peu près l'erreur provenant de la substitution précédente de X à S, elle sera donnée par la formule

$$f = \tfrac{1}{3} \frac{\text{PC}^3}{\text{EI}}.$$

Cette formule montre que d'après les considérations théoriques précédentes, la flèche de courbure d'un solide prismatique ou cylindrique encastré par l'une de ses extrémités, et sollicité à l'autre perpendiculairement à sa longueur par un effort P, est :

1° Proportionnelle à P ;

2° Proportionnelle au cube du bras de levier de cet effort ;

3° En raison inverse de la valeur du coefficient E d'élasticité ;

4° En raison inverse du moment d'inertie de la section transversale du solide.

192. *Cas particulier où la section du solide est un rectangle dont la largeur est* a, *et dont l'épaisseur, dans le sens de l'effort* P, *est* b. — On a vu (n° **143**), que dans ce cas, l'on avait $I = \frac{1}{12} ab^3$. On en déduit

$$f = \frac{4P}{Eab^3} C^3.$$

Ce qui montre que les flexions des solides de cette forme croissent en raison inverse du cube de l'épaisseur b, et indique tout l'avantage que l'on trouve à augmenter cette dimension, en laissant du reste la même valeur à l'aire ab de la section, et, par suite, au volume de matière employé.

193. *Comparaison des flexions de deux solides de sections rectangulaires différentes.* — Si nous appliquons la formule $f = \frac{4P}{E} \cdot \frac{C^3}{ab^3}$ à un autre solide de section analogue, mais de dimensions différentes a' et b', on aura

$$f' = \frac{4P}{E} \cdot \frac{C^3}{a'b'^3};$$

de sorte que les flexions de ces deux solides seront entre elles dans le rapport

$$\frac{f}{f'} = \frac{a'b'^3}{ab^3},$$

et pour qu'elles soient égales, il faudra que l'on ait

$$a'b'^3 = ab^3 \quad \text{ou} \quad \frac{b'^3}{b^3} = \frac{a}{a'},$$

ce qui signifie que, pour que deux solides encastrés, de même longueur, prennent la même flexion sous un même effort, il faut que leurs largeurs horizontales soient en raison inverse des cubes de leurs épaisseurs.

194. *Formules pratiques.* — En introduisant dans la formule ci-dessus les valeurs du coefficient d'élasticité E données au tableau du n° **41** pour les différents matériaux, on trouve pour les formules pratiques qui donnent la flexion d'un solide encastré par l'une de ses extrémités, et soumis à l'autre à un effort P, agissant perpendiculairement à sa longueur :

pour la **fonte**
$$f = \frac{PC^3}{3\,000\,000\,000\,ab^3},$$

le fer
$$f = \frac{PC^3}{5\,000\,000\,000\,ab^3},$$

le bois de chêne
$$f = \frac{PC^3}{300\,000\,000\,ab^3},$$

l'acier fondu
$$f = \frac{PC^3}{7\,500\,000\,000\,ab^3},$$

l'acier d'Allemagne
$$f = \frac{PC^3}{5\,250\,000\,000}$$

(formules qui sont celles du n° **464** de la 4ᵉ édition de l'*Aide-mémoire*).

195. *Solides cylindriques à section circulaire.* — Dans ce cas l'on a $I = 0{,}0491 D^4$, et la formule $f = \frac{1}{3}\frac{PC^3}{EI}$ devient

$$f = \frac{1}{3}\frac{PC^3}{0{,}0491\,D^4 . E} = \frac{PC^3}{E . 0{,}147\,D^4}.$$

En introduisant dans cette formule les valeurs du coefficient d'élasticité E, données au tableau du n° **41**, on trouve que les formules pratiques sont :

pour la fonte
$$f = \frac{PC^3}{1\,764\,000\,000\,D^4},$$

le fer
$$f = \frac{PC^3}{2\,940\,000\,000\,D^4},$$

le bois
$$f = \frac{PC^3}{176\,400\,000\,D^4}$$

(formules qui sont celles de l'*Aide mémoire*, n° **467**, 4ᵉ édit.).

196. *Extension des considérations précédentes au cas général.* — On doit remarquer que la relation $ab' = \dfrac{Sx}{r}$ n'est qu'une conséquence géométrique de la flexion, du changement de forme des corps, et que dans cette expression Sx est tout à fait indépendant de la position de la force ou des forces qui produisent cette flexion ; la quantité r ou le rayon de courbure en chaque point dépend seul de ces forces, et l'on sait que l'on a pour toutes les positions d'équilibre, entre toutes les résistances moléculaires et les forces extérieures, la relation générale :

$$\frac{EI}{r} = Pp + Qq + \text{etc..}, \quad \text{d'où l'on tire} \quad \frac{1}{r} = \frac{Pp + Qq + \text{etc...}}{EI}$$

Donc si le corps est sollicité par des forces quelconques P, Q, etc.., agissant avec des bras de levier p, q, etc.., par rapport à la section que l'on considère, on aura, d'après ce que l'on a dit au n° **133** pour la valeur de r :

$$r = \frac{EI}{Pp + Qq + \text{etc...}},$$

ce qui donnera $\quad ab' = \dfrac{Pp + Qq + \text{etc...}}{EI} Sx,$

et pour une flexion très-petite, attendu que $S = X$ à très-peu près :

$$ab' = \frac{Pp + Qq + \text{etc...}}{EI} \cdot Xx.$$

D'après la direction et la position des forces P, Q, etc, on pourra exprimer leurs bras de levier en fonction de X, et alors la géométrie donnera, comme pour le cas simple que l'on vient de traiter, la valeur de la somme des flexions élémentaires analogues à ab', ou la flèche totale.

197. *Observation relative aux solides d'égale résistance.* — On a vu au n° **184** que les solides d'égale résistance étaient ceux pour lesquels le quotient $\dfrac{I}{v'C}$ était constant, et que quand, par exemple, leur section transversale était rectangulaire, cette condition revenait à donner au profil longi-

tudinal une forme telle que, dans chaque section transversale, on ait toujours $\dfrac{b^2}{C}=\dfrac{y^2}{X}$.

Dans ce cas, le moment d'inertie d'une section quelconque
de largeur a et de hauteur y est $\frac{1}{12}ay^3$, et l'expression de la
flexion élémentaire devient :

$$ab' = \frac{P}{EI}X^2x = \frac{12P}{Ea}\cdot\frac{X^2x}{y^3}.$$

Or on a :

$$y^2 = \frac{b^2}{C}X; \quad \text{d'où} \quad y = \frac{b}{\sqrt{C}}\sqrt{X} \quad \text{et} \quad y^3 = \frac{b^3}{(\sqrt{C})^3}(\sqrt{X})^3;$$

ce qui donne :

$$ab' = \frac{12P\sqrt{C^3}}{Eab^3}\frac{X^2x}{X^{\frac{3}{2}}} = \frac{12P\sqrt{C^3}}{Eab^3}X^{\frac{1}{2}}x.$$

Mais si l'on pose $X = Z^2$, on en déduit facilement pour la
variation élémentaire x de X la valeur $x = 2Zz$, attendu
que Z^2 étant la surface d'un carré dont le côté est Z, il est
facile de voir que si ce côté augmente de la quantité infiniment petite z, la surface du carré augmentera de deux rectangles égaux dont les côtés seront respectivement égaux à
Z et à z, et la surface égale à Zz, plus un petit carré z^2
négligeable, attendu que sa base et sa hauteur sont deux
quantités infiniment petites. Donc la variation du carré Z^2
ou celle de X est $x = 2Zz$.

Au moyen de cette transformation, la valeur de la flexion
élémentaire du solide devient donc :

$$ab' = \frac{12P\sqrt{C^3}}{Eab^3}2Z^2z.$$

Et la flexion totale étant la somme de toutes les flexions
élémentaires semblables, on aura, d'après ce que l'on a vu
précédemment, en supposant que l'on prenne la flexion
depuis la section encastrée :

$$f = \frac{12P\sqrt{C^3}}{Eab^3}\frac{2}{3}Z^3 = \frac{12P\sqrt{C^3}}{Eab^3}\frac{2}{3}(\sqrt{C})^3 = \frac{8PC^3}{Eab^3}.$$

C'est-à-dire le double de la flexion que prendrait, sous le même effort et à la même longueur, un prisme de même largeur, mais d'épaisseur uniforme à partir de l'encastrement.

Cette propriété des solides d'égale résistance de prendre des flexions doubles de celles des solides prismatiques, de même dimension à la partie encastrée, peut être un inconvénient quand on veut que l'extrémité sur laquelle agit la force extérieure P se déplace ou s'abaisse très-peu. Mais s'il s'agit de ressorts, et en particulier de lames de dynamomètres, elle offre l'avantage de permettre de donner à l'instrument une sensibilité double, en lui conservant la même solidité que s'il avait eu partout la même section qu'à l'encastrement.

198. *Vérification de la formule précédente par l'expérience.* — L'application de la formule :

$$f = \frac{8PC^3}{Eab^3},$$

que j'ai eu occasion de faire très-souvent pour la construction des lames de dynamomètres, fournit une vérification de l'exactitude de cette formule entre des limites très-étendues. (Voy. la description des appareils dynamométriques, n° **2** et suiv.)

D'abord la tare de ces lames ou l'observation des flexions correspondantes à différentes charges P, montre que les flexions sont proportionnelles aux charges tant que les flexions ne dépassent pas $\frac{1}{9}$ ou $\frac{1}{10}$ de la longueur C. De plus, en observant pour différentes lames les valeurs simultanées des charges et des flexions, et en les introduisant, ainsi que les dimensions a et b, dans la formule, on a pu en déduire chaque fois la valeur du coefficient E d'élasticité pour chacune d'elles.

Lorsque les lames comparées ont été faites avec la même qualité d'acier, qui était généralement de celle dite *acier d'Allemagne à trois marques*, la constance des valeurs de E a fourni la vérification de l'exactitude de la formule.

Le tableau suivant contient les résultats de l'application que nous venons d'indiquer de la formule précédente à des lames d'acier d'Allemagne, ainsi que leurs dimensions et le rapport des flexions aux charges. On y voit que ce rapport et le coefficient d'élasticité sont sensiblement constants, si l'on a égard aux différences assez notables que pourrait y avoir apportées le degré de trempe, de recuit et la qualité même de l'acier.

FORCE maximum des lames.	LARGEUR des lames a	LONGUEUR de chaque branche C	ÉPAISSEUR des lames à la partie encastrée b	ACCROISSEMENT de flexion pour 10 kilogr. de charge.	VALEUR DU COEFFICIENT d'élasticité E
	m	m	m	m	kilogr.
200	0,040	0,250	0,0079	0,00284	22 317 700 000
200	0,040	0,250	0,0079	0,00311	20 380 200 000
250	0,040	0,350	0,0115	0,00285	19 527 300 000
300	0,040	0,411	0,0147	0,00265	16 495 200 000
520	0,040	0,350	0,0145	0,00134	20 990 600 000
570	0,040	0,350	0,0160	0,00105	19 938 100 000
1000	0,050	0,500	0,0211	0,00097	21 948 800 000
1000	0,050	0,500	0,0211	0,00100	21 290 300 000
1000	0,050	0,500	0,0211	0,00103	20 668 500 000
Moyenne.........					20 858 900 000

199. *Travail consommé pour produire une flexion donnée.*— Pendant la flexion, l'effort P nécessaire pour la produire, varie avec cette flexion elle-même, d'après ce que l'on vient de voir, et l'on a pour le déterminer à chaque instant, en le désignant par P′, la relation :

$$P' = \frac{3EI}{C^3} . F,$$

et si l'on appelle f la variation élémentaire de la flexion ou le chemin parcouru par le point d'application de la force P′ dans le sens de cette force, le travail qu'elle développera sera :

$$P'f = \frac{3EI}{C^3} . Ff.$$

Le travail total correspondant à une flexion F_1, à partir de la flexion nulle, sera donc, en le désignant par T_f :

$$T_f = \tfrac{3}{2} \cdot \frac{EI}{C^3} \cdot F_1^2 ;$$

et comme on a d'ailleurs pour la flexion totale, produite par un effort P :

$$F_1 = \tfrac{1}{3} \frac{P}{EI} C^3,$$

on en déduit :

$$T_f = \tfrac{3}{2} \frac{EI}{C^3} \times \tfrac{1}{9} \frac{P^2}{(EI)^2} C^6 = \tfrac{1}{6} \frac{P^2 C^3}{EI}.$$

Or, si l'effort P était exercé par un poids qui, abandonné à lui-même, fût descendu de la hauteur F_1, la gravité aurait développé sur ce corps une quantité de travail exprimée par :

$$PF_1 = \tfrac{1}{3} \frac{P^2 C^3}{EI} ,$$

double de celle qui est due aux résistances moléculaires du corps à la flexion.

Dans cette flexion des corps, puisque les résistances moléculaires ne consomment que la moitié du travail développé par la pesanteur et correspondant à sa flexion d'équilibre, il s'ensuit que l'autre moitié de ce travail produit une accélération du mouvement de flexion, et que le corps atteint cette position d'équilibre avec une force vive par suite de laquelle il la dépasse. Ce mouvement s'éteint graduellement par une suite d'oscillations; mais comme il en résulte un accroissement considérable de la flexion momentanée, cette observation montre combien, dans des cas pareils, il est nécessaire de limiter les charges, de manière que dans ces oscillations les flexions n'atteignent pas les limites auxquelles l'élasticité s'altérerait.

200. *Cas où le profil transversal des corps n'est pas constant.*—Des considérations analogues permettraient de calculer la flexion totale d'un corps, pour lequel la section transversale, et par suite le moment d'inertie I, varieraient en même temps que la distance X de cette section au point d'encastrement. Les méthodes connues de quadrature et en particulier celle de Th. Simpson permettent de déterminer exactement ou approximativement cette quantité.

201. *Flexion d'un prisme horizontal encastré à l'une de ses extrémités et soumis à une charge uniformément répartie et à une charge qui agit à l'autre extrémité.* — Dans ce cas, si l'on continue à raisonner comme au n° **191** et si l'on nomme p la charge par mètre courant, il est clair que la somme des moments des différentes parties de la charge uniformément répartie sera la somme des produits $px \times X$ ou pXx, en supposant toujours qu'il ne s'agisse que de petites flexions, ce qui permet de substituer aux arcs élémentaires leurs projections sur la direction primitive du solide; cette somme que nous avons appris à calculer est égale à $\frac{1}{2}pX^2$.

La relation d'équilibre entre les résistances moléculaires et les forces extérieures pour une section faite en C sera donc :

$$\frac{EI}{r} = PX + \tfrac{1}{2}pX^2, \quad \text{d'où} \quad \frac{1}{r} = \frac{1}{EI}(PX + \tfrac{1}{2}pX^2).$$

Par conséquent la flexion élémentaire $ab' = \dfrac{Sx}{r}$ a pour valeur, en mettant encore pour S sa valeur approximative X,

$$ab' = \frac{Sx}{r} = \frac{1}{EI}(PX^2x + \tfrac{1}{2}pX^3x),$$

et la flexion totale f sera la somme de toutes ces flexions élémentaires. On sait que la somme des produits analogues à X^2x depuis $X = 0$ jusqu'à $X = X$ est $\frac{1}{3}X^3$, et il est facile de voir que celle des produits X^3x entre les mêmes limites est $\frac{1}{4}X^4$.

En effet, si l'on considère (pl. IV, fig. 6) une pyramide

à base carrée dont la hauteur CD soit égale au côté AB de la base, une tranche élémentaire de cette pyramide dont le côté sera X, aura pour volume $X^2 x$ et le produit $X^3 x = X^2 x X$ exprimera le moment de cette tranche par rapport à un plan parallèle à la base et passant par le sommet. La somme de tous ces produits ou moments sera donc égale au volume de la pyramide $\frac{1}{3} X^3$ multiplié par la distance $\frac{3}{4} X$ de son centre de gravité au sommet ou à $\frac{1}{3} X^3 . \frac{3}{4} X = \frac{1}{4} X^4$.

Par conséquent, en remplaçant la projection $CD = X$ du solide par sa longueur totale C (fig. 5), cela compense l'erreur commise plus haut par la substitution inverse, et l'on trouve pour la flexion totale du solide :

$$f = \frac{C^3}{EI} \left(\tfrac{1}{3} P + \tfrac{1}{8} pC\right) = \tfrac{1}{3} \frac{C^3}{EI} \left(P + \tfrac{3}{8} pC\right).$$

On voit que la charge pC uniformément répartie sur la longueur du solide, produit la même augmentation de flexion que si l'on avait accru la charge P de $\frac{3}{8} pC$, ou en d'autres termes, sous le rapport de la flexion, une charge uniformément répartie produit dans le cas actuel la même flexion que les *trois huitièmes* de cette charge, placés à l'extrémité du corps, à la distance C de son point d'encastrement, tandis qu'on a vu au n° **161** que sous le rapport de l'équilibre entre les forces extérieures et les résistances moléculaires, la charge uniformément répartie équivaut à une charge moitié moindre agissant à l'extrémité du solide.

202. *Cas où la charge* P *et la charge uniformément répartie agissent en sens contraires.* — Dans ce cas il est évident que l'on aurait :

$$f = \tfrac{1}{3} \frac{C^3}{EI} \left(P - \tfrac{3}{8} pC\right).$$

Et si la charge P avait été réglée comme il est dit au n° **188**, de manière que la courbure fût nulle à la section d'encastrement, ce qui arrive pour $P = \frac{1}{2} pC$, on aurait encore à l'extrémité une flexion égale à

$$f = \frac{1}{3} \frac{C^3}{EI} \cdot \frac{1}{8} P,$$

c'est-à-dire égale au $\frac{1}{8}$ de celle que la charge P aurait produite seule.

203. *Flexion d'un prisme horizontal posé sur deux points d'appui et chargé d'un poids* 2P *au milieu de la distance* 2C *des appuis et d'une charge uniformément répartie à raison de* p *kilogr. par mètre courant de sa longueur.* — Lorsque le solide est arrivé à la position d'équilibre, la tangente au point le plus bas de sa courbure étant horizontale comme à l'origine de sa flexion, la section en ce point peut être considérée comme encastrée. La pression sur chacun des appuis est $P + pC$, et l'on peut regarder le solide comme soumis d'une part à cette pression agissant de bas en haut, et de l'autre à la charge pC uniformément répartie sur sa longueur et agissant au contraire de haut en bas. Pour appliquer à ce cas la formule précédente, il faut donc remplacer P par $P + pC$ et observer que la charge pC uniformément répartie est dirigée en sens contraire de celle $P + pC$ qui agit à l'extrémité. D'après cette observation la flexion totale de ce prisme se calculera par la formule :

$$f = \frac{1}{3} \frac{C^3}{EI} (P + pC - \tfrac{3}{8} pC) = \frac{1}{3} \frac{C^3}{EI} (P + \tfrac{5}{8} pC),$$

si la charge uniformément répartie était nulle ou négligeable par rapport à P, on aurait pour la flexion :

$$f = \frac{1}{3} \frac{C^3}{EI} \cdot P.$$

D'où l'on voit que la charge uniformément répartie équivaut dans ce cas, quant à la flexion, à une charge égale aux $\frac{5}{8}$ de sa valeur totale, agissant au milieu de la distance des appuis.

Ou si l'on suppose successivement le corps simplement soumis à l'action de la charge $2pC$ uniformément répartie sur sa longueur, auquel cas $P = 0$ et

$$f = \tfrac{1}{3} \frac{C^3}{EI} \cdot \tfrac{5}{8} pC,$$

puis soumis à l'action de la charge $2pC$ agissant au milieu de sa longueur, cas où la flexion serait égale à

$$f = \tfrac{1}{3} \frac{C^3}{EI} \cdot pC;$$

on voit que la même charge totale $2pC$ supportée par un solide librement posé sur deux appuis, produit des flexions qui sont dans le rapport de 5 à 8 selon qu'elle est uniformément répartie ou concentrée au milieu de la distance $2C$ des appuis.

204. *Moyens de vérification de ces formules par l'expérience.* — Les formules précédentes permettent de vérifier facilement l'exactitude des considérations théoriques sur lesquelles elles sont basées, par l'observation des flexions qu'éprouvent, sous des charges données, des solides de dimensions connues.

En effet, dans le cas le plus facile à expérimenter d'un solide prismatique ou cylindrique, librement posé sur deux appuis, chargé en son milieu, et en tenant compte de son poids propre, on tire de la formule qui donne la flèche de courbure

$$E = \frac{C^3}{3fI}\left(P + \tfrac{5}{8} pC\right);$$

relation dans laquelle la substitution des valeurs simultanées de P, p, C, I et f donnera la valeur correspondante du coefficient d'élasticité E. Or, si la comparaison des valeurs obtenues pour E entre des limites convenables de courbure ou de flexion, pour différentes charges ou différentes portées, montre qu'entre ces limites ces valeurs sont sensiblement constantes; l'on sera en droit de conclure que la formule est exacte et d'accord avec l'expérience dans toute cette étendue.

On peut ainsi faire varier successivement pour un même corps, les éléments qui entrent dans la formule qui lie les flexions à ces éléments, et s'assurer si ces flexions suivent effectivement, entre certaines limites, les rapports déduits des considérations théoriques précédentes.

205. *Vérification des formules précédentes par les résultats des expériences de M. Ch. Dupin.* — Si nous nous reportons aux expériences de M. Ch. Dupin, dont nous avons fait connaître au n° **124** les principaux résultats, nous verrons que ces expériences faites sur des prismes à section rectangulaire, pour lesquelles on aurait, dans le cas d'une charge 2P placée au milieu de la longueur 2C du solide,

$$I = \tfrac{1}{12}\, ab^3 \quad \text{et} \quad f = \frac{4PC^3}{Eab^3},$$

ont complétement vérifié qu'entre les limites où l'élasticité n'est pas altérée, les flexions des bois sont :

1° Proportionnelles aux charges et aux cubes des portées.

2° En raison inverse de la largeur et du cube de l'épaisseur des pièces.

Quant aux solides soumis à une charge uniformément répartie, le même ingénieur a aussi constaté que la flexion est alors les $\tfrac{5}{8}$ de celle qui serait due à une charge équivalente placée au milieu de la pièce, comme l'indiquent les formules.

206. *Formules pratiques.* — En introduisant dans la formule

$$f = \tfrac{1}{3}\frac{C^3}{EI}(P + \tfrac{5}{8}pC),$$

les valeurs du moment d'inertie I, correspondant aux différentes formes en usage dans les constructions, et celles du coefficient d'élasticité E relatives aux matières employées, l'on arrive aux formules pratiques usuelles qui permettent de calculer approximativement les flexions des solides posés librement sur deux appuis, quand elles ne dépassent pas certaines limites.

207. *Solides à section rectangulaire.* — Ainsi, pour les solides à section rectangulaire de largeur a et d'épaisseur b, la formule devient :

$$f = \frac{4C^3}{E a b^3} \left(P + \tfrac{5}{8} pC\right).$$

Puis, en y introduisant pour E sa valeur selon les matières employées, on a pour :

la fonte
$$f = \frac{\left(P + \tfrac{5}{8} pC\right)C^3}{3\,000\,000\,000\,ab^3},$$

le fer
$$f = \frac{\left(P + \tfrac{5}{8} pC\right)C^3}{5\,000\,000\,000\,ab^3},$$

le bois de chêne
$$f = \frac{\left(P + \tfrac{5}{8} pC\right)C^3}{300\,000\,000\,ab^3}.$$

208. *Solides cylindriques.* — De même pour les solides cylindriques à section circulaire, pour lesquels on a $I = 0,0491\,D^4$, on trouve pour :

la fonte
$$f = \frac{\left(P + \tfrac{5}{8} pC\right)C^3}{1\,764\,000\,000\,D^4},$$

le fer
$$f = \frac{\left(P + \tfrac{5}{8} pC\right)C^3}{2\,940\,000\,000\,D^4},$$

le bois de chêne
$$f = \frac{\left(P + \tfrac{5}{8} pC\right)C^3}{176\,400\,000\,D^4}.$$

209. *Solides cylindriques creux.* — Dans ce cas, l'on a (n° 153) $I = 0,0491\,(D'^4 - D''^4)$, en appelant D' et D'' les diamètres extérieur et intérieur, et l'on trouve pour formules pratiques :

pour la fonte
$$f = \frac{\left(P + \tfrac{5}{8} pC\right)C^3}{1\,764\,000\,000\,(D'^4 - D''^4)},$$

le fer

$$f = \frac{(P + \frac{5}{8}pC)C^3}{2\,940\,000\,000\,(D'^4 - D''^4)},$$

le bois de chêne

$$f = \frac{(P + \frac{5}{8}pC)C^3}{176\,400\,000\,(D'^4 - D''^4)}.$$

L'application aux autres formes ne présenterait aucune difficulté.

210. *Solide posé sur plusieurs points d'appui équidistants, et chargé de poids égaux au milieu de chacun des intervalles.* — Il est facile de comprendre que si l'on considère (pl. IV, fig. 7), ce qui est relatif à la partie du solide comprise entre deux points d'appui consécutifs B et C, en ayant égard aux charges 2P qui agissent à droite et à gauche, la pression sur chacun des appuis B et C sera égale à 2P, et qu'en lui substituant la réaction égale et contraire de l'appui, le solide pourra être considéré comme libre et soumis à deux séries de forces parallèles et égales entre elles.

Il est clair qu'il s'infléchira alternativement en sens contraires sous l'action de ces forces, et qu'entre deux points d'application consécutifs, il y aura dans sa courbure un point d'inflexion, où la courbure et l'extension ou la compression des fibres seront nulles, absolument comme aux extrémités d'un solide posé librement sur deux points d'appui.

Il en résulte que quand la position de ces points d'inflexion a, b, a', b' sera connue, on pourra considérer les parties ab, ba', $a'b'$, $b'a''$,... du solide, comme indépendantes les unes des autres ; et les regarder isolément comme posées librement sur des appuis à chacune de leurs extrémités, et soumises à l'action des forces 2P qui agissent aux milieux de leurs longueurs respectives.

Dans le cas supposé où les charges sont égales et agissent au milieu des points d'appui, il est évident que les réactions des appuis étant aussi toutes égales à 2P, tout est symétrique, en dessus et en dessous, entre les deux points d'appui B et C, de sorte que les points d'inflexion se trouvent nécessairement au milieu de la longueur de chacune des deux parties égales Bm' et m'C du solide, celui-ci pouvant être, ainsi qu'on l'a dit plus haut, considéré comme supporté librement en ses points d'inflexion a' et b', et chargé en son milieu du poids 2P.

La distance horizontale des points d'inflexion a' et b', est la moitié de la portée 2C entre les appuis B et C, et la condition d'équilibre sera donc

$$\frac{RI}{v'} = \frac{PC}{2},$$

ce qui montre que, dans ce cas, le solide peut supporter une charge double de celle qu'il aurait pu soutenir avec la même portée BC, s'il avait été simplement posé sur les deux appuis B et C.

La flexion éprouvée par la portion $a'b'$ du solide, sera donnée par la formule (n° **191**)

$$f = \tfrac{1}{3}\,\frac{P\left(\frac{C}{2}\right)^3}{EI} = \tfrac{1}{24}\,\frac{PC^3}{EI};$$

mais chacun des points a' et b' se sera abaissé d'une quantité égale à la précédente, puisque tout est symétrique et que les points B et C, considérés comme milieux des portions ba' et $b'a''$, auraient éprouvé un déplacement vertical égal à celui du point m'.

Par conséquent, l'abaissement du point m', milieu de la longueur totale BC du solide, ou la flexion totale, sera égale à

$$f = \tfrac{1}{12}\,\frac{PC^3}{EI},$$

c'est-à-dire au quart de la flexion $\tfrac{1}{3}\,\frac{PC^3}{EI}$ que la même longueur du solide aurait éprouvée sous l'action de la charge 2P, si la partie BC du solide avait été librement posée sur deux appuis.

211. *Application de ce qui précède au cas des solides encastrés par leurs deux extrémités.* — Ces conséquences, ainsi déduites directement, sont précisément celles que les géomètres ont établies à l'aide du calcul pour le cas où le solide est encastré par ses deux extrémités. On voit, en effet, que le solide que nous avons considéré, se trouve, par la présence des appuis qui le soutiennent et son prolongement au delà de ces appuis, exactement dans les mêmes conditions que s'il était solidement encastré, de façon que la tangente à ses extrémités B et C, fût et restât horizontale malgré l'action de la charge placée au milieu de sa longueur.

Cette condition de l'encastrement est suffisamment remplie, lorsque, comme dans le cas examiné ci-dessus, le solide étant prolongé au delà du point d'appui B, il existe de l'autre côté une force ou une charge, dont le moment, par rapport à ce même point, soit égal et contraire au moment PC qui tend à produire la rotation ou le relèvement de l'extrémité B. Telle est la condition à laquelle on arrive en définitive pour assurer l'encastrement.

212. *Observations sur la manière d'obtenir l'encastrement.* — Ce qui vient d'être dit montre que si l'on appelle L (pl. IV, fig. 8) la longueur encastrée du solide, l'effort P_1 qui sera exercé à son extrémité A′ sur l'encastrement, sera donné par la formule

$$P_1.L = PC, \quad \text{d'où} \quad P_1 = \frac{PC}{L};$$

ce qui montre que cet effort doit être d'autant plus grand, que la profondeur L de l'encastrement est plus petite.

Généralement dans les constructions, et dans celle des planchers en particulier, la longueur d'encastrement n'est que de $0^m,30$ à $0^m,50$ au plus, et ne suffit pas pour assurer complétement l'encastrement, ce qui conduit à calculer les dimensions des poutres comme si elles étaient simplement posées librement sur deux points d'appui.

Mais il n'en est pas moins vrai que dans les constructions

soignées et bien faites, l'encastrement est, sinon parfait, du moins partiel, et, qu'après s'être un peu relevées, les extrémités des solides rencontrent un obstacle qui les arrête et les fixe.

On réalise aussi en partie l'hypothèse dans laquelle nous avons raisonné au n° **211**, quand on prolonge, comme aux ponts de Bangor, les solives au delà des appuis sur lesquels elles reposent, et quand on les relie à ces appuis par des boulons de fondation et autres moyens d'attache.

213. *Détermination de l'inclinaison des tangentes à la courbure des solides.* — Considérons d'abord un solide encastré par l'une de ses extrémités et soumis à l'action de forces extérieures dont la somme des moments, par rapport à une section faite en C par exemple (pl. IV, fig. 9), soit désignée par M, et proposons-nous de trouver l'angle que forme la tangente au point C avec la tangente horizontale au point d'encastrement A.

Si l'on remarque que, d'après les notations de la figure du n° **191**, l'on a : $s = ro$, d'où $\dfrac{1}{r} = \dfrac{o}{s}$, la relation d'équilibre $\dfrac{EI}{r} = M$ deviendra, en y mettant pour $\dfrac{1}{r}$ sa valeur :

$$EI . \frac{o}{s} = M ;$$

on a, d'ailleurs,

$$CE = s \cos O = x \quad \text{ou} \quad \frac{1}{s} = \frac{\cos O}{x},$$

x étant la projection horizontale de l'arc élémentaire $CC' = s$, et O l'angle formé par la tangente Cm au point C que l'on considère avec l'horizontale, et dont $o = mCn$ est la variation élémentaire. La relation ci-dessus revient donc à

$$EI \frac{o \cos O}{x} = M, \quad \text{d'où l'on tire} \quad o \cos O = \frac{1}{EI} Mx.$$

Or, il est facile de voir que quand un angle $mCD = O$ varie d'une quantité élémentaire o, on a par les triangles semblables Cmp et mni, en supposant le rayon Cm égal à l'unité,

$$mn \text{ ou } o : ni :: Cm \text{ ou } 1 : Cp \text{ ou } \cos 0 ;$$

d'où l'on tire

$$ni = o \cos 0, \quad \text{ce qui donne} \quad ni = \frac{1}{EI} Mx ;$$

expression dans laquelle ni est la quantité dont varie la ligne mp ou le sinus de 0, quand l'angle 0 varie de o. La somme des accroissements de ni depuis l'horizontale Cp pour laquelle l'angle 0 est nul jusqu'à la ligne Cm correspondant à $mCD = 0$, est donc le sinus de l'angle 0, et ce sinus sera égal à la somme de tous les produits élémentaires $\frac{1}{EI} Mx$, prise depuis le point A d'encastrement, jusqu'au point C que l'on considère.

Dans le cas particulier où le solide n'est soumis qu'à l'action d'une seule force P agissant à la distance X de la section C, on aura

$$M = PX, \quad ni = \frac{1}{EI} PXx \quad \text{et} \quad \sin 0 = \frac{1}{2EI} P(C^2 - X^2),$$

en prenant la somme des produits PXx depuis la valeur $X = C$ qui répond à la section d'encastrement. Si l'on étend cette somme jusqu'à $X = 0$ qui répond à la direction même de la force P, l'expression ci-dessus se réduit à

$$\sin 0 = \frac{1}{2EI} PC^2,$$

et comme dans ce cas l'on a, d'après le n° **191**,

$$f = \tfrac{1}{3} \frac{PC^3}{EI}, \quad \text{d'où} \quad \frac{PC^2}{EI} = \frac{3f}{C} ;$$

il en résulte qu'en remplaçant $\frac{PC^2}{EI}$ par cette dernière valeur, l'expression ci-dessus peut se mettre sous la forme

$$\sin 0 = \tfrac{3}{2} \frac{f}{C}.$$

Ce qui donne, d'une manière très-simple, la valeur du sinus de l'angle d'inclinaison de l'extrémité du solide.

214. *Cas où le solide supporte, en outre, une charge uniformément répartie.* — Si le solide est soumis en même temps une charge uniformément répartie et à un effort P perpendiculaire à sa longueur, exercé à son extrémité, on a

$$M = PX + \tfrac{1}{2} p X^2,$$

et, par suite, $\quad ni = \dfrac{1}{EI}\,(PXx + \tfrac{1}{2} p X^2 x).$

La somme de tous les produits semblables à ceux que contient le second membre, prise depuis la valeur $X = C$, pour laquelle $\sin O = 0$, jusqu'à X, est connue, et l'on en déduit

$$\sin O = \frac{1}{EI}\,[\tfrac{1}{2} P\,(C^2 - X^2) + \tfrac{1}{6} p\,(C^3 - X^3)],$$

et en étendant cette expression jusqu'à l'extrémité du solide pour laquelle $X = 0$, elle donne

$$\sin O = \frac{1}{EI}\,(\tfrac{1}{2} P C^2 + \tfrac{1}{6} p C^3) = \frac{1}{2EI}\,(P C^2 + \tfrac{1}{3} p C^3).$$

215. *Cas où la charge uniforme et la force extérieure agissent en sens contraires.* — Dans le cas où la charge uniformément répartie et la charge extérieure agiraient en sens contraires, on aurait

$$M = PX - \tfrac{1}{2} p X^2,$$

et, par suite, $\quad ni = \dfrac{1}{EI}\,(PXx - \tfrac{1}{2} p X^2 x),$

et il se présente quelques circonstances particulières auxquelles il importe de faire attention; on voit d'abord que tant que l'on aura $PX > \tfrac{1}{2} p X^2$, la valeur de $\sin O$ sera

$$\sin O = \frac{1}{EI}\,[\tfrac{1}{2} P\,(C^2 - X^2) - \tfrac{1}{6} p\,(C^3 - X^3)].$$

Cette quantité, qui est nulle pour $X = C$, c'est-à-dire à la section d'encastrement, va en croissant jusqu'à la limite où $PX = \frac{1}{2}pX^2$, ce qui correspond à $X = \dfrac{2P}{p}$, valeur pour laquelle $ni = 0$, ce qui indique que le sinus mp de l'angle d'inclinaison de la tangente Cm à la courbe cesse de croître, et a atteint son maximum. Il conviendra de calculer la valeur de sin O jusqu'à cette limite, que nous désignerons par O', et elle sera donnée par l'expression

$$\sin O' = \frac{1}{EI} \left[\tfrac{1}{2} P (C^2 - X'^2) - \tfrac{1}{6} p (C^3 - X'^3) \right],$$

en désignant par X' la distance du point d'inclinaison maximum à la direction de la force P.

Puisque l'inclinaison de la tangente a cessé de croître à partir de ce point, et qu'elle diminue au delà, il s'ensuit qu'il se produit dans la courbe une *inflexion*.

Comme au delà du même point on a $PX < \tfrac{1}{2}pX^2$, la quantité $M = PX - \tfrac{1}{2}pX^2$ devient négative, ce qui montre que

$$ni = \frac{1}{EI} (PXx - \tfrac{1}{2}pX^2x)$$

est une quantité soustractive ou négative, et que la somme de ses valeurs absolues à partir du point d'inflexion, devra être retranchée de celle de sin O'. En changeant donc le signe de cette quantité dont varie le sinus, elle deviendra

$$\frac{1}{EI} (\tfrac{1}{2} pX^2x - PXx),$$

et la somme de ses valeurs, prise depuis $X = X'$ jusqu'à $X = X''$:

$$\frac{1}{EI} \left[\tfrac{1}{6} p(X'^3 - X''^3) - \tfrac{1}{2} P(X'^2 - X''^2) \right],$$

devra être retranchée de sin O' pour donner la valeur de sin O correspondante à la distance X''; on aura donc

$$\sin O = \sin O' - \frac{1}{EI} \left[\tfrac{1}{6} p (X'^3 - X''^3) - \tfrac{1}{2} P (X'^2 - X''^2) \right].$$

On voit que l'on aura $\sin O = 0$, ou que la tangente à la courbe deviendra horizontale pour la valeur de X'', telle que la relation

$$\sin O' = \frac{1}{EI} \left[\tfrac{1}{6} p (X'^3 - X''^3) - \tfrac{1}{2} P (X'^2 - X''^2) \right]$$

soit satisfaite.

On pourra trouver par un tracé graphique la valeur de X'' qui satisfera à cette condition, en se donnant à partir de X' une série de valeurs croissantes pour X'', et les prenant pour abscisses d'une courbe dont les ordonnées seraient les valeurs du second membre de la relation ci-dessus. En menant ensuite une parallèle à la ligne des abscisses à une distance égale à $\sin O'$, elle coupera la courbe en un point dont l'abscisse sera la valeur de X'' qui correspond au point de la courbe pour lequel la tangente est horizontale.

A partir de ce point la quantité

$$\frac{1}{EI} \left[\tfrac{1}{6} p (X'^3 - X''^3) - \tfrac{1}{2} P (X'^2 - X''^2) \right]$$

croissant de plus en plus et étant plus grande que $\sin O'$, il s'ensuit que $\sin O$ devient négatif. Ce qui indique que la courbe se relève et que ses tangentes font avec l'horizontale des angles dont les sinus sont dirigés en sens contraire de ceux de la première partie.

La plus grande de ces valeurs négatives correspondra d'ailleurs évidemment à la valeur $X'' = 0$ ou au point d'application même de la force P.

On voit par ce qui précède que l'on pourra déterminer les variations dans la forme du solide, et l'on remarque que les fibres n'étant ni allongées ni comprimées au point d'inflexion, le corps n'y éprouve aucune fatigue. Au contraire le point d'encastrement A est de toute la partie gauche limitée au point d'inflexion le lieu de la plus grande fatigue et le point où la tangente est horizontale. Il en est de même du point d'appui de droite par rapport à la partie située à droite.

216. *Cas où le solide n'est soumis qu'à une charge uniformé-*

ment répartie. — L'on a alors $P = 0$ et la valeur du sinus de l'angle d'inclinaison se réduit à

$$\sin 0 = \tfrac{1}{6}\frac{pC^3}{EI}.$$

Si l'on se rappelle (n° **201**) que dans ce cas la flexion éprouvée par le solide est exprimée par

$$f = \tfrac{1}{8}\frac{pC^3}{EI} \cdot C,$$

d'où l'on tire
$$\frac{pC^3}{EI} = \frac{8f}{C},$$

l'on en déduit
$$\sin 0 = \tfrac{1}{6}\frac{8f}{C} = \tfrac{4}{3}\frac{f}{C},$$

ce qui permettra de déterminer l'angle O quand on connaîtra la flexion et la portée du solide.

217. *Solide posé horizontalement sur deux points d'appui soumis à une charge* 2P, *placée au milieu de sa longueur.* — L'on sait (n° **174**) que ce cas revient à celui d'un solide de longueur moitié moindre, encastré à l'une de ses extrémités et soumis à l'autre à un effort égal à P, lequel vient d'être examiné au n° **213**.

218. *Solide posé horizontalement sur deux appuis et supportant une charge uniformément répartie.* — Dans ce cas même le solide peut être considéré comme encastré au milieu de sa longueur, et chacune de ses moitiés comme soumise à une charge pC uniformément répartie, agissant de haut en bas et à une réaction provenant de l'appui, et égale à pC agissant de bas en haut.

On a donc
$$M = pCX - \tfrac{1}{2}pX^2 = pX(C - \tfrac{1}{2}X);$$

et comme ici l'on a toujours $C > X$, et à plus forte raison $C > \tfrac{1}{2}X$, il s'ensuit que la courbure a toujours lieu dans le même sens.

On a aussi
$$ni = \frac{1}{EI}(pCXx - \tfrac{1}{2}pX^2x).$$

En prenant la somme des valeurs de ni il faut observer que la valeur générale de sin 0 doit être évidemment telle que $\sin 0 = 0$ pour la valeur $X = C$ qui correspond au milieu de la longueur du solide, ce qui exige que l'on introduise dans cette valeur générale un terme constant déterminé par cette condition.

En posant donc

$$\sin 0 = \frac{1}{EI}\left(\frac{p C X^2}{2} - \tfrac{1}{6} p X^3\right) + \text{constante},$$

on a, par la condition ci-dessus énoncée que $\sin 0 = 0$ quand $X = C$,

$$\text{constante} = -\frac{1}{3EI} p C^3.$$

De sorte que la valeur générale de sin 0 est

$$\sin 0 = \frac{1}{EI}\left(\frac{p C X^2}{2} - \tfrac{1}{6} p X^3 - \tfrac{1}{3} p C^3\right),$$

et elle donne pour le sinus de l'inclinaison du solide à son point d'appui, où $X = 0$,

$$\sin 0 = -\tfrac{1}{3}\frac{p C^3}{E I},$$

valeur qui est négative, parce que la tangente à la courbe est inclinée vers le haut et en sens contraire de ce que supposait la figure du n° **213** ce qui d'ailleurs ne change rien à sa valeur.

Si l'on se rappelle que dans ce cas (n° **203**) l'on a

$$f = \tfrac{5}{24}\frac{p C^3}{EI} \cdot C,$$

d'où l'on déduit

$$\tfrac{1}{3}\frac{p C^3}{EI} C = \tfrac{8}{5} f,$$

et par suite

$$\sin 0 = \tfrac{8}{5}\frac{f}{C},$$

ce qui permet de déterminer l'inclinaison des extrémités du solide quand on connaît sa flexion et sa portée.

219. *Solide posé horizontalement sur deux appuis, supportant une charge 2P placée au milieu de sa longueur, et une charge uniformément répartie 2pC.* — L'on sait que dans ce cas la charge sur les points d'appui est $P + pC$, et que le solide peut être regardé comme encastré en son milieu, et chacune de ses deux moitiés comme soumise à un effort $P + pC$, agissant de bas en haut à son extrémité et à une charge pC uniformément répartie sur sa longueur. On a donc

$$M = (P + pC)X - \tfrac{1}{2}pX^2,$$

expression dans laquelle le premier terme du second membre est toujours plus grand que le deuxième, de sorte que la courbure ne présente pas d'inflexion. L'on en déduit

$$ni = \frac{1}{EI}\left[(P + pC)X.x - \tfrac{1}{2}pX^2x) \right].$$

Ici encore en prenant la somme des valeurs de *ni* il faudra faire attention à ce que l'inclinaison de la tangente à la courbe est nulle au milieu de la longueur du solide ou pour $X = C$, ce qui exige que l'on ajoute à cette somme une quantité constante dont la valeur sera déterminée par cette condition.

L'on a ainsi :

$$\sin 0 = \frac{1}{EI}\left[\frac{(P + pC)X^2}{2} - \tfrac{1}{6}\,pX^3 \right] + \text{constante} ;$$

et en faisant $X = C$ on en déduit

$$\text{constante} = -\frac{1}{EI}\left(\frac{PC^2}{2} + \tfrac{1}{3}pC^3 \right).$$

la valeur générale de sin 0 devient donc

$$\sin 0 = \frac{1}{EI}\left[\frac{(P + pC)X^2}{2} - \tfrac{1}{6}\,pX^3 - \left(\frac{PC^2}{2} + \tfrac{1}{3}pC^3 \right) \right],$$

et pour $X = C$ elle se réduit à

$$\sin 0 = -\frac{1}{EI}\left(\frac{PC^2}{2} + \tfrac{1}{2}pC^3 \right).$$

15

Les formules précédentes montrent comment on peut s'y prendre pour déterminer, dans les cas les plus simples, l'inclinaison des divers éléments des solides fléchis par l'action des forces extérieures. Mais comme cette recherche a généralement peu d'importance pour la pratique, nous ne nous y arrêterons pas plus longtemps. Nous renverrons aux leçons professées sur la matière par M. Poncelet, à la Faculté des sciences, et dans lesquelles il a donné une méthode générale pour les recherches de ce genre. Ce que nous venons de dire n'est qu'une application de cette méthode à des cas simples.

Conséquences pratiques de la théorie.

220. *Allongement et raccourcissement proportionnel des fibres, produit par la flexion.* — Si l'on se rappelle (n° **130**) que l'on a, entre l'allongement proportionnel i d'une fibre quelconque, sa distance v à la ligne des fibres invariables, et le rayon de courbure r de cette ligne du solide, pour la section que l'on considère, la relation :

$$i = \frac{v}{r};$$

on voit que pour la fibre qui subit le plus grand allongement ou le plus grand raccourcissement, on aura

$$i' = \frac{v'}{r};$$

et comme on a
$$\frac{1}{r} = \frac{PX}{EI},$$

il s'ensuit que cet allongement proportionnel sera donné par l'expression :

$$i' = \frac{PXv'}{EI},$$

et pour la section d'encastrement,

$$i' = \frac{PCv'}{EI}.$$

Il sera donc toujours facile de calculer a variation proportionnelle de longueur qu'aura subie, par la flexion, la fibre la plus allongée ou la plus raccourcie, et de s'assurer que cette variation n'excède pas les limites indiquées par l'expérience et rapportées au tableau du n° **41**.

Si plusieurs forces agissaient sur le solide, on aurait pareillement :

$$r = \frac{EI}{Pp + Qq + \text{etc.}}$$

et

$$i' = \frac{(Pp + Qq + \text{etc.})v'}{EI}.$$

En ayant soin de prendre la plus grande valeur de cette quantité, on aura la plus grande variation de longueur à laquelle les fibres soient soumises.

221. *Application aux formules pratiques.* — Il est facile de s'assurer que les formules pratiques et les valeurs du coefficient R, que nous avons adoptées, satisfont à la condition que la variation maximum de longueur d'une quelconque des fibres, n'atteigne pas la limite au delà de laquelle l'élasticité est sensiblement altérée, c'est-à-dire où les allongements et les raccourcissements cessent d'être proportionnels aux efforts qui les produisent.

En effet, si nous considérons le cas simple d'une seule force P agissant à l'extrémité d'un solide de longueur C perpendiculairement à sa longueur, nous avons

$$i' = \frac{PCv'}{EI},$$

d'où nous tirons $\quad \dfrac{I}{v'} = \dfrac{PC}{Ei'} = \dfrac{PC}{R},$

pour la formule générale applicable à tous les profils.

Or, le tableau du n° **41** nous donne les valeurs correspondantes de E et de i', pour la limite d'élasticité des différents corps, et l'on en déduit celle que le produit Ei' peu atteindre au maximum pour que l'élasticité ne soit pas altérée.

		VALEURS adoptées pour le coefficient pratique R.
Fer en barres.......	$Ei' = 18\,000\,000\,000 \times 0{,}0008 = 14\,400\,000$	
Fer doux..........	$Ei' = 20\,000\,000\,000 \times 0{,}00066 = 13\,200\,000$	6 000 000
Fer laminé en barres et tubes en tôle....	$Ei' = 12\,000\,000\,000 \times 0{,}0008 = 9\,600\,000$	
Acier d'Allemagne...	$Ei' = 21\,000\,000\,000 \times 0{,}0012 = 25\,200\,000$	12 500 000
Acier fondu........	$Ei' = 30\,000\,000\,000 \times 0{,}000222 = 66\,600\,000$	16 660 000
Fonte de fer grise, à grain fin..........	$Ei' = 12\,000\,000\,000 \times 0{,}00083 = 9\,960\,000$	
Fonte grise ordinaire, anglaise.	$Ei' = 9\,000\,000\,000 \times 0{,}000715 = 6\,435\,000$	7 500 000
Bois de chêne.......	$Ei' = 1\,200\,000\,000 \times 0{,}00167 = 2\,004\,000$	
Sapin jaune ou blanc.	$Ei' = 1\,300\,000\,000 \times 0{,}00117 = 1\,521\,000$	600 000

On voit, par cette comparaison, que les valeurs pratiques du nombre R, que nous avons adoptées, et qui représentent la charge que l'on peut faire supporter avec sécurité, et d'une manière constante, à des solides qui doivent résister longtemps, sont presque toutes inférieures à la moitié de celles pour lesquelles l'élasticité commencerait à s'altérer, et les flexions cesseraient d'être proportionnelles aux charges.

La fonte seule fait exception, et cette discussion montre que la valeur $R = 7\,500\,000$ kilogr., que nous avons adoptée, est bien voisine de la limite supérieure admissible pour les fontes de deuxième fusion de bonne qualité, et un peu trop faible peut-être pour celles de première fusion, généralement plus carburées et assez tendres, surtout en gros échantillons.

Cependant la comparaison des charges admises généralement et celle des dimensions données aux solides d'après les formules, avec les charges supportées, montrent que cette valeur $R = 7\,500\,000$ kilogr. est généralement suffisante, surtout quand on a la précaution de faire le calcul d'après la plus forte des charges permanentes dans chaque cas.

Mais cela fait voir en même temps que, pour des constructions importantes, on doit exiger que les fontes soient de deuxième fusion, à grains fins, d'un gris clair homogène, et coulées avec toutes les précautions possibles pour éviter les défauts.

Malgré ces motifs de sécurité, il n'en résulte pas moins que le fer offre plus de sûreté que la fonte, surtout pour les grandes constructions, puisque la valeur admise pour R n'est pas généralement égale à la moitié de celle qui, pour ce métal, correspond à la limite d'élasticité.

Les poutres en double T, essayées par M. Fairbairn, qui n'ont donné, on le verra plus loin, qu'une valeur du coefficient d'élasticité E égale à 11 ou 12 000 000 000 kilogr., bien inférieure, par conséquent, à celle que fournissent les barres ordinaires et les poutres en tôle, et le tube de Conway lui même, qui, dans les expériences auxquelles il a été soumis a donné la valeur

$$E = 13\,185\,000\,000^{\text{kil}},$$

montrent que pour les plus faibles valeurs du coefficient d'élasticité du fer, la valeur

$$R = 6\,000\,000^{\text{kil}}$$

conduira à des dimensions suffisantes pour assurer la solidité des constructions.

222. *Comparaison de la formule qui exprime les conditions de l'équilibre permanent et de celle qui donne la flexion des solides posés sur deux points d'appui.* — Si l'on se rappelle que la condition de l'équilibre permanent des solides soumis à une charge 2P agissant en leur milieu et perpendiculairement à leur longueur, est

$$\frac{RI}{v'} = PC,$$

dans laquelle R est l'effort maximum de traction ou de compression que l'on peut faire subir par unité de surface, et v' la distance de la fibre la plus allongée ou la plus raccourcie à la surface des fibres invariables; puis si l'on rapproche cette formule de celle du n° **191** :

$$f = \tfrac{1}{3}\frac{P\,C^3}{EI},$$

on voit qu'en mettant dans cette dernière, pour PC, sa valeur, tirée de la précédente, ce qui revient à admettre que la flexion f soit par conséquent celle qui est produite par la charge déterminée par la première formule, elle devient

$$f = \tfrac{1}{3}\frac{R I C^2}{EI\,v'} = \tfrac{1}{3}\frac{R}{E}\,\frac{C^2}{v'},$$

que l'on peut mettre sous la forme

$$\frac{f}{2C} = \tfrac{1}{6}\frac{R}{E}\cdot\frac{C}{v'}.$$

Si, par exemple, il s'agit de solides à section rectangulaire, ou de tout autre profil dont le centre de gravité ou la ligne des fibres invariables soit situé à la moitié de la hauteur b, alors $v' = \dfrac{b}{2}$, et cette formule devient :

$$\frac{f}{2C} = \tfrac{1}{6}\frac{R}{E}\,\frac{2C}{b}.$$

Cela montre que dans les limites des charges qui n'altèrent pas l'élasticité des corps, et où les quantités R et E sont constantes, le rapport de la flexion des solides à leur portée varie comme celui de leur portée à leur hauteur, quelle que soit d'ailleurs la forme de leur profil, pourvu qu'il soit symétrique par rapport à la ligne qui passe par le centre de gravité.

Or, pour les planchers, les ponts, etc., on conçoit très-bien qu'il doit y avoir entre les flexions au milieu et les portées, un rapport qu'il convient de ne pas dépasser, et l'on voit que pour que ce rapport $\dfrac{f}{2C}$ soit constant, il faut que celui de la portée à la hauteur des supports soit aussi constant.

223. *Ancienne règle dés charpentiers.* — La pratique avait devancé la théorie, pour admettre cette proportion constante de la portée à la hauteur des solides. Les anciens charpentiers, qui employaient des poutres à section carrée, avaient en effet pour règle de prendre pour l'équarrissage de ces pièces $\frac{1}{18}$ de la portée, quand elles étaient espacées de 3 mètres, et $\frac{1}{14}$ quand l'écartement était de 5 mètres. Dans ce dernier cas, en effet, la charge sur chaque poutre étant plus grande que dans le premier, quoique la portée reste la même, l'équarrissage doit devenir plus considérable.

Si nous introduisons dans la formule

$$\frac{f}{2C} = \frac{1}{6}\frac{R}{E} \cdot \frac{2C}{b}$$

les valeurs de R et de E, que nous avons adoptées aux n0s 41 et 162, pour le bois, la fonte et le fer, et qui sont respectivement :

Bois, $R = 600\,000^{kil}$, $E = 1\,200\,000\,000^{kil}$,

Fonte, $R = 7\,500\,000$, $E = 12\,000\,000\,000$,

Fer, $R = 6\,000\,000$, $E = 20\,000\,000\,000$,

nous trouvons qu'elle devient :

pour le bois, $\dfrac{f}{2C} = \dfrac{1}{6} \cdot \dfrac{1}{2000} \cdot \dfrac{2C}{b} = \dfrac{1}{12000}\dfrac{2C}{b}$,

ce qui, d'après la règle des charpentiers, donnerait pour des poutres de plancher espacées de :

3 mètres, $\dfrac{f}{2C} = \dfrac{1}{12000} \times 18 = \dfrac{1}{666}$ d'où $f = \dfrac{1}{666}2C$;

5 mètres, $\dfrac{f}{2C} = \dfrac{1}{12000} \times 14 = \dfrac{1}{857}$ d'où $f = \dfrac{1}{857}2C$;

Pour la fonte et pour le fer, la substitution des valeurs de
E et de R donne simplement :

pour la fonte, $\quad \dfrac{f}{2C} = \dfrac{1}{6} \dfrac{75}{120000} \dfrac{2C}{b} = \dfrac{1}{9600} \dfrac{2C}{b}$,

et pour le fer, $\quad \dfrac{f}{2C} = \dfrac{1}{6} \dfrac{6}{20000} \dfrac{2C}{b} = \dfrac{1}{20000} \dfrac{2C}{b}$.

224. *Conséquence relative au fer et à la fonte.* — Ces formules numériques montrent qu'à portée et hauteur égales, pour
des poutres en fonte ou en tôle, le rapport des flexions aux
portées ou les flexions elles-mêmes, seront, d'après les coefficients pratiques que nous avons adoptés, beaucoup moindres pour le fer que pour la fonte; et comme avec ces coefficients et d'après le prix des matières, il y a économie,
à résistance égale, à employer le fer, l'on voit que l'usage
de ce métal, qui donnera des flexions absolues moindres, et qui a la propriété de ne pas céder brusquement,
mais de se déformer, et d'avertir ainsi du danger que court
la construction, est de beaucoup préférable à celui de la
fonte.

RÉSULTATS D'EXPÉRIENCES SUR LA FLEXION ET LA RUPTURE QUI EN EST LA SUITE.

225. *Application des formules aux expériences les plus récentes.* — Après avoir exposé les formules pratiques à l'aide
desquelles on calcule les charges que l'on peut faire supporter dans différents cas aux solides de formes diverses,
et les flexions qu'ils prennent sous ces charges, il faut
comparer les résultats de ces formules avec ceux de l'expérience pour reconnaître jusqu'à quel point, et s'il se peut,
entre quelles limites, elles représentent réellement les faits
observés. C'est ce que nous allons entreprendre en discutant les résultats d'un grand nombre d'expériences faites
sur des matériaux de diverses natures par plusieurs ingé-

nieurs. Nous choisirons de préférence celles qui ont été récemment exécutées en Angleterre, à l'occasion de la gigantesque construction des ponts de l'île d'Anglesey et des travaux de chemins de fer, dont les résultats sont consignés dans le rapport de la commission d'enquête sur l'emploi du fer dans les constructions des chemins de fer. Outre leur nouveauté, ces expériences ont le mérite d'avoir été faites sur des solides de grandes proportions, et par conséquent de fournir des résultats qui se rapprochent autant que possible des cas d'application.

Les expériences sur les bois sont beaucoup moins nombreuses, mais pour réunir sur cette question toutes les données les plus importantes, nous passerons successivement en revue les bois, la fonte, le fer, en examinant à la suite les tubes en tôle et l'influence du mouvement de la charge sur les flexions observées.

Résistance des bois à la flexion.

226. *Expériences de M. P. Barlow sur la flexion des bois.* — Ce savant professeur a exécuté sur des bois divers des approvisionnements du dockyard de Woolwich une série nombreuse d'expériences, d'après lesquelles il a déterminé les coefficients d'élasticité et de rupture des différents bois, ainsi que la limite de flexion au delà de laquelle on observe que l'élasticité est altérée ou que les flexions cessent d'être proportionnelles aux charges. Tous les échantillons essayés avaient 0^m,0508 d'équarrissage et ordinairement 2^m,135 de portée. Les résultats des expériences et de l'application des formules

$$R = \frac{6PC}{abv'} \quad \text{et} \quad E = \frac{4PC^3}{fab^3}$$

sont consignés dans le tableau suivant :

ESSENCES DES BOIS.	PESANTEUR SPÉCIFIQUE ou poids du mètre cube.	CHARGE MAXIMUM sous laquelle l'élasticité n'est pas altérée. 2 P	FLEXION correspond. à cette charge en fractions de la longueur. $\frac{f}{2C}$	ALLONGEMENT proportionnel maximum. i'	COEFFICIENT d'élasticité. E	COEFFICIENT de rupture. R	RAPPORT DE LA CHARGE au delà de laquelle l'élasticité s'altère, à celle
	kil.	kil.			kil.	kil.	
Teak..............	745	136,0	$\frac{1}{73}$	0,000195	1 701 520 000	10 382 000	0,32
Poon..............	579	68,0	$\frac{1}{102}$	0,001395	1 190 720 000	9 360 000	0,17
Chêne anglais........	969	68,0	$\frac{1}{53}$	0,002698	615 660 000	4 980 000	0,30
Chêne anglais........	934	90,5	$\frac{1}{66}$	0,002162	1 023 720 000	7 050 700	0,31
Chêne du Canada......	872	102,0	$\frac{1}{78}$	0,001648	1 511 530 000	7 447 100	0,33
Chêne de Dantzick	756	90,5	$\frac{1}{53}$	0,002633	839 480 000	6 059 800	0,35
Chêne de l'Adriatique..	993	68,0	$\frac{1}{59}$	0,002419	686 680 000	5 832 100	0,28
Frêne..............	760	102,0	$\frac{1}{66}$	0,002110	1 159 150 000	8 543 500	0,29
Hêtre........	693	68,0	$\frac{1}{82}$	0,001517	1 094 900 000	6 561 600	0,25
Orme..............	553	56,7	$\frac{1}{50}$	0,002808	493 200 000	4 271 800	0,32
Pin résineux.........	660	68,0	$\frac{1}{74}$	0,001922	863 730 000	6 882 000	0,24
Pin rouge...........	657	68,0	$\frac{1}{112}$	0,001279	1 299 700 000	5 654 900	0,29
Sapin de la Nouv.-Angl.	553	68,0	$\frac{1}{101}$	0,001073	1 547 800 000	4 647 700	0,35
Sapin de Riga........	753	56,7	$\frac{1}{96}$	0,001183	931 310 000	4 672 300	0,29
Sapin de Riga........	738	68,0	$\frac{1}{95}$	0,002040	697 970 000	4 435 200	0,32
Sapin de la forêt de Mar.	696	56,7	$\frac{1}{68}$	0,003046	454 810 000	4 821 200	0,287
Id.	693	68,0	$\frac{1}{83}$	0,002324	612 840 000	5 321 800	0,26
Larix..............	531	56,7	$\frac{1}{45}$	0,003189	434 350 000	3 597 100	0,385
Larix..............	522	56,7	$\frac{1}{103}$	0,001877	632 570 000	3 508 500	0,338
Larix..............	556	68,0	$\frac{1}{101}$	0,001919	741 950 000	4 752 500	0,300
Larix.	560	68,0	$\frac{1}{101}$	0,001919	741 950 000	4 845 200	0,294

On y a aussi indiqué les valeurs de l'allongement proportionnel i' subi par les fibres dont la longueur a le plus varié, sous les charges qui ont produit les plus grandes flexions proportionnelles indiquées par l'auteur. Cependant on doit faire remarquer que ces allongements limites et les charges correspondantes sont peut-être un peu faibles, attendu que les charges ne paraissent pas avoir été déterminées avec beaucoup de soin.

On se rappelle que l'allongement proportionnel est donné dans le cas actuel par la formule (n° **210**)

$$i' = \frac{\mathrm{PC}v'}{\mathrm{EI}} = \frac{6\mathrm{PC}}{\mathrm{E}b^3},$$

dont la notation est connue.

Si l'on applique à quelques-uns de ces résultats et en particulier au sapin de Riga et à celui de la forêt de Mar, qui est un des plus faibles, et enfin au larix, le raisonnement du n° **221** pour déterminer la valeur du produit Ei' du coefficient d'élasticité par le plus grand allongement proportionnel que les fibres puissent prendre sans altération de l'élasticité, on trouve pour

le sapin de Riga $\mathrm{E}i' = 697\,970\,000^{\mathrm{kil}} \times 0,000\,204 = 1\,423\,859^{\mathrm{kil}}$

le sapin de Mar $\mathrm{E}i' = 454\,810\,000^{\mathrm{kil}} \times 0,003\,046 = 1\,385\,351^{\mathrm{kil}}$

le larix $\mathrm{E}i' = 434\,350\,000^{\mathrm{kil}} \times 0,003\,189 = 1\,385\,142^{\mathrm{kil}}.$

On voit donc que la valeur R $= 600\,000^{\mathrm{kil}}$ que nous avons adoptée pour les formules pratiques relatives aux bois, peut encore être employée, même pour ces trois variétés de bois, les plus faibles de toute la série de ceux essayés par M. Barlow.

227. *Expériences de MM. Chevandier et Wertheim.* — Ces habiles observateurs, dont nous avons cité en partie les résultats au n° **47**, afin de reconnaître si les résultats obtenus sur des échantillons s'appliquaient aux pièces de bois des dimensions en usage dans la pratique, ont répété leurs expériences sur des bois de sapin et de chêne des Vosges ayant ces dimensions. Les résultats qu'ils ont obtenus sont consignés dans le tableau suivant :

EXPÉRIENCES SUR DES PIÈCES, MADRIERS ET PLANCHES DE SAPIN
DES VOSGES.

BOIS.	DÉSIGNATIONS usuelles.	DISTANCE des appuis.	LONGUEUR des pièces.	LARGEUR des pièces.	ÉPAISSEUR des pièces.	DENSITÉ.	COEFFICIENT d'élasticité.	CHARGE qui, placée au milieu, produit la rupt.
	po. po.	m.	m.	cent.	cent.		kilogr.	kilogr.
Sapin des Vosges.	11 sur 12	13,00	14,00	28,99	32,41	0,530	1 136 700 000	6 404
	9 sur 10	11,00	13,00	25,46	28,35	0,506	1 156 700 000	5 394
	8 sur 9	9,00	10,48	22,30	24,30	0,548	1 026 900 000	3 447
	6 sur 7	9,00	10,46	16,99	19,63	0,525	1 245 000 000	2 082
	Chevrons...	9,00	10,47	9,27	12,31	0,481	1 257 600 000	517
	Madriers...	3,02	4,24	24,63	5,40	0,493	1 089 800 000	917
	Planches...	3,02	4,25	24,13	2,78	0,479	1 202 200 000	264
	Moyennes.......					0,509	1 156 400 000	
Chêne à glands sessiles.	8,5 sur 9,5	5,50	5,87	23,18	25,28	1,008	825 100 000	7 889
	8 sur 9	5,50	6,11	21,67	23,67	0,958	822 300 000	7 189
	7 sur 8	5,50	7,06	19,07	22,00	0,922	858 900 000	5 225
	6 sur 7	5,50	6,82	15,99	18,90	0,928	1 007 000 000	5 525
	5 sur 6	5,50	6,54	13,67	16,10	0,985	638 100 000	2 225
Chêne à glands pédonculés.	Chevrons...	3,00	4,01	8,28	8,14	0,636	601 300 000	540
	Chevrons....	2,50	4,00	7,82	8,04	0,759	774 300 000	735
	Doublettes...	5,50	6,50	29,31	5,46	0,685	965 800 000	435
	Échantillons..	3,00	3,65	14,31	4,22	0,824	1 210 700 000	375
	Entrevoies...	3,00	3,37	24,22	2,82	0,712	1 251 200 000	325
	Moyennes.......					0,842	895 500 000	

On voit, par les résultats consignés dans ce tableau, que
les valeurs des densités et des coefficients d'élasticité, déduites de ces expériences sur des bois de service des dimensions courantes, ne diffèrent pas autant des valeurs
moyennes fournies pour les mêmes quantités par les expériences faites sur des échantillons, qu'elles diffèrent
entre elles d'une pièce de service à une autre; on peut
donc appliquer à toutes les questions de la pratique les
valeurs moyennes rapportées au tableau du n° **41**, et par
suite la valeur de R, que nous avons admise pour les formules usuelles.

228. *Effets de la dessiccation des bois par la vapeur ou par
l'eau chaude.* — On emploie quelquefois dans les arts des bois

dont on accélère la dessiccation ou dont on facilite la courbure selon des formes données, en les exposant pendant un certain temps dans une étuve à vapeur, ou en les maintenant dans une chaudière d'eau bouillante, après quoi on les fait sécher sous des hangars.

Quelques expériences sont rapportées par M. P. Barlow, sur la résistance comparative des bois ainsi préparés. Elles ont été faites sur des pièces de bois de chêne de 1^m,83 de longueur sur 0^m,0508 d'équarrissage, coupées dans le même arbre. Les résultats sont consignés dans le tableau suivant.

NUMÉROS des expériences.	MODE de préparation DES BOIS.	DURÉE de la préparation.	FLEXION des pièces sous la charge de 45^{kil},3.	CHARGES de rupture.	Moyennes.
		heures.	m.	kil.	kil.
1	Etat ordinaire.	»	0,0108	328	} 304
2	Dessiccation naturelle.	»	0,0127	280	
3		5	0,0114	280	} 304
4	Dessiccation à la vapeur.	5	0,0108	328	
5		10	0,0109	300	} 278
6		10	0,0120	257	
7		2	0,0127	257	} 278
8		2	0,0108	300	
9		4	0,0117	300	} 278
10		4	0,01:3	257	
11	Dessiccation à l'eau bouillante.	6	0,0140	271	} 288
12		6	0,0108	265	
13		8	0,0120	293	} 290
14		8	0,0127	287	
15		10	0,0140	257	} 275
16		10	0,0127	293	

L'ensemble de ces expériences semblerait montrer, malgré quelques divergences, que les bois préparés à la vapeur ou à l'eau bouillante ont la même roideur ou la même résistance à la flexion que les bois à l'état ordinaire, mais qu'en général ils offrent moins de résistance à la rupture.

On fera remarquer que ces expériences ne sont pas complètes, et surtout qu'elles ont été faites sur du bois déjà sec, tandis que l'emploi de la vapeur et de l'eau chaude s'applique souvent pour la dessiccation des bois.

Il serait à désirer que de nouvelles expériences plus complètes, et étendues aux bois séchés à l'air chaud ou par la vapeur surchauffée, fussent exécutées avec soin et d'une manière complète.

Résistance de la fonte à la flexion.

229. *Expériences pour comparer les flexions des barreaux en fonte aux portées* [*]. — Des barres de fonte de Blacnavon d'épaisseur $b = 0^m,0775$ sur une largeur $a = 0^m,077$, ont été expérimentées à la portée $2C = 4^m,12$, offrant alors un poids $2pC = 192^{kil}$ pour la partie comprise entre les supports ; puis, après avoir été rompues, elles ont été essayées à la portée $2C = 2^m,07$, la partie comprise entre les supports n'ayant plus qu'un poids $2pC = 85^{kil}$.

L'observation a donné les résultats consignés dans le tableau de la page suivante.

Si l'on représente graphiquement ces résultats en prenant les charges $2P$ pour abscisses à l'échelle de $1^{millim},00$ pour 10 kilogr., et les flexions en grandeur naturelle pour ordonnées, on reconnaît par la courbe dont la figure 10 (pl. IV) est une réduction à demi-grandeur :

1° Que pour la portée $2C = 4^m,12$ les flexions sont sensiblement proportionnelles aux charges jusqu'à la charge de $304^{kil},69$ au moins, et même un peu plus loin, et qu'alors la flexion est de $0^m,016$, ou $\dfrac{0,016}{4,12} = \dfrac{1}{257,5}$ de la portée ;

2° Que pour la portée $2C = 2^m,07$ il en est de même jusque vers la charge de $1117^{kil},20$, et même plus loin, et qu'alors la flexion est $0,0071$, ou $\dfrac{0,0071}{2,07} = \dfrac{1}{291}$ de la portée ;

---

[*] Rapport de la commission, déjà cité pages 76 et 77.

CHARGES 2P.	BARRES de 4^m,12 de portée. FLEXIONS.	BARRES de 2^m,07 de portée. FLEXIONS.
kil.	m.	m.
50,78		
104,56	0,00495	
203,13	0,0406	0,00129
304,69	0,0160	
406,26	0,0224	0,00264
507,22	0,0292	
609,38	0,0367	0,00403
714,01	0,0451	
812,51	0,0554	0,0055
914,08	0,0653	
		0,0070
1015,64	0,0760	0,0072
		Moy. 0,0071
1117,20	0,0922	
1218,76	0,1040	0,00885
1310,32		
1411,88		0,0105
1615,01		0,0123
1818,44		0,0142
2031,28		0,0166
2234,41		0,0196
2437,54		0,0227
2640,67		0,0264
2843,80		

3° Si l'on compare ensuite le rapport des flexions aux charges dans ces limites, on trouve pour la portée $2C = 4^m,12$, le rapport $\dfrac{0^m,016}{304,69} = 0,00005250$, et pour $2C = 2^m,07$ le rapport $\dfrac{0^m,0055}{812,51} = 0,00000677$; le rapport entre ces deux chiffres est

$$\frac{5250}{677} = 7,75,$$

tandis que le rapport des cubes des portées est

$$\left(\frac{4,12}{2,07}\right)^3 = 7,95.$$

On voit donc que, *dans ces limites de flexion, où les flèches de courbure sont sensiblement proportionnelles aux charges, les flexions totales, et leurs rapports aux charges, sont proportionnels aux cubes des portées*, comme nous l'indique la théorie.

On remarquera que, d'après la formule pratique du n° **163**, les charges que les barreaux pourraient supporter d'une manière permanente seraient seulement, pour la portée $2C = 4^m,12$

$$P = \frac{ab^2 \times 1250000}{C} = 280^{kil},3,$$

et pour la portée $2C = 2,07$

$$P = \frac{ab^2 1250000}{C} = 560^{kil},$$

ce qui montre que les règles déduites de la théorie sont suffisamment exactes dans les limites des charges auxquelles les corps peuvent être soumis, et que ces charges ne sont guère que le quart ou le cinquième des charges de rupture.

Si l'on calcule, à l'aide de la formule $PC = \frac{1}{6} R_r ab^2$, la valeur du coefficient R_r de rupture, d'après ces expériences, on trouve pour la première série où $2C = 4^m,12$ et $2P = 1218^{kil},76$,

$$R_r = 16\,303\,000^{kil},$$

et pour la deuxième où $2C = 2^m,06$ et $2P = 2640,67$,

$$R_r = 19\,020\,000^{kil},$$

dont la moyenne 17 661 500 kilogr. est d'ailleurs plus faible que celle qui est fournie par d'autres fontes.

Si l'on calcule le coefficient d'élasticité de ces barres par la formule du n° **207**

$$E = \frac{4C^3(P + \frac{5}{8}pC)}{fab^3},$$

en l'appliquant aux charges au delà desquelles l'élasticité commence à s'altérer, et admettant que les flèches mesurées doivent être augmentées d'une quantité proportionnelle aux cinq huitièmes de pC ou du poids propre du solide, on trouve pour l'expérience de la première série, dans laquelle on avait

$$2P = 304^{kil},692, \quad 2pC = 192^{kil}, \quad 2C = 4^m,12,$$

et où le tracé donne $0^m,003$ pour la flèche due à la charge $\frac{5}{8}\, 2p$C supposée placée au milieu :

$$E = \frac{4 \times \overline{2,06}^3(152,346 + 60)}{0^m,019 \times 0^m,077 \times \overline{0,0775}^3} = 10\,903\,000^{kil},$$

et pour celle de la deuxième série où

$$2P = 406^{kil},256, \quad 2pC = 85^{kil}, \quad 2C = 2^m,07,$$

et où le tracé donne $0^m,0005$ pour la flèche due à la charge $\frac{5}{8}\, 2p$C $= 53^{kil}$, supposée placée au centre :

$$E = \frac{4 \times \overline{1,035}^3(203,128 + 26,5)}{0^m,00224 \times 0^m,077 \times \overline{0,0775}^3} = 12\,668\,180\,000^{kil}.$$

La moyenne $11\,785\,500\,000^{kil}$ de ces deux valeurs diffère peu de celle que l'on déduit de l'ensemble des expériences dont nous parlerons plus loin.

230. *Autre expérience sur la résistance de la fonte à la flexion et à la rupture transversale.* — Prenons un autre exemple que nous choisirons parmi les fontes les plus flexibles sur lesquelles nous ayons pu nous procurer des données.

On trouve dans le rapport de la commission anglaise (page 68) d'autres expériences sur cinq barreaux de fonte de Blaenavon nº 2 posés horizontalement sur des rouleaux avec une portée de $13^p\,6^o = 4^m,1175 = 2$C et soumis à des charges agissant verticalement sur leur milieu; la largeur était

$a = 0^m,078$, l'épaisseur $b = 0^m,039$, et le poids propre du solide entre les appuis $2pC = 88^{kil},92$.

Le tableau suivant contient les valeurs des charges appliquées, et des flexions totales et permanentes observées.

CHARGES, 2P.	CHARGES TOTALES en tenant compte du poids propre du solide, $2P + \frac{2}{3} 2pC$.	FLEXIONS APRÈS 5'			COEFFICIENTS d'élasticité.	
		produites par la charge.	totales, $f + 0,0237$.	permanentes.		
kil.	kil.	m.	m.	m.		
16,696	72,271	0,0046	0,0283		9 631 600 000	
25,391	80,966	0,0095	0,0332		9 197 800 000	
50,782	106,357	0,0195	0,0432		9 285 500 000	9 291 600 000
76,173	131,748	0,0300	0,0537	0,0012	9 253 200 000	
107,564	157,139	0,0415	0,0652		9 089 800 000	
126,955	182,530	0,0535	0,0772		8 916 100 000	
152,346	207,921	0,0661	0,0898		8 731 200 000	
177,737	233,312	0,0805	0,1042		8 442 700 000	
203,128	258,703	0,0954	0,1191		8 191 100 000	
228,519	284,094	0,1118	0,1355		7 906 300 000	
253,910	309,485	0,1278	0,1515		8 994 400 000	
279,301	335,886	0,1467	0,1704		7 433 300 000	
304,892	360,467	0,1668	0,1905		7 135 600 000	
330,283	385,858	0,1933	0,2170		6 705 400 000	
355,074	411,049	0,2217	4,2454		6 316 500 000	
380,865	436,440	0,2510	0,2747		5 994 600 000	
406,256	461,831	»	»		»	

On remarquera que, d'après nos formules pratiques, la charge à laquelle de semblables barres pourraient être soumises d'une manière permanente ne serait que

$$2\,P = 2\,\frac{1\,250\,000 \times 0,078 \times \overline{0,039}^{3}}{2,0587} = 144^{kil},070,$$

si l'on ne tient pas compte du poids du solide.

Le tableau qui précède ne contient, comme on peut le voir, que les flexions produites par les charges mêmes placées au milieu du solide et ne mentionne pas celles qui étaient primitivement dues au poids propre des barres. Or, celles-ci pesant environ $88^{kil},92$, ce qui équivaudrait, d'après la théorie, quant aux flexions, à une charge égale aux $\frac{5}{8}$ du poids ou à 55^{kil},575, et quant à la rupture à la moitié de ce poids ou a 44^{kil},46, on voit 1° que les flexions contenues dans ce tableau ne sont que les accroissements de flexion produits par les charges et que, par conséquent, pour la discussion par représentation graphique de ces résultats, il faut d'abord opérer sur les données brutes du tableau, puis en déduire, s'il est possible, les flexions dues aux charges totales composées de la charge 2P soutenue par le corps et des $\frac{5}{8}$ du poids propre du solide; 2° que pour l'appréciation des valeurs du coefficient de rupture R, et du coefficient d'élasticité E il faut introduire respectivement dans les formules théoriques la moitié $pC = 44^{kil}$,46 et les $\frac{5}{8}$ du poids propre $2pC$ du solide, $\frac{5}{8} 2pC = 55^{kil}$,575, et la flexion totale déduite de la représentation graphique des résultats.

A cet effet, on a d'abord pris (pl. IV, fig. 11) les charges pour abscisses à l'échelle de 20 millimètres pour 100 kilogr. et les flexions pour ordonnées à l'échelle de 1 millimètre pour 5 millimètres.

L'examen de cette figure montre que les flexions ne sont sensiblement proportionnelles aux charges que dans des limites assez restreintes et jusque vers la charge 2P, égale à 76 kilogr. ou au plus à 101 kilogr. Au delà de ce terme, elles croissent rapidement, et au moment de la rupture arrivée sous la charge $2P = 406^{kil}$,07, la flèche indiquée au tableau avait atteint 0^m,251. Mais il faut observer qu'en admettant, comme le tracé semble l'indiquer, qu'aux faibles charges les flexions sont proportionnelles aux charges, il s'ensuivrait que la flèche de courbure produite par le poids propre du solide, équivalant, d'après les notions théoriques, à 55^{kil},575, placée au milieu de sa longueur, serait d'environ 0^m,0237. En effet, puisque de la charge de 16^{kil},696 à celle de 76^{kil},173, entre lesquelles la flexion a augmenté de 25^{mm},4 pour une surcharge de 59^{kil},577, cette proportion montre que le poids de 55^{kil},575 équivalent au poids propre du solide a dû produire une flexion de $23^{mm},7$, il suit de là qu'à la charge $2P = 101^{kil},56$ la flexion totale serait $0,0415 + 0,0237 = 0,0652$, ou environ $\frac{1}{63}$ de la portée, quantité déjà bien plus considérable qu'on ne pourrait l'admettre en pratique pour des pièces de fonte de longue portée.

Si l'on admet que la charge permanente extérieure pour ces pièces longues et par conséquent flexibles ne doive pas dépasser de beaucoup celle $2P = 76^{kil}$ et ne pas atteindre celle de 101 kilogr., au delà de laquelle la proportionnalité des flexions aux charges cesse d'être admissible, on trouve que le coefficient R à introduire dans les formules de résistance doit être compris entre

$$R = \frac{6\left(P + \frac{pC}{2}\right)C}{ab^2} = \frac{6\,(38 + 22,23)\,2,058}{0,078 \times \overline{0,039}^2} = 6\,268\,800^{kil},$$

et

$$R = \frac{6\,(50,5 + 22,23) \times 2,058}{0,078 \times \overline{0,039}^2} = 7\,569\,800^{kil},$$

et aurait par conséquent, dans le dernier cas, une valeur peu supérieure à celle de $R = 7\,500\,000^{kil}$, que nous avons admise dans l'*Aide-Mémoire*.

Ces résultats montrent que cette fonte pure de Blaenavon était à la fois plus flexible et moins résistante que les fontes ordinaires et surtout les fontes mêlées.

Quant au coefficient de rupture, sa valeur est, dans le cas actuel, où les pièces se sont rompues sous la charge $2P + pC = 406^{kil},256 + 44^{kil},460 = 450^{kil},716$,

$$R_r = \frac{6 \times 225,35 \times 2,058}{0,078 \times \overline{0,039}^2} = 23\,455\,000^{kil},$$

quantité inférieure à celle qui résulte de l'ensemble des expériences de M. J. Hosking, que l'on trouvera rapportées au n° **233**, et qui est en moyenne

$$R = 32\,441\,000^{kil}.$$

Cette différence dans les résultats obtenus avec des fontes diverses, montre avec quelle circonspection l'on doit employer la fonte lorsqu'il s'agit de constructions importantes et surtout quel soin il faut apporter au choix et au mélange des fontes. On en peut aussi conclure que la valeur adoptée pour $R = 7\,500\,000^{kil}$ comme coefficient pratique offre une garantie suffisante, même pour des fontes moins résistantes que la qualité moyenne. Quant au coefficient d'élasticité de ces barres, on l'a calculé par la formule

$$E = \frac{4\left(P + \frac{5}{8}pC\right)C^3}{(f + 0{,}0237)\,ab^3},$$

f étant la flexion indiquée au tableau et $0^m{,}0237$, comme on l'a dit plus haut, celle qui est due au poids propre du solide déduite de la représentation graphique des résultats. Les valeurs trouvées sont indiquées au tableau.

On voit que ces valeurs vont en décroissant avec une sorte de continuité et que la valeur moyenne des cinq premières est

$$E = 9\,291\,600\,000^{kil},$$

quantité notablement plus faible que celle que l'on a déduite de l'ensemble des expériences qui seront rapportées au n° **233** et qu'explique d'ailleurs la grandeur des flexions observées.

231. *Autres expériences de M. Morris Stirling sur des fontes mêlées.*—On trouve dans le même rapport d'autres expériences faites sur des fontes plus résistantes et des mêmes dimensions. Nous les rapportons pour montrer un exemple des différences notables que peuvent présenter les fontes. Les barres ont pris des flexions beaucoup moindres que les précédentes et ne se sont rompues que sous une charge un peu plus forte.

On avait les données suivantes pour la discussion des résultats de ces expériences :

$$a = 0^{m},0762, \quad b = 0^{m},0381, \quad 2pC = 87^{kil},92, \quad \tfrac{5}{8}\,2pC = 54^{kil},95,$$
$$2C = 4^{m},1.$$

Les résultats de ces expériences sont consignés dans le tableau suivant :

EXPÉRIENCES DE M. MORRIS STIRLING SUR DES FONTES MÊLÉES.

CHARGES		FLEXIONS PRODUITES		COEFFICIENTS
suspendues au plateau, 2P.	totales en tenant compte du poids propre du solide, $2P + \tfrac{5}{8}\,2pC.$	par la charge 2P, $f.$	totales $f + 0,0203.$	d'élasticité.
kil	kil	m	m	kil.
25,391	80,341	0,0082	0,0204	11 603 000 000
50,782	105,732	0,0173	0,0285	16 307 000 000
76,173	131,123	0,0157	0,0376	11 574 000 000
101,564	156,514	0,0360	0,0460	11 734 000 000
126.999	181,905	0,0456	0,0563	11 442 000 000
162,346	207,296	0,0556	0,0650	11 362 000 000
177,737	232,687	0,0658	0,0759	11 347 000 000
			Moyenne........	11 460 000 000

La représentation graphique de ces résultats (pl. IV, fig. 12) montre que les accroissements de flexion observés sont sensiblement proportionnels aux charges 2P jusque vers la charge de 150 à 175 kilogr. En admettant la proportion qui résulte de ce tracé pour la charge $2P = 177^{kil},737$, donnant lieu à une flexion de $0^{m},0658$, on trouve que la flexion correspondante au poids propre du solide, équivalant sous ce rapport à une charge égale à $\tfrac{5}{8} \times 87^{kil},92 = 54^{kil},95$, serait de $0^{m},0203$; de sorte que la flexion totale sous laquelle l'élasticité n'a pas été sensiblement altérée a été de $0^{m},0658 + 0^{m},0203 = 0^{m},0861$ ou environ $\tfrac{1}{48}$ de la portée, proportion qui dépasse de beaucoup les flexions que l'on permet aux pièces de prendre.

A cette limite de flexion et sous la charge

$$2P + pC = 177^{kil},737 + 43^{kil},960 = 221^{kil},697,$$

la constante R de la formule pratique aurait la valeur

$$R = \frac{6\left(P + \frac{pC}{2}\right)C}{ab^2} = \frac{6 \times 110^{kil},848 \times 2,058}{0^m,0762 \times \overline{0^m,0381}^2} = 12\,374\,500^{kil},$$

tandis que dans nos formules pratiques nous n'employons que la valeur

$$R = 7\,500\,000^{kil},$$

ce qui montre qu'avec de bonnes fontes, bien mêlées, à grain gris un peu clair et serré, on peut dépasser les limites de charge que nous avons admises pour le cas général. Quant au coefficient de rupture R_r, la charge qui a produit la rupture était

$$2P + pC = 410,226 + 43,96 = 254^{kil},186,$$

et l'on en déduit

$$R_r = \frac{6 \times 227^{kil},098 \times 2,058}{0,0762 \times \overline{0,0381}^3} = 25\,492\,783^{kil},$$

valeur inférieure à celle de 32 441 000 kilogr., que l'on déduira plus loin des expériences de M. J. Hosking, où la portée et les dimensions des pièces étaient différentes.

Quant au coefficient d'élasticité de ces barres, on l'a calculé par la formule

$$E = \frac{2C\left(2P + \frac{5}{8}2pC\right)}{(f + 0,0203)\,ab^3},$$

f étant la flexion indiquée au tableau et $0^m,0203$ celle qui est due au poids propre du solide, déduite ainsi qu'il a été dit ci-dessus.

En appliquant cette formule aux dix premières expériences pour lesquelles les flexions sont proportionnelles aux charges, on voit par le tableau précédent que la valeur que l'on en déduit pour le coefficient d'élasticité E est en moyenne

$$E = 11\,460\,000\,000^{kil}.$$

Cette valeur est un peu inférieure à celles que l'on a déduites des expériences précédentes et n'a rien qui doive surprendre, attendu la grande flexibilité des fontes expérimentées.

232. *Mélange de rognures de fer avec la fonte.*— M. Morris Stirling a pris en Angleterre un brevet pour le mélange par fusion de la fonte et du fer forgé, soit dans le four à réverbère, soit dans le cubilot. Ce maître de forges pense qu'il se produit alors une opération chimique par suite de laquelle la fonte cède une partie de son carbone au fer. S'il en est ainsi, l'on conçoit que la proportion du fer doit varier avec la nature des fontes employées, et peut-être même certaines proportions pourraient-elles produire un métal ayant de l'analogie avec l'acier. Quoi qu'il en soit, des expériences en grand, exécutées sur des solives en forme de double T, à nervures plus larges en dessous qu'en dessus, ont fourni les résultats consignés dans le tableau suivant; la portée était de $4^m,88$, les solives pesaient 760 kilogr., et la charge de rupture calculée d'après les résultats ordinaires d'expérience était estimée à 40 200 kilogr. placés au milieu de leur longueur.

Les expériences furent faites comparativement avec treize solives de fontes ordinaires, de natures différentes, et onze solives de fonte mélangée de fer dans la proportion de six parties de fonte et une de rognures de fer ou riblons. Les charges de rupture observées sont rapportées dans le tableau suivant et exprimées en tonnes anglaises*.

NUMÉROS des EXPÉRIENCES.	CHARGES DE RUPTURE des fontes	
	ordinaires.	mêlées avec du fer.
1	30 tonnes	52,50 tonnes.
2	35	50,50
3	33	48,00
4	34	52,00
5	33,25	52,50
6	34,50	60,50
7	43,75	60,50
8	46,50	52,50
9	47,00	50,50
10	47,25	56,00
11	38,50	48,50
12	36,50	52,00
13	38,50	
Moyenne........	38,30	52,03

Il résulte de l'ensemble de ces expériences que le procédé du mélange de rognures de fer forgé avec la fonte, dans les fourneaux de 2ᵉ fusion, augmente la résistance à la rupture dans le rapport de 52,3 à 38,36 ou de 1,36 à 1,00.

Ce procédé est d'ailleurs économique puisqu'il permet d'utiliser des déchets de fabrication de peu de valeur. Il est donc à désirer qu'il se généralise. Quant aux proportions, elles seront faciles à régler d'après la qualité des fontes que l'on emploiera.

235. *Expériences sur la résistance des barreaux de fonte à la rupture par flexion, par M. R. Stephenson.* — Une nombreuse série d'expériences a été exécutée par M. Hosking, sous la direction de M. R. Stephenson, sur la résistance de différentes fontes, soit à l'état où elles sortent du fourneau, soit à celui de mélanges, et sur des fontes obtenues les unes à l'air chaud, les autres à l'air froid *.

Ces barres avaient toutes aussi exactement qu'il a été possible $0^m,0254$ de côté en carré, et trois pieds anglais ou $0^m,915$ de portée. Elles étaient chargées au milieu de leur longueur à l'aide d'une machine disposée à cet effet.

Dans ces expériences, l'on a mesuré les flexions depuis les premières charges jusqu'à la rupture, et l'on a pu reconnaître que jusqu'à des charges supérieures à la moitié de celles qui produisent la rupture, les flexions sont proportionnelles aux charges.

Les résultats de ces expériences faites sur tant de fontes différentes pouvant jeter du jour sur l'influence des circonstances de leur fabrication, nous en rapporterons l'ensemble dans le tableau suivant. Comme d'ailleurs ces expériences et les flexions observées peuvent servir à déterminer les valeurs du coefficient d'élasticité, nous en avons introduit les résultats dans la formule

$$E = \frac{4 \cdot PC^3}{f \cdot a^4},$$

en y faisant

$$2P = 406^{\text{liv}} = 184^{\text{kil}},08,$$

$$2C = 0^m,915,$$

$$a = 0^m,0254,$$

et en donnant à f les valeurs observées pour la flexion, et qui sont exprimées en fractions décimales de l'unité linéaire.

Pour calculer la valeur du coefficient d'élasticité, nous avons choisi parmi les charges employées la plus faible de toutes parce qu'elle dépasse déjà celle qu'il aurait été convenable d'admettre comme charge permanente pour

---

* *Rapport de la Commission d'enquête*, p. 390 et suiv.

de semblables barreaux, quoique les flexions semblent encore, un peu au delà de cette limite, rester proportionnelles aux charges, cette charge d'ailleurs correspond déjà à une flexion égale à $\frac{1}{135}$ de la portée.

Les valeurs des données étant introduites dans la formule la ramènent à celle-ci

$$E = \frac{3\,727\,170\,000}{f}.$$

C'est cette formule qui a servi à calculer, pour chaque série, la valeur du coefficient d'élasticité E ; on en trouvera séparément dans le tableau la valeur moyenne pour les fontes à l'air chaud, pour les fontes à l'air froid et pour les fontes mêlées, qui ont fourni le chiffre le plus considérable.

Les expériences ont été exécutées en augmentant graduellement les poids jusqu'à la rupture ; elles ont été répétées trois fois pour chaque nature de fonte, et les chiffres consignés dans la cinquième colonne du tableau général sont les moyennes fournies par les trois observations successives.

Pour calculer la valeur du coefficient R de rupture, que nous désignerons par R_r, nous emploierons la formule

$$R_r = \frac{6.PC}{a^3},$$

dans laquelle nous ferons $2C = 0^m,915$, $a = 0^m,0254$, et qui devient ainsi $R_r = 168300\,P$, P ou la demi-charge de rupture étant exprimé en kilogrammes ; cette formule revient à celle-ci :

$$R_r = 37974,6 \times 2P,$$

en désignant en cette circonstance par 2P, la charge de rupture, exprimée en livres anglaises, telle qu'elle est indiquée, ainsi qu'il vient d'être dit, dans la cinquième colonne du tableau suivant :

RÉSULTAT DES EXPÉRIENCES SUR LA RÉSISTANCE DES FONTES, EXÉCUTÉES
SOUS LA DIRECTION DE M. R. STEPHENSON.

	NATURE DES FONTES.	Flexion moyenne sous la charge de 406 liv. en fractions de pouce.	COEFFICIENT d'élasticité des barres, E	Charges de rupture.	COEFFICIENT de rupture R_r.
	Fontes à l'air chaud.		kil.	liv.	k.
1	Écosse..........................	0,265	12 592 000 000	775	29 430 000
2	Coltness, n° 3..................	0,325	11 468 000 000	789	29 962 000
3	Langloan, n° 3.................	0,323	11 539 000 000	727	27 607 000
4	Omoa, n° 3.....................	0,290	12 852 000 000	906	34 405 000
5	Omoa, n° 1.....................	0,330	11 294 000 000	805	30 569 000
6	Redsdale, n° 3.................	0,265	14 065 000 000	1014	38 506 000
7	Redsdale, n° 1.................	0,316	11 795 000 000	794	30 152 000
8	Redsdale, n° 1, barres envoyées exprès pour l'épreuve.....................	0,320	11 647 000 000	919	34 898 000
9	Towlaw, n° 3	0,360	10 353 000 000	708	26 886 000
	Moyenne.............		11 956 000 000		31 490 000
	Fontes à l'air froid.				
1	Straffordshire, n° 3....................	0,308	12 301 000 000	873	33 150 000
2	Crawshay, Galles, n° 1	0,296	12 592 000 000	873	33 150 000
3	Blaenavon, n° 1......................	0,350	10 649 000 000	754	28 633 000
4	Coalbrookdale, n° 1	0,296	12 592 000 000	876	33 265 000
5	Coalbrookdale, n° 3....................	0,288	12 941 000 000	897	34 063 000
	Moyenne.............		12 215 000 000		32 852 000
	Ystalyfera, n° 3......... } à l'air chaud,	0,250	14 909 000 000	998	37 899 000
	Ystalyfera, n° 3......... } anthracite.	0,262	14 226 000 000	998	37 899 000
	Fontes mêlées.				
1	Ystalyfera, n° 3......... } à l'air froid, Blaenavon, n° 1......... } parties égales.	0,290	12 852 000 000	876	33 265 000
2	Garscube, n° 1.......... } à l'air chaud, Redsdale, n° 3......... } parties égales.	0,272	13 703 000 000	981	37 253 300
3	Garscube, n° 1.......... } à l'air chaud, Redsdale, n° 3......... } parties égales.	0,288	12 941 000 000	907	34 443 000
4	Dundyvan, n° 3......... } à l'air chaud, Coltness, n° 3.......... } parties égales.	0,305	12 220 000 000	824	31 292 000
5	Redsdale, n° 1.......... Clyde, n° 3............. } à l'air chaud, Coltness, n° 3.......... } parties égales.	0,305	12 220 000 000	859	32 620 000
6	Langloan, n° 3.......... Omoa, n° 1............. } à l'air chaud, Forth, n° 3.............. } parties égales.	0,333	11 193 000 000	829	31 367 000
7	Omoa, Blair, Clyde, Lang- loan, Forth, Coltness, toutes du n° 3......... } à l'air chaud, } parties égales.	0,278	13 504 000 000	901	34 215 000

NATURE DES FONTES.	Flexion moyenne sous la charge de 406 liv. en fractions de pouce.	COEFFICIENT d'élasticité des barres E	Charges de rupture.	COEFFICIENT de rupture R_r.
		kil.	liv.	kil.
Fontes mêlées.				
Écosse, à l'air chaud et rognures; mélange ordinaire de fonderie pour objets communs.	0,292	13 062 000 000	879	33 379 000
Carnbroe, n° 1 — à l'air chaud, Redsdale, n° 3 — parties égales.	0,305	12 220 000 000	717	27 228 080
Mêmes fontes avec addition de $\frac{1}{3}$ de vieilles fontes	0,262	14 226 000 000	893	33 911 000
Crawshay (Galles), n° 1 — à l'air froid, Coalbrookdale, n° 1 — parties égales.	0,320	11 647 000 000	855	32 458 000
Ystalyfera, n° 3, anthracite, 40 part. Redsdale, n° 3, à l'air chaud, 40 *id.* Crawshay, n° 1, à l'air froid, 40 *id.* — Première coulée**	0,265	14 065 000 000	854	32 431 000
Blaenavon, n° 1, à l'air froid, 30 *id.* Coalbrookdale, n° 1, à l'air froid, 30 *id.* Vieilles fontes choisies, 30 *id.** — Deuxième coulée.	0,243	15 338 000 000	1058	40 101 000
2ᵉ fusion. Faite avec une pièce manquée du même mélange, sans addition.	0,204	18 270 000 000	527	20 013 000
Même mélange que le n° 12. Fondu au cubilot	0,290	12 852 000 000	906	34 405 000
Fondu au four à réverbère	0,275	13 553 000 000	1023	38 848 000
Mélanges produits pour des supports de rails. $\frac{1}{5}$ Crawshay, n° 1, à l'air froid. $\frac{3}{5}$ Redsdale, n° 3, à l'air chaud. $\frac{6}{5}$ Écosse, n°ˢ 1 et 3, à l'air chaud.	0,313	11 908 000 000	822	31 215 000
$\frac{1}{4}$ Crawshay, n° 1, à l'air froid. $\frac{1}{4}$ Redsdale, n° 3, à l'air chaud. $\frac{2}{4}$ Écosse, n°ˢ 1 et 3, à l'air chaud.	0,280	13 311 000 000	928	35 211 000
Moyennes générales pour les fontes mêlées***.		13 282 000 000		32 981 000
Moyennes pour toutes les fontes essayées.		12 484 000 000		32 441 000

* Ce mélange de fonte avait été choisi pour les arches du pont de High-Level ; les vieilles fontes provenaient principalement de marteaux, d'arbres de cylindres, fondus avec des fontes de Galles.
** Il y avait une soufflure par défaut de métal.
*** Dans le calcul de ces moyennes, l'on n'a pas compris les fontes pures d'Ystalyfera.

De l'ensemble de toutes ces expériences, on conclut que, dans la flexion des barreaux de fonte, le coefficient d'élasticité serait plus grand que celui qui a été déduit des expériences sur l'extension et égal en moyenne pour toutes les fontes essayées, à

$$E = 12\,484\,000\,000^{kil}.$$

Valeur qui se rapproche beaucoup de celle de

$$12\,000\,000\,000^{kil},$$

généralement admise en France, d'après les expériences précédemment connues, et que nous avons introduite dans la formule de l'*Aide-mémoire* relative à la flexion.

Quant à la résistance à la rupture par flexion, le coefficient constant à introduire dans les formules est en moyenne

$$R_r = 32\,441\,000^{kil}.$$

Tandis que l'on a vu au n° **95**, que la résistance de la fonte à la rupture par compression est de 63 208 000^{kil} par mètre carré, et à la rupture par extension à 11 636 500^{kil}.

On voit aussi que quand la flexion est poussée jusqu'à la rupture, les effets de compression et d'extension étant simultanés, il se fait une répartition des résistances, autre que celle qui résulterait de la supposition de l'égalité de la résistance des fibres à la compression et à l'extension.

Mais comme l'on ne doit jamais atteindre des charges sous lesquelles les extensions et les compressions dépassent les limites au delà desquelles les coefficients d'élasticité relatifs à ces deux effets diffèrent notablement l'un de l'autre, il s'ensuit que l'on peut encore appliquer avec sécurité les formules basées sur l'égalité de ces coefficients.

Si l'on suppose que les solides en fonte ne doivent jamais être chargés que du quart au cinquième du poids qui produirait leur rupture par flexion, on aura, d'après ces expériences, pour la valeur de R , à introduire dans les formules pratiques,

$$R = 8\,110\,250^{kil} \text{ à } 6\,488\,200^{kil},$$

valeurs entre lesquelles se trouve comprise celle que nous avons adoptée au n° **87** et dans les formules de l'*Aide-mémoire*, et qui est

$$R = 7\,500\,000^{kil}.$$

234. *Comparaison entre les fontes à l'air froid et à l'air chaud.* —Les expériences précédentes sembleraient indiquer que les fontes à l'air froid ont une légère supériorité de résistance sur celles à l'air chaud, mais la différence est assez faible pour pouvoir être plutôt attribuée à la nature des minerais.

Quant aux mélanges de fontes, ils paraissent, en général, contribuer à accroître la résistance, ce qui est admis par la plupart des fondeurs.

235. *Influence du mode de fusion.* — L'emploi du four à réverbère, pour obtenir des pièces résistantes, est généralement en usage en Angleterre, de préférence à celui des fours appelés *cubilots*. Les expériences précédentes paraissent justifier cette opinion.

236. *Expériences sur la résistance des tubes en fonte à la flexion transversale.* — M. Stephenson a fait exécuter, dans ses ateliers, par M. J. Hosking, quelques expériences sur la résistance à la flexion et à la rupture des tubes en fonte de diverses formes. Les tubes employés ont été tous fondus en même temps ; pour constater l'avantage des différentes formes de la section transversale des tubes, l'aire de cette section, le poids des tubes ainsi que l'épaisseur du métal étaient les mêmes, autant que possible.

Leur longueur était de $6^{p.\ ang} = 1^m,830$ entre les supports ; leur poids moyen, de $35^{kil},366$.

Les résultats moyens des expériences sont réunis dans le tableau suivant :

EXPÉRIENCES SUR LA RÉSISTANCE DES TUBES EN FONTE A LA FLEXION ET A LA RUPTURE.

FORME de la SECTION TRANSVERSALE.	DIMENSIONS.		CHARGES.	FLEXIONS.	COEFFICIENT d'élasticité E.	CHARGES de RUPTURE.	COEFFICIENT de rupture R_r.
	m	m	kil.	m	kil.	kil.	kil.
Carrée. $I = \frac{1}{12}(b^4 - b'^4) = 0,000002227$; $\frac{I}{v'} = \frac{1}{6}\frac{(b^4 - b'^4)}{b} = 0,000056026$	$b = 0,0795$	$b' = 0,0603$	355	0,0025	8 159 700 000	2180	21 262 600
			712	0,0053	7 701 700 000		
			1065	0,0084	»		
			1420	0,0117	»		
			1780	0,0154	»		
Rectangulaire. $I = \frac{1}{12}(ab^3 - a'b'^3) = 0,000002578$; $\frac{I}{v'} = \frac{1}{6}\frac{(ab^3 - a'b'^3)}{b} = 0,000050255$	$a = 0,0562$ $b = 0,1026$	$a' = 0,0370$ $b' = 0,0093$	355	0,0018	9 789 700 000	2330	25 335 000
			712	0,0039	9 044 300 000		
			1065	0,0061	8 646 400 000		
			1420	0,0085	»		
			1780	0,0110	»		
			2130	0,0139	»		
Circulaire. $I = 0,0491(D'^4 - D''^4) = 0,000002699$; $\frac{I}{v'} = 0,0982\frac{(D'^4 - D''^4)}{D'} = 0,00005475$	$D' = 0,0986$	$D'' = 0,0793$	355	0,0022	7 650 700 000	2320	23 156 200
			712	0,0045			
			1065	0,0069			
			1420	0,0096			
			1780	0,0126			
Elliptique. $I = 0,7854(ab^3 - a'b'^3) = 0,000003110$; $\frac{I}{v'} = \frac{0,7854(ab^3 - a'b'^3)}{b} = 0,00004875$	$2a = 0,0688$ $2b = 0,1276$	$2a' = 0,0496$ $2b' = 0,1084$	355	0,0018	8 115 600 000	3250	36 434 000
			712	0,0032	9 134 700 000		
			1065	0,0049	8 925 200 000		
			1420	0,0067	8 701 200 000		
			1780	0,0087	»		
			2130	0,0108			
			2480	0,0130			
			2840	0,0154			

Moyenne E = 8 586 920 000 kil.

La représentation graphique de ces résultats montre que les flexions n'ont été proportionnelles aux charges que pour les premières charges employées, ce qui tient à ce que ces charges étaient déja voisines de celles que la prudence n'aurait pas permis de dépasser d'une manière permanente et qui, d'après les formules pratiques, auraient été respectivement pour les solives à section

carrée	rectangulaire	circulaire	elliptique
$2P = 918^{kil}$,	824^{kil},	897^{kil},	799^{kil}.

En calculant le coefficient d'élasticité E de la fonte employée à ces tuyaux, dans les limites où les flexions restent proportionnelles aux charges, on trouve pour sa valeur moyenne

$$E = 8\,586\,920\,000^{kil},$$

quantité qui s'éloigne peu de la valeur moyenne

$$E = 8\,950\,417\,000^{kil},$$

trouvée d'après les expériences de traction et de compression directes de M. Hodgkinson.

On remarquera que les formules pratiques donnent pour les charges permanentes que l'on aurait pu faire supporter avec sécurité aux barres essayées des valeurs assez différentes et qui sembleraient indiquer que la section carrée, à même quantité de matière, serait la plus avantageuse, et que sous ce rapport les sections seraient rangées dans l'ordre suivant :

carrée,   circulaire,   rectangulaire,   elliptique,

tandis que l'expérience poussée jusqu'à la rupture les a classées dans l'ordre suivant :

elliptique,   circulaire ou rectangulaire,   carrée.

Mais il ne faut pas perdre de vue que les hypothèses sur lesquelles repose la théorie dont on a déduit les formules, ne sont admissibles que pour les petites flexions et ne sont plus conformes au mode d'action des résistances moléculaires au delà de ces limites. Il faut en outre remarquer que, d'une part, le moment d'inertie I croît, et par suite l'expression de la flèche de courbure $f = \frac{1}{3}\frac{PC^3}{EI}$ décroît quand, à quantité égale de matière, la hauteur du solide augmente par rapport à sa largeur, ce qui montre que sous le rapport de la flexion, il y a avantage à adopter les solides de plus grande hauteur, toutes choses égales d'ailleurs ; mais, d'une autre part, le facteur $\frac{I}{v'}$ de la formule $PC = \frac{RI}{v'}$, à quantité égale de matière dans le profil, diminue quand la hauteur augmente, comme on peut le voir dans le cas actuel, où il a les plus faibles valeurs pour les tuyaux elliptiques ou rectangulaires, ce qui conduit à une valeur de R plus grande pour ces solides que pour les autres, quand on applique cette formule à la recherche du coefficient de rupture.

Au surplus, puisqu'il importe surtout de limiter les flexions, et que la théorie, d'accord avec l'expérience, montre qu'elles sont, toutes choses égales d'ailleurs, d'autant moindres que le moment d'inertie du profil est plus grand, il s'ensuit que les profils essayés doivent être, sous ce rapport, classés dans l'ordre suivant :

elliptique	circulaire	rectangulaire	carré
I = 0,000003110,	0,000002699,	0,000002578,	0,000002222.

Ce sont sans doute ces avantages d'une moindre flexion et d'une plus grande résistance à la rupture, qui avaient engagé M. Stephenson, dans l'origine des études sur les ponts tubulaires, à essayer d'abord les tubes à section elliptique.

237. *Influence du temps sur les flexions.* — Lorsque les pièces de fonte sont chargées de poids qui n'excèdent pas les limites de l'élasticité, et surtout celles qui sont déterminées par nos formules, les flexions qu'elles prennent ne s'accroissent pas avec le temps. L'expérience suivante due à M. Fairbairn, et qui a duré plus de quatre ans, le montre clairement.

Les barres en essai avaient les dimensions suivantes :

$$2C = 1^m,37, \qquad a = 0^m,0259, \qquad b = 0^m,0261.$$

La charge placée au milieu était constante et égale à $2P = 152^{kil},3$

D'après ces dimensions et la formule

$$ab^2 = \frac{PC}{1\,250\,000}$$

on n'aurait dû charger de semblables barres que d'un poids $2P = 64^{kil},38$

Le tableau suivant montre que malgré cet excédant de charge la flexion ne s'est pas accrue pendant les quatre années qu'ont duré les observations faites sur deux barres de fonte, obtenues l'une à l'air froid, l'autre à l'air chaud.

DATES des OBSERVATIONS.	FLEXIONS de la barre à l'air froid.	FLEXIONS de la barre à l'air chaud.	TEMPÉRATURES.	OBSERVATIONS.
	m	m		
23 juin 1838...	0,0033	0,0039	25°,5	La barre à l'air chaud a éprouvé un accident après le 6 juin 1840.
5 juillet 1839..	0,0033	0,0039	22 ,2	
6 juin 1840...	0,0033	0,0039	16 ,1	
22 nov^{bre} 1841..	0,0033	»	10 ,0	
19 avril 1842...	0,0033	»	15 ,0	

Ces expériences répétées sur d'autres barres ont donné des résultats semblables, même pour des charges plus grandes. On voit donc que nos formules pratiques conduisent à des charges qui peuvent être supportées par les corps d'une manière permanente avec sécurité.

238. *Observation sur l'altération de l'élasticité des barres en fonte.* — M. E. Hodgkinson observe avec raison que c'est à tort que Tredgold et d'autres auteurs ont admis que l'élasticité n'était pas altérée tant que la flexion ne dépassait pas un tiers de celle que produit la charge de rupture. L'examen que nous avons fait des résultats d'expériences sur des fontes très-diverses, montre en effet que l'élasticité est altérée et que les flexions cessent d'être proportionnelles aux charges bien avant que celles-ci aient atteint le tiers des charges de rupture. Il y a même lieu d'ajouter qu'il n'y a pas de relation régulière entre la flexion maximum qui précède immédiatement la rupture et celle où l'élasticité commence à s'altérer notablement, ce qui montre, comme nous l'avons déjà dit, que les expériences faites sur la rupture seule ne sont pas propres à conduire à des règles assez sûres pour la pratique.

259. *Expériences sur des barres de fonte avec nervures.* — M. E. Hodgkinson pense même que l'élasticité s'altère et que les corps fléchis conservent toujours des flexions permanentes, quelque petites qu'aient été les charges et les flexions. Il a cherché à mesurer et à soumettre ces flexions permanentes à une règle empirique. Sans contester les chiffres de cet habile observateur, nous ferons observer que, dans la limite des charges permanentes et des flexions que la prudence permet d'admettre, les flèches de courbure permanente qu'il a obtenues sont si faibles qu'elles peuvent être complétement négligées et en partie attribuées à quelque tassement des appuis. C'est, au surplus, ce que l'on peut vérifier par l'examen des expériences suivantes qui ont aussi un intérêt particulier, parce qu'elles ont été faites sur des barres de fonte plates, avec une nervure qui a été placée d'abord en dessous et ensuite en dessus pour constater la différence qui peut en résulter dans la résistance et dans les flexions.

Ces barres en fonte de Carron n° 2 (pl. IV, fig. 13) étaient posées sur des appuis distants de $2C = 1^m,982$ et chargées de poids placés au milieu de leur longueur, on avait $a = 0^m,127$ $b = 0^m,0076$, $a' = 0^m,0091$, $b' = 0^m,032$.

D'après ces dimensions, ces barres avaient un poids $2pC = 17^{kil},93$ environ.

Le tableau suivant contient les résultats des expériences.

EXPÉRIENCES SUR LA RÉSISTANCE D'UN SOLIDE EN FONTE, A NERVURE.

LA NERVURE EN DESSOUS.			LA NERVURE EN DESSUS.		
CHARGES.	FLEXIONS		CHARGES.	FLEXIONS	
	totale.	permanente.		totale.	permanente.
kil.	mill.	mill.	kil.	mill.	mill.
3,18	0,38	»	3,18		impercept.
6,36	0,81	0,025	6,36	0,63	id.
9,54	1,17	0,050	9,54	1,18	0,05
12,72	1,62	0,100	12,72	1,65	0,07
25,44	3,30	0,125	25,44	3,40	0,12
50,88	6,93	0,508	50,88	6,85	0,38
76,30	11,35	0,888	101,80	14,70	1,47
101,80	15,70	1,470	154,00	22,70	2,56
127,00	20,60	2,360	203,80	31,00	3,93
154,00	26,15	3,300	254,00	40,20	5,97
165,50	rupture.	»	305,00	50,40	8,38
			356,00	61,20	12,40
			407,00	»	22,70
			458,00	105,00	26,40
			483,00	»	
			508,00	rupture.	

Si l'on représentait graphiquement les résultats de ces expériences en prenant les charges 2P placées au milieu du solide pour abscisses et pour ordonnées à une échelle décuple les flexions indiquées au tableau, qui ne sont en réalité que les accroissements de flexions produits par ces charges et non pas les flèches totales, on verrait de suite que les flexions sont les mêmes et ont le même rapport constant avec les charges dans les deux cas jusque vers la charge totale $2P = 101^{kil},60$ et même plus, qui produit une flexion d'environ $\frac{1}{126}$ de la portée.

Or, si l'on se rappelle qu'en discutant les expériences directes faites sur la résistance de la fonte, à l'extension et à la compression, nous avons trouvé pour le coefficient d'élasticité de la fonte la même valeur à très-peu près dans les deux cas, on voit que, dans les limites entre lesquelles l'élasticité n'est pas altérée, et où, par conséquent, les flexions sont proportionnelles aux charges, on peut, comme le suppose la théorie ordinaire, admettre que la résistance à l'extension et la résistance à la compression sont les mêmes, ce qui simplifie les calculs.

Mais il est bien entendu que cette hypothèse ne saurait, sans erreur, être étendue au delà de ces limites.

Pour déduire de ces expériences le coefficient de rupture, la charge permanente à laquelle il conviendrait de soumettre ces barres et le coefficient d'élasticité, il faut recourir aux formules données précédemment.

La première qui détermine la distance de la fibre neutre à la face plate du profil est (n° **157**) :

$$z = \tfrac{1}{2}\, \frac{ab^2 + a'b'^2 + 2a'bb'}{ab + a'b'}$$

$$= \tfrac{1}{2}\, \frac{0,127 \times \overline{0,0076}^2 + 0,0091 \times \overline{0,032}^2 + 2 \times 0,0091 \times 0,0076 \times 0,032}{0,127 \times 0,0076 + 0,0091 \times 0,032} = 0^m,0084.$$

On en déduit $\quad v' = b - z + b' = 0^m,0312$;

puis $\qquad \dfrac{\mathrm{I}}{v'} = \tfrac{1}{3}\, \dfrac{az^3 - (a - a')(z - b)^3 + a'(b + b' - z)^3}{b - z + b'}$

$$= \frac{0,127 \times \overline{0,0084}^3 - 0,1179 \times \overline{0,0008}^3 + 0,0091 \times \overline{0,0312}^3}{3 \times 0,0312} ;$$

d'où $\qquad\qquad\qquad \mathrm{I} = 0,0000001172$

et $\qquad\qquad\qquad \dfrac{\mathrm{I}}{v'} = 0,000003756.$

A l'aide de ces valeurs, on trouve ensuite celles de **E**, au moyen de la formule (n° **204**),

$$\mathrm{E} = \tfrac{1}{3}\, \frac{\mathrm{PC}^3}{f\mathrm{I}}.$$

Si l'on calcule les valeurs du coefficient d'élasticité fourni par cette barre en donnant à f les valeurs des flexions obtenues avec la charge $2\mathrm{P} = 101^{kil},80$ et qui ont été, avec la nervure en dessous, $f = 0^m,0157$, et avec la nervure en dessus, $f = 0^m,0147$, on trouve les résultats suivants :

$$\text{La nervure en dessous } E = 8\,974\,000\,000^{kil}$$
$$\text{La nervure en dessus } E = 9\,584\,500\,000$$
$$\text{Moyenne } E = 9\,279\,250\,000^{kil}.$$

valeur qui diffère très-peu de celle de

$$E = 8\,950\,382\,000^{kil}$$

que nous avons déduite, au n° **87**, des expériences du même auteur, sur l'extension et la compression directes de la fonte.

On voit donc par cette discussion que, dans les limites où l'on prétend appliquer la théorie qui a été exposée aux n°° **125** et suivants, elle offre, avec les résultats de l'expérience, une concordance bien suffisante pour la pratique, et que l'on peut admettre, comme nous l'avons fait jusqu'ici, **que la ligne des fibres invariables passe par le centre de gravité de la section transversale.**

240. *Observations sur la résistance des pièces à nervure, à la rupture.* — Ce qui précède montre que quand la flexion est renfermée entre certaines limites, les résistances à la compression et à l'extension sont d'abord à peu près les mêmes, et qu'il importe peu de placer la nervure en dessous ou en dessus sous ce rapport. Mais si l'on considère la résistance à la rupture qui arrive beaucoup plus tard et sous des charges bien plus considérables, il en est tout autrement. La résistance à la compression devient plus grande que la résistance à l'extension à mesure que les flexions dépassent de plus en plus les limites entre lesquelles elles sont proportionnelles aux charges. Il en résulte que la ligne des fibres invariables doit se déplacer, et que pour chaque nouvelle condition d'équilibre avec chaque charge, elle se rapproche de plus en plus de la partie comprimée. La portion du solide, qui est allongée, l'est donc de plus en plus, et, dans ce cas, il devient évident que si le solide est, comme dans les expériences précédentes, posé librement sur deux points d'appui, il doit se rompre plus facilement, quand la nervure est en dessous et exposée à l'extension, que quand elle est en dessus et exposée à la compression. L'inverse a lieu au contraire s'il s'agit d'un solide encastré par l'une de ses extrémités.

L'expérience confirme complétement ces considérations, comme le montre le tableau précédent, puisque la barre placée avec la nervure en dessus n'a été rompue que par une charge un peu plus que triple de celle qui avait rompu le solide avec la nervure en dessous. Dans cette rupture, lorsque c'est la nervure qui cède par compression, il se détache ordinairement du solide une sorte de coin de la même forme que celui indiqué (pl. III, fig. 6), qui, par l'effet de la compression, est complétement isolé du solide.

Il résulte de cette observation que pour les solides de formes analogues, le coefficient de rupture serait très-différent selon que la nervure serait comprimée ou distendue. Mais, comme la prudence exige que les charges permanentes ne soient jamais telles que l'élasticité soit altérée dans aucune partie du solide, on voit que l'on n'a pas, en général, à tenir compte de cette différence. La valeur $R = 7\,500\,000$ kilogr., que nous avons adoptée pour les formules pratiques, convient toujours à des dimensions et à des charges telles que l'élasticité ne soit pas altérée, quelles que soient d'ailleurs les différences qui proviennent de la nature et de la qualité des fontes employées, pourvu qu'elles ne soient pas en même temps de première fusion et de très-fortes dimensions.

En effet, dans le cas actuel, où

$$\frac{I}{v'} = 0{,}000004099,$$

on trouve, pour la charge 2P, que l'on pourrait faire supporter au corps avec sécurité :

$$P = \frac{RI}{v'C} = \frac{7500000 \times 0{,}000004099}{0^{m}{,}991} = 31^{kil}{,}02\,;$$

d'où $2P = 62^{kil},02$, tandis| que les flexions sont restées, dans les deux cas, proportionnelles aux charges, jusqu'à $2P = 101^{kil},80$, au moins.

241. *De la forme des solives en fonte et de la manière de les charger.*—M. E. Hodgkinson a conclu de l'inégalité des résistances que la fonte présente à la compression et à l'extension, que dans l'emploi des solives en fonte en forme de double T, telles qu'on les emploie généralement pour la construction des ponts de chemins de fer et autres, il fallait donner à la section de la nervure inférieure exposée à l'extension, une étendue beaucoup plus grande qu'à la nervure supérieure, soumise à la compression. Cette règle est généralement suivie par les ingénieurs anglais, parce qu'ils ont l'usage d'adopter pour charge permanente une certaine fraction de la charge de rupture. Quoique cette méthode soit défectueuse, et que l'on doive limiter les charges d'après la considération des flexions pour lesquelles l'élasticité commence à s'altérer, et que par la discussion des expériences mêmes de M. E. Hodgkinson, rapportées au n° **87**, on ait vu que le coefficient d'élasticité est le même entre ces limites pour la compression que pour l'extension, il peut être commode, pour les assemblages, et pour la pose des solives, etc., de donner à la nervure inférieure plus de largeur et de force qu'à celle du dessus.

Un point fort controversé par les ingénieurs anglais, c'est de savoir s'il n'y a pas d'inconvénients graves, surtout pour les poutres extérieures, à faire porter la charge, ou pour parler plus clairement, les solives transversales des ponts sur la nervure inférieure, et le choix des dispositions à prendre en pareil cas.

Les ingénieurs les plus habiles sont presque tous d'accord pour conseiller de ne pratiquer, de ne ménager, dans les solives en fonte de ce genre, aucune ouverture qui interrompe la continuité du solide. Quelques-uns, parmi lesquels je citerai M. **Fairbairn**, ne veulent pas même que de petites nervures, perpendiculaires à la longueur et aux faces verticales des poutres, y soient ajoutées, parce qu'à la coulée elles peuvent occasionner des soufflures et d'autres défauts.

La forme la plus simple, parfaitement continue, est celle que l'on adopte le plus généralement. Elle donne la facilité, dont beaucoup d'ingénieurs ont usé, de poser les solives transversales sur la nervure inférieure, ce qui rend la construction du tablier extrêmement simple. Mais ce mode de répartition de la charge expose les poutres extérieures à un effort de torsion que l'on regarde comme dangereux. Cependant l'usage prévaut, et beaucoup d'habiles constructeurs l'ont adopté, non-seulement pour les solives en fonte, mais encore pour celles en tôle de fer.

M. Fairbairn propose le mode suivant, qui, sans altérer en rien les poutres, permettrait de répartir également la charge sur les deux côtés de la nervure inférieure; mais il est un peu plus compliqué que celui que l'on suit ordinairement. Les solives transversales, supposées en fonte, passeraient au-dessous de la nervure inférieure, et seraient suspendues à chacune de ses branches latérales par deux boulons à talons qui s'accrocheraient de part et d'autre de cette nervure.

Si les solives transversales étaient en bois, on pourrait employer un moyen semblable. Ce mode présenterait aussi l'avantage de permettre de remplacer assez facilement une solive sans lever le tablier.

242. *Observations sur les proportions des solives en fonte adoptées par les ingénieurs anglais.* — La plupart des ingénieurs prudents n'admettent, pour la plus grande charge permanente des solives en fonte destinées à des ponts de chemins de fer, que le cinquième, et même le sixième de la charge de rupture, ce qui revient à faire, dans les formules pratiques :

$$R = 6\,488\,200^{kil} \quad \text{ou} \quad 5\,407\,000^{kil}.$$

Pour les ponts ordinaires, et surtout pour des constructions qui ne sont pas exposées à des vibrations, on admet

généralement des charges permanentes égales à un quart
de celles de rupture, ce qui revient à faire :

$$R = 8\,110\,000^{\text{kil}},$$

et s'éloigne peu de la valeur

$$R = 7\,500\,000^{\text{kil}},$$

que nous avons adoptée dans l'*Aide-mémoire*, et que nous
conserverons pour les cas ordinaires.

Dans les ponts des chemins de fer, les ingénieurs anglais
s'accordent à estimer la charge du pont par pied courant à
1,5 ou 2 tonnes, ce qui revient à 5000 ou 6655 kilogr. par
mètre courant de voie ou de paire de rails.

L'épreuve à faire subir aux solives n'excède que rarement
le tiers de la charge de rupture, et beaucoup d'ingénieurs
préfèrent n'employer que la charge réelle maximum, en observant les flexions.

Enfin la limite des flexions que les poutres peuvent prendre sous la charge est fixée d'une manière très-variable par
les ingénieurs anglais, qui d'ailleurs ne paraissent pas s'occuper de la calculer à l'avance. Cette quantité dépend en
effet tellement de la nature des fontes, comme on a pu le
voir par les expériences, qu'il faut bien connaître celles que
l'on emploie. Cependant les fontes obtenues par des mélanges, et d'un grain gris assez fin, que l'on doit préférer, diffèrent moins que les autres. On peut calculer, par les formules des n°ˢ 191 et suivants, la flèche de courbure des
solides, et reconnaître les charges correspondantes à telle
limite que l'on jugera convenable de fixer.

Généralement on s'accorde à admettre que la flexion des
poutres en fonte ne doit pas dépasser $\frac{1}{600}$ de la portée, et
qu'il serait préférable de la limiter à $\frac{1}{2000}$.

243. *Conclusions des expériences sur la résistance de la fonte
à la flexion et à la rupture.* — De l'ensemble de toutes les expériences que nous avons rapportées et discutées dans les
numéros précédents, nous pouvons donc conclure :

1° Qu'entre des limites assez étendues et qui dépassent celles des charges permanentes que l'on peut faire supporter aux corps avec sécurité, les flexions sont :

1° Proportionnelles aux efforts qui les produisent ;

2° Proportionnelles aux cubes des portées ;

3° En raison inverse du produit ab^3 de la largeur par le cube de l'épaisseur, pour les pièces à section rectangulaire ;

2° Qu'entre ces mêmes limites, la résistance de la fonte à la compression étant sensiblement la même que la résistance à l'extension, la ligne des fibres invariables passe par le centre de gravité de la section transversale ;

3° Que la valeur moyenne du coefficient d'élasticité de la fonte est d'environ

$$E = 12\,000\,000\,000^{\text{kil}},$$

comme nous l'avons admis dans les formules pratiques, mais qu'elle varie beaucoup avec la nature et la qualité des fontes et s'abaisse à 9 000 000 000 kilogr. et à 10 000 000 000 kilogr.

4° Que le coefficient de rupture par flexion pour les solives en fonte a pour valeur moyenne

$$R_r = 32\,441\,000^{\text{kil}}.$$

5° Qu'en conséquence, si l'on admet que les solides en fonte exposés à la flexion transversale ne doivent pas être chargés d'une manière permanente de plus du quart de la charge de rupture, la valeur du coefficient R des formules pratiques ne devra pas excéder

$$R = 8\,110\,250^{\text{kil}},$$

ce qui montre qu'en adoptant la valeur

$$R = 7\,500\,000^{\text{kil}},$$

nous sommes restés dans les limites indiquées par la prudence.

Résistance du fer à la flexion.

244. *Expériences sur la résistance du fer forgé par M. Du-leau.* — Parmi les expériences que l'on doit à cet habile et consciencieux observateur, nous citerons ici celles qu'il a faites sur une barre de fer forgé du Périgord, ayant pour base un triangle équilatéral de $0^m,038$ de côté, sa longueur étant $3^m,02$ et son poids $14^{kil},75$.

La distance entre les appuis étant de $3^m,00$, cette barre a été posée de manière à porter successivement sur chacune de ses trois faces et sur chacune de ses arêtes, de sorte que le coin formé par les faces inclinées se trouvait en dessus dans le premier cas, et en dessous dans le second.

Cette expérience tout à fait analogue à celle que M. E. Hodgkinson a faite sur une barre de fonte à nervure et que nous avons discutée au n° **239**, conduit pour le fer à des conséquences conformes à celles que nous avons obtenues pour la fonte.

En effet, les charges ayant été placées au milieu de la longueur du solide, les flexions qu'elles ont produites sont contenues dans le tableau suivant.

| CHARGES. | FLEXIONS OBSERVÉES, EN POSANT SUR LES APPUIS | | | | | |
| | LES FACES | | | LES ARÊTES | | |
	A	B	C	a	b	c
kil.	mill.	mill.	mill.	mill.	mill.	mill.
5	3	4	4	4	4	4
10	7	8	8	8	8	8
15	11	11	12	12	12	11
20	15	15	16	15	16	15
25	18	19	19	19	20	19
30	22	23	23	23	23	23
35	26	27	27	27	27	27
40	30	31	31	31	31	31
45	33	35	34	34	34	34
50	37	38	38	38	38	37
55	41	42	»	42	42	41

Les résultats de cette expérience montrent d'une manière évidente que la résistance à la flexion est la même dans les deux cas, ainsi qu'on le déduit de la théorie. Par conséquent l'hypothèse de l'égalité de résistance à la compression et à l'extension peut être admise pour le fer de même que pour la fonte, comme sensiblement conforme à l'observation des faits, pourvu qu'on se borne à l'appliquer dans les limites où les flexions restent proportionnelles aux charges.

245. *Expériences sur la résistance des tubes en fer forgé, soudés et sans rivets.* — M. J. Hosking a fait aussi des expériences intéressantes sur la résistance des tubes en fer forgé, sans soudure, pour la comparer avec celle des tubes en fonte.

Les tubes circulaires avaient été fabriqués par M. Russell et Cie, au moyen du procédé de l'étirage au laminoir. Leur diamètre extérieur était D$'=0^m,1016$, l'épaisseur du métal de $0^m,0076$, et par conséquent le diamètre intérieur D$''=0^m,0940$.

Le tube rectangulaire et le tube elliptique avaient été obtenus en chauffant et en forgeant les tubes circulaires avec des marteaux de bois en prenant soin de ne pas altérer le fer et en arrondissant les angles du rectangle.

Les dimensions du tube rectangulaire étaient, en continuant à nous servir des notations précédemment employées,

$$a=0^m,0587, \quad b=0^m,1095, \quad a'=0,0511, \quad b'=0^m,1019;$$

celles du tube elliptique étaient

$$2a=0^m,0587, \quad 2b=0^m,1270, \quad 2a'=0^m,511, \quad 2b'=0^m,1194.$$

La portée était $2C=1^m,830$ entre les appuis, et la charge était placée dans un plateau suspendu au milieu de la longueur des tubes posés horizontalement.

D'après ces dimensions, on a pour

le tube rectangulaire $\quad I=\frac{1}{12}(ab^3-a'b'^3)=0,000001909;$

le tube circulaire $\quad I=0,0491(D''-D''^4)=0,00001398;$

le tube elliptique $\quad I=0,7854(ab^3-a'b'^3)=0,00001636.$

A l'aide de ces formules et de l'observation des flexions rapportées par **M. E. Clark**, on peut calculer la valeur du coefficient d'élasticité, fournie par chaque tube. Nous prendrons pour ce calcul la flexion observée sous la charge de 1015 kilogr., et nous trouverons les résultats consignés dans le tableau suivant :

EXPÉRIENCES SUR LA RÉSISTANCE DES TUBES EN FER CREUX A LA FLEXION.

FORME de la section transversale.	DIMENSIONS.	FLEXION sous la charge de 1015 kil.	VALEUR du coefficient d'élasticité E.
Rectangulaire.......	$a=0,0587,\ a'=0,0511$ $b=0,1095,\ b'=0,1019$ $A=0,00120$	0,00450	15 369 000 000
Circulaire..........	$D'=0,1016,\ D''=0,0940$ $A=0,00114$	0,00550	17 245 000 000
Elliptique..........	$2a=0,0587, 2a'=0,0511$ $2b=0,1270, 2b'=0,1190$ $A=0,00106$	0,00475	17 101 000 000
		Moyenne E =	16 572 000 000

Cette valeur moyenne rentre, comme on le voit, dans les limites de celles que l'on trouve ordinairement, et se rapproche surtout beaucoup de celle de 16 295 000 000 kilogr., déduite au n° **96** des expériences de **M. E. Hodgkinson** sur la résistance du fer à la compression.

On remarquera d'ailleurs que la charge de 1015 kilogr. dépassait de plus du double les charges permanentes, que d'après les formules ordinaires on aurait pu faire porter à ces solides et qui n'auraient dû être respectivement que de 459 kilogr., 455 kilogr. et 337 kilogr.

On voit, par cette comparaison des résultats, que les formules relatives aux solides creux à section rectangulaire, circulaire ou elliptique, s'appliquent avec une exactitude suffisante pour la pratique.

Tous ces tubes ont d'ailleurs cédé par la déformation des

parties comprimées. Les tubes circulaires et les tubes elliptiques se sont aplatis vers le milieu, où la charge agissait, et
la rupture y est survenue trop rapidement pour que l'on
puisse déduire de ces expériences, le coefficient de rupture.

Dans le tube rectangulaire, l'un des côtés se refoula en se
ployant vers l'intérieur, et le tube se tordit.

246. *Des proportions usuelles de fers laminés dont le profil
présente la forme d'un double* T. — On emploie aujourd'hui
beaucoup, dans les constructions de planchers, des pièces
de fer que l'on étire au laminoir en leur donnant la forme
d'un double T. On peut, si les circonstances particulières
de la construction l'exigent, établir *a priori* entre les diverses
dimensions certaines proportions; mais il importe, autant
que possible, de se rapprocher de celles qui offrent le plus
de facilité pour la fabrication.

Or, ces pièces sont étirées entre des laminoirs cannelés qui
présentent chacun en creux la moitié du profil transversal,
et qui peuvent s'écarter à volonté entre certaines limites, de
manière à faire varier l'épaisseur du corps de la pièce, tout
en lui laissant la même hauteur b, la même saillie a' pour
les rebords, et la même épaisseur pour les nervures.

Le nombre des cylindres ainsi cannelés étant nécessairement limité, il importe de tirer d'un même équipage le
meilleur parti possible, et dès lors dans les forges où ces
fers se fabriquent, on adopte une série de hauteurs b correspondantes à des épaisseurs, et par suite à des forces de
résistance différentes. Ainsi la Société des Forges de la Providence, dans ses usines d'Hautemont près Maubeuge, a
adopté des séries de profils dans chacune desquelles la hauteur b et la saillie a' sont constantes (pl. IV, fig. 13), et où
l'épaisseur de la nervure est une fraction à peu près con-
stante et égale à $\frac{1}{20}$ de la hauteur b. Quant à l'épaisseur e_1 du
corps, elle peut varier entre des limites données, suivant la
résistance que l'on veut donner au solide.

En exprimant, comme nous l'avons indiqué au n° **145**,

le moment d'inertie I du profil en fonction de la hauteur b, qui pour chaque série reste constante, et de l'épaisseur e_1 du corps, qui peut varier dans une même série, on a, dans l'hypothèse d'une épaisseur de nervure égale au vingtième de la hauteur,

$$\frac{I}{v'} = \tfrac{1}{6}e_1 b^2 + 0,\,0903 a' b^2,$$

et alors la formule $\qquad \dfrac{RI}{v'} = PC$

devient $\qquad \tfrac{1}{6}e_1 b^2 + 0,0903 a' b^2 = \dfrac{PC}{R} = \dfrac{PC}{6\,000\,000};$

d'où l'on tire $\qquad e_1 = \dfrac{PC}{1\,000\,000 b^2} - 0,54 a'.$

Il sera donc toujours facile, quand on connaîtra la charge $2P$ à faire porter au milieu de la longueur du solide et la portée $2C$, de calculer l'épaisseur qu'il convient de donner à une poutre de cette forme, d'une hauteur b déterminée, et dont les nervures ont une saillie fixée.

S'il s'agit d'une charge uniformément répartie, il suffit de remplacer PC par $\tfrac{1}{2}pC^2$, ce qui donne

$$e_1 = \frac{pC^2}{2\,000\,000 b^2} - 0,54 a'.$$

A l'inverse, ces formules donnent

$$PC = 1\,000\,000\ b^2 (e_1 + 0,54 a'),$$

ou $\qquad \dfrac{pC^2}{2} = 1\,000\,000 b^2 (e_1 + 0,54 a'),$

pour calculer le moment PC ou $\dfrac{pC^2}{2}$ de la charge qui tend à fléchir ou à rompre chacune des deux moitiés du solide.

Dans le cas où le rapport entre l'épaisseur de la nervure et la hauteur serait différent, les formules précédentes devraient être modifiées, en partant de la formule générale

$$\frac{I}{v'} = \tfrac{1}{6}\frac{ab^3 - a' b'^3}{b},$$

18

dans laquelle il suffira de substituer à b' sa valeur en fonction de b, pour être conduit de la même façon à des expressions aussi simples. Cette observation sera particulièrement applicable pour les fers à double T de l'usine de Montataire, qui ont également été compris dans le tableau suivant, dans lequel les fers de la Providence sont désignés par la lettre initiale P, ceux de Montataire l'étant par la lettre M. Les numéros qui suivent ces lettres servent à distinguer les différents échantillons de chaque usine, et nous aurons à les rappeler au moment où nous présenterons les applications de ces fers à la construction des combles. Chaque équipage de laminoirs comprend un grand nombre d'échantillons, différant entre eux seulement par l'épaisseur du corps. Nous nous bornons à indiquer les deux valeurs extrêmes entre lesquelles il est toujours possible de modifier cette épaisseur, et par conséquent la résistance de la pièce. Les dimensions ont été relevées sur les catalogues publiés par les deux usines, et les calculs ont été faits conformément aux indications qui précèdent.

Le modèle P_8, en sus des deux nervures aux extrémités, en présente encore une dans le milieu; mais le moment a été calculé comme si cette nervure n'existait pas.

La difficulté de laminer d'aussi fortes pièces sur des longueurs qui doivent être quelquefois de 6 mètres, ce qui en porte le poids à plus de 300 kilogr., est un obstacle à ce que pour des poutres en fer forgé d'une seule pièce, on dépasse les dimensions du profil précédent.

On pourra consulter avec intérêt la dernière colonne dans laquelle on a indiqué le poids par mètre courant de chacun des échantillons extrêmes; les poids correspondant aux épaisseurs intermédiaires peuvent s'en déduire avec facilité.

TABLEAU DES POUTRES EN FER A DOUBLE T.

DÉSIGNATION du modèle.	HAUTEUR du profil, b.	HAUTEUR du corps entre les nervures, b'.	SAILLIE des nervures sur le corps, a'.	Plus petite et plus grande largeur des nervures, a.	ÉPAISSEUR du corps correspondante e_1.	VALEUR DE $\frac{I}{v}$.	Valeur du moment PC ou $\frac{1}{2}pC^2$ convenable pour la stabilité.	POIDS de l'échantillon par mètre courant.
								kil.
P$_1$	0,100	0,088	0,019	0,043	0,005	0,00002850	171,0	9,00
				0,045	0,007	0,00003184	191,0	12,00
M$_1$	0,100	0,085	0,016	0,042	0,010	0,00003725	223,5	8,06
				0,047	0,015	0,00004560	273,6	11,56
P$_2$	0,120	0,106	0,0205	0,045	0,004	0,00004018	241,1	11,00
				0,050	0,009	0,00005218	313,1	15,00
M$_2$	0,120	0,104	0,020	0,047	0,005	0,00004551	273,1	10,00
				0,050	0,010	0,00005751	345,1	14,28
P$_3$	0,140	0,126	0,0205	0,047	0,006	0,00005590	335,4	14,00
				0,053	0,012	0,00007546	452,5	20,00
M$_3$	0,140	0,123	0,015	0,050	0,007	0,00007803	408,2	13,00
				0 055	0,012	0,00008454	507,2	18,00
P$_4$	0,160	0,144	0,0205	0,048	0,007	0,00007727	463,6	15,00
				0,053	0,012	0,00009860	591,6	25,00
M$_4$	0,160	0,142	0,024	0,055	0,007	0,00011519	691,1	16,50
				0,062	0,014	0,00013031	781,9	25,00
P$_5$	0,180	0,162	0,0235	0,055	0,008	0,00011198	671,9	20,00
				0,062	0,015	0,00014978	898,7	30,00
M$_5$	0,180	0,162	0,026	0,060	0,008	0,00011925	715,5	20,00
				0,067	0,015	0,00015709	942,5	30,00
M$_6$	0,200	0,181	0,0285	0,065	0,008	0,00015167	910,0	22,00
				0,073	0,016	0,00020500	1230,0	34,40
P$_7$	0,220	0,200	0,0275	0,064	0,009	0,00018224	1093,4	26,00
				0,071	0,016	0,00023871	1532,3	40,00
M$_7$	0,220	0,201	0,0285	0,065	0,008	0,00017366	1042,0	24,30
				0,073	0,016	0,00023820	1429,2	37,40
P$_8$	0,260	0,236	0,027	0,067	0,013	0,00029974	1798,4	40,00
				0,074	0,020	0,00037860	2271,6	58,00

Le tableau que nous venons de donner peut servir à trouver, pour ainsi dire de suite, l'échantillon de fer qui convient, et l'épaisseur qu'il faut donner au corps.

Si par exemple, il s'agit d'une travée de pont de 5 mètres de portée, destinée au passage des piétons, et qui dans certains cas, fort rares, pourrait avoir à supporter quatre personnes par mètre carré, ou 280 kilogr.; si l'on veut espacer les poutres d'un mètre, la charge par mètre courant sur chacune d'elles sera $p = 280$ kilogr. On a $2C = 5$ mètres, $C = 2^m,50$. On trouve $\frac{1}{2}pC^2 = 140^{kil} \times \overline{2,50}^2 = 875$.

On voit sur le tableau que ce nombre est compris entre ceux qui correspondent aux poutres de $0^m,180$ de hauteur, P_5 ou M_5; et que par conséquent l'épaisseur e_1 du corps doit être comprise entre $0^m,008$ et $0^m,015$, avec l'un ou l'autre de ces fers. La différence du moment donné 875 à 898,7, qui dans la table correspond à l'épaisseur de $0^m,015$, est si faible, qu'on fera bien d'adopter cette dimension. Autrement on aurait facilement trouvé l'épaisseur à donner, soit exactement par la formule, soit avec une approximation suffisante, par une proportion.

Pour un pont de route ordinaire de 6 mètres de largeur sur $6^m,00 = 2C$ de portée, pouvant supporter à certains moments deux voitures arrêtées en son milieu, et pesant ensemble 12000 kilogr., si l'on emploie huit poutres, on aura pour chacune d'elles une charge $2P = 1500$ kilogr., supposée au milieu; on en déduit $PC = 750^{kil} \times 3 = 2250^{kil}$.

On voit, par le tableau, que des poutres de $0^m,260$ de hauteur, du modèle P_8, conviendraient; et en calculant l'épaisseur e_1 à donner au corps, on trouverait qu'elle doit être d'environ $0^m,0185$.

247. *Expériences de M. Fairbairn* [*] *sur les poutres en fer forgé à nervure en double* T. — Dans ces expériences sur des solives en fer forgé d'une forme aujourd'hui très-usitée dans les constructions de bâtiments, M. Fairbairn a déterminé les flèches de courbure correspondant à diverses charges, ainsi que les charges de rupture. Nous rapporterons les données et les résultats de quelques-unes de ces expériences, afin de les comparer aux formules théoriques et pratiques.

---

[*] *Conway and Menay tubular bridges*, by W. Fairbairn. Londres, 1849.

248. *30ᵉ expérience de M. Fairbairn.* Solide en fer malléable à double T, pesant $2pC = 102^{\text{kil}},83$, et d'une portée $2C = 3^{\text{m}},355$:

$$a = 0^{\text{m}},0635, \quad b_1 = 0^{\text{m}},0254, \quad a_1 = 0^{\text{m}},0083, \quad a_1' = 0^{\text{m}},1016,$$

$$b_1' = 0^{\text{m}},0097, \quad b = 0^{\text{m}},2129, \quad 2C = 3^{\text{m}},05.$$

CHARGES, 2P.	CHARGES totales, $2P + \frac{5}{8}2pC$.	FLEXIONS		RAPPORT des charges aux flexions, $\dfrac{P + \frac{5}{8}pC}{f}$.	COEFFICIENT d'élasticité E par mètre carré.	OBSERVATIONS.
		totales	permanentes			
kil.	kil.	m.			kil.	
400,91	465,10	0,00102		228024	12 796 000 000	
1158,19	1222,46	0,00306		199747	11 209 000 000	
1955,60	2019,93	0,00510		198025	11 111 833 333	
2750,00	2814,27	0,00661		212728	11 937 666 666	
3507,58	3571,85	0,00890		200665	11 260 666 666	
4300,33	4364,60	0,01168	m.	186840		
5097,61	5161,88	0,01524	0,00229	170009		
5868,62	5932,79*	»		»		*A cette charge, la solive a commencé à se tordre. Les nervures se sont allongées sur les bords en se courbant.

Moyenne...... 11 663 033 333 kil.

La formule (n° **148**), à l'aide de laquelle on détermine la position du centre de gravité du profil, donne

$$\frac{,635 - 0,0083)\overline{0,0254}^2 + 0,0083 \times \overline{0,2129}^2 + 2(0,1016 - 0,0083)0,0097(0,2129 - 0,0048)}{2[(0,0635 - 0,0083) \times 0,0254 + 0,0083 \times 0,2129 + (0,1016 - 0,0083)0,0097]} = 0^{\text{m}},0968$$

on en déduit

$$I = \tfrac{1}{3}[(0,0635 \times \overline{0,0968}^3 - (0,0635 - 0,0083)(0,0968 - 0,0254)^3 + 0,1016(0,2129 - 0,0968)^3$$
$$- (0,1016 - 0,0083)(0,2129 - 0,0968 - 0,0097)^3] = 0,00002804.$$

On remarquera d'abord que les valeurs du rapport $\dfrac{P + \frac{5}{8}pC}{f}$ des charges aux flexions, sont à peu près constantes, sauf les erreurs inséparables de semblables expériences, jusque vers la charge de $3507^{kil},58$ inclusivement, donnant lieu à une flexion de $0^m,0089$, ou de $\frac{1}{374}$ environ de la portée 2C. Au delà de la charge $2P = 3507^m,58$, les flexions croissent plus rapidement que les charges, et bientôt on observe des flexions permanentes.

En introduisant la valeur de $\dfrac{P + \frac{5}{8}pC}{f}$ et celle de I dans la formule

$$E = \tfrac{1}{3}\frac{C^3}{fI}(P + \tfrac{5}{8}pC),$$

on en déduit en moyenne, pour cette première barre :

$$E = \tfrac{1}{3}\frac{1,6775^3}{0,00002804} \times \left(\frac{P + \tfrac{5}{8}pC}{f}\right) = 11\ 663\ 033\ 333^{kil}.$$

La charge que les formules pratiques auraient donnée pour ce solide eût été

$$P = \frac{R\,l}{v'C} = 863^{kil},84;$$

d'où $\qquad\qquad\qquad 2P = 1727^{kil},68,$

charge bien inférieure à celle de 3507 kilogr., sous laquelle les flexions ont cessé d'être proportionnelles aux charges, et à plus forte raison à celle qui a altéré la forme du solide, ce qui montre que les formules peuvent être employées avec sécurité.

Pour une autre expérience de M. Fairbairn, on a :

$$a = 0^m,0620, \quad b_1 = 0^m,0254, \quad a_1 = 0^m,0089, \quad a_1' \times 0^m,1092,$$
$$b_1' = 0^m,0112, \quad b = 0^m,2398, \quad 2PC = 112^{kil}, \quad 2C = 3^m,05;$$

et nous pourrions, à l'aide de ces données et des résultats d'expérience consignés dans le tableau de la page suivante, déterminer de la même façon la valeur du coefficient d'élasticité E pour cette nouvelle barre; elle se rapproche beaucoup de celle que nous venons de calculer.

CHARGES, 2P.	CHARGES totales, $2P.+\frac{5}{8}2pC.$	FLEXIONS		RAPPORT des charges aux flexions totales, $\dfrac{P+\frac{5}{8}pC.}{f}$	COEFFICIENT d'élasticité E par mètre carré.	OBSERVATIONS.
		totales $f.$	permanentes f'			
kil.	kil.	m.			kil.	
401	471					
1394	1464	0,0010		732000	21 303 000 000	Anomalie.
1974	2044	0,0031		365164	10 677 666 666	
2762	2832	0,0038		372631	10 896 000 000	
3546	3616	0,0048		376666	11 013 800 000	
4342	4412	0,0053		416226	12 170 666 666	
5109	5179	0,0066	m.	392348	11 472 500 000	
5880	5950	0,0076	0,0008	391447	11 446 000 000	
6656	6726	0,0089	0,0008	377865	11 052 000 000	
7417	7487	0,0114	0,0023	328377		
8206	8276	0,0173	0,0066	239248		
8590	8606 *					* Sous cette charge, le solide s'est tordu.

$$\text{Moyenne } E = 11\,247\,000\,000^{\text{kil.}}$$

La formule à l'aide de laquelle on détermine la position du centre de gravité du profil a donné

$$\frac{(0,0620-0,0089)\overline{0,0254}^{2}+0,0089\times\overline{0,2398}^{2}+2(0,1092-0,0089)0.0112(0,2398-0,0056)}{2[(0,0620-0,0089)0,0254+0,0089\times0,2398+(0,1092-0,0089)0,0112}= 0^{\text{m}},1164$$

on en déduit

$$I=\tfrac{1}{3}[0,0620\times\overline{0,1164}^{3}-(0,0620-0,0089)(0,1164-0,0254)^{3}+0,1092(0,2398-1164)^{3}$$
$$-(0,1092-0,0089)(0,2398-0,1164-0,0112)]=0,00004043$$

A l'aide de ces valeurs, la formule

$$E=\tfrac{1}{3}\frac{(P+\frac{5}{8}pC)C^{3}}{fI}$$

donne pour valeur moyenne du coefficient d'élasticité de cette barre :

$$E = 11\,247\,000\,000^{\text{kil}},$$

valeur qui s'applique ici jusqu'à une flexion de $\frac{1}{343}$ de la portée.

La charge permanente que le solide aurait pu supporter, d'après les formules pratiques, eût été $2P = 2\dfrac{RI}{Cv'} = 2342^{\mathrm{kil}},8$, tandis que les flexions sont restées proportionnelles aux charges jusqu'à celle de 6656 kilogr.

249. Enfin, pour une troisième expérience, l'on a :

$$a = 0^{\mathrm{m}},070, \quad b_1 = 0,0254, \quad a_1 = 0,0096, \quad a_1' = 0^{\mathrm{m}},109,$$

$$b_1' = 0,0107, \quad b = 0,2647, \quad 2pC = 125^{\mathrm{kil}}, \quad 2C = 3^{\mathrm{m}},05.$$

CHARGES, 2P.	CHARGES totales, $2P+\tfrac{5}{8}2pC$.	FLEXIONS		RAPPORT des charges aux flexions totales, $\dfrac{P+\tfrac{5}{8}pC}{f}$.	COEFFICIENT d'élasticité E par mètre carré.
		totales f	perma-nentes f'		
kil.	kil.	m.			kil.
401	479,125	0,0005		479125	10 755 000 000
1181	1259,125	0,0013		484279	10 871 000 000
1977	2055,125	0,0023		446766	10 028 666 666
2766	2874,125	0,0028		513236	11 519 000 000
3549	3627,125	0,0036		505156	11 339 600 000
4330	4408,125	0,0042	m.	548586	12 314 000 000
5099	5177,125	0,0049	0,0008	528278	11 858 500 000
5889	5967,125	0,0056	0,0008	532779	11 959 500 000
6672	6750,125	0,0064	0,0010	527353	11 837 700 000
7432	7510,125	0,0064		586713	13 172 400 000
8203	8281,125	0,0074		559535	12 560 000 000
8987	9065,125	0,0094		482187	10 824 000 000
9764	9842,125	0,0121		406699	
10141	10219,125	0,0150		340637	
10440	10518,125				

Moyenne $E = 11\,595\,000\,000$ kil.

La formule à l'aide de laquelle on détermine la position du centre de gravité du profil a donné

$$x = \frac{(0{,}070-0{,}0096)\overline{0{,}0254}^{\,2}+0{,}0096\times\overline{0{,}2647}^{\,2}+2(0{,}109-0{,}0096)0{,}0107(0{,}2647-0{,}0053)}{2[(0{,}070-0{,}0096)0{,}0254+0{,}0096\times0{,}2647+(0{,}109-0{,}0096)0{,}0107]} = 0^{\mathrm{m}},19$$

on en déduit

$$I = \tfrac{1}{3}[0{,}70 \times \overline{0{,}1191}^{\,3} - (0{,}70-0{,}0096)(0{,}1191-0{,}0254)^3 + 0{,}109(0{,}2647-0{,}1191)^3$$
$$- (0{,}109-0{,}0096)(0{,}2647-0{,}1191-0{,}0107)^3] = 0{,}00005266$$

En introduisant cette valeur de I dans la formule

$$E = \frac{1}{3}\frac{(P + \frac{5}{8}pC)C^3}{fI},$$

on en déduit, pour la va'eur moyenne de E,

$$E = 11\,595\,000\,000^{kil},$$

qui s'applique jusqu'à une flexion de $\frac{1}{325}$ de la portée.

Pour ce solide, la charge donnée par nos formules eût été

$$2P = 2587^{kil},2\,;$$

tandis que les flexions sont restées proportionnelles aux charges jusqu'à celle de 8 987 kilogr.

250. *Conclusions de ces expériences.* — Ces expériences de M. Fairbairn nous fournissent donc une vérification de la proportionnalité des flexions aux charges pour les barres de fer à double T, et la valeur du coefficient d'élasticité qu'il convient d'adopter pour les barres de ce genre, fabriquées au laminoir et qui sont généralement d'un fer tendre et flexible.

Cette valeur déduite des moyennes données par les trois barres peut être prise égale à

$$E = 11\,502\,000\,000 \text{ kilogr.}$$

Elles nous montrent en même temps que les solides auraient pu supporter des charges bien supérieures à celles qu'indiquent nos formules pratiques, et que par conséquent ces règles présentent toute la sécurité désirable.

251. *Expériences sur une poutre formée de fers en T réunis par des plaques de tôle.* — M. Kaulek, habile constructeur de Paris, a construit dans ces derniers temps plusieurs planchers dans lesquels il emploie simultanément le fer et la tôle. Au lieu de se servir directement des fers à double T du commerce, il forme de véritables fers de cette espèce, dont le corps est très-mince, en réunissant les corps de deux fers semblables à simple T, par deux joues en tôle mince, d'une grande largeur et rivées sur les corps. Il assemble ensuite deux pièces semblables, qui se trouvent ainsi rendues solidaires, au moyen de boulons placés de distance en distance et qui en maintiennent l'écartement. Lorsque ces poutres doivent être apparentes, il ménage dans les joues en tôle des évidements qui, en même temps qu'ils diminuent le poids des pièces, se prêtent aussi à une sorte d'ornementation.

Les poutres essayées dernièrement au Conservatoire des arts et métiers sont représentées à des échelles différentes, pour faciliter l'intelligence des figures, en coupe transversale et en élévation longitudinale (pl. IV, fig. 14 et 15). L'écartement des deux poutres ainsi reliées étant de $0^m,50$ de milieu en milieu, il s'ensuit qu'elles couvraient une superficie de $4^m \times 0,50 = 2^{m \cdot q}$.

Leur longueur totale était de $4^m,66$, et l'écartement était maintenu par 5 boulons pesant ensemble........ $4^{kil},200$

Les deux barres latérales pesaient, à raison de $44^{kil},900$ l'une................................. $89^{kil},800$

$$\overline{\text{Poids total...} \quad 94^{kil},000}$$

Soit $20^{kil},17$ par mètre de longueur, ou $40^{kil},34$ par mètre carré de surface couverte. Ce poids de $20^{kil},17$ par mètre linéaire est à peu près celui du fer à double T, M^5, de l'usine de Montataire; nous verrons quelle sera, sous le rapport de la résistance, l'influence du nouveau mode de répartition de ce poids.

Appelant, comme nous l'avons fait jusqu'ici, a la largeur des nervures supérieure et inférieure, b la hauteur totale de la pièce, a' la saillie des nervures, b' la hauteur comprise entre elles; nommant en outre a'' l'épaisseur de l'espace compris entre les deux tôles et b'' la distance mesurée dans le sens de la hauteur entre les extrémités des corps des fers à T, nous aurons

$$a = 0^m,036, \qquad b = 0^m,200,$$
$$2a' = 0^m,0255, \quad b' = 0^m,187,$$
$$a'' = 0^m,0065, \quad b'' = 0^m,122.$$

D'après ces éléments, le poids calculé serait pour les deux
barres. . . . . 2 $(ab - 2a'b' - a''b'') \times 4^{m},66 = 118^{kil},55$

Ajoutant le poids des boulons. . . . . $4^{kil},20$

on trouve. . . . . $122^{kil},75$

et retranchant le poids des douze évidements pratiqués dans la double feuille de tôle d'une épaisseur
totale de $0^{m},004$. . . . . $28^{kil},41$

on obtient pour le poids calculé. . . . . $94^{kil},30$

chiffre qui se rapproche beaucoup du poids directement observé.

Mais, pour tenir compte des évidements, nous donnerons
à $2a'$ une valeur plus grande $2a' = 0^{m},027$, ce qui revient à
supposer la tôle pleine et d'une épaisseur réduite à $1^{mill}12$,
au lieu de 2 millimètres, cette épaisseur uniforme correspondant au même poids.

Cette correction opérée, nous pourrons calculer le moment I de la poutre entière qui sera donné par la formule

$$\mathrm{I} = 2 \times \tfrac{1}{12}(ab^3 - 2a'b'^3 - a''b''^3) = 2 \times \tfrac{1}{12}(0,00011) = 0,000018;$$

c'est cette valeur qui nous servira dans le calcul des flexions
qui seront données dans chaque cas par la formule du
n° **203**,

$$f = \tfrac{1}{3}\frac{\mathrm{C}^3 \times \frac{5}{8}p\mathrm{C}}{\mathrm{EI}},$$

2C étant la distance entre les appuis, et $2p\mathrm{C}$ le poids uniformément réparti sur la pièce.

252. *Mode d'expérimentation.* — Dans toutes les observations faites au Conservatoire des arts et métiers, la distance
entre les points d'appui a été constamment de 4 mètres; les
poutres étaient placées sur deux plaques épaisses de fer, reposant elles-mêmes sur des supports en charpente ou en
maçonnerie.

Un repère tracé au milieu de la pièce, avec une pointe
fine, était observé à l'aide d'un bon cathètomètre dont le

vernier permettait de lire directement le centième de millimètre.

La charge était distribuée dans 17 caisses en sapin, du poids
de 4 kilogr. chacune, disposées pour recevoir un certain
nombre de projectiles du poids de 400 gr.; mais les pesées
ont toujours été vérifiées directement sur une balance, et le
poids uniformément réparti a été successivement porté à 500,
1000, 1500, 2000 et 2500 kilogr.; la largeur des caisses était
telle que le bord latéral de la première affleurait exactement
le bord de la plaque d'appui, et que chaque caisse était
séparée des caisses voisines par un intervalle constant de
quelques millimètres; on était assuré par ce moyen qu'elles
portaient toutes individuellement sur la poutre, sans se
soutenir mutuellement, et l'on peut par conséquent affirmer
que la charge était très-exactement et très-uniformément répartie. Dans les expériences qui ont été faites avec une seule
charge sur le milieu de la pièce, cette charge était suspendue à une tige ronde de fer de 3 centimètres de diamètre,
reposant sur la poutre, et couvrant exactement une ligne
milieu tracée à l'avance avec le plus grand soin; ces expériences, avec charge unique, n'ont d'ailleurs été faites qu'un
petit nombre de fois, et pour vérifier, avec les moyens dont
on disposait, que l'action d'une charge uniformément répartie sur la longueur, équivaut à l'action d'un poids égal aux
$\frac{5}{8}$ du poids total, agissant au milieu de la pièce. Dans les
premières observations, si l'on s'était borné à enregistrer
les lectures des hauteurs au cathétomètre, on aurait dû admettre une flexion permanente pour toute charge, la lecture
après le déchargement étant toujours de plusieurs centièmes
de millimètre inférieure à la lecture initiale; mais un examen plus attentif a montré que cette différence provenait
uniquement d'un affaissement dans les points d'appui, affaissement d'autant plus sensible que tout le système reposait sur plusieurs pièces de charpente placées à plat et su-
perposées.

Dans la vue de reconnaître à laquelle de ces deux causes

il fallait attribuer ces différences, on a chaque fois, avant et après l'observation, retourné la pièce : la moyenne des lectures avant l'expérience donnait la cote exacte du milieu de la poutre au-dessus du zéro de l'échelle ; la même opération effectuée après le déchargement devait, quelle que fût la flexion permanente prise par la pièce, donner en moyenne le même chiffre, si les points d'appui n'avaient pas varié ; l'expérience a montré qu'il n'en était pas ainsi, et un calcul fort simple a démontré que la différence tout entière était due à l'affaissement dont nous venons de parler.

C'est pour remédier à l'influence perturbatrice de cette cause que les supports en chêne ont été remplacés à chaque extrémité par une pierre de roche dure, parfaitement dressée sur ses deux faces supérieure et inférieure, et reposant sur son délit ; les mêmes plaques de fer, employées précédemment, servaient à régler la portée sur ces deux pierres qui ne devaient plus être dérangées ; les mêmes expériences répétées sur la nouvelle disposition ont conduit à des différences moins grandes, mais très-appréciables encore : un tassement était toujours accusé par l'observation de la pièce retournée. Au bout de quelques semaines cependant, pendant lesquelles un grand nombre de chargements et de déchargements ont été faits, le contact entre le fer et la pierre étant probablement devenu plus intime, ce tassement a cessé, et la poutre, revenait après son déchargement, exactement à sa hauteur primitive.

On peut donc affirmer que dans les limites des efforts exercés, pendant tout le temps qu'ont duré ces expériences, il ne s'est manifesté aucune flexion permanente, qui soit appréciable avec l'instrument dont on se servait, et qui accusait avec netteté le centième de millimètre.

Rien ne prouve sans doute que la même affirmation soit applicable à toute autre circonstance, mais comme conséquence de ce résultat, il est cependant permis de se demander si dans toutes les expériences semblables, les précautions ont toujours été prises pour assurer la fixité des points d'appui ;

les moyens dont on s'est servi dans bien des cas pour ampli-
fier par des leviers l'étendue des phénomènes de flexion, devaient enregistrer avec la même amplification les tassements
que nous avons observés directement, et les flexions permanentes, alors qu'elles existent réellement, ont été sans doute
grossies de tout ce dont les points d'appui s'étaient affaissés.

253. *Résultats de l'observation.* — Quoiqu'on ait pris le
soin, après chaque chargement ou déchargement, d'attendre
pour enregistrer la lecture, que la poutre eût cessé d'éprouver une variation quelconque en vingt-quatre heures, on a
cru devoir opérer successivement par chargement et par
déchargement ; ainsi dans un certain nombre d'expériences,
on a introduit les charges successives de 500, 1000, 1500,
2000 et 2500 kilogr., puis on a déchargé ; dans d'autres,
au contraire, on a d'abord chargé à 2500 kilogr., et de
vingt-quatre en vingt-quatre heures, on a enlevé 500 kilogr.,
pris uniformément sur les 17 caisses qui composaient la
charge totale ; on ne s'est arrêté qu'au moment où les observations dans les deux cas sont devenues comparables, et
n'ont plus différé que de 1 à 2 centièmes de millimètre.

On trouvera dans le tableau suivant la moyenne des résultats déduits de ces expériences.

CHARGE uniformément répartie, 2pC.	FLEXION observée EN MILLIMÈTRES, *f.*	FLEXION par 500 kil.
kil.	mill.	mill.
500	2,580	2,580
1000	4,885	2,442
1500	7,190	2,396
2000	9,450	3,362
2500	11,742	2,348

On remarquera que la flexion, pour 500 kilogr., va en diminuant à mesure que la charge augmente ; mais cette dif-

férence s'explique par l'impossibilité dans laquelle on s'est trouvé d'obtenir, pour les premiers 500 kilogr., une flexion aussi peu considérable que pour les charges suivantes. Cet effet ne peut s'expliquer qu'en admettant que le contact avec les appuis n'est pas assez intime lorsque la poutre n'est pas chargée, et cependant on n'a pu se mettre à l'abri de cette circonstance, même en chargeant par avance, et en dehors de la portée, les extrémités de la poutre par un poids égal à celui qui devait être ensuite uniformément réparti sur sa longueur. Peut-être aussi les assemblages cédaient-ils un peu sous le premier effort; mais quoi qu'il en soit à cet égard, toujours est-il que si nous retranchons des flexions totales la flexion $f_1 = 2^{\text{mill}},580$, et si nous cherchons après ce retranchement quelle est la flexion par 500 kilogr., nous trouvons successivement, à l'aide des chiffres du tableau précédent, $2^{\text{mill}},305$, $2^{\text{mill}},305$, $2^{\text{mill}},290$, $2^{\text{mill}},290$, et ces chiffres offrent certainement une concordance aussi exacte qu'il est permis de l'espérer dans de semblables expériences.

Nous admettrons donc, conformément à ces considérations, que la poutre construite par M. Kaulek, et soumise aux expériences faites au Conservatoire des arts et métiers, fléchit de $2^{\text{mill}},30$ pour une charge uniformément répartie de 500 kilogr., et que la proportionnalité entre les charges et les flexions existe au moins jusqu'à une flexion totale de $11^{\text{mill}},642$ ou $\frac{1}{365}$ de la portée, qui ne doit jamais être atteinte dans la pratique, et qui correspond à une charge totale de 2500 kilogr. Cette valeur de la flexion par 500 kilogr., introduite en même temps que celle de I dans la formule

$$f = \tfrac{1}{3} \frac{C^3 \times \frac{5}{8} p C}{E I}$$

donne
$$0,0023 = \tfrac{1}{3} \frac{8 \times \frac{5}{8} \times 250^{\text{kil}}}{E \times 0,000018},$$

d'où l'on tire
$$E = 10\,065\,000\,000^{\text{kil}},$$

pour la valeur du coefficient d'élasticité. Ce chiffre est peu différent de celui qui a été déduit des expériences de M. Fairbairn, et il n'est pas étonnant qu'il soit un peu inférieur, l'ensemble de la disposition consistant en matériaux moins solidaires entre eux que les barres à double T sur lesquelles les expériences de M. Fairbairn ont été faites.

En adoptant pour coefficient d'élasticité $E = 12\,000\,000\,000^{kil}$ pour le fer à double T, M_5, de même poids que la poutre de M. Kaulek, on trouverait

$$f = 3^{mill},24,$$

ce qui démontre l'avantage de la nouvelle disposition, qui permet en outre de couvrir d'une manière rigide un large espace, en assurant la solidarité des pièces longitudinales.

Quant à la vérification de la conséquence théorique relative à la charge unique placée au milieu de la portée, elle n'a été faite que pour 315 et 630 kilogr., qui ont respectivement fourni des flexions identiques à celles de 500 et de 1000 kilogr. uniformément répartis. Or, on a $\frac{315}{500} = 0,630$ et $\frac{630}{1000} = 0,630$, tandis que la théorie indique, pour le rapport des charges, la valeur $\frac{5}{8} = 0,625$. Cette loi, déjà vérifiée sur les bois par M. Dupin, l'est donc aussi, par nos expériences, pour les poutres en fer.

254. *Des poutres en bois avec armature en fer.* — On a quelquefois essayé d'augmenter la solidité des poutres en bois en les garnissant extérieurement ou intérieurement de feuilles épaisses de tôle. Une expérience de M. Fairbairn montre que la différence de flexibilité des deux substances doit rendre les constructeurs circonspects dans l'emploi de ce système d'armature.

Une poutre en bois, de deux pièces de $0^m,305$ de largeur et d'épaisseur, et de $6^m,70$ de portée, ayant à l'intérieur une feuille de tôle de $0^m,305$ de hauteur, et de $0^m,0095$ d'épaisseur, fortement serrée par des boulons, a été successivement chargée en son milieu, et l'on a mesuré les flexions.

CHARGES 2P, placées au milieu.	FLEXIONS.	OBSERVATIONS.
kil.	m.	
1 137	0,0063	* La charge de 21 315 kil. ne fut enlevée qu'après 16 heures et l'on reconnut alors que le solide avait pris une flèche permanente de 0^m,033.
4 060	0,0126	
5 075	0,0189	
8 120	0,0254	
10 150	0,0330	
12 180	0,0381	
14 210	0,0508	
18 270	0,0571	
19 285	0,0635	
20 300	0,0711	
21 315*	0,0838	

D'après ces dimensions, cette pièce aurait pu supporter d'une manière permanente :

Pour le bois seul. . . . 1694^{kil},0
Pour le fer seul. . . . . $\underline{527^{kil},6}$
$2221^{kil},6$

On trouve en effet par les formules pratiques du n° 174 :
Pour le bois

$$P = \frac{100\,000 \times \overline{0,305}^3}{3,35} = 847^{kil},$$

et pour le fer

$$P = \frac{1\,000\,000 \times 0,0095 \times \overline{0,305}^3}{3,35} = 263^{kil},80.$$

En admettant que la pièce de bois ait rompu sous une charge décuple de celle que cette formule indique, on voit qu'elle se serait brisée sous 16 940 kilogr. environ, et que l'emploi de la feuille de tôle paraîtrait lui avoir en réalité donné un surcroît de résistance; mais après le déchargement, la pièce composée a conservé une courbure permanente de 0^m,033 ou de $\frac{1}{203}$. On voit que la différence d'élasticité des deux substances est une cause de déformation des solides de ce genre, et exige qu'on limite les flexions à celles du corps le moins élastique, de façon que l'ensemble des deux pièces ne prenne pas de courbure permanente.

Je pense, malgré cela, que dans certaines circonstances où les dimensions des pièces en bois seraient forcément limitées, l'usage d'armatures en fer pourrait être utile, surtout quand les charges n'excéderaient pas de beaucoup celles qu'indiquent nos formules.

Grands tubes en tôle.

255. *Observations de M. Fairbairn sur la forme la plus convenable pour les ponts tubulaires.* — Dès ses premières expériences sur les tubes cylindriques, elliptiques ou rectangulaires, M. Fairbairn avait remarqué que, quand les rivures étaient solides, tous les tubes cédaient par la partie supérieure qui se plissait sous l'effort de compression. Ce premier résultat montrait :

1° Que dans les tubes comme dans les solides pleins qui fléchissent, la partie concave est soumise à la compression et la partie convexe à l'extension ;

2° Que la résistance du fer forgé à l'écrasement par compression est beaucoup moindre que sa résistance au déchirement par extension.

C'est cette observation qui le conduisit d'abord à employer, pour le sommet des tubes, des plaques plus fortes que pour le fond, puis à proposer enfin la forme cellulaire qui fut définitivement adoptée par M. Stephenson.

256. *Expériences sur la recherche des proportions à adopter pour les ponts tubulaires de chemins de fer.* — Après avoir été ainsi conduit, par ses expériences préliminaires sur des tubes de différentes formes, avec des portées qui n'avaient pas dépassé six mètres, à adopter pour la partie supérieure des tubes projetés, une section transversale de forme cellulaire composée de rectangles, **M.** Fairbairn se proposa de déterminer, à l'aide d'expériences successives, la proportion qu'il fallait établir entre les aires des sections transversales du sommet et du fond pour de semblables tubes.

A cet effet, il fit faire un premier tube à sommet cellulaire et dont le fond en feuilles plates de tôle pourrait être successivement renforcé jusqu'à ce que l'on fût arrivé graduellement à des proportions qui présentassent à peu près la même résistance, pour le sommet, à l'écrasement par compression, et pour le fond, au déchirement par extension. C'est dans cette vue qu'ont été conduites avec beaucoup de méthode, par cet illustre ingénieur, les expériences suivantes que nous allons discuter avec détail, attendu leur grande importance.

Les proportions des tubes à expérimenter furent fixées à $\frac{1}{6}$ de la grandeur réelle des ponts proposés. Le pont Britannia, devant avoir 450 pieds anglais de portée; celle du modèle fut fixée à $\frac{450}{6} = 75^p = 22^m,875$; la hauteur au milieu de la longueur à $4^p,6^0 = 1^m,37$, et la largeur à $2^p,8^0 = 0^m,813$.

L'épaisseur des tôles fut aussi le sixième de celle que l'on se proposait d'adopter pour le tube du pont Britannia.

Il résultait de ces proportions qu'en passant du modèle au tube réel la section transversale résistante croissait dans le rapport de **1 à 36**, et le poids du tube dans celui de **1 à 216.**

Les figures (pl. IV, fig. 16 et 17) donnent une idée de la disposition adoptée pour ce modèle.

Le sommet se composait de six cellules de $6^{po},5 = 0^m,165$ sur $6^{po} = 0^m,152$ avec recouvrement des feuilles l'une sur l'autre de $1^{po} = 0^m,0254$. Lorsqu'une rupture avait été produite dans les expériences, les joints étaient recouverts par une plaque de couverture.

Les cellules étaient formées par une simple cornière (pl. IV, fig. 18), dont la section transversale avait $0^{p\cdot q},175 = 0^{m\,q},000\,143$, mais les côtés et le sommet étaient réunis par des cornières plus fortes d'une section de $0^{p \cdot q},325$ $= 0^{m \cdot q},000\,210$.

Les feuilles de tôle formant les côtés étaient assemblées à recouvrement de $2^{po} = 0^{m},0508$ de largeur avec un simple rang de rivets. A toutes les interruptions des cornières on avait rivé une plaque sur le joint.

Le fond était formé de deux feuilles rivées sur une bande de tôle de $3^{po} = 0^{m},1062$ de large, régnant sur toute la longueur du tube.

Les joints transversaux étaient recouverts par des plaques de $3^{pi} = 0^{m},915$ de long sur $1^{pi},6^{o} = 0^{m},457$ de large.

L'épaisseur des plaques était mesurée en empilant un certain nombre de morceaux coupés régulièrement et bien dressés, et en prenant l'épaisseur totale pour la diviser par le nombre des plaques.

Le tube en expérience reposait par ses extrémités sur deux piles en maçonnerie représentées (pl. IV, fig. 17); afin d'éviter de donner à ces piles une hauteur considérable, une fosse était pratiquée au-dessous du tube, vers le milieu de la portée, et la charge, formée de poids en fonte, était librement suspendue au-dessus de cette fosse, au fond de laquelle les poids devaient venir reposer en cas de rupture.

Les expériences exécutées sur ces modèles de tube ont été très-nombreuses, mais nous nous bornerons à celles qui sont nécessaires pour l'exposition des résultats auxquels M. Fairbairn est arrivé.

257. *33e expérience.* — Le modèle de tube avait les dimensions suivantes :

Longueur, $23^{m},79$;

Portée, $2C = 22^{m},88$;

Largeur du corps, $0^{m},813$;

Largeur du sommet, $a = 0^{m},907$;

Hauteur du sommet, $e = 0^{m},170$;

Épaisseur des tôles du sommet, $0^{m},0037$;

Épaisseur de la tôle du fond, $e_1' = 0^m,00476$;

Largeur du fond, $a' = 0^m,890$;

Épaisseur de la tôle des côtés, $0^m,00251 = e_1$;

Hauteur des côtés, $1^m,073$;

Poids du tube, $2pC = 4933^{kil}$,

Pour trouver la distance du centre de gravité ou des fibres invariables au sommet du tube, on a d'abord, en nommant A l'aire de la section transversale du sommet,

$$A\left(x - \frac{e}{2}\right) + e_1(x - e)^2 = a'e_1'(b - x) + e_1(b - x)^2,$$

d'où l'on tire

$$x = \frac{A\dfrac{e}{2} + e_1(b^2 - e^2) + a'e'_1 b}{A + a'e_1' + 2e_1(b - e)}.$$

D'après ces dimensions, l'aire de la section de la partie supérieure, y compris les cornières dont les dimensions ne sont pas données, était en tout

$$A = 24^{po \cdot q},024 = 0^{m \cdot q},015495;$$

celle du fond,

$$A' = a'e_1' = 8^{po \cdot q},8 = 0^{m \cdot q},00576,$$

et celle des côtés,

$$A'' = 2e_1(b - e) = 0^{m \cdot q},005805;$$

de sorte que la formule peut prendre la forme

$$x = \frac{A\dfrac{e}{2} + A''\dfrac{(b + e)}{2} + A'b}{A + A' + A''}.$$

Cela posé, on calculera d'abord le moment I' du sommet par rapport à une ligne NO (pl. IV, fig. 16), qui passe par son milieu, et en nommant a_2 la somme des largeurs intérieures des six cellules, et e_2 leur hauteur intérieure, on aura

$$I' = \tfrac{1}{12}(ae^3 - a_2 e_2^3).$$

En multipliant ensuite la surface $A = ae - a_2 e_2$ du profil du sommet par le carré de la distance $x - e$ de son centre de gravité à celui du tube, et ajoutant ce produit à I', on aura le moment d'inertie I_1 de ce sommet par rapport à la ligne des fibres invariables, ce qui donne

$$I_1 = I' + A(x - e)^2,$$

le moment d'inertie de la partie des côtés comprise entre le sommet et la ligne des fibres invariables par rapport à cette ligne sera

$$\tfrac{2}{3}e_1(a - e)^3;$$

celui de la partie inférieure des côtés par rapport à la même ligne sera (n° **144**) :

$$\tfrac{2}{3}e_1(x - e)^3;$$

celui de la partie enfermée des côtés par rapport à la même ligne sera :

$$\tfrac{2}{3}e_1(b - x)^3.$$

Enfin celui du fond sera

$$a'e_1' \times (b - x)^2;$$

le moment d'inertie total sera donc

$$I = \tfrac{1}{12}(ae^3 - a_2 e_2^3) + A(x - e)^2 + \tfrac{2}{3}e_1[(x - e)^3 + \tfrac{2}{3}e_1(x - e)^3 + (b - x)^3 + A'(b - x)^2,$$

d'où l'on déduira la valeur de $\dfrac{I}{v'}$ en prenant pour v' la plus grande des deux quantités x ou $b - x$.

Les valeurs de I et de v' étant ainsi calculées, on a pu les introduire dans le tableau suivant qui contient les résultats observés par M. Fairbairn sur ce tube.

CHARGES placées au milieu, $2P$.	CHARGES totales, $2P + \frac{4}{8} 2pC$.	FLEXIONS totales, f.	RAPPORT de la $\frac{1}{2}$ charge à la flexion, $\dfrac{P + \frac{5}{8} pC}{f}$.	COEFFICIENT d'élasticité.	ALLONGEMENT proportionnel, $i' = \dfrac{PCv'}{EI}$.	CHARGES que l'on peut faire supporter sans altérer l'élasticité, $Ei' = R'$.
kil.	kil.	m.		kil.		kil.
922	4005	0,0045	445110	20 836 000 000	0,00007537	1570300
2070	5153	0,0045	572450	26 797 000 000	0,00007587	1570300
3208	6291	0,0070	450320	21 032 000 000	0,00011724	2465700
4350	7433	0,0095	391160	18 311 000 000	0,00015911	2913300
5498	8581	0,0123	348780	16 327 000 000	0,00020601	3363400
6646	9729	0,0136	357720	16 745 000 000	0,00018093	3029700
7798	10881	0,0161	337890	15 817 000 000	0,00026964	4265000
8935	12018	0,0203	296010	13 889 000 000	0,00033999	4711000
10008	13091	0,0235	278510	13 037 000 000	0,00039358	5131300
10992	14075	0,0265	265550	12 442 000 000	0,00044342	5517000
11866	15949	0,0290	274970	12 871 000 000	0,00048570	6251600
12919	16002	0,0314	275900	11 928 000 000	0,00052589	6272700
13876	16959	0,0339		11 708 000 000		
14844	17927	0,0368		11 401 000 000		
15826	18909	0,0396		11 176 000 000		
16797	19880	0,0422		11 026 000 000		
17785	20868	0,0450		10 854 000 000		
18789	21872	0,0483		10 599 000 000		
19752	22835	0,0508		10 521 000 000		
20752	23835	0,0533		10 466 000 000		
21706	24789	0,0559		10 379 000 000		
22682	25765	0,0584		10 325 000 000		
23671	26754	0,0610		10 265 000 000		
24659	27742	0,0641		10 141 000 000		
25629	28712	0,0686				
26604	29687	0,0744				
27693	30776	0,0762				
28566	31649	0,0813				
29700	32783	0,0864				
30732	33815	0,0981				
30975	34058	0,0870				
31990	35073	0,0921				
33005	36088	0,0946				
34019	37102	0,1029				
35024	38117	0,1111				
36049	39132					

Après avoir soutenu la charge de 36049 kilogr. pendant une minute et demie, ce tube s'est rompu par déchirement du fond, à 0^m,610 du point de suspension de la charge.

258. 34e, 35e, 36e et 37e *expériences.* — Dans la 34e expérience, le tube a été renforcé par deux plaques additionnelles ayant chacune 0^m,165 sur 0^m,002 ; le poids du tube était alors de 5000 kilogr., et il s'est tordu sous la charge de 43987 kilogr., par suite du défaut de ses côtés, ce qui était surtout remarquable vers les extrémités qui reposaient sur les appuis. Si un bâtis en fonte y avait été introduit, ainsi qu'on l'a fait plus tard, il est probable que l'expérience aurait pu être continuée plus loin.

Après cette expérience, le tube fut réparé et consolidé par l'addition, reconnue nécessaire, de cornières verticales rivées à l'intérieur, à 0^m,61 de distance l'une de l'autre, et un cadre en croix de Saint-André fut placé aux extrémités.

Les expériences faites sur le tube ainsi modifié amenèrent, à la charge de $2P = 57135$ kilogr., la déchirure des plaques du fond près de la suspension, sans que le sommet cédât sensiblement. L'examen de ce sommet fit voir que les feuilles de recouvrement des cellules avaient été rivées et assemblées par recouvrement de l'une sur l'autre, au lieu de l'être bout à bout, avec plaques distinctes de recouvrement, et que, par suite, quelques rivets avaient été déchirés par cisaillement entre les deux tôles.

Le tube fut réparé de nouveau et renforcé au fond par deux feuilles de 6^m,10 de longueur, de sorte que la section transversale fut portée à 17^{po},8 = 0^m,01148, dans la 36e expérience, dans laquelle le tube se brisa par arrachement des feuilles planes du fond, sous la charge de 67102 kilogr. Les côtés furent aussi endommagés et se fléchirent. L'examen de la fracture des bandes de tôle ajoutées au fond montra que ces bandes étaient très-défectueuses et de mauvais fer.

Le fond fut de nouveau renforcé et l'aire de la section portée à 22^{po},45 = 0^m,014480. Dans la 37e expérience, ce tube

a supporté pendant dix-huit heures une charge de 58 440 kilogr., et sa flèche de courbure s'est accrue pendant ce temps
de 0^m,0815 à 0^m,0850 ou de 3^{mill},5.

Il a ensuite supporté pendant neuf jours et neuf nuits une
charge de 61 400 kilogr., et sa flexion, qui n'était alors que
de 0^m,0802, ne s'est accrue que jusqu'à 0^m,0818 ou de 1^{mill},6.

Enfin, dans une troisième observation, il ne s'est rompu
que sous une charge de 70 000 kilogr., par déchirure de l'extrémité des plaques qui avaient été ajoutées au fond, ce qui
montre que ce fond renforcé et le sommet étaient assez forts
pour soutenir des charges plus grandes.

Dans toutes ces expériences successives, les flexions ont
été constamment observées avec soin. Par la représentation
graphique de ces résultats à une grande échelle, en prenant
les charges pour abscisses, et les flexions observées pour ordonnées, on a pu apprécier la charge pour laquelle les
flexions cessaient, dans chaque expérience, d'être proportionnelles aux charges.

C'est ainsi qu'on a pu reconnaître, dans la 34e expérience,
que cette limite n'était atteinte que pour une charge très-
considérable, 37 000 kilogr. environ. Les écarts ont été plus
sensibles dans la 35e expérience, bien que la proportionnalité se soit encore vérifiée pour des charges très-voisines de
la charge à laquelle la déchirure s'est produite. Dans la
36e expérience, la proportionnalité n'a cessé que vers
45 000 kilogr., et les chiffres que nous donnons dans le numéro suivant, pour l'expérience qui a déterminé la rupture
du tube, montrent que l'on peut considérer les flexions
comme proportionnelles aux charges jusqu'à 60 000 kilogr.,
c'est-à-dire bien au delà des limites dans lesquelles nous admettons que l'on doit appliquer les conséquences auxquelles
la théorie nous a conduits.

259. *Expérience de rupture.*—Le tube ayant été réparé de
nouveau, en conservant les mêmes aires de section, l'observation a fourni les résultats contenus dans le tableau suivant :

2P.	f	2P.	f
kil.	m.	kil.	m.
9 063	0,0128	71 451	0,0963
16 207	0,0192	73 334	0,0986
22 142	0,0305	74 628	0,1017
28 210	0,0376	75 929	0,1041
35 123	0,0453	77 528	0,1075
41 811	0,0540	78 782	0,1100
46 818	0,0608	80 221	0,1140
51 941	0,0686	81 548	0,1155
59 891	0,0775	83 252	0,1175
62 544	0,0820	84 477	0,1200
65 115	0,0865	85 694	0,1221
67 245	0,0911	87 690	
69 221	0,0940		

Ce tube s'est rompu à la charge de 87 690 kilogr. par compression du sommet.

Dans cette expérience, après avoir successivement augmenté l'aire de la section transversale du fond, on l'avait amenée à peu près à l'égalité avec celle du sommet, puisqu'elles avaient respectivement : le fond, 145 centimètres carrés, et le sommet 155 centimètres carrés de surface.

En calculant comme précédemment, à l'aide des flexions observées pour les moindres charges, la valeur du coefficient d'élasticité, on trouve

CHARGES EN KILOGR. $2P + \frac{5}{8} 2pC.$	COEFFICIENT D'ÉLASTICITÉ. E.
kil.	kil.
19 897	17 977 000 000
25 832	15 154 000 000
31 000	15 179 000 000
38 843	18 389 000 000
45 501	16 732 000 000
50 508	16 077 000 000

dont la moyenne 16 600 000 000 kilogr., qui comprend tous les résultats de l'observation, jusqu'à une flexion égale à $\frac{1}{378}$ de la portée, pourra servir dans toutes les circonstances semblables, à déterminer les dimensions à adopter pour les tubes en tôle.

260. *Expérience sur le premier tube du pont de Conway.* — Après les expériences préliminaires qui avaient fixé l'opinion des ingénieurs sur les proportions à établir entre les diverses parties des tubes, on résolut, quand le premier tube du pont de Conway fut terminé, de le soumettre lui-même à une expérience qui prenait ainsi un caractère gigantesque. On construisit des piles pour soutenir ce tube d'une portée de 122 mètres et on le chargea successivement de poids, en mesurant les flexions.

Les données de cette expérience sont les suivantes.

Longueur du tube $125^m,66$. Portée $2C = 122^m$.

Hauteur au milieu $h = 7^m,78$,   largeur $a = 4^m,58$.

Aire du sommet $A = 0^{m \cdot q},43215$ $e = 0^m,535 = e'$.

Aire du fond $A' = 0^{m \cdot q},33346$

Aire des côtés $A'' = 0^{m \cdot q},16529$ *

$$A + A' + A'' = 0^{m \cdot q},93190$$

Épaisseur moyenne des côtés $e_1 = \dfrac{0^m,0247}{2}$, cornières verticales comprises.

Poids du tube y compris les rails et les cadres en fonte des extrémités, $2pC = 1\ 320\ 800^{kil}$.

Le tableau suivant contient les résultats des expériences :

---

* **Ed. Clark, page 754, IIe vol. Les données du texte de M. Clark pour ce même tube ne sont pas exactement d'accord avec celles des planches; celles que nous avons adoptées sont à la fois d'accord avec l'ouvrage de M. Fairbairn et les planches de M. Clark.**

CHARGE, $2p'C'$	LONGUEUR sur laquelle elle était répartie, $2C'$	CHARGE d'expérience par mètre courant.	FLEXIONS f.	RAPPORTS des flexions aux portées $\dfrac{f}{2C}$	E.
kil	m	kil	m		kil
0,000			0,202	$\dfrac{1}{604}$	13 663 000 000
96,467	21,40	4508	0,230	$\dfrac{1}{530}$	12 978 000 000
156,410	32,15	4865	0,242	$\dfrac{1}{504}$	13 307 000 000
204,140	45,80	4455	0,266	$\dfrac{1}{459}$	12 791 000 000
305,710	58,00	5271	0,279	$\dfrac{1}{436}$	10 371 000 000
				Moyenne.........	13 185 000 000

Le poids seul du tube, égal à 1 320 800^{kil}, produisait une flexion de 0^{m},202, et la charge de 96 487^{kil} ayant été laissée dans le tube pendant quatre heures, la flexion qui était d'abord de 0^{m},230, s'accrut jusqu'à 0^{m},236 ou d'environ 0^{m},006. Après un séjour de la même charge pendant dix-sept heures la flexion augmenta encore de 0^{m},0025.

Des dimensions de ce tube, on déduit, pour la distance du centre de gravité,

$$x = \frac{A\frac{e}{2} + A'\left(b - \frac{e}{2}\right) + A''.\frac{b}{2}}{A + A' + A''} = 3^{\text{m}},506.$$

Le centre de gravité étant par conséquent à la distance de 7^{m},780 — 3^{m},506 = 4^{m},274 du fond, il s'ensuit que l'on a ici $v' = 4^{\text{m}},274$.

Il est facile de voir que, par suite de la grande hauteur du tube, son moment d'inertie a pour valeur très-approchée, en se rappelant que $A = 0^{\text{m.q}},43215$, $A' = 0^{\text{m.q}},33346$, ainsi que les valeurs des autres données de cette application,

$$I = 0,43215 \times \overline{3,2385}^2 + 0,33346 \times \overline{4,0065}^2$$
$$+ \tfrac{1}{3}0,0247(\overline{2,971}^3 + \overline{3,739}^3) = 10,6369.$$

On remarquera que le dernier terme relatif aux côtés n'ayant pour valeur que

$$\tfrac{1}{3}0,0247(\overline{2,971}^3 + \overline{3,739}^3) = 0,646,$$

ou $\frac{1}{60}$ environ de la valeur totale, il peut sans inconvénient être négligé, ce qui facilite beaucoup les calculs.

Dans cette expérience, il n'a pas été possible de faire porter toute la charge à peu près au milieu, et l'on a été obligé de la répartir sur une étendue assez considérable pour qu'il soit nécessaire d'en tenir compte.

A cet effet, appelons $2C'$ la longueur sur laquelle la charge était uniformément répartie à raison de p'^{kil} par mètre courant, et considérons une section quelconque ik (pl. IV, fig. 20) de la partie uniformément chargée. En se reportant aux notations et aux considérations développées aux nᵒˢ **179** et **203**, on verra d'abord que le moment de la pression Q exercée sur l'un des appuis, par rapport à cette section est QX, puis que la charge sur un élément de longueur $y = x$ situé à la distance Y de la section ik étant $p'y$, son moment est $p'Yy$, et que la somme des moments semblables, égale $\frac{1}{2}p'Y^2$, doit être prise depuis la valeur $Y = C$ jusqu'à celle $Y = X - (C - C')$, ce qui donne pour la somme de tous les moments élémentaires de la charge uniformément répartie

$$\tfrac{1}{2}p'\left[X - (C - C')\right]^2.$$

La relation d'équilibre entre les forces extérieures et les résistances moléculaires à l'extension et à la compression est donc (nᵒ **179**)

$$\frac{EI}{r} = QX - \tfrac{1}{2}p'\left[X - (C - C')\right]^2.$$

En remarquant ensuite que la pression sur l'appui B, provenant de la charge $2p'C'$ est pour la partie comprise entre ik et cet appui

$$Q = p'C',$$

elle devient : $\dfrac{EI}{r} = p'C'X' - \tfrac{1}{2}p'\left[X - (C - C')\right]^2.$

Ce qui donne d'abord pour la relation d'équilibre

$$\frac{EI}{r} = p'C'X - \tfrac{1}{2}p'X^2 + p'(C - C')X - \tfrac{1}{2}p'(C - C')^2 =$$

$$p'CX - \tfrac{1}{2}p'X^2 - \tfrac{1}{2}p'(C - C')^2.$$

Et par suite la flèche élémentaire (n° **201**) a pour valeur

$$ab' = \frac{Sx}{r} = \frac{p'CX^2 x - \frac{1}{2}p'X^3 x - \frac{1}{2}p'(C - C')^2 Xx}{EI}.$$

En posant $S = X$, S étant la longueur de la fibre invariable; la somme de toutes les flexions élémentaires semblables, ou la flexion totale f, sera donc

$$f = \frac{\frac{1}{3}p'cX^3 \frac{1}{3}p'X^4 - \frac{1}{4}p'(C - C')^2 X^2}{EI};$$

et pour la flexion au milieu de la longueur, qui correspond à $X = C$, on a

$$f = \frac{1}{3}\frac{C^3}{EI}\,\frac{5}{8}p'C - \frac{1}{4}\frac{p'(C - C')^2 C^2}{EI}.$$

Cette formule se réduit d'ailleurs à $f = \frac{1}{3}\frac{C^3}{EI}\frac{5}{8}p'C$ pour le cas où $C = C'$, ainsi que cela devait arriver, et si, comme il convient, on tient compte du poids propre du solide, qui est $2pC = 1\,320\,800^{\text{kil}}$, en appelant p son poids par mètre courant, ce poids produira une flexion exprimée par

$$f = \frac{1}{3}\frac{C^3}{EI}\,\frac{5}{8}pC\,;$$

de sorte que la flexion totale sera

$$f = \frac{\frac{5}{24}C^3[pC + p'C] - \frac{1}{4}p'(C - C')^2 C^2}{EI}.$$

D'où l'on tirera pour la valeur du coefficient d'élasticité

$$E = \frac{\frac{5}{24}C^3[pC + p'C] - \frac{1}{4}p'(C - C')^2 C^2}{fI}.$$

C'est à l'aide de cette expérience que l'on a calculé les valeurs du coefficient d'élasticité insérées au tableau précédent.

L'on voit que les quatre premières valeurs, dont la dernière correspond à une flexion de $\frac{1}{459}$ de la portée, supérieure à la proportion que l'on admet ordinairement, sont sensiblement constantes et donnent p ur le coefficient d'élasticité une quantité moindre que celle qui a été trouvée dans d'autres cas, mais qui se rapproche beaucoup de celle qui a été fournie par les expériences de M. Fairbairn sur les barres de fer à double T, examinées au n° **250**.

261. *Détermination du plus grand allongement subi par les fibres dans cette expérience*. — Si l'on se reporte aux considérations du n° **135**, par lesquelles on peut obtenir la valeur de la plus grande variation proportionnelle de longueur des fibres, on se rappellera que l'on a

$$i = \frac{(\mathrm{P}p + \mathrm{Q}q + \text{etc.})v'}{\mathrm{E}\mathrm{I}}.$$

Dans le cas actuel, il s'agit de deux charges uniformément réparties : l'une, $2p\mathrm{C} = 1\,320\,800$ kilogr., est le poids du solide ; l'autre, $2p'\mathrm{C}'$, est celui de la charge.

D'après les notions exposées précédemment, en prenant les moments par rapport à la section du milieu, on a pour les moments des charges qui correspondent :

au poids du solide, $\tfrac{1}{2}p\mathrm{C}^2$;

à la charge répartie sur la longueur $2\mathrm{C}'$, $\tfrac{1}{2}p'\mathrm{C}'^2$.

La somme des moments des forces qui agissent de haut en bas est donc

$$\tfrac{1}{2}p\mathrm{C}^2 + \tfrac{1}{2}p'\mathrm{C}'^2 ;$$

la pression sur les appuis, et qui agit de bas en haut, est

$$p\mathrm{C} + p'\mathrm{C}',$$

et a pour moment $\qquad p\mathrm{C}^2 + p'\mathrm{C}\mathrm{C}'.$

La somme algébrique des moments des forces est donc

$$\mathrm{M} = p\mathrm{C}^2 + p'\mathrm{C}\mathrm{C}' - \tfrac{1}{2}p\mathrm{C}^2 - \tfrac{1}{2}p'\mathrm{C}'^2 = \tfrac{1}{2}p\mathrm{C}^2 + p'\mathrm{C}\mathrm{C}' - \tfrac{1}{2}p'\mathrm{C}'^2,$$

et par suite on a

$$i = \frac{(\tfrac{1}{2}p\mathrm{C}^2 + p'\mathrm{C}\mathrm{C}' - \tfrac{1}{2}p'\mathrm{C}'^2)v'}{\mathrm{E}\mathrm{I}}.$$

Pour le tube de Conway on a (n° **261**) :

$$v' = 4^{\mathrm{m}},274, \quad \mathrm{I} = 10,6367.$$

On a trouvé en moyenne, d'après les expériences de M. Fairbairn :

$$\mathrm{E} = 13\,185\,000\,000 \ \text{kilogr.}$$

Il ne s'agit donc que de substituer, dans la formule ci-dessus, les différentes valeurs que prend le numérateur selon celles des charges $2p'\mathrm{C}'$, et leur répartition.

Nous en ferons ici deux applications : l'une au cas où le solide n'était soumis qu'à son propre poids, et où par conséquent $p' = 0$, et l'autre à la charge $2p'\mathrm{C}' = 204\,140$ kilogr., la plus grande de celles qui ont produit des flexions proportionnelles aux charges.

La première donne :

$$i = \frac{\frac{1}{2}p\mathrm{C}^2.v'}{\mathrm{E}l} = \frac{660\,400 \times 30^{\mathrm{m}},5 \times 4^{\mathrm{m}},274}{13\,185\,000\,000 \times 10.6367} = 0^{\mathrm{m}},000614.$$

La deuxième pour laquelle $p'\mathrm{C}' = 102\,070^{\mathrm{kil}}$, $\mathrm{C}' = 22^{\mathrm{m}},90$, donne

$$i = \frac{[660\,400 \times 30,5 + 102\,070 \times 61 - 51\,035 \times 22,90]\,4^{\mathrm{m}},274}{13\,185\,000\,000 \times 10,6369}$$
$$= 0^{\mathrm{m}},000780.$$

En se reportant au n° **135**, l'on voit que ce dernier allongement proportionnel n'a pas atteint la limite $i = 0^{\mathrm{m}},0008$ relative aux fers doux, au genre desquels on doit évidemment rapporter les tôles employées, puisqu'elles n'ont donné pour le coefficient d'élasticité qu'une valeur bien inférieure à celle que fournissent les fers en barres et les fers doux étirés ordinaires.

262. *Application de la règle qui lie les flexions aux portées et les portées aux hauteurs des solides.* — Si l'on se reporte aux considérations du n° **222** et si l'on applique la formule

$$\frac{f}{2\mathrm{C}} = \frac{1}{6}\,\frac{\mathrm{R}}{\mathrm{E}}\,\frac{\mathrm{C}}{v'},$$

au tube du pont de Conway, pour lequel on a

$$C = 61^m,00, \quad v' = 40,274,$$

en prenant

$$R = 6\,000\,000, \quad E = 13\,185\,000\,000,$$

on trouve pour le rapport des flexions aux portées

$$\frac{f}{2C} = \frac{1\,000\,000}{13\,185\,000\,000} \cdot \frac{61}{4,274} = \frac{1}{922}.$$

Ainsi l'adoption de la valeur de $R = 6\,000\,000$ kilogr. donnerait seulement pour ce solide une flexion de $\frac{1}{922}$ pour limite de celles qu'il pourrait supporter sans altération de son élasticité, tandis qu'en réalité il en a subi, par son seul poids, une de $\frac{1}{600}$ sans danger. On voit donc que cette valeur du coefficient de résistance à introduire dans les formules, conduira à des dimensions qui offriront toute sûreté pour des constructions analogues.

263. *Mode de calcul adopté par quelques ingénieurs.* — La grande hauteur des tubes et le peu d'épaisseur du sommet et du fond cellulaires par rapport à cette hauteur, ainsi que l'influence assez faible des parois verticales sur la résistance totale, peuvent, jusqu'à un certain point, autoriser à employer un mode de calcul adopté par quelques ingénieurs anglais.

En effet, si l'on admet que par suite de la faible épaisseur relative du sommet et du fond du tube, toutes les fibres du sommet sont également comprimées et toutes celles du fond également étendues, il suffira d'écrire que la somme des moments des résistances à la compression et à l'extension par rapport à la ligne des fibres neutres, est égale au moment de la force extérieure, ou plus simplement on pourrait exprimer que le moment de la résistance du sommet par rapport à la ligne milieu du fond, est égal au moment de la charge par rapport à la même ligne.

En effet, en appelant :

A l'aire de la section du sommet exposé à la compression ;

R la résistance à la compression par unité de surface ;

b la hauteur moyenne du tube, mesurée depuis le milieu du sommet jusqu'au milieu du fond ;

$\dfrac{b}{n}$ la distance de la ligne milieu du sommet à la ligne des fibres invariables ;

A′ l'aire de la section du fond exposé à l'extension ;

R′ la résistance à l'extension par unité de surface ;

$b - \dfrac{b}{n} = b \cdot \dfrac{n-1}{n}$ sera la distance de la ligne milieu du fond à la couche des fibres invariables.

On verra facilement que les moments des deux résistances à la compression et à l'extension, par rapport à la ligne des fibres invariables, seront respectivement :

pour la compression, $\text{AR} \cdot \dfrac{b}{n}$;

pour l'extension, $\text{A}'\text{R}' b \dfrac{n-1}{n}$.

La somme de ces deux moments devant être égale au moment de la moitié de la charge dont le bras de levier est la moitié de la portée totale, on aura, en nommant comme par le passé :

2P la charge supposée placée au milieu de la longueur du solide ;

2C la portée totale,

$$PC = AR \frac{b}{n} + A'R'b \cdot \frac{n-1}{n}.$$

Si l'on veut que le tube ne fatigue pas plus au sommet qu'au fond, il faut poser la relation

$$AR = A'R',$$

ce qui réduit la précédente à

$$PC = ARb \left(\frac{1}{n} + \frac{n-1}{n} \right) = ARb = A'R'b.$$

Cette formule revient à celle que l'on obtiendrait en supposant que la rotation se fît alternativement autour du sommet et du fond, ce qui est la méthode de calcul indiquée par M. Clark.

Si, au lieu de supposer le tube chargé en son milieu d'un poids 2P, on considérait une charge uniformément répartie $2pC$, il faudrait remplacer, comme on le sait, P par $\dfrac{pC}{2}$, et l'on aurait

$$\tfrac{1}{2}pC^2 = ARb = A'R'b.$$

264. *Valeurs des constantes* R *et* R'.—Dans cette formule, R et R' sont les valeurs des charges directes qui, par compression ou par extension, produiraient la rupture, et la grandeur de ces quantités pour chaque substance conduit au choix qu'il convient d'en faire selon la position où l'on doit les placer.

Ainsi, d'après des expériences diverses, les ingénieurs anglais ont admis que la résistance de la tôle des tubes à la rupture par extension était $18^{\text{ton}},6$ par pouce carré, ou $28^{\text{kil}},68$ par millimètre carré, ce qui revient à

$$R = 28\,680\,000 \text{ kilogr. par mètre carré,}$$

et que sa résistance à la rupture par compression n'était que de $14^{\text{ton}},8$ par pouce carré, ou $23^{\text{kil}},29$ par millimètre carré, ce qui donne

$$R' = 23\,290\,000 \text{ kilogr. par mètre carré,}$$

ce qui donnerait

$$\frac{R}{R'} = \frac{14,8}{18,6} = \frac{4}{5}.^{*}$$

---

* M. Hodgkinson dit même, p. 178 de l'*Enquête*, qu'au delà de 15 tonnes par pouce carré ou $23^{\text{kil}},61$ par millimètre carré pour l'extension, et 12 tonnes par pouce carré ou $18^{\text{kil}},68$ par millimètre carré pour la compression, la ténacité du fer est altérée, ce qui établit le rapport $\dfrac{R}{R'} = \dfrac{12}{15} = \dfrac{4}{5}.$

265. *Observation sur l'emploi de la fonte.* — D'une autre part, la résistance de la fonte étant de 75 kilogr. à 80 kilogr. par millimètre carré pour la compression, et de 10 kilogr. à 11 kilogr. seulement pour l'extension, quelques ingénieurs, se plaçant toujours au point de vue de la rupture, en ont conclu qu'il convenait d'employer la fonte pour le sommet des ponts tubulaires et la tôle pour le fond.

Mais si l'on se reporte aux expériences de la compression comparative de la fonte et du fer, rapportées au n° **97**, on reconnaîtra sans peine que, dans les limites où l'élasticité n'est pas altérée, le fer étant moins compressible que la fonte, et les flexions devant être aussi restreintes que possible, il convient, au contraire, de préférer le fer à la fonte, comme l'a fait M. Fairbairn dans les tubes qu'il a construits.

266. *Application des données du n° **264** au tube du pont de Conway.* — Si l'on appliquait la formule

$$\frac{p\mathrm{C}}{2} = \frac{\mathrm{A R}b}{\mathrm{C}} = \frac{\mathrm{A'R'}b}{\mathrm{C}}$$

au tube du pont de Conway, en y supposant :

$$p = 13\,841^{\mathrm{kil}}, \quad \mathrm{C} = 61^{\mathrm{m}}, \quad b = 7^{\mathrm{m}},78,$$

et successivement :

$$\mathrm{A} = 0^{\mathrm{m\cdot q}},43\,215 \quad \text{et} \quad \mathrm{A'} = 0^{\mathrm{m}},33\,346,$$

on trouverait, pour le coefficient pratique de résistance de la tôle à la compression :

$$\mathrm{R} = \frac{p\mathrm{C}^2}{2\,\mathrm{A}b} = \frac{13\,841 \times \overline{61}^2}{2 \times 0,43\,215 \times 7,78} = 7\,423\,800^{\mathrm{kil}},$$

ou environ le tiers du coefficient de rupture, égal à 23 290 000 kilogr., valeur admise par les ingénieurs anglais (n° **264**).

Pour le coefficient pratique de résistance de la tôle à l'extension on trouverait :

$$R' = \frac{pC^2}{2\,A'b} = \frac{13\,841 \times \overline{61}^2}{2 \times 0,33\,346 \times 7,78} = 9\,617\,600 \text{ kilogr.,}$$

ou environ le tiers de la valeur 28 680 000 kilogr., que les mêmes ingénieurs admettent pour la résistance de la tôle à la rupture par extension.

Ces valeurs dépassent de beaucoup, comme on le voit, celle de R = 6 000 000 kilogr., que nous avons adoptée.

De cette comparaison et de la complète sécurité que paraissent offrir les ponts tubulaires de Conway et du détroit de Menay, nous croyons pouvoir déduire une nouvelle confirmation de la confiance que l'on pourra avoir dans des constructions où l'on adopterait pour coefficient pratique de résistance à la compression et à l'extension :

$$R = 6\,000\,000 \text{ kilogr.}$$

comme nous l'avons fait jusqu'ici.

On doit, en effet, se rappeler que les considérations relatives à la rupture et les conséquences qui en sont la suite sont loin de présenter la même exactitude, le même accord avec l'expérience, et par suite, la même sécurité, que celles qui sont basées sur les compressions, les extensions et les flexions renfermées dans les limites où l'élasticité n'est pas sensiblement altérée.

Or on a vu, malgré de légères différences qu'entre ces limites, la résistance du fer, ou ce qui revient au même, que son coefficient d'élasticité E a sensiblement la même valeur pour la compression que pour l'extension, et qu'il convient, en général, pour rester dans ces mêmes limites, de ne pas donner à la constante R une valeur plus grande que 6 kilogr. par millimètre carré ou 600 000 kilogr. par mètre carré.

Dans leurs calculs, les ingénieurs anglais paraissent indi-

quer que la valeur de R pour la tension ne doit être par
millimètre carré, que de...................... $7^{kil},87$
et pour la compression de...................... $3\ ,90$
quantités dont la moyenne.................... $\overline{5^{kil},88}$

s'éloigne peu de celles que nous venons d'indiquer ; mais on
vient de voir que dans la construction des ponts tubulaires
ils se sont beaucoup écartés de ces limites.

267. *Charge admise dans les calculs des ponts de chemins de
fer par les ingénieurs anglais.* — Les ingénieurs anglais, dans
leurs calculs de ponts de chemins de fer, paraissent admettre
qu'un train pèse une tonne anglaise par pied de longueur,
ce qui revient à 3330 kilogr. par mètre et nous semble excessif surtout pour des ponts tubulaires à une seule voie où
l'on est sûr qu'il n'y aura jamais qu'un seul train dans le
tube.

Au pont de Conway, le poids d'un tube était de 1 320 800 kilogr. répartis sur une longueur totale de $125^m,66$, ce qui
revient à 10 511 kilogr. par mètre. De sorte qu'au moment
du passage d'un train, la charge par mètre courant, qui se
compose de ces deux éléments, 10 511 kilogr. par mètre
pour le poids propre du tube, et 3330 kilogr. pour la charge
du train, devrait être estimée à $p = 13 841$ kilogr.

Cette estimation est extrêmement exagérée, car une locomotive des plus grandes dimensions ne pèse que
24 000 kilogr. et a environ 10 mètres de longueur, ce qui
ne revient qu'à 2400 kilogr. par mètre courant, même
en supposant un train entièrement composé de locomotives.

Dans les premiers chemins de fer français, les wagons vides
ne pesaient guère que 3000 kilogr. ; mais leurs dimensions,
leur solidité ayant été successivement accrues, leur poids a
atteint, dans ces derniers temps, les valeurs suivantes sur
le chemin de Paris à Lyon :

DÉSIGNATION DES VOITURES.	POIDS			
	du wagon vide.	des voyageurs.	TOTAL.	par mètre de voie.
VOITURES A VOYAGEURS DE $8^m,11$ DE LONGUEUR ENTRE LES TAMPONS.				
	kil.	kil. kil.	kil.	kil.
1re classe.....................	7420	28 voyrs à 70 = 1960	9380	1148
2e classe.....................	7170	40 » à 70 = 2800	9970	1229
3e classe....................	7450	50 » à 70 = 3500	10 950	1350
VOITURES A MARCHANDISES DE $5^m,50$ DE LONGUEUR ENTRE LES TAMPONS.				
			kil.	
Wagons fermés..............	4000	marchandises	5000	9000	1636
Wagons à bagages, fermés....	4200		5000	9200	1674
Wagons à bords, non couverts.	3700		5000	8700	1582
Wagons plats...............	3000		5000	8000	1418
TRUCKS POUR VOITURES DE ROULAGE DITES MARINGOTTES, DE $7^m,00$ DE LONGUEUR ENTRE LES TAMPONS.				
Trucks....................	3300	marchandises 5000	8300	1185

Ce qui montre que la charge maximum par mètre courant, n'est, pour les wagons de marchandises, que de 1674 kilogr.

Quoi qu'il en soit, on remarquera que, dans les expériences que nous avons rapportées aux nos **257** et **259**, les charges supportées par le tube par mètre courant ont dépassé de beaucoup celles de 3330 kilogr., puisqu'elles se sont élevées à 5271 kilogr. par mètre dans la dernière expérience ou à une charge totale de 305 710 kilogr., ce qui correspond à un train de près de 30 wagons de marchandises pesant chacun 9200 kilogr., en comptant la locomotive et son tender pour 30 000 kilogr., train qui occuperait, pour les wagons seuls, une longueur de 165 mètres, supérieure à celle du tube.

Ce poids excessif était, d'ailleurs, réparti sur une longueur beaucoup moindre que celle d'un train de même poids, et l'épreuve supportée par le tube a été bien supérieure à celle du service courant. Malgré cela, la flexion ne s'est élevée au plus qu'à $\frac{1}{436}$ de la portée.

268. *Marche à suivre dans le calcul des solides du genre des ponts tubulaires.* — Lorsqu'il s'agit de constructions analogues à celles des ponts tubulaires, il se présente, pour déterminer les dimensions à donner aux poutres ou supports en fer, une difficulté qui provient de la grande influence qu'exerce le poids propre de ces corps, généralement plus considérable que celui des charges auxquelles ils doivent donner passage.

On peut échapper à cette difficulté et obtenir au moins une première approximation de l'étendue à donner aux surfaces résistantes du profil transversal de la manière suivante : les parois verticales ayant beaucoup plus d'importance comme moyen de liaison de la partie supérieure à la partie inférieure que comme éléments de la résistance du solide, on en fera d'abord abstraction, et alors, on appliquera la relation approximative établie au n° **263** dans l'hypothèse que la hauteur du solide est assez grande par rapport à l'épaisseur du sommet et du fond pour qu'on puisse regarder toutes les fibres du sommet comme également comprimées, et toutes celles du fond comme également allongées; on se bornera donc à écrire que le moment de la moitié de la charge, pris par rapport à la section du milieu, est égal au moment de la résistance de chacune de ces parties, pris par rapport à l'autre.

Si de plus nous admettons, ainsi que cela paraît résulter des discussions précédentes, que pour les premières variations de longueur et les faibles flexions, les seules que l'on puisse tolérer, la résistance du fer à la compression est la même que celle qu'il oppose à l'extension et si l'on prend

$$R = 6\,000\,000 \text{ kilogr.}$$

comme nous avons montré qu'on pouvait le faire avec sécurité, il sera facile d'établir le calcul.

En effet, la somme des moments du poids propre du solide est, comme on sait, $\frac{1}{2} pC^2$.

La somme des moments de la charge provenant du train est $\frac{1}{2} p'C^2$, en admettant que le train occupe toute la longueur du pont.

Le moment de la résistance du sommet à la compression par rapport au fond est

$$RAb,$$

en appelant b la distance des lignes milieux du fond et du sommet.

On doit donc avoir

$$\tfrac{1}{2}pC^2 + \tfrac{1}{2}p'C^2 = RAb.$$

Or, le poids $2pC$ du solide, dont le sommet et le fond devront avoir la même section, puisque l'on admet que $R = R'$, ce qui donne $A = A'$, peut, en négligeant les parois verticales, être exprimé par

$$2pC = 2 \cdot d \cdot A \cdot 2C,$$

en désignant par $d = 7783$ kilogr. le poids du mètre cube de fer forgé. On a donc

$$\tfrac{1}{2}pC^2 = dAC^2.$$

L'expression précédente devient ainsi

$$dAC^2 + \tfrac{1}{2}p'C^2 = RAb$$

ou

$$A\left(\frac{Rb}{C} - dC\right) = \tfrac{1}{2}p'C;$$

d'où

$$A = \frac{p'C}{2\left(\dfrac{Rb}{C} - dC\right)}.$$

Lors donc que la portée $2C$ sera connue, la hauteur du solide et l'épaisseur du sommet et du fond déterminées *a priori*, ainsi que le poids $2p'C$ du train ou la charge uniformément répartie à supporter sur toute la longueur, on aura une première valeur de l'aire de la section transversale qu'il convient d'adopter pour le sommet et pour le fond.

Si, par exemple, on applique cette formule au pont de Conway, en supposant que la charge extérieure à supporter par mètre courant soit $p' = 3330$ kilogr., attendu que :

$$b = 7^m,78 - 0^m,535 = 7^m,245,$$
$$C = 61^m,$$
$$d = 7783^{kil},$$

on trouve pour le sommet :

$$A = \frac{3330 \times 61}{2 \left(6\,000\,000 \dfrac{7,245}{61} - 7783 \times 61 \right)} = 0^{mq}427$$

L'adoption de la même aire pour le fond, donnerait pour l'aire totale

$$A + A' = 0^{mq},854,$$

tandis qu'au pont de Conway l'on a fait

$$A = 0^{mq},43215, \quad A' = 0^{mq},33346,$$

et par suite $\qquad A + A' = 0^{mq},76561.$

On voit donc que la supposition d'une égale résistance du sommet et du fond, et l'adoption de la valeur

$$R = R' = 6\,000\,000 \text{ kilogr.}$$

conduisent à des dimensions un peu supérieures à celles qui ont été adoptées par M. Stephenson.

Mais il faut remarquer que déjà nous avons montré que la charge de 3330 kilogr. par mètre courant est trop considérable, même en y comprenant les rails et leurs supports.

Nous pensons qu'en calculant sur un train de locomotives pesant chacune 30 000 kilogr., et occupant chacune 10 mètres de longueur de voie, ce qui donnera $p' = 3000$ kilogr. de charge par mètre de voie, on se rapprochera davantage de la plus forte charge accidentelle. On trouverait alors

$$A = 0^{mq},384$$

et par suite $\qquad A + A' = 0^{mq},768,$

ce qui est presque exactement la proportion adoptée pour le pont de Conway.

269. *Même calcul dans la supposition de l'inégalité des résistances* R *et* R'. — Le même mode de calcul approximatif s'appliquerait à l'hypothèse, admise par les ingénieurs anglais, de l'inégalité des résistances R et R' à la compression et à l'extension. Alors le poids $2pC$ du tube serait exprimé par

$$2pC = d(A + A')2C = dA2C\left(\frac{R + R'}{R'}\right),$$

à cause de la condition d'égale résistance du sommet et du fond $RA = R'A'$; d'où l'on conclut

$$\tfrac{1}{2}pC^2 = \frac{dAC^2}{2} \cdot \frac{R + R'}{R'}.$$

On aurait donc, pour l'égalité des moments des forces extérieures et des résistances du tube :

$$\frac{dAC^2}{2} \cdot \frac{R + R'}{R'} + \tfrac{1}{2}p'C^2 = RAb;$$

d'où

$$A\left(\frac{Rb}{C} - \frac{dC}{2} \cdot \frac{R + R'}{R'}\right) = \tfrac{1}{2}p'C$$

et

$$A = \frac{p'C}{2\left(\dfrac{Rb}{C} - \dfrac{dC}{2} \cdot \dfrac{R + R'}{R'}\right)}.$$

Si l'on admettait, comme le propose M. Hodgkinson, le rapport de $\frac{4}{5}$ entre R et R', ce qui est à très-peu près celui qui a été admis dans la construction des tubes, on aurait, en prenant encore $p' = 3330$ kilogr.

et
$$R' = 8\,000\,000, \quad R = 6\,400\,000 :$$

$$A = \frac{3330 \times 61}{2\left(6\,400\,000 \times \dfrac{7,245}{61} - \dfrac{7783 \times 61}{2} \cdot \dfrac{14,4}{6,4}\right)} = 0^{m \cdot q},449,$$

au lieu de la valeur $A = 0^{m \cdot q},43\,215$, qui a été adoptée pour ce pont, et

$$A' = \tfrac{4}{5}A = 0^{m \cdot q},3592, \quad \text{au lieu de} \quad A' = 0^{m \cdot q},33\,346.$$

On voit que cette méthode fort simple de calcul conduit à des valeurs pour les surfaces du sommet et du fond auxquelles on peut s'arrêter.

270. *Observations et conclusion.* — Malgré l'accord à peu près parfait des derniers résultats que nous venons de calculer avec les proportions admises par les ingénieurs anglais qui ont construit les premiers ponts tubulaires, et qui montrent qu'ils ont en réalité donné à R et à R' des valeurs toutes deux supérieures à celle de 6 000 000 kilogr. que nous prenons pour valeur commune de ces quantités, nous pensons qu'il sera à la fois plus prudent et plus conforme à ce qui se passe dans les premiers effets de flexion, d'adopter pour R et R' la même valeur, et de faire

$$R = 6\,000\,000 \text{ kilogr.},$$

en se servant alors de la formule du n° **268**, pour la détermination de l'aire des sections du sommet et du fond.

271. *Détails de construction des tubes.* — La nouveauté du genre de construction qui vient de nous occuper, et l'importance majeure que de bons assemblages ont évidemment pour en assurer la solidité, nous engagent à entrer dans quelques détails relatifs à l'exécution : nous les emprunterons à l'ouvrage de M. E. Clark.

La forme générale des tubes, dans le sens de la longueur, se rapproche un peu de celle des solides d'égale résistance. Ils sont plus élevés au milieu qu'aux extrémités pour les tubes isolés ; mais quand deux tubes contigus sont réunis et assemblés sur une même pile, comme au pont Britannia, il en résulte que la partie du tube unique supportée par la pile peut être regardée comme encastrée en cet endroit, et qu'elle éprouve, par l'action des portions situées à droite et à gauche, une forte tension qui exige qu'elle soit renforcée.

D'une autre part, l'extrémité des tubes qui repose sur les piles est soumise à un effort perpendiculaire à sa longueur, égal à la moitié de la charge totale, et doit présenter une section transversale suffisante pour y résister et pour conserver sa forme. Enfin, les boulons qui unissent les côtés et qui transmettent du fond au sommet l'action de cette charge qui agit sur les piles, doivent être assez solides et en assez grand nombre pour y résister.

Ainsi, dans le pont de Conway, la charge totale, tube et train réunis, étant de 13 841 kilogr. par mètre courant, ou de 1 688 602 kilogr. en totalité; il s'ensuit que l'extrémité devait être en état de résister à un effort égal à 844 301 kilogr., tendant à la couper ou à arracher tous les boulons d'un joint vertical des côtés.

Sachant donc qu'un boulon résiste à la section transversale à peu près comme à la traction (n° 35), et comptant sur une charge de 6 000 000 kilogr. par mètre carré, on voit que la surface totale de section de tous les boulons de deux joints correspondants des côtés verticaux devra être de

$$\frac{844\,301^{\text{ kil}}}{6\,000\,000} = 0^{\text{m·q}},140717.$$

Si l'on emploie des rivets de 0^{m},025 dont la section transversale est

$$\frac{\overline{0,025}^2}{1,273} = 0^{\text{m q}},0490,$$

il faudra

$$\frac{0,1407}{0,049} = 290 \text{ rivets};$$

mais on peut, dans ce cas, prendre hardiment $R = 8\,000\,000$ kilogr., et réduire ainsi le nombre des rivets.

Les ponts Britannia se composent de deux grandes travées de 150 mètres de portée chacune, et de deux petites travées de 60 à 70 mètres. Les quatre parties qui forment chaque tube sont réunies entre elles de manière à offrir un solide continu. La hauteur de ces tubes, qui va en augmentant à partir des extrémités ou de la culée jusqu'au milieu, où ils reposent sur le rocher Britannia, varie de la manière suivante.

Distances de l'extrémité,

$$0^m, \quad 15^m,25, \quad 30^m,50, \quad 45^m,75, \text{ milieu};$$

Hauteur extérieure du tube,

$$7^m,01, \quad 7^m,68, \quad 8^m,30, \quad 8^m,90, \quad 9^m,12.$$

La plus petite hauteur intérieure dans œuvre, entre le dessus des rails et les parties les plus basses du sommet, laisse $4^m,98$ pour le passage des locomotives, la hauteur totale du sommet, du fond, des carlingues, des rails et de leurs supports étant aux extrémités égale à $2^m,03$.

Le poids du tube même étant supérieur à la plus grande charge qu'il ait à supporter, l'on a prévu qu'une fois mis en place il prendrait une certaine flexion; et comme il importait que la voie fût à très-peu près horizontale, on a donné au tube, en le construisant, une courbure de $0^m,23$ qui a à peu près disparu après la pose.

Dans des constructions pareilles, il faudra calculer, par la formule du n° **203**, la flexion que prendra le solide par son propre poids, et établir la forme sur laquelle on le construira, de manière à lui donner une courbure correspondante. Il sera d'ailleurs prudent d'augmenter un peu cette valeur, pour tenir compte du jeu inévitable de quelques assemblages.

272. *Fond du tube.* — Cette partie est ordinairement formée de deux rangs de feuilles de tôle. Au pont Britannia, ces feuilles, disposées sur six rangées parallèles, avaient $3^m,66$ de long, $0^m,712$ de large pour les quatre rangées intérieures, et $0^m,810$ pour les deux rangées extérieures.

Les tôles sont un peu plus épaisses au milieu qu'aux extrémités, où elles fatiguent moins. Ainsi, au pont Britannia, l'épaisseur a varié graduellement de $14^{mill},3$ à $9^{mill},5$, cette dernière épaisseur étant celle des extrémités des petits tubes joignant les culées.

Après plusieurs essais, le mode d'assemblage trouvé le meilleur pour les plaques du fond a consisté à disposer les deux rangs superposés de façon que les feuilles se dépassant de $0^m,305$, les deux joints étaient éloignés de cette quantité. Deux plaques de recouvrement, de $0^m,915$ de long, servaient à réunir les feuilles, au moyen de boulons disposés par rangées de neuf à la file, et en quinconce d'un rang à l'autre : on a réduit ainsi le nombre des lignes de joints au minimum.

De plus, les joints de chaque rangée de feuilles ont été alternativement placés en avant ou en arrière, l'un par rapport à l'autre, de $1^m,22$, ce qui a permis de réserver un intervalle égal pour le lieu des plaques verticales et transversales des cellules. Il en est résulté que les joints et les rivures sont également répartis, à une distance de $1^m,28$, en moindre nombre, et plus solides que par les autres modes de réunion précédemment employés. On a d'ailleurs eu le soin de disposer les rivets en quinconce.

273. *Couvre-joints.* — Les couvre-joints des plaques du fond, placés à l'intérieur des cellules, ont la même largeur que ces cellules, et sont courbés pour s'appliquer sur les cornières. Ils sont fixés par les mêmes rivets.

Les couvre-joints extérieurs ont une largeur plus grande que les feuilles qu'ils réunissent longitudinalement. Afin de les lier aux feuilles voisines, ils sont assez larges pour être rivés aux deux faces des cornières intérieures.

274. *Cloisons des cellules.* — Les cloisons (pl. IV, fig. 21) sont formées de feuilles de tôle de $0^m,535$ de hauteur, reliées au fond par des cornières. Les feuilles de tôle employées ont $3^m,66$ et sont assemblées bout à bout par des couvre-joints d'épaisseur moitié de celle des tôles réunies. Ces couvre-joints se replient sur les cornières des angles et sont réunis par les mêmes rivets.

Les cornières longitudinales sont formées de parties réunies entre elles par de petites cornières formant couvre-joints, de manière qu'elles sont continues dans toute la longueur du tube.

275. *Carlingues.*—Pour mettre le fond en état de résister à la flexion transversale produite par la pression du train sur les rails, on a disposé des traverses en tôle appelées carlingues, de $0^m,254$ de hauteur, sur $0^m,0127$ d'épaisseur, liées au fond et aux côtés par des cornières, et espacées l'une de l'autre de $1^m,83$.

276. *Pose de la voie.* — Sur ces carlingues reposent des longuerines de $0^m,355$ sur $0^m,178$, destinées à recevoir les rails qui sont du modèle de ceux du Great-Western.

Deux cornières, fixées sur les carlingues, soutiennent les longuerines qui s'y réunissent bout à bout et y sont fixées par des boulons, sous la tête desquels il y a des plaques formant rosettes. Les rails sont fixés par des tirefonds sur les longuerines.

277. *Dilatation.* — Pour laisser aux rails la facilité de suivre le mouvement de dilatation du tube entier, on a disposé aux deux extrémités seulement deux rails à bouts amincis, qui sont indépendants l'un de l'autre, et dont les extrémités peuvent s'éloigner ou se rapprocher. On a eu soin de ne pas placer les deux joints semblables vis-à-vis l'un de l'autre.

278. *Côtés verticaux.* — Ils sont formés de feuilles plates de $0^m,61$ de largeur et de deux longueurs différentes, pour faire varier la position des joints. Ces feuilles sont ajustées bout à bout avec beaucoup de soin et assemblées horizontalement par des couvre-joints d'une épaisseur égale à la moitié de celle des plaques elles-mêmes.

Les joints verticaux sont recouverts par des fers à T, placés au dedans et au dehors et remplissant ainsi l'office de piliers distants les uns des autres de $0^m,61$, qui consolident beaucoup le système et lui donnent de la rigidité en même temps qu'ils répartissent les efforts.

279. *Assemblage des côtés avec le fond et le sommet.* — Les fers à T intérieurs sont reployés sur le fond et sur les côtés pour former un coude dont les deux bras sont réunis par un gousset triangulaire formé de deux feuilles de tôle placées de part et d'autre de la nervure du T, et boulonnées avec elle, et une autre feuille de tôle de l'épaisseur de la nervure est insérée entre les goussets et réunie avec eux par des rivets.

Ces goussets en équerre consolident beaucoup le profil en empêchant les angles de varier.

Il y en a de plusieurs grandeurs. Les plus grands ont $1^m,52$ de hauteur sur $0^m,61$ de base ; les moyens, $1^m,22$ de hauteur sur $0^m,53$ de base ; les troisièmes, $0^m,915$ sur $0^m,38$, enfin les plus petits, $0^m,61$ sur $0^m,38$. Ils ont tous $7^{mill},9$ d'épaisseur.

L'assemblage des côtés avec le fond et avec le sommet se trouve ainsi assuré : 1° par les coudes des cornières intérieures consolidées par les goussets ; 2° par des cornières intérieures et extérieures placées en dehors du fond et du sommet ; 3° par des cornières intérieures et extérieures placées au dedans du fond et du sommet.

280. *Du sommet des tubes.* — Ce sommet présente aussi une section cellulaire à huit compartiments de $0^m,53$. Le dessus et le dessous du sommet sont formés, comme le fond, de deux épaisseurs de plaques réunies par neuf cloisons verticales et assemblées par des couvre-joints et des cornières.

Il importe que les extrémités des feuilles de tôle se touchent aussi exactement que possible, attendu que cette partie étant exposée à la compression, il est très-utile à la solidité qu'elles se soutiennent mutuellement.

Les joints longitudinaux sont réunis par des couvre-joints de $0^m,23$ de largeur.

Le sommet des tubes, au-dessus des piles intermédiaires,

éprouvant une grande tension par suite de la flexion du tube, on a eu soin de le renforcer par des couvre-joints de 0^m,53 de largeur en augmentant le nombre des rivets d'assemblage. Cette précaution a été prise sur 27^m,50 de largeur de chaque côté de ces piles.

A des distances égales, de 3^m,66, le sommet est aussi renforcé par des carlingues semblables à celles du fond et assemblées de même.

En résumé, le poids d'un des tubes du pont Britannia se compose ainsi qu'il suit :

	POIDS.	AIRE de la section transversale.	NOMBRE de rivets.
	kil.	m.q	
Sommet	1 500 000	0,4150	310 390
Côtés..............	1 750 000	0,1940	535 650
Fond..............	1 490 000	0,3780	249 010
	4 740 000	0,9870	1 095 050

Le pont entier, pour les deux lignes, a employé environ 425 000 mètres cubes de maçonnerie, 9 480 000 kilogr. de fer et 2 000 000 kilogr. de fonte.

Tels sont les détails que nous pouvons donner ici sur cette admirable et gigantesque construction, qui fait le plus grand honneur au génie hardi de M. Stephenson qui l'a conçue, et au talent de l'habile ingénieur, M. Fairbairn qui, par ses expériences préliminaires, en a déterminé la forme et les dimensions principales.

281. *Expériences sur la résistance transversale d'une poutre en tôle de fer.* — L'expérience suivante, faite sur une échelle considérable, est due à M. Brunel fils, célèbre ingénieur anglais.

Une poutre en tôle dont les figures 1 et 2 (pl. V) indiquent la disposition, ayant 66^{pi} = 20^m,13 de portée entre les appuis, 10^{pi} = 3^m,05 de hauteur totale au milieu, et 6^{pi} = 1^m,830 aux bouts a été construite pour cette expérience.

La tôle du sommet était légèrement recourbée pour offrir plus de résistance à la compression. L'aire de chacune des sections triangulaires, que l'on peut regarder comme formant les nervures du sommet et du bas, était de 25 pouces carrés $= 0^{m\cdot q},016\,125$.

La partie verticale intermédiaire entre le sommet et le bas était formée d'une simple plaque de tôle de $\frac{1}{4}$ de pouce $= 0^m,0063$ d'épaisseur. De trois en trois plaques il n'y en avait qu'une qui s'étendît sur toute la hauteur, de sorte que cette partie n'avait ailleurs que 7 pieds $= 2^m,135$ de hauteur.

Cette partie même du profil était renforcée par deux plaques formant nervures placées à $15^{pi} = 4^m,575$ de distance vers le milieu de la poutre et de la même épaisseur que celles du sommet et du fond. Deux nervures semblables existaient aussi aux extrémités.

Les plaques verticales étaient assemblées à recouvrement; les plaques horizontales du fond étaient réunies par des bandes de couverture avec deux rangs de rivets de $\frac{3}{4}$ de pouce ou $0^m,019$ de diamètre, disposés en quinconce.

Les résultats des expériences sont reproduits dans le tableau suivant.

Le poids de la poutre, estimé d'après ses dimensions, était d'environ 7 500 kilogr., dont les $\frac{5}{8}$ ou 4 687 kilogr. doivent être ajoutés à la valeur de la charge dans l'examen des flexions.

Il est probable que, si les rivures avaient été mieux faites, cette pièce aurait porté une plus forte charge.

La représentation graphique des résultats, en prenant les charges pour abscisses et les flexions pour ordonnées, fait voir que, jusque vers la charge de 101 565 kilogr., non compris le poids propre du solide, les flexions sont restées proportionnelles aux charges, c'est-à-dire tant qu'elles n'ont pas dépassé $0^m,0159$ ou $\frac{1}{1276}$ de la portée.

La figure 4 (pl. V) est une réduction du tracé effectué à une échelle plus grande avec les données du tableau suivant.

CHARGES, $2p'C'$.	FLEXIONS.	OBSERVATIONS.
	m	
10 156	0,0008	
20 313	0,0032	
30 469	0,0040	
40 626	0,0047	Jusqu'à cette charge la poutre n'avait été chargée que sur un seul côté.
50 782	0,0079	
60 939	0,0087	
71 095	0,0111	
81 252	0,0119	
91 408	0,0127	
101 565	0,0159	Charges égales de chaque côté.
111 721	0,0191	
121 878	0,0206	
132 034	0,0222	Les plaques verticales ont commencé à se plisser à partir du tiers de la longueur de la poutre et successivement vers son milieu.
142 191	0,0270	
152 347	0,0286	
162 503	0,0317	
172 660	»	A cette charge il y a eu déchirement d'un joint du fond et le sommet s'est plissé par refoulement ; aucune autre partie de la poutre n'a été dégradée.
182 817	»	
190 942	»	

282. *Données pour le calcul du coefficient d'élasticité.* — L'aire des deux parties triangulaires du sommet et du fond est pour chacune $A = 25^{po \cdot q} = 0^{m \cdot q},0161$. En la considérant comme réunie au centre de gravité du triangle, ce qui est suffisamment exact à cause de la grande hauteur de la pièce, le moment d'inertie du sommet et celui de la base par rapport à la ligne des fibres invariables, qui passe ici au milieu de la hauteur totale, est pour chacun d'eux

$$A \times \overline{1,372}^2 = 0,03031$$

et pour ces deux parties il est égal à $I = 0,06062$.

L'épaisseur de la partie verticale est $a = 0^m,0063$.

Sa hauteur est $2^m,135$ entre les triangles.

Son moment d'inertie est donc

$$\tfrac{1}{12} ab^3 = \tfrac{1}{12} \times 0,0063 \times \overline{2,135}^3 = 0,005109,$$

ce qui montre que le moment d'inertie de cette partie n'est guère que le douzième environ de celui du sommet et du fond réunis et permet d'en négliger l'influence dans les calculs relatifs à des projets, puisqu'il en résulte, en définitive, une résistance plus grande que celle sur laquelle on compte.

Nous conserverons néanmoins, pour la discussion des résultats, au moment·d'inertie sa valeur totale qui sera ainsi

$$I = 0,06062 + 0,005109 = 0,065729.$$

La distance v' de la fibre la plus éloignée des fibres invariables est $v' = 1^m,525$. On a donc

$$\frac{I}{v'} = \frac{0,065729}{1,525} = 0,0431.$$

283. *Manière particulière de charger les solides, et règle pour tenir compte du mode de chargement.* — La charge était disposée sur la poutre, comme l'indique la figure, au moyen de pièces de bois posées d'une part sur des cornières rivées sur la poutre, et de l'autre sur une plate-forme indépendante de cette pièce.

Dans un pareil dispositif, représenté (pl. V, fig. 3), en appelant :

C_1 la portée des poutres auxiliaires;

C_1' la longueur de ces poutres sur laquelle la charge est uniformément répartie, à partir du solide à essayer, à raison de p_1 kilogr. par mètre,

Il est facile de voir que le moment de la charge $p_1 x$ d'un élément de longueur x de la partie chargée, situé à la distance X de l'appui des poutres, est $p_1 X x$, et que la somme des moments semblables est $\frac{1}{2} p_1 X^2$, qu'il faut appliquer à toute l'étendue de la portée C_1', ce qui donne évidemment pour la somme totale de tous ces moments :

$$\tfrac{1}{2} p_1 [C_1^2 - (C_1 - C_1')^2] = \tfrac{1}{2} p_1 (2 C_1 C_1' - C_1'^2).$$

D'après cela, en appelant P_1 la charge qui est transmise

au solide en essai par l'appareil de chargement adopté, on aurait pour la déterminer :

$$P_1 C_1 = \tfrac{1}{2} p_1 (2 C_1 C_1' - C_1'^2),$$

d'où
$$P_1 = \frac{\tfrac{1}{2} p_1 (2 C_1 C_1' - C_1'^2)}{C_1}.$$

On voit que dans les cas où la longueur C_1 de la poutre auxiliaire sera très-grande par rapport à la longueur C_1' occupée par la charge sur cette poutre, $C_1'^2$ sera négligeable vis-à-vis de $2 C_1 C_1'$, et alors la valeur de P_1 se réduira à

$$P_1 = p_1 . C_1',$$

comme si elle était posée directement sur le solide à essayer. Si, par exemple, $C_1' = 0,05 C_1$, la formule ainsi simplifiée donne $P_1 = 0,05 p_1 C_1$; tandis qu'en tenant compte du second terme on trouve

$$P_1 = \frac{\tfrac{1}{2} p_1 [2 C_1 \times 0,05 C_1 - (0,05 C_1)^2]}{C_1} = \tfrac{1}{2} p_1 C_1 (0,10 - 0,0025)$$
$$= \tfrac{1}{2} p_1 C_1 (0,0975) = 0,0482 p_1 C_1.$$

Dans l'expérience rapportée par M. E. Clark, la valeur de C_1, ou la portée de la poutre auxiliaire, n'est pas donnée, non plus que celle de C_1' ; mais en les prenant à l'échelle d'après le dessin, ce qui ne peut conduire à une erreur notable, on trouve :

$$C_1 = 11^{\text{pi}} 6^{\text{po}} = 3^{\text{m}},50 \quad \text{et} \quad C_1' = 0^{\text{m}},915.$$

Si l'on applique la formule ci-dessus à la charge totale de 101 565 kilogr., au delà de laquelle les flexions ont cessé d'être proportionnelles aux charges, on a

$$p_1 C_1' = 101\,565^{\text{kil}},$$

d'où
$$p_1 = \frac{101\,565}{0^{\text{m}},915} = 111\,000^{\text{kil}},$$

et la formule donne pour la charge P_1, qui en agissant à

l'extrémité des poutres produirait le même effort sur le solide en expérience :

$$P_1 = \frac{\frac{1}{2}\,111\,000\left(7000 \times 0{,}915 - \overline{0{,}915}^2\right)}{3{,}50} = 88\,296^{kil},$$

ou environ 0,875 de la charge répartie sur la longueur $C_1' = 0^m,915$ des poutres auxiliaires, de part et d'autre du solide. Mais cette charge P_1, au lieu d'agir sur le milieu du solide, était répartie uniformément sur une longueur $2C' = 3^m,830$, ce qui correspondait à une charge par mètre courant égale à

$$p' = \frac{88\,296^{kil}}{3{,}83} = 23\,053^{kil},7.$$

Le poids propre du solide est environ $2pC = 7500$ kilogr.

On a $\qquad 2C = 20^m,13, \quad I = 0,065729.$

L'expérience a donné pour cette charge $f = 0^m,0159$. On déduit donc de la formule du n° **260** :

$$E = \frac{\frac{5}{24}C^3(pC + p'C) - \frac{1}{4}p'(C - C')^2 C^2}{f\,I} = 10\,317\,000\,000^{kil},$$

valeur qui s'accorde assez bien avec celles que l'on a déduites au n° **250** des expériences de M. Fairbairn sur les fers à double T laminés.

La charge de 101 565 kilogr., pour laquelle nous avons fait l'application de la formule, est celle au delà de laquelle les flexions paraissent, d'après la représentation graphique, cesser d'être proportionnelles aux charges. La flexion était alors $f = 0,0159$ ou $\frac{1}{1276}$ de la portée.

284. *Relation d'équilibre.* — Il est d'ailleurs facile de voir aussi qu'en raisonnant d'une manière analogue à celle qu'on a suivie jusqu'ici, la pression de la poutre sur chacun de ses appuis est $pC + p'C'$, dont le moment par rapport au milieu est $pC^2 + p'CC'$; que la somme des moments de la charge $p'C'$ répartie sur la longueur $2C'$, et du moment du poids propre du solide $2pC$ par rapport à la même section, est

$\frac{1}{2}p'C'^2 + \frac{1}{2}pC^2$, dont l'action est d'ailleurs dirigée en sens contraire de celle des deux premiers. On a donc

$$\frac{\mathrm{RI}}{v'} = pC^2 + p'CC' - \tfrac{1}{2}p'C'^2 - \tfrac{1}{2}pC^2,$$

ou

$$\frac{\mathrm{RI}}{v'} = \tfrac{1}{2}pC^2 + p'C'(C - \tfrac{1}{2}C'),$$

d'où

$$\mathrm{R} = \frac{[\tfrac{1}{2}pC^2 + p'C'(C - \tfrac{1}{2}C')]v'}{\mathrm{I}},$$

et

$$v' = 1^m{,}525.$$

En appliquant cette formule à la charge totale de 101 565 kilogr., qui par son mode de répartition se réduit, comme on vient de le voir (n° **283**), à 88 296 kilogr., sur la longueur $2C' = 3^m{,}83$, et en se rappelant que $2pC = 7500$ kilogr., on trouve

$$\mathrm{R} = 9\,766\,500 \text{ kilogr.},$$

tandis que dans nos formules nous faisons seulement

$$\mathrm{R} = 600\,000 \text{ kilogr.},$$

ce qui nous donne une charge beaucoup moindre que celle sous laquelle l'élasticité commencerait à s'altérer.

En appliquant la même formule à la charge qui a produit la rupture, et qui était $2p'C' = 190\,940$ kilogr., on trouverait une valeur du coefficient de rupture R inférieure à celle de 32 000 000 kilogr. que l'on obtient ordinairement pour les tôles, mais qui s'explique parce que la rupture a eu lieu dans un point où la rivure était mal faite.

283. *Utilité des cornières verticales et horizontales pour les parois verticales.* — Dans le solide que nous venons d'examiner, il n'y avait que deux cornières verticales vers le milieu et deux autres aux extrémités, et l'on a vu que les tôles formant la paroi verticale intermédiaire de la poutre se sont plissées sous des charges bien inférieures à celle qui a produit la rupture.

C'est par suite d'effets analogues observés dans les expé-

riences sur les ponts tubulaires, que l'on a été conduit,
dans ces ponts, à placer des cornières verticales de 0^m,65 en
0^m,65. Peut-être même serait-il prudent d'en placer quelques-unes horizontalement pour donner plus de roideur aux côtés verticaux. Nous ajouterons d'ailleurs que
l'épaisseur de 0^m,0063 paraît un peu faible pour le corps du
solide, attendu que cette partie, qui assure la liaison et la
simultanéité de résistance du sommet et du fond, doit être
assez forte pour varier très-peu de forme.

286. *Observation.* — On remarquera que si, d'après l'estimation admise en Angleterre (n° **268**), un train de wagons pèse 3330 kilogr. par mètre courant, cette poutre en
tôle, étant chargée du sixième de sa charge de rupture,
pourrait avec sécurité porter

$$\frac{190952}{6} = 31\ 824^{kil} \quad \text{ou} \quad \frac{31\ 824}{20,13} = 1581^{kil}$$

par mètre courant.

Deux poutres semblables, disposées à droite et à gauche
du pont, reliées de distance en distance par des traverses
inférieures, et renforcées contre les poussées latérales par
de larges cornières, offriraient donc un moyen à la fois élé-
gant et économique de construire les ponts de chemins de
fer.

Planchers en fer.

287. *Des planchers en fer.* — On emploie beaucoup actuellement des planchers en fer d'une construction très-simple
et très-facile, et dont le prix n'est pas sensiblement supérieur à celui des planchers en bois, parce qu'ils dispensent
du lattis pour le plafond.

Ces planchers sont composés de barres de fer méplat,
posées de champ, qui enfoncées d'environ 0^m,30 dans les
murs, forment les solives principales que l'on écarte
habituellement de 0^m,75. Sur ces solives (pl. V, fig. 9 et 10),
on pose, en les accrochant, des pièces appelées *entretoises,*

en fer carré de 16 millimètres ordinairement, que l'on place les unes à côté des autres, et dont le dessous affleure à peu près celui des solives. Ces entretoises sont placées à $0^m,75$ l'une de l'autre environ.

Sur ces entretoises on place de petits fers carrés de $0^m,011$, parallèlement aux solives, et engagés dans le mur, où ils se terminent par des crochets : ces petits fers sont écartés de $0^m,25$.

Sur cette charpente en fer on fait un hourdis en plâtras et plâtre, ou mieux en pots et en plâtre ou mortier, qui relie tout le système et sur lequel on pose le plancher ordinaire. Le dessous pouvant immédiatement recevoir le plâtre des plafonds, on est dispensé du lattis.

Les dimensions d'usage sont les suivantes, pour :

PORTÉES des planchers, 2C.	ÉCARTEMENT des solives.	DIMENSIONS DES FERS.				POIDS DU FER par mètre carré dans œuvre.	PRIX DU FER par mètre carré de plancher.
		SOLIVES.		ENTRE-TOISES.	PETITS FERS.		
		Longueur.	Equarissage.				
m.	m.	m.	mill.	mill.	mill.	kil.	fr.
7	0,75	7,60	19,0 sur 9	16 sur 16	11 sur 11	21,00	13 25
6	0,75	6,60	16,5 sur 9	16 sur 16	11 sur 11	19,95	12 25
5	0,75	5,60	13,5 sur 9	16 sur 10	11 sur 11	18,08	11 00

Si, d'après ces dimensions, on applique la formule du n° **165**

$$ab^2 = \frac{pC^2}{2\,000\,000},$$

relative aux barres de fer soumises à l'action d'une charge uniformément répartie, on trouve que la charge p, que l'on peut faire supporter d'une manière permanente à de semblables planchers, sera, pour les barres de :

$$7 \text{ mètres de portée} \dots\dots\dots\dots \quad p = 53^{kil},04,$$
$$6 \qquad id. \qquad \dots\dots\dots\dots \quad p = 54^{kil},40,$$
$$5 \qquad id. \qquad \dots\dots\dots\dots \quad p = 52^{kil},41,$$
$$\text{Moyenne} \dots\dots\dots\dots \quad p = 53^{kil},28.$$

Or, ces solives étant espacées de $0^m,75$, cela revient à une charge de $\frac{53,28}{0,75} = 71$ kilogr., ou environ une personne par mètre carré, ce qui dépasse déjà les charges produites dans des réunions ordinaires, et montre que ces dimensions sont bien suffisantes pour des charges habituelles, surtout si l'on considère que la liaison de toutes les parties par le hourdissage en plâtre augmente beaucoup la rigidité de tout le système.

Si l'on calcule par la même formule la charge par mètre courant, que les entretoises peuvent porter d'une manière permanente, en se rappelant que pour ces pièces on a

$$2C = 0^m,75, \quad a = b = 0^m,016,$$

on trouve
$$p = \frac{b^3 \times 2\,000\,000}{C^2} = 58^{kil},10,$$

ce qui correspond encore à une personne par mètre carré.

De même, pour les petits fers de remplissage, pour lesquels

$$2C = 0^m,75, \quad a = b = 0^m,011,$$

on trouve
$$p = \frac{b^3 \times 2\,000\,000}{C^2} = 18^{kil},88\,;$$

et comme il y a deux de ces fers de remplissage entre chaque solive, ce qui avec la solive elle-même forme trois intervalles de $0^m,25$, on voit que la charge trouvée pour chacun de ces fers est environ le tiers de celle qui se répartit sur un intervalle de $0^m,75$ de large et qui est de 53 kilogr.

Toutes les pièces de ces planchers sont donc bien proportionnées pour une charge normale et permanente de 70 kilogr., ou d'une personne, par mètre carré.

288. *Expériences sur les planchers en fer.* — Des expériences dans lesquelles les charges ont été très-exagérées ont montré que ces planchers pouvaient supporter sans danger des pressions beaucoup plus considérables. Un plancher de $7^m,00$ de portée, proportionné comme il est dit plus haut, a été chargé, après le hourdissage, de 500 kilogr. par mètre carré.

Sa flèche au-dessus de l'horizontale était, après la pose, de 0^m,070 ; après le hourdissage, elle a été réduite à 0^m,040. Sous la charge de 500 kilogr. par mètre carré, ce plancher a fléchi de 0^m,030 au-dessous de l'horizontale ou de 0^m,070 en tout, et après quarante-huit heures d'action de cette charge, il est encore descendu de 0^m,05. La flexion totale a donc été de 0^m,12. En enlevant la charge, le plancher s'est relevé de 0^m,05 ; mais en enlevant le hourdis, les barres ont repris 0^m,06 de flèche au-dessus de l'horizontale, ce qui montre que l'élasticité du fer avait été peu altérée, et qu'une grande partie de la flexion permanente était produite et maintenue par le hourdis lui-même.

La charge correspondante à cette épreuve, par mètre courant de solide, était 500^{kil} × 0,75 = 375 kilogr. ou environ sept fois la valeur normale trouvée plus haut.

On remarquera qu'un plancher d'appartement n'est presque jamais exposé à porter plus de quatre personnes ou de 280 kilogr. par mètre carré, ce qui, à cause de l'écartement des solives, égal à 0^m,75, revient à 210 kilogr. par mètre courant ou environ quatre fois la charge normale trouvée ci-dessus, d'après la formule.

2e *Épreuve*. — Un plancher de 6^m,00 de portée a été soumis à l'épreuve suivante :

Les solives étant en place, on a bâti sur deux d'entre elles un mur en moellons soutenu par des bouts de madriers, de façon que son poids se répartît également entre elles et produisît sur chacune une pression de 2076 kilogr. ou 346 kilogr. par mètre courant.

Sous cette charge, les solives qui avaient à l'origine 0^m,070 de courbure au-dessus de l'horizontale, n'en ont plus conservé qu'une de 0^m,025 ; mais quand elles ont été déchargées, la courbure est revenue à 0^m,065. Les solives n'avaient donc perdu que 5 millimètres de leur courbure sous une charge qui était à peu près sept fois la charge normale déterminée par la formule pratique.

3ᵉ *Épreuve.* — Un plancher de 5ᵐ,00 de portée a été construit dans les mêmes proportions d'écartement entre les supports. Les solives avaient les dimensions suivantes : $b = 0^m,135$, $a = 0^m,009$. Il a été chargé de 500 kilogr. par mètre carré ou de 375 kilogr. par mètre courant de solive, ou sept fois environ la charge normale.

La courbure des solives qui était à l'origine de 0ᵐ,050, et qui avait été réduite par le hourdissage à 0ᵐ,045, s'est d'abord abaissée à 0ᵐ,030; puis, après quarante-huit heures, à 0ᵐ,025 au-dessus de l'horizontale. Le plancher étant déchargé, il a repris la courbure 0ᵐ,040 au-dessus de l'horizontale; n'ayant ainsi perdu que 5 millimètres par cette grande surcharge.

Ces expériences où les charges ont dépassé le double des plus grandes charges qui puissent accidentellement être distribuées sur des planchers, montrent donc que ce mode de construction offre toute la solidité et toute la rigidité nécessaires.

289. *Observations sur le mode de pose et de liaison des solives.* — Le mode de construction employé pour remplir les intervalles laissés par les parties en fer de cette charpente produit, comme on l'a vu, une flexion des solives qui n'est pas l'effet du poids seul des matériaux. Par la forme en cuvette donnée aux hourdis, les efforts de dilatation qui se développent au moment de la prise du plâtre étant obliques, leurs composantes horizontales peuvent se détruire, mais les composantes verticales s'ajoutent et produisent l'abaissement que l'on a signalé. Il est probable qu'un meilleur mode de travail ou d'autres formes données à ce hourdis corrigeraient cet effet.

D'une autre part, on peut augmenter beaucoup la rigidité des solives en les posant sur les murs, de manière qu'elles y soient réellement encastrées au lieu d'être, comme il est arrivé dans les expériences précédentes, engagées dans une simple maçonnerie de moellons, mal ou imparfaitement liés entre eux. Il faudrait pratiquer dans une pierre de taille la plus grande partie du logement nécessaire pour embrasser exactement la barre et la recouvrir par une autre pierre tellement ajustée, que par la pression du mur elle comprimât réellement la barre qui se trouverait ainsi exactement encastrée. Il serait encore mieux de placer une plaque de fer formant cale au-dessus et au-dessous de l'extrémité de la solive, surtout si les pierres employées sont tendres.

290. *Modifications dans la forme à donner aux barres.* — La forme méplate adoptée pour les solives est, à la vérité, la plus simple et la plus économique de fabrication. Elle a, de plus, l'avantage d'être celle des fers dits marchands et de pouvoir être trouvée partout. Cependant il semble qu'il serait convenable de lui donner celle d'un T renversé (pl. **V**, fig. 11), qui, étiré au laminoir, aurait le dessus de sa nervure arrondi, ainsi que les raccordements de cette nervure avec la face plate inférieure. Cette forme permettrait d'en donner une analogue aux entretoises qui, n'ayant ainsi que des angles arrondis, seraient moins exposées à présenter des défauts dans les plis, et pourraient, d'ailleurs, être fabriquées très-facilement par l'emploi d'étampes et de moules analogues à ceux qu'on emploie dans les ateliers de l'artillerie. La fabrication serait ainsi plus économique et les produits meilleurs.

291. *Emploi des fers à double* T *pour les planchers.* — On se sert aussi beaucoup actuellement de solives en fonte ou en fer forgé à double T pour les planchers des maisons d'habitation, surtout pour les magasins que l'on veut mettre à l'abri du feu.

On calculera les dimensions qu'il conviendra de donner à ces solives par les formules des n^{os} **145** et **246**, en y introduisant, pour la charge par mètre courant de longueur des solives, celle qui se déduit de l'hypothèse d'une charge habituelle d'une personne ou de 70 kilogr. par mètre carré, et d'après la répartition de cette charge entre les solives. Les dimensions que l'on déduira des formules seront suffisantes pour le cas d'une charge accidentelle beaucoup plus considérable.

Influence du mouvement de la charge.

292. *De l'influence du mouvement de la charge sur la flexion des solides qui la supportent.* — On n'a considéré jusqu'ici les flexions produites par les charges que dans l'hypothèse où les charges restent immobiles au point où elles sont placées; mais il n'est pas sans intérêt pour la stabilité des ponts, et surtout de ceux qui doivent servir au passage des trains de chemins de fer marchant à grande vitesse, d'examiner comment la vitesse du transport peut influer sur les flexions.

On comprend, en effet, facilement que quand un chariot ou simplement un cylindre roule sur des poutres qui fléchissent sous la charge, la courbure du chemin parcouru par le solide donne lieu à un développement de force centrifuge dont l'action normale à la courbure concourt avec le poids de la charge à augmenter la flexion et peut même produire la rupture. On se rappelle que la force centrifuge a pour expression

$$\frac{m\mathrm{V}^2}{r} = \frac{\mathrm{P}}{g} \cdot \frac{\mathrm{V}^2}{r}$$

formule dans laquelle

m est la masse du corps en mouvement;
V sa vitesse dans le sens de la courbe;
r le rayon de courbure de la courbe.

On voit donc que pour une même charge l'effet de cette force ou l'accroissement de pression qu'elle peut produire, croît comme le carré de la vitesse et en raison inverse du rayon de courbure, c'est-à-dire qu'il sera d'autant plus grand que la flexion elle-même sera plus considérable.

Mais d'une autre part, on voit aussi que si les proportions

données au solide sont telles que la flèche de courbure que produirait la charge au repos, soit nécessairement très-faible, cette action de la force centrifuge ne pourra pas atteindre une grande intensité et qu'alors, aux limites usuelles de vitesse des trains de chemin de fer, on pourra en faire abstraction.

293. *Expériences exécutées à Portsmouth.* — De nombreuses et intéressantes expériences ont été faites à ce sujet au dockyard de Portsmouth par MM. Henry James, capitaine, et Douglas Galton, lieutenant de la marine royale d'Angleterre.

Des barres de fonte de $2^m,745$ de portée ont été disposées de manière à faire partie d'un petit chemin de fer horizontal, raccordé vers ses deux extrémités par des courbes convenables, avec des plans inclinés, au moyen desquels un chariot abandonné à lui-même pouvait acquérir une vitesse considérable.

Des appareils ingénieux, munis de styles, traçaient pendant le passage, sur une surface plane, les flexions que prenaient les barres, ce qui a permis de comparer celles qui avaient lieu pendant le mouvement aux flèches de courbure obtenues quand le chariot était au repos et placé au milieu des barres.

Ces expériences ont été répétées sur des barres de fonte ayant toutes la même portée $2C = 2^m,745$, mais de sections différentes. Les résultats ainsi que les données sont consignés dans les tableaux du n° **294**, où l'on trouve la flexion produite par des charges diverses au repos et celle qui a lieu pendant le mouvement à différentes vitesses ainsi que le rapport de ces flexions.

L'examen de ces tableaux montre d'abord qu'effectivement les flexions maximum prises par les solides, croissent avec la vitesse du mouvement, et l'on voit en outre que la rupture a lieu sous des charges de plus en plus faibles à mesure que la vitesse devient plus grande.

L'observation a aussi prouvé que la rupture a lieu en général à des points situés au delà du milieu de la longueur des barres et qu'elle se produit souvent en plusieurs endroits différents à la fois.

L'influence de la vitesse de passage sur des solides qui fléchissent est donc rendue très-manifeste par ces expériences, et l'action de la force centrifuge dans cet effet est incontestable ; mais comme il faut toujours un certain temps pour que les flexions se produisent, et que cette force qui en dépend se développe pendant le passage, il arrive qu'au delà de certaines limites de vitesse, l'effet ou la flexion diminue au lieu d'augmenter. C'est ce qui résulte des expériences suivantes faites sur des barres d'acier et de fer forgé.

Expériences sur deux barres d'acier de $0^m,685$ de longueur, $0^m,0508$ de largeur, et $0^m,0063$ d'épaisseur.

		m.	m.	m.	m.	m.
Vitesses en 1″.........	»	4,57	7,00	8,83	10,35	13,40
	mill.	mill.	mill.	mill.	mill.	mill.
Flexion au milieu.....	17,8	25,9	33,6	36,8	33,00	26,20

Expériences sur deux barres de fer de $2^m,745$ de longueur, $0^m,0254$ de largeur, et $0^m,0762$ d'épaisseur, avec une charge de 805 kilog.

		m.	m.	m.	m.	
Vitesses en 1″.........	»	4,57	8,83	11,00	13,20	»
	mill.	mill.	mill.	mill.	mill.	
Flexion au milieu.....	7,36	9,90	12,70	15,75	10,90	

Ces expériences ont donné lieu à des recherches théoriques fort intéressantes pour la science de la part de M. le professeur Willis.

Mais ce savant géomètre a été conduit à des calculs trop compliqués pour être d'un usage habituel, et nous chercherons à discuter les résultats des expériences par une méthode plus simple, qui sera suffisamment exacte pour la pratique.

Quant aux applications usuelles, nous ferons remarquer d'abord qu'une partie de ces expériences ont commencé avec des charges, et, par conséquent, sous des flexions qui dépassaient déjà de beaucoup celles que l'on peut admettre pour des constructions permanentes et que donneraient nos formules pratiques.

Ainsi, les barres de fonte de $0^m,0254$ de largeur sur $0^m,0508$ d'épaisseur et $2^m,745$ de portée n'auraient dû supporter en leur milieu qu'une charge permanente de $119^{kil},44$, tandis que le chariot employé a toujours pesé au moins 508 kilogr., ce qui revenait à 254 kilogr. par barre.

Les barres de $0^m,0254$ de largeur sur $0^m,0762$ d'épaisseur qui, sous la portée de $2^m,745$, ne devaient être soumises d'une manière permanente qu'à une charge de $268^{kil},70$, n'ont été d'abord chargées, il est vrai, que de 254 kilogr. par barre; mais il est à remarquer qu'elles n'ont été rompues qu'à la vitesse de $13^m,10$, sous une charge de 404 kilogr. dans un cas et de 372 kilogr. dans l'autre.

Ainsi, il résulte de ces expériences que les dimensions déterminées par nos formules pratiques sont telles, que les solives légères, comme les barres expérimentées, par rapport à la charge mobile, peuvent supporter le passage de charges qui dépassent celles que nous admettons comme permanentes avec des vitesses de 13 mètres par seconde. A plus forte raison, lorsqu'il s'agira de ponts de toutes formes, dont le tablier et les autres parties accessoires augmentent le rapport de la masse à celle de la charge, dans une proportion plus grande que celle qui existait dans les expériences, pourra-t-on négliger l'influence de la vitesse des charges à supporter.

Toutefois, il doit résulter au moins de ces expériences que, pour les ponts suspendus, les ponts de bateaux sujets à éprouver des flexions, et par conséquent, des courbures considérables, la prudence exige que les consignes qui prescrivent de n'y laisser passer les voitures qu'au pas, soient strictement observées. Peut-être même, dans certains cas spéciaux, sera-t-il sage de remplacer le coefficient R des charges permanentes donné au n° **233** par des valeurs plus faibles, ainsi que nous l'avons déjà indiqué pour des con-

structions différentes, telles que les arbres de roues hydrauliques, etc.

294. *Discussion des résultats de ces expériences.* — Pour
soumettre les résultats de ces expériences au calcul, il faut
remarquer que la force centrifuge dépend de la masse du
corps en mouvement, de sa vitesse et du rayon de courbure
correspondant à la flexion. Or, ce rayon dépend lui-même
de la pression dans laquelle la force centrifuge entre pour
une partie souvent très-considérable. De plus, l'observation
montre que le point de la plus grande flexion n'est pas au
milieu des barres et sa position est ainsi très-difficile à déterminer exactement.

Mais, s'il ne paraît pas possible de déterminer rigoureuse-
ment toutes les circonstances qui se produisent dans de
semblables mouvements, l'on peut, néanmoins, s'en rendre
un compte approximatif par les considérations suivantes.

Le rayon de courbure r, correspondant à la pression,
au repos, est donné par la formule du n° **188**

$$r = \frac{EI}{PC},$$

en appelant 2P l'effort que l'on suppose exercé au milieu
de la barre et dont on connaît *a priori* une partie, la moitié
du poids du chariot; $2C = 2^m,745$ la portée totale des barres,
E et I ayant les significations connues.

Mais si l'on se rappelle que, dans le cas simple d'un solide posé sur deux points d'appui, et chargé en son milieu
d'un poids 2P, l'on a (n° **191**) la relation

$$f = \tfrac{1}{3}\frac{PC^3}{EI}, \quad \text{d'où l'on tire} \quad \frac{EI}{PC} = \frac{C^2}{3f};$$

on en déduit la valeur très-simple du rayon de courbure

$$r = \frac{C^2}{3f},$$

qui montre que, quelle que soit la forme du profil transversal d'un solide, dont on peut négliger le poids par rapport à la charge qu'il porte, le rayon de courbure est égal au carré de la demi-portée, divisé par trois fois la flèche de courbure.

D'une autre part, si l'on néglige le poids des rails par rapport à celui des chariots, la force centrifuge a pour expression

$$\frac{\mathrm{P}'v^2}{gr},$$

en désignant par P′ la charge qui agit ici au milieu de chaque barre ou la moitié du poids du chariot, et par v la vitesse de transport.

D'après la valeur précédente du rayon de courbure, cette expression de la force centrifuge devient

$$\frac{\mathrm{P}'}{g}\frac{v^2}{r} = \frac{3v^2}{g\mathrm{C}^2}\mathrm{P}'f.$$

Par conséquent, on pourrait facilement calculer l'intensité de la force centrifuge développée dans chacune de ces expériences, si l'on avait la valeur de la flexion correspondante à chaque charge.

Ce qu'il importe de reconnaître, pour vérifier les considérations précédentes, c'est de s'assurer si la charge supportée par chaque rail, augmentée de la valeur de la force centrifuge, calculée comme nous venons de l'indiquer, surpasse effectivement la charge capable de rompre le solide.

Pour faire cette vérification, nous sommes forcés de supposer la charge au milieu de la portée du solide, attendu que son emplacement au moment de la plus grande flexion et de la rupture n'est pas donné, et de plus, nous ne connaissons que la flèche observée dans l'expérience qui a immédiatement précédé la rupture avec la charge correspondante.

Il est donc évident par là que la valeur de l'effort total à laquelle nous parviendrons sera moindre que l'effort même qui a produit réellement la rupture. Nous pourrons d'après cela, nous assurer si les considérations précédentes se rapprochent suffisamment des résultats de l'expérience pour pouvoir servir, à l'occasion, à apprécier à l'avance, approximativement, les effets de la vitesse des trains de chemin de fer sur les rails et surtout sur les ponts.

On a rapporté, dans les tableaux suivants, tous les éléments des expériences et des calculs.

Les charges totales en kilogr. rapportées dans la première colonne sont les poids du traîneau et se partagent en deux parties égales pour donner la valeur de la charge $2P = P'$, qui pesait sur chaque rail et que nous considérons au moment de son passage au milieu.

On a calculé pour chaque barre le poids qui, placé au milieu de sa longueur, eût produit la rupture, en admettant que la fonte employée fût de résistance moyenne, ce qui revient à supposer (n° **233**)

$$R_r = 32\,441\,000 \text{ kil.}$$

On conçoit, d'ailleurs, que, ce coefficient pouvant varier assez notablement d'une barre à l'autre, cette charge de rupture ne peut être déterminée bien exactement.

En ajoutant la moitié du poids du traîneau à la valeur trouvée pour la force centrifuge, on a eu la valeur de la quantité

$$P' + \frac{3v^2}{gC^2}P'f,$$

qui exprime la valeur approximative un peu faible de l'effort total auquel le corps était soumis pendant le passage.

Lorsque les poids du traîneau ont été graduellement augmentés jusqu'à la rupture, et surtout quand les dernières charges ont différé très-peu les unes des autres, l'on a obtenu, pour cet effort, des valeurs très-voisines de la charge de rupture au repos. Mais quand, au contraire, les charges ont été augmentées trop rapidement, il est arrivé, dans la plupart des cas, que la valeur de $P' + \dfrac{3v^2}{gC^2} P'f$ a été trouvée très-supérieure à la charge de rupture au repos, ce qui en rend compte *a fortiori*. Dans quelques autres cas, la flexion produite par l'avant-dernière charge étant notablement plus faible que celle due à la dernière, l'effort total a été un peu inférieur à la charge de rupture au repos, mais cela s'est présenté rarement.

Les nombres consignés dans la colonne intitulée *flexion au repos* ne sont pas, à l'exception du premier chiffre de chaque série, déterminés par expérience directe; l'observation de la flexion ayant été faite chaque fois pour la charge la plus faible, on s'est servi de cette flexion pour calculer toutes les autres par les formules que nous avons données; les différences que l'on peut remarquer entre les flexions des différentes barres d'un même échantillon donnent en quelque sorte la mesure de leurs résistances comparatives.

Les expériences de la première série ont toutes été faites sur des barres de 2^m,745 de longueur, présentant une section rectangulaire de 0^m,0254 sur 0^m,0508 ; dans la deuxième et la troisième série la longueur est restée la même ; mais les dimensions transversales ont été portées successivement à 0^m,0254 sur 0^m,0762 et 0^m,1016 sur 0^m,8381.

Ces trois séries sont les seules qui figurent dans les tableaux suivants : elles sont suffisantes pour faire connaître les résultats principaux auxquels ont été conduits MM. James et Gulton, qui ont encore expérimenté sur des barres plus fortes et d'une plus grande portée, des barres de diverses substances, et aussi des pièces courbes telles que celles que l'on emploie si fréquemment dans la construction des ponts en fonte.

EXPÉRIENCES DE MM. HENRY JAMES, CAPITAINE, ET DOUGLAS GALTON,
LIEUTENANT DE LA MARINE ROYALE D'ANGLETERRE.

PREMIÈRE SÉRIE.

POIDS du chariot.	BARRE DE GAUCHE. $a=0{,}0254$. $b=0{,}0508$, $2C=2{,}745$.			CHARGE sur chaque barre, $2P=P'$.	FORCE centrifuge, $\dfrac{2v^2}{gC^2}P'f$.	EFFORT total, $P'+\dfrac{3v^2}{gC^2}P'f$.
	Flexion au repos.	Flexion pendant le mouvement.	Rapport des flexions.			
	Vitesse du chariot, $4^m{,}57$. — Charge de rupture au repos calculée pour une barre, $516^{kil}{,}42$.					
506,0	0,0223	0,0315	1,41			
566,5	0,0279	0,0432	1,54			
652,5	0,0376	0,0502	1,34			
707,0	0,0434	0,0637	1,47			
775,0	0,0530	0,0761	1,43			
850,0	»	rupture.	»	425,0	76,27	501,27
506,0	0,0218	0,0282	1,28			
566,5	0,0264	0,0358	1,33			
652,5	0,0368	0.0493	1,24			
707,0	0,0422	0,0635	1,55			
775,0	0,0515	0,0775	1,51			
811,0	0,0533	0.0895	1,68			
824,0	0,0537	0,0915	1,70			
836,0	0,0553	0,1119	1,01	419,0	73,78	491,78
506,0	0,0157	0,0186	1,19			
566,5	0,0195	0,0223	1,14			
614,0	0,0236	0,0279	1,18			
660,0	0,0272	0,0340	1,25			
707,0	0,0305	0,0447	1,47			
761,0	0,0345	0,0602	1,74			
813,0	0,0383	0,0736	1,92			
824,0	»	rupture.	»	412,0	102,8	514,8
	Vitesse du chariot, $7^m{,}31$ en $1''$.					
506,0	0,0162	0,0259	1,59			
566,0	0,0203	0,0393	1,94			
614,0	0,0244	0,0685	2,81			
640,0	0,0264	0,0800	3,04			
652,0	»	rupture.	»	326	226,2	552,2
506,0	0,0165	0,0221	1,43			
566,0	0,0205	0,0279	1,35			
614,0	0,0248	0,0488	2,37			
640,0	0,0269	0,0722	2,69			
652,0	0,0276	0,0965	3,50			
664,0	0,0286	»	»			
677,0	0,0297	0,1000	3,37			
691,0	»	rupture.	»	345,5	299,7	645,2
506,0	0,0187	0,0289	1,54			
566,0	0,0233	0,0372	1,59			
614,0	0,0279	0,0432	1,58			
640,0	0,0305	0,0512	1,70			

SUITE DE LA PREMIÈRE SÉRIE.

POIDS du chariot.	BARRE DE GAUCHE. $a = 0{,}254^m$, $b = 0{,}0508^m$, $2C = 2{,}745^m$.			CHARGE sur chaque barre, $2P = P'$.	FORCE centrifuge, $\frac{3v^2}{gC^2} P'f$.	EFFORT total, $P' + \frac{3v^2}{gC^2} P'f$.
	Flexion au repos.	Flexion pendant le mouvement.	Rapport des flexions.			
Vitesse du chariot, 7^m31 en $1''$. — Charge calculée de rupture au repos pour une barre, $516^{kil}{,}42$.						
652,0	0,0315	0,0565	1,80			
664,0	0,0327	0,0612	1,87			
677,0	0,0337	0,0644	1,90			
691,0	0,0347	0,0680	1,96			
703,0	0,0360	0,0707	1,95			
716,0	0,0370	0,0780	2,11			
727,0	»	rupture.	»	363,5	246,0	609,5
Vitesse du chariot, $8^m{,}84$ en $1''$.						
506,0	0,0241	0,0457	1,89			
566,0	»	rupture	»	283,0	164,0	447,0
La flèche 0,0457 était très-inférieure à celle qui a eu lieu à la rupture.						
506,0	0,0284	0,0645	2,17			
533,0	0,0330	0,0853	2,56			
546,0	»	rupture	»	273,0	295,4	568,4
506,0	0,0244	0,0584	2,39			
533,0	0,0274	0,0770	2,80			
546,0	»	rupture	»	273,0	266,7	539,7
Vitesse du chariot, $10^m{,}006$ en $1''$.						
506,0	0,0215	0,0513	2,40			
533,0	0,0238	0,0677	2,83			
546,0	»	rupture.	»	273,0	300,2	573,2
506,0	0,0205	0,0333	1,61			
533,0	0,0231	0,0472	2,05			
546,0	0,0244	0,0620	2,54			
558,0	0,0254	0,0765	3,02			
571,0	0,0264	0,0926	3,51			
583,0	»	rupture	»	291,5	438,5	730,0
506,0	0,0330	0,0770	2,34			
519,0	»	rupture	»	259,5	318,4	577,9
Vitesse du chariot, $11^m{,}950$ en $1''$.						
506,0	0,0218	0,0472	2,16			
519,0	0,0238	0,0571	2,38	259,5	336,9	596,4
506,0	0,0183	0,0417	2,28			
519,0	0,0198	0,0574	2,97			
533,0	»	rupture	»	266,5	354,6	621,1
506,0	0,0177	0,0381	2,14			
519,0	0,0188	0,0533	2,83			
533,0	0,0198	0,0586	2,76			
546,0	»	rupture.	»	273,0	370,9	643,9

DEUXIÈME SÉRIE.

POIDS du chariot.	BARRE DE GAUCHE. $a=0{,}0254$, $b=0{,}0762$, $2C=2{,}745$.			CHARGE de chaque barre, $2P=P'$.	FORCE centrifuge, $\frac{3v^2}{gC^2}P'f$.	EFFORT total, $P'+\frac{3v^2}{gC^2}P'f$.
	FLEXION au repos.	FLEXION pendant le mouvement.	RAPPORT des flexions.			
Vitesse du chariot, $4^m{,}575$ en $1''$. — Charge calculée de rupture au repos, $1161^{kil}{,}96$.						
kil.	m	m				
506,0	0,0094	0,0104	1,10			
804,0	0,0175	0,0147	0,87			
1065,0	0,0259	0,0246	0,95			
1338,0	0,0363	0,0418	1,11			
1495,0	0,0441	0,0596	1,34			
1526,0	0,0457	0,0685	1,50			
1545,0	»	rupture.	»	772,5	179,8	952,3
506,0	0,0096	0,0112	1,10			
804,0	0,0180	0,0175	0,97			
1065,0	0,0267	0,0290	0,97			
1338,0	0,0383	0,0396	1,10			
1495,0	»	rupture.	»	747,5	100,6	848,1
		L'avant-dernière charge était trop différente de la dernière.				
506,0	0,0073	0,0079	1,07			
804,0	0,0137	0,0154	1,11			
1065,0	0,0215	0,0211	1,04			
1338,0	0,0303	0,0381	1,26			
1495,0	0,0347	0,0409	1,35			
1545,0	0,0371	0,0564	1,52			
1569,0	0,0381	0,0673	1,76			
1578,0	»	rupture.	»	789,0	180,4	969,4
Vitesse du chariot, 8^m84 en $1''$.						
506,0	0,0081	0,0091	1,11			
804,0	0,0154	0,0193	1,26			
1065,0	0,0223	0,0345	1,52			
1209,0	0,0272	0,0462	1,70			
1251,0	0,0289	0,0523	1,80			
1282,0	0,0299	0,0549	1,83			
1308,0	0,0310	0,0576	1,86			
1332,0	0,0319	0,0640	2,00			
1396,0	0,0330	0,0678	2,05			
1430,0	»	rupture.	»	715,0	615,0	1330,0
506,0	0,0106	0,0137	1,28			
804,0	0,0200	0,0302	1,50			
1065,0	0,0292	0,0507	1,75			
1338,0	»	rupture.	»	669,0	430,3	1099,3

SUITE DE LA DEUXIÈME SÉRIE.

POIDS du chariot.	BARRE DE GAUCHE. $a=0{,}0254$, $b=0{,}0762$, $2C=2{,}745$.			CHARGE de chaque barre, $2P=P'$.	FORCE centrifuge, $\frac{3r^2}{gC^2}P'f$.	EFFORT total, $P'+\frac{3r^2}{gC^2}P'f$.
	FLEXION au repos.	FLEXION pendant le mouvement.	RAPPORT des flexions.			
kil.	m	m				
506,0	0,0084	0,0172	1,57			
804,0	0,0157	0,0223	1,42			
1065,0	0,0231	0,0404	1,75			
1338,0	0,0332	0,0702	2,07			
1362,0	»	rupture.	»	681,0	606,5	1287,5

Vitesse du chariot, 8^m,84 en 1″. — Charge calculée de rupture au repos, 1161^{kil},96.

Placé au-dessus : ce bloc introduit les lignes précédentes.

Vitesse du chariot, 11^m,00 en 1″.

POIDS du chariot.	FLEXION au repos.	FLEXION pendant le mouvement.	RAPPORT des flexions.	CHARGE de chaque barre, $2P=P'$.	FORCE centrifuge, $\frac{3r^2}{gC^2}P'f$.	EFFORT total, $P'+\frac{3r^2}{gC^2}P'f$.
506,0	0,0099	0,0175	1,71			
804,0	0,0185	0,0284	1,53			
1065,0	0,0272	0,0528	1,94			
1135,0	»	r upture.	»	562,5	583,5	1146,0
506,0	0,0086	0,0127	1,47			
804,0	0,0157	0,0277	1,75			
1065,0	0,0128	0,0482	2,05			
1088,0	»	rupture.	»	544,0	515,5	1059,5
506,0	0,0124	0,0182	0,47	Les deux dernières charges sont trop différentes.		
804,0	0,0236	0,0332	1,42			
1055,0	»	rupture.	»			

Vitesse du chariot, 13^m,10 en 1″.

POIDS du chariot.	FLEXION au repos.	FLEXION pendant le mouvement.	RAPPORT des flexions.	CHARGE de chaque barre, $2P=P'$.	FORCE centrifuge, $\frac{3r^2}{gC^2}P'f$.	EFFORT total, $P'+\frac{3r^2}{gC^2}P'f$.
506,0	0,0086	0,0112	1,29			
804,0	0,0157	0,0236	1,50			
938,0	0,0193	0,0396	2,04			
989,0	»	rupture.	»	494,5	545,5	1040,0
506,0	0,0068	0,0152	1,92			
804,0	0,0129	0,0272	2,10			
938,0	0,0155	0,0175	3,07			
962,0	»	rupture.	»	481,0	636,5	1117,5
506,0	0,0061	0,0096	1,58	0,0066	0,0127	1,92
804,0	0,0114	0,0218	1,90	0,0127	0,0259	2,04
938,0	0,0134	0,0330	2,35	0,0150	0,0355	2,36
989,0	0,0152	0,0170	3,09	0,0165	0,0508	3,00
1097,0	»	rupture.	»	»	»	»

TROISIÈME SÉRIE.

POIDS du chariot.	BARRE DE GAUCHE. $a=0,1016^m$, $b=0,8381^m$, $2C=2,745^m$.			CHARGE de chaque barre, $2P=P'$.	FORCE centrifuge, $\dfrac{3v^2}{gC^2}P'f$.	EFFORT total, $P'+\dfrac{3v^2}{gC^2}P'f$.
	FLEXION au repos.	FLEXIONS pendant le mouvement.	RAPPORT des flexions.			
	Vitesse du chariot, $4^m,575$ en $1''$. — Charge calculée de rupture au repos, $1161^{kil},8$.					
kil.	m	m				
506,0	0,0109	0,0160	1,46			
805,0	0,0213	0,0343	1,64			
1065,0	0,0322	0,0508	1,57			
1340,0	0,0477	0,0970	2,01			
1450,0	0,0550	0,1179	2,14			
1472,0	0,0566	0,1230	2,17			
1500,0	»	rupture.	»	750,0	313,4	1063,4
506,0	0,0144	0,0198	1,36			
805,0	0,0279	0,0368	1,32			
1065,0	0,0434	0,0536	1,29			
1340,0	0,0645	0,1043	1,62			
1492,0	0,0770	0,1230	1,59	746,0	311,8	1057,8
	Vitesse du chariot, $8^m,84$ en $1''$.					
506,0	0,0188	0,0274	1,45			
804,0	0,0305	0,0517	1,42			
938,0	0,0462	0,0740	1,43			
1065,0	0,0561	0,1050	1,87			
1210,0	Les deux barres se sont rompues.			605,0	805,9	1410,9
506,0	0,0152	0,0256	1,68			
804,0	0,0294	0,0550	1,87			
1065,0	0,0457	0,0942	2,06			
1210,0	»	rupture.	»	605,0	723,0	1328,0
	Vitesse du chariot, $11^m,00$ en $1''$. — Charge calculée de rupture au repos, $1161^{kil},8$.					
506,0	0,0132	0,0241	1,82			
804,0	0,0254	0,0556	2,19			
934,0	0,0320	0,0985	3,08			
985,0	»	rupture.	»	492,5	953,2	1445,7
506,0	0,0147	0,0313	2,11			
804,0	0,0284	0,0789	2,78			
934,0	Les deux barres se sont rompues.			467,0	723,8	1190,8
	Vitesse du chariot, $13^m,10$ en $1''$.					
506,0	0,0160	0,0391	2,45	Ces deux charges sont trop différentes.		
805,0	Les deux barres se sont rompues.					
506,0	0,0127	0,0325	2,56			
636,0	0,0155	0,0587	3,35			
690,0	0,0195	0,0809	4,13	La barre de droite s'est rompue.		
742,0	0,0216	0,1115	5,14	371,0	1152,5	1523,5

295. *Conséquences de ces expériences.* — Les résultats de la discussion de ces expériences montrent que dans la plupart des cas, les efforts totaux composés du poids de la moitié du chariot et de la force centrifuge ont atteint ou dépassé la charge de rupture au repos; ce qui rend parfaitement évidente l'action de la force centrifuge dans le passage rapide des trains. Dans les plus grandes vitesses essayées, l'intensité de la force centrifuge atteint et dépasse même de beaucoup le double du poids du chariot.

La force centrifuge ayant pour expression

$$\frac{3\,v^2}{g\,\mathrm{C}^2}\,\mathrm{P}'f,$$

on voit qu'à charge égale, elle est proportionnelle, comme on le sait déjà, au carré de la vitesse, et en outre proportionnelle à la flèche de courbure. Il résulte de cette dernière conséquence que dans les constructions où l'on aura intérêt à diminuer cette action de la force centrifuge, il conviendra d'employer les matériaux et les formes qui, pour une même charge, donnent lieu aux moindres flexions.

Ainsi l'on devra préférer les matériaux pour lesquels le coefficient d'élasticité E a la plus grande valeur. Par ce motif, le fer sera choisi plutôt que la fonte et que le bois.

Altération des essieux.

296. *Altération des essieux par la prolongation de leur service.* — Les accidents si graves qu'entraîne la rupture d'un essieu de machine locomotive et même d'un wagon ont justement préoccupé l'attention publique, et l'on s'est demandé s'il ne serait pas prudent de prescrire une limite de chemin parcouru au delà de laquelle tous les essieux du matériel des chemins de fer devraient être réparés ou visités soigneusement. On conçoit facilement que cette mesure éprouve quelque opposition de la part des ingénieurs chargés du matériel des compagnies, auxquelles elle imposerait des dépenses et des contrôles. Mais l'intérêt public et l'intérêt bien entendu des compagnies elles-mêmes est que la question soit examinée avec soin et que la vérité étant une fois connue, toutes les mesures nécessaires soient prises.

Pour m'éclairer sur cette question importante, j'ai eu recours à deux hommes parfaitement compétents et dont la longue expérience donne à leur opinion et aux faits qu'ils ont observés une grande autorité. Ce sont MM. Marcoux et Arnoux, tous deux anciens officiers d'artillerie, le premier directeur du matériel du service des malles-postes, et le second administrateur des messageries générales. Je ne puis mieux faire que de transcrire textuellement les notes qu'ils ont bien voulu me donner à ce sujet.

297. *Note sur les essieux des voitures en service sur les routes ordinaires, par M. Marcoux.* — « Plusieurs ingénieurs
« distingués pensent qu'un service trop prolongé des essieux
« des voitures, marchant à grande vitesse sur les routes or-
« dinaires, détériore la nature du fer, et que ses parties
« nerveuses se changent en gros grains à facettes brillantes,
« comme on en trouve dans les fers de mauvaise qualité.

« Des observations journalières, faites pendant plus de
« douze ans dans le service des malles-postes, m'ont démon-
« tré que l'altération du fer des essieux dont le service est
« trop prolongé ne se produit pas ainsi, et que, si l'on casse
« ces essieux à froid, on ne trouve de changements appré-
« ciables ni dans la texture, ni dans la grosseur du grain.

« Je ne pense pas qu'on puisse faire des expériences plus
« concluantes sur d'autres voitures, parce que les malles-
« postes marchent à une vitesse qu'aucune autre voiture,
« en service sur les routes ordinaires, n'a encore atteinte.
« Cependant, dans tous les essieux cassés dans ce service
« pendant douze ans, je n'ai reconnu aucun changement
« appréciable dans la texture du grain avec ce qu'il était au
« moment de la fabrication des essieux.

« Doit-on conclure de mes observations que le fer des essieux

« ne s'altère pas dans un trop long service? Non, sans
« doute : je pense, au contraire, que les vibrations que les
« essieux éprouvent dans les marches à grandes vitesses dé-
« tériorent le fer, sans pour cela que la texture du grain
« éprouve de changement appréciable ; mais, je n'en suis pas
« moins convaincu, que les essieux sont moins résistants après
« un trop long service, et en conséquence j'ai prescrit, dans
« le cahier des charges de l'entretien des malles-postes, que
« les essieux de ces voitures seront renouvelés après avoir
« fourni à un parcours de soixante mille kilomètres.

« Ainsi, je le répète, d'après mes observations sur les
« essieux cassés pendant douze ans dans le service des malles-
« postes, la texture du grain du fer ne change pas d'une
« manière appréciable dans un long service, mais les vi-
« brations qu'éprouvent les essieux produisent d'autres effets
« qui contribuent à les faire casser. J'ai remarqué que des
« essieux bien fabriqués, avec des fers de bonne qualité,
« cassaient après avoir fourni à un parcours de 60 à 80 mille
« kilomètres, parce qu'il se forme, au-dessous du collet
« des fusées, de petites fissures qu'il est difficile de recon-
« naître sans chauffer le fer des fusées : si ces fissures, qui
« ont peu de profondeur lorsqu'elles se forment, restent ina-
« perçues, les essieux cassent à cet endroit quand elles pé-
« nètrent de 10 à 15 millimètres dans la section de la fusée.

« Je pense que ces fissures se forment après un long travail,
« qu'elles sont occasionnées par les vibrations des essieux,
« et que cet effet se produit d'une manière analogue à ce qui
« se passe lorsqu'on casse un fil de fer en le courbant plu-
« sieurs fois en différents sens. Si l'on ne fait subir à un
« fil de fer que de très-faibles inflexions sur une grande lon-
« gueur, on ne parvient pas à le rompre : c'est l'effet que
« doivent produire les vibrations sur le corps de l'essieu.
« Mais, si l'on serre le fil de fer dans un étau et qu'on lui fasse
« subir plusieurs inflexions en sens contraires, le fer s'al-
« longe d'un côté, se refoule de l'autre, et le fil se casse près
« de l'étau, comme les essieux cassent au collet des fusées. »

Les figures 5 de la planche V indiquent l'accroissement graduel des fissures observées sur les essieux des malles-postes.

298. *Note sur les essieux des messageries générales*, par *M. C. Arnoux*. — « Les ruptures un peu fréquentes d'essieux « de diligences datent de loin et ont duré longtemps.

« C'est vers l'époque où l'emploi des ressorts droits a permis « de construire des voitures à trois caisses, de les charger da« vantage, et de leur imprimer une vitesse croissant avec l'a« mélioration des routes, que ces accidents se sont multipliés.

« On a pu constater en moyenne une rupture sur 120 « ou 160 mille kilomètres parcourus.

« Sur trois essieux cassés, il y en avait *deux de devant* et « *un de derrière.*

« Pour les premiers, la rupture était généralement au « tiers de leur longueur entre les deux roues.

« Pour les seconds, toujours au collet ou à la naissance « de la fusée.

« Aux uns comme aux autres, ces points étaient très-voi« sins de ceux où portait la charge.

« L'usage, en messagerie, est de faire les essieux en fer « à nerf, au bois, corroyé à la petite forge, ou en fer pro« venant de fonte au bois.

« Dans tous les cas, la cassure affectait généralement le « même aspect; une petite crique se déterminait à l'arête « antérieure et inférieure de l'essieu, là en effet où se « trouve la plus grande fatigue, due à la double action de « la charge et de la traction; puis cette tache s'étendait « par zone dont cette crique était le centre, d'un grain « aussi net et aussi fin que celui de l'acier fondu; puis, ar« rivé aux deux tiers de la section, le reste rompait avec « un aspect plus ou moins nerveux (pl. V, fig. 6).

« L'usage était de mettre les voitures en grande réparation « après une année de service, et de recharger les fusées à « la deuxième réparation, opération que l'usé des fusées et « surtout des rondelles d'essieux rendait nécessaire : mais

« l'on se bornait à cette réparation, parce qu'il était alors
« établi que, le corps de l'essieu ne s'usant pas, les plus an-
« ciens étaient les mieux éprouvés, et l'on ne mettait le corps
« d'essieu au feu que lorsqu'on voulait en modifier la forme
« ou la force.

« Les voitures faisaient en moyenne, repos compris, 80 à
« 100 kilomètres par jour; c'était donc un parcours de 60 à
« 70 mille kilomètres avant que l'on touchât aux essieux.

« Le besoin d'alléger constamment le poids mort des voi-
« tures nous porta à diminuer la force que l'usage avait éta-
« blie pour les essieux : ils plièrent, et force nous fut de leur
« rendre à peu près leur ancien poids. Cette opération, ap-
« pelée *rembarrage*, consistait à rapporter une barre tout le
« long de l'essieu et à le recorroyer.

« De telle sorte que simultanément on rembarrait les
« essieux trop faibles, et on continuait à recharger les fusées
« des anciens.

« Les uns et les autres étaient marqués d'une manière dif-
« férente.

« Bientôt nous nous aperçûmes qu'aucun essieu cassé ne
« portait la marque *rembarré*, tandis que les essieux re-
« chargés cassaient seuls. Nous dûmes dès lors conclure
« que l'usage altérait le corps de l'essieu, et dès ce moment
« le second mode fut supprimé. A mesure que nos essieux
« rechargés disparaissaient, les accidents diminuaient.

« Une autre observation nous frappa.

« Lorsque nous adoptâmes les grandes sassoires, la
« charge, au lieu de se trouver aux deux tiers de la longueur
« entre les fusées, fut reportée près des fusées comme sur les
« essieux de derrière, et dès ce moment les essieux de
« devant ne cassèrent pas plus que les autres.

« Avant de prendre le parti de rembarrer tous les essieux,
« ce qui coûtait plus que l'opération plus simple de rechar-
« ger les fusées, nous avons essayé de recuire le corps dans
« les cendres du foyer, dans la sciure : l'essieu revenait un
« peu, mais pas assez.

« Rien n'établissait encore que le parcours de 70 000 kilo-
« mètres fût la limite à laquelle l'essieu cessait d'être sûr ;
« il est à croire même que cette limite, qui varie avec la
« charge, la nature de la route et la vitesse, était plus
« éloignée : mais, comme après ce trajet les fusées sont
« assez usées pour nécessiter une réparation, nous avons
« pris le parti de ne faire qu'une même opération, qui nous
« évitait des erreurs ; et bien nous en a pris, car, il y a sept
« à huit ans que nous n'avons eu un essieu cassé sous nos
« grandes voitures.

« S'il n'en a pas été de même pour les petits services, cela
« a tenu à une autre circonstance. Pour ces petits essieux,
« on avait fait la faute de conserver trop de force au corps
« d'essieu, à l'endroit où se détache la fusée ; et cette dispo-
« sition vicieuse nous a causé bien des ruptures de fusées,
« à leur naissance.

« Comme règle générale, nous avons remarqué que, sur
« les routes pavées, le temps du bon service des essieux est
« notoirement plus rapproché que sur les routes en em-
« pierrement.

« Pour faciliter la construction, nous avons adopté (pl. V,
« fig. 7 et 8) des encastrures aux essieux, c'est-à-dire que
« les essieux se trouvent dans une sorte de boîte assez mince
« d'ailleurs : cette disposition, s'opposant à l'amplitude des
« vibrations, nous a paru avantageuse.

« De l'ensemble de nos observations nous avons conclu :

« 1° Que le service altérait la nature de l'essieu, et le
« rendait cassant ;

« 2° Que, sans préciser la durée certaine d'un essieu, on
« pouvait admettre comme limite inférieure 70 000 kilo-
« mètres dans les circonstances de charge, de vitesse, et de
« routes de nos services ;

« 3° Que, dans ces mêmes circonstances, le poids d'un
« essieu peut être évalué au trente-cinquième ou au quaran-
« tième du poids qu'il a à supporter ;

23

« 4° Qu'il faut éviter dans la forme des changements
« brusques de dimensions ;

« 5° Qu'il faut éviter les angles vifs rentrants, surtout à la
« naissance des fusées, dont ils déterminent la cassure ;

« 6° Que de toutes les mesures que l'on peut prendre
« pour éviter les effets de la désagrégation, la plus sûre est
« de reforger l'essieu, qui devient aussi bon que s'il n'avait
« pas servi.

« De nombreux essieux neufs ou rembarrés ont été soumis
« à l'action du mouton, de manière à déterminer leur rup-
« ture ; rarement on est parvenu à les casser. D'autres, au
« contraire, après le service, se sont ouverts d'abord, puis
« se sont rompus en laissant voir, d'une manière plus ou
« moins prononcée, l'aspect que nous avons signalé. »

CHARPENTES.

299. *Considérations générales.* —Les considérations précédentes ont suffisamment indiqué l'importance des conclusions auxquelles conduit l'examen théorique et pratique de
la résistance des matériaux dans toutes les constructions
importantes ; mais il n'est pas d'application plus fréquente
de ces considérations que celles relatives à l'établissement
des charpentes de toutes dimensions. Nous examinerons ce
sujet avec tous les détails qu'il comporte, en nous attachant
surtout aux constructions en fer, qui tendent chaque jour à
se répandre davantage.

Répartition des efforts et données pratiques.

300. *Conditions de l'équilibre des pièces inclinées : pièce
inclinée encastrée à l'une de ses extrémités et soumise à l'autre à des forces* P *et* Q, *respectivement horizontale et verticale:*
— La relation générale du n° **137**

$$R = \frac{T}{A} \pm \frac{Mv'}{I} \quad \text{ou} \quad R = \frac{Mv'}{I} \pm \frac{T}{A}$$

s'applique à ce cas en y mettant pour M la somme des moments des forces extérieures P et Q, par rapport à la section d'encastrement, en ayant soin de prendre positivement les moments des forces qui tendent à produire la flexion dans un sens, et négativement ceux des forces qui tendent à faire tourner en sens contraire. On aura aussi attention de s'assurer si les fibres les plus allongées ou les plus raccourcies sont sollicitées dans le même sens par les forces qui produisent la flexion, et par celles qui agissent dans le sens de la longueur.

Si, par exemple, une pièce AB de longueur C regardée comme encastrée en B (pl. V, fig. 12), est soumise à deux efforts P et Q, faisant avec sa direction des angles a et b, et que l'on nomme C' le bras de levier de la force P, par rapport au point B, et h le bras de levier de la force Q par rapport au même point, les composantes des forces P et Q, perpendiculairement à sa longueur, seront $P \sin a = P\dfrac{C'}{C}$ et $Q \sin b = Q\dfrac{h}{C}$, et la somme de leurs moments, par rapport à la section encastrée B, sera

$$M = (P \sin a - Q \sin b)\, C = PC' - Qh$$

et elles produiront une flexion

$$f = \frac{P \sin a - Q \sin b}{3EI}\, C^3 = \frac{PC' - Qh}{3EI} C^2.$$

Quant aux composantes qui agissent dans le sens de la longueur du solide, il est facile de voir qu'en prenant $AP = P$ et $AQ = Q$, et construisant les parallélogrammes respectifs, elles seront représentées par les longueurs AE et AF, et que par les triangles semblables de la figure, on aura

$$C : AH :: P : AE = \frac{P \times AH}{C} = P \cos a$$

$$C : AD :: Q : AF = \frac{Q \times AD}{C} = Q \cos b;$$

leur somme qui tend à comprimer la pièce sera donc

$$T = \frac{P . AH + Q . AD}{C} = P \cos a + Q \cos b;$$

de sorte que pour la condition d'équilibre de stabilité, on aura ici

$$R = \frac{P\cos a + Q\cos b}{A} + \frac{P\sin a - Q\sin b}{I}Cv'$$

$$= \frac{Ph + QC'}{CA} + \frac{(PC' - Qh)v'}{I}.$$

Dans certains cas, l'on pourra déterminer l'une des forces ou sa direction, de façon que la flexion, et par suite l'extension ou la compression due aux composantes normales soit nulle. Il suffira de faire

$$P\sin a = Q\sin b \quad \text{ou} \quad PC' = Qh.$$

Ceci s'applique particulièrement aux arbalétriers des charpentes à tirants en fer, dont on peut faire varier l'inclinaison ou la tension.

Dans ce cas (pl. V, fig. 13), où la force P est verticale, si Q est horizontale, $AD = C'$, est la projection horizontale de la pièce, $AH = h$ sa projection verticale, et l'on a $\cos a = \sin b$, $\sin a = \cos b$, et par suite

$$f = \frac{P\sin a - Q\cos a}{3EI}C^3 = \frac{PC' - Qh}{3EI}C^3,$$

$$R = \frac{P\cos a + Q\sin a}{A} + \frac{P\sin a - Q\cos a}{I}Cv'$$

ou $$\qquad R = \frac{Ph + QC'}{CA} + \frac{PC' - Qh}{I}v'.$$

301. *Solide incliné encastré en* **B,** *et soumis à deux forces* **P** *et* **Q,** *l'une verticale, l'autre horizontale, agissant à son extrémité, et à une charge uniformément répartie sur sa longueur à raison de* p *kilogr. par mètre courant.* — Dans ce cas, si, comme l'indique la figure 14 (pl. **V**), la charge uniformément répartie agit en sens contraire de l'effort P, la somme des moments des forces extérieures par rapport à la section encastrée est

$$(P \sin a - Q \cos a)\,C - p \sin a\,\frac{C^2}{2}$$

ou
$$(Q \cos a - P \sin a)\,C + p \sin a\,\frac{C^2}{2};$$

qui peuvent s'écrire sous cette autre forme

$$PC' - Qh - \frac{pCC'}{2} \quad \text{ou} \quad Qh - PC' + \frac{pCC'}{2},$$

selon la grandeur respective des termes qui y entrent; on en déduit, pour la relation d'équilibre de stabilité, en tenant compte des composantes qui tendent à comprimer ou à allonger la pièce,

$$R = \frac{Ph + QC' - pCh}{CA} + \frac{PC' - Qh - \dfrac{pCC'}{2}}{I}\,v'$$

ou

$$R = \frac{P\cos a + Q\sin a - pC\cos a}{A} + (P\sin a - Q\cos a - \tfrac{1}{2}pC\sin a)C\frac{v'}{I}.$$

La flexion se déduit des règles données au n° **191**; en effet, la résultante des forces P et Q, normalement à la longueur de la pièce, est $P \sin a - Q \cos a = \dfrac{PC' - Qh}{C}$, et elle produit une flexion égale à $\frac{1}{3}\dfrac{(P \sin a - Q \cos a)}{EI}C^3 = \frac{1}{3}\dfrac{PC' - Qh}{EI}C^2$. de bas en haut si $P \sin a > Q \cos a$, ou $PC' > Qh$, ou $\frac{1}{3}\dfrac{(Q \cos a - P \sin a)C^3}{EI} = \frac{1}{3}\dfrac{Qh - PC'}{EI}C^2$, de haut en bas, si $Q \cos a > P \sin a$ ou $Qh > PC'$.

Les composantes de la charge uniformément répartie perpendiculairement à la longueur de la pièce, équivalent à une charge $p \sin a = \dfrac{pC'}{C}$ par mètre courant, agissant perpendiculairement à la longueur, et produisent une flexion exprimée par $\frac{1}{8}\dfrac{p \sin a\, C^4}{EI} = \frac{1}{8}\dfrac{pC'C^3}{EI}$; la flexion définitive est donc :

$$f = \frac{C^3}{3EI}[(P \sin a - Q \cos a) + \tfrac{3}{8} pC' \sin a] = \frac{C^2}{3EI}(PC' - Qh + \tfrac{3}{8}pCC')$$

ou

$$f = \frac{C^3}{3EI}[(Q \cos a - P \sin a) - \tfrac{3}{8} pC' \sin a]$$

$$= \frac{C^2}{3EI}(Qh - PC' - \tfrac{3}{8}pCC').$$

302. *Application aux charpentes.* — L'application de ces formules est particulièrement relative aux pièces de charpentes et surtout aux arbalétriers. En effet, quand une charpente de ce genre est parvenue à l'état d'équilibre et que les assemblages ne s'ouvrent plus, on peut regarder ces arbalétriers comme encastrés par leurs extrémités supérieures et comme soumis, à l'autre, à la réaction de la sablière et à celle du tirant. Dans ce cas, la charge p est le poids de la couverture, y compris les chevrons, les pannes, celui de l'arbalétrier lui-même, le poids de la neige et la pression du vent que le toit peut avoir à supporter. L'effort vertical P, qui provient de la réaction de la sablière, est égal à pC s'il s'agit d'un arbalétrier d'une longueur C.

La force horizontale Q (pl. V, fig. 15) est égale et contraire à l'effort qui tendrait à faire glisser l'arbalétrier au dehors, et, par conséquent, on a, en s'imposant la condition que l'extrémité de l'arbalétrier ne se déplace pas :

$$f = \frac{C^3}{3EI}(- pC \sin a + Q \cos a + \tfrac{3}{8}pC \sin a) = 0$$

ou $\qquad f = \dfrac{C^2}{3EI}(- pCC' - Qh + \tfrac{3}{8}pCC') = 0$

d'où l'on tire pour la condition que la flexion soit nulle :

$$Q \cos a = \tfrac{5}{8}pC \sin a \quad \text{et} \quad Q = \tfrac{5}{8}pC \, \text{tang} \, a$$

ou $\qquad Qh = \tfrac{5}{8}pC', \quad Q = \tfrac{5}{8}\dfrac{p\,CC'}{h}.$

On en déduit ensuite pour la condition de stabilité :

$$R = \frac{p\mathrm{C}\cos a + \tfrac{5}{8}p\mathrm{C}\dfrac{\sin a}{\cos a}\sin a - p\mathrm{C}\cos a}{\mathrm{A}}$$
$$- (p\mathrm{C}\sin a - \tfrac{5}{8}p\mathrm{C}\sin a - \tfrac{1}{2}p\mathrm{C}\sin a)\mathrm{C}.\frac{v'}{\mathrm{I}},$$

d'où
$$R = \tfrac{5}{8}\frac{p\mathrm{C}(1-\cos^2 a)}{\mathrm{A}\cos a} + \tfrac{1}{8}p\sin a\,.\,\mathrm{C}^2.\frac{v'}{\mathrm{I}}$$
$$= p\mathrm{C}\left(\tfrac{5}{8}\frac{1-\cos^2 a}{\mathrm{A}\cos a} + \tfrac{1}{8}\mathrm{C}\sin a.\frac{v'}{\mathrm{I}}\right)$$

ou
$$R = \tfrac{5}{8}\frac{p\mathrm{C}\mathrm{C}'^2}{\mathrm{A}h\mathrm{C}} + \tfrac{1}{8}p\mathrm{C}\mathrm{C}'\frac{v'}{\mathrm{I}} = p\mathrm{C}\left(\tfrac{5}{8}\frac{\mathrm{C}'^2}{\mathrm{A}h\mathrm{C}} + \tfrac{1}{8}\mathrm{C}'\frac{v'}{\mathrm{I}}\right),$$

attendu que $1-\cos^2 a = \sin^2 a = \dfrac{\mathrm{C}'^2}{\mathrm{C}^2}$.

303. *Observation relative à la condition qui rend la flexion f égale à zéro.* — La condition que le déplacement du pied A de la pièce inclinée soit nul est satisfaite dans les charpentes en bois par la résistance du tirant ou de l'entrait avec lequel l'arbalétrier est assemblé et chevillé, puis relié par un lien en fer. Lorsque le tirant est en fer et que l'angle qu'il fait avec l'arbalétrier est donné, on se réserve le moyen d'augmenter la tension Q, de façon que la relation $Q = \tfrac{5}{8}p\mathrm{C}\tan g\,a = \tfrac{5}{8}\dfrac{p\mathrm{C}\mathrm{C}'}{h}$ soit satisfaite. On remarquera à ce sujet que le tirant en fer ne peut recevoir cette tension en entier avant la pose de la couverture, parce qu'il en résulterait un effort qui tendrait à ouvrir l'assemblage des arbalétriers vers le sommet, à moins que cet assemblage ne soit à l'avance fortement consolidé. Il convient d'augmenter graduellement cette tension, de manière à relever ce sommet de la quantité dont il s'abaisse sous la charge dans les premiers instants. Cependant, si l'on a employé, pour réunir les arbalétriers au sommet, des boîtes en fonte bien disposées, on peut, dès l'origine, et avant le dressage, tendre fortement le tirant, jusqu'à faire prendre aux arbalétriers une flexion égale et contraire à celle que produira la charge uniformément répartie sur le solide. Cette flexion éprouvée par l'arbalétrier sous l'action de la tension du tirant $Q = \frac{5}{8}pC \tan a = \frac{5}{8}\frac{pCC'}{h}$ est égale à

$$f = \frac{C^3}{3EI} \cdot \frac{5}{8}pC \sin a = \frac{5}{24} \cdot \frac{C^3}{EI} pC \sin a = \frac{5}{24} \frac{C^3}{EI} \cdot pC'.$$

Par conséquent, ayant au préalable calculé cette flexion, il sera facile, avant le levage des fermes, de tendre les tirants au degré convenable pour la faire prendre aux arbalétriers, et quand ensuite ils seront chargés, ils se redresseront en partie, si ce n'est tout à fait.

504. *Applications.* — Les arbalétriers en bois étant de section rectangulaire, on a $A = ab$ et (n° **143**) $\frac{v'}{I} = \frac{6}{ab^2}$, et l'on conçoit que le facteur $\frac{5}{8}\frac{1 - \cos^2 a}{\cos a} = \frac{5}{8}\frac{C'^2}{hC}$ est toujours assez petit pour qu'on puisse sans erreur sensible dans les applications le remplacer par sa valeur moyenne. En effet, les inclinaisons de toits les plus usitées sont pour les tuiles plates à crochet $a = 45°$ et $a = 57°$, et pour les tuiles creuses posées à sec $a = 63°$; or, on trouve pour ce facteur les valeurs suivantes, selon que l'on fait

a égal à	$45°$,	$57°$,	$63°$
$\frac{5}{8}\frac{1 - \cos^2 a}{\cos a} = \frac{5}{8}\frac{C'^2}{hC}$,	0,442,	0,807,	1,093,

dont la valeur moyenne est 0,7807, soit 0,781.

Pour un arbalétrier d'une section quelconque, on aurait donc :

$$R = pC\left(\frac{0,781}{A} + \frac{1}{8}\frac{C'v'}{I}\right),$$

attendu que $C \sin a$ est la projection C' de l'arbalétrier, ou de la moitié de la portée totale $2C'$ de la ferme. Si l'arbalétrier est à section rectangulaire, on a donc :

$$R = pC \left(\frac{0,781}{ab} + \tfrac{3}{4} \frac{C'}{ab^2} \right),$$

d'où $\quad ab^2 = \frac{pC}{R}(0,781b + \tfrac{3}{4}C') = \frac{pC}{R}(0,781b + 0,75C').$

Le produit pC représente, comme on l'a dit, le poids total de la couverture, y compris même celui de l'arbalétrier, que l'on estime d'abord approximativement.

Si l'on prend $R = 700\,000$ kilogr., comme le suppose M. le colonel Ardant[*], on est conduit à la formule pratique

$$ab^2 = pC(0,00000112b + 0,00000107C'),$$

ce qui est la formule adoptée au n° **516** de l'*Aide-mémoire*, 4e éd., et conviendra pour les charpentes ordinaires, où les bois ne sont pas à vive arête, et bien secs; mais si les bois sont équarris et bien choisis, on pourra hardiment faire $R = 800\,000$ kilogr., et l'on aura la formule :

$$ab^2 = pC\,(0,0000009765b + 0,0000009375C').$$

Enfin, si l'on employait du bois de choix à vive arête, on pourrait même faire $R = 1\,000\,000$ kilogr., ce qui conduirait à la formule pratique :

$$ab^2 = pC\,(0,000000781b + 0,00000075C').$$

Ces formules s'appliquent aux arbalétriers des fermes simples à tirants en bois et aux arbalétriers supérieurs des fermes à la Palladio, ainsi qu'aux arbalétriers des fermes à tirants en fer forgé.

Nous allons en donner l'application aux cas les plus usuels; mais auparavant il convient de déterminer la charge par mètre courant de longueur de l'arbalétrier.

---

[*] *Études théoriques et expérimentales sur les charpentes à grande portée.*

305. *Charge des toitures par mètre carré de superficie.* — Cette charge dépend de la nature des matériaux qui forment la couverture de la charpente, et il faut tenir compte aussi de la quantité de neige que le toit peut avoir à supporter, ainsi que de l'action du vent. Les différents éléments de cette appréciation sont estimés ainsi qu'il suit par M. le colonel Ardant :

TABLE DES INCLINAISONS ET DES POIDS, PAR MÈTRE CARRÉ EFFECTIF, DES DIVERSES SORTES DE COUVERTURES LES PLUS USITÉES.

NATURE de la COUVERTURE.	INCLINAISON du toit		POIDS du mètre carré effectif de couverture.	QUANTITÉ de bois en mètres cubes qui entre dans la charpente par mètre carré.
	en degrés à l'horizon.	exprimée par le rapport $\frac{C'}{h}$.		
	degrés.		kil.	m. c.
Tuiles plates à crochet........	45 à 33	1,00 à 1,53	60	0,063
Tuiles creuses posées à sec....	27 à 21	1,96 à 2,60	75 à 90	0,058
Tuiles creuses maçonnées.....	31 à 27	1,66 à 1,96	136	0,068
Ardoises....................	45 à 33	1,00 à 1,53	38	0,056
Cuivre laminé...............	21 à 18	2,60 à 3,07	14	0,042
Zinc, n° 14.	21 à 18	2,60 à 3,07	8,50	0,042
Tôle galvanisée.............	21 à 18	2,60 à 3,07	8,50	0,042
Mastic bitumineux...........	21 à 18	2,60 à 3,07	25,00	0,056

On estime qu'en moyenne le sapin pèse 550 kilogr. le mètre cube, et le chêne 900 kilogr.

La neige pèse dix fois moins que l'eau à égalité de volume, et l'épaisseur maximum à laquelle elle peut s'amonceler sur un toit est de 0^m,50, ce qui correspondrait à une surcharge de 50 kilogr.; mais on ne compte que sur 25 kilogr.

Quant au vent, les pressions qu'il exerce ne sont que passagères, et l'on peut se dispenser d'en tenir compte. Cependant, par prudence, on les introduit dans le calcul, en supposant au vent une vitesse moyenne de 6 à 7 mètres.

PRESSIONS EXERCÉES PAR LE VENT SUR UNE SURFACE DE 1 MÈTRE
CARRÉ, FRAPPÉE PERPENDICULAIREMENT.

VITESSE du VENT.	PRESSIONS en KILOGRAMMES.
m	kil.
3,00	1,047
5,00	2,908
8,00	7,443
10,85	13,691
14,00	22,795
20,00	46,520
40,00 ouragan.	186,080

306. *Charge des toitures par mètre carré de superficie.* — A l'aide de ces éléments, il est facile d'établir le tableau suivant :

DONNÉES RELATIVES AUX POIDS DES COUVERTURES DE DIFFÉRENTS GENRES.

MODE de COUVERTURE.	TOLE GALVANISÉE.	ZINC N° 14.	TUILES PLATES.	ARDOISES.	TUILES CREUSES et MAÇONNÉES
Inclinaison à l'horizon.	20°	20°	40°	40°	30°
Longueur des arbalétriers C.	1,064 C′	1,064 C′	1,214 C′	1,214 C′	1,155 C′
Poids du mètre carré de couverture *.	1,064 C′	64^{kil}	125^{kil}	100^{kil}	200^{kil}
Surface de couverture pour un écartement de ferme $=$ à 3^m,50.	3^{mq},724 C′	3^{mq},724 C′	4^{mq},249 C′	4^{m}249 C′	4^{mq},043 C′
Charge totale de l'arbalétrier, pC.	242^{k}06 C′	242^{k}06 C′	531^{k}0 C′	425^{k}0 C′	808^{k}6 C′

* Y compris celui du bois de la charpente, estimé approximativement et supposé en sapin, celui d'une couche de neige de 0^m.25 d'épaisseur, et la pression d'un vent de 6 à 7^m de vitesse. C′ représente ici la demi-portée de la ferme.

FORMULES PRATIQUES POUR CALCULER LES DIMENSIONS DES ARBALÉTRIERS EN BOIS DES FERMES SIMPLES A TIRANTS EN BOIS ET EN FER ET DES ARBALÉTRIERS SUPÉRIEURS DES FERMES A LA PALLADIO.

NATURE de la COUVERTURE.	FORMULES A EMPLOYER POUR LES VALEURS DE R ÉGALES A		
	700 000 kil. BOIS BRUTS NON ÉQUARRIS.	800 000 kil. BOIS ÉQUARRIS A LA HACHE.	1 000 000 kil. BOIS DE CHOIX A ARÊTES VIVES.
	$ab^2 =$	$ab^3 =$	$ab^3 =$
Tôle galvanisée et zinc.........	$242{,}0.C'(0{,}00000112.b + 0{,}00000107.C')$	$242{,}0.C'(0{,}000000976.b+0{,}000000937.C')$	$242{,}0.C'(0{,}000000781.b + 0{,}00000075.C')$
Ardoises......	$425{,}0.C'(0{,}00000112.b + 0{,}00000107.C')$	$425{,}0.C'(0{,}000000976.b+0{,}0000009375.C')$	$425{,}0.C'(0{,}000000781.b + 0{,}00000075.C')$
Tuiles plates..	$531{,}0.C'(0{,}00000112.b + 0{,}00000107 C')$	$531{,}0.C'(0{,}000000976.b+0{,}0000009375.C')$	$531{,}0.C'(0{,}000000781.b + 0{,}00000075.C')$
Tuiles creuses maçonnées..	$808{,}6.C'(0{,}00000112.b + 0{,}00000107.C')$	$808{,}6.C'(0{,}000000976.b+0{,}0000009375.C')$	$808{,}6.C'(0{,}000000781.b + 0{,}00000075.C')$

On déduit des données qui précèdent le tableau ci-dessus
.pour les formules à employer selon que l'on donne à R les

différentes valeurs qui conviennent à la qualité des bois qui doivent composer la charpente.

Les bois que l'on emploie pour les arbalétriers ne sont pas ordinairement à section carrée, et l'on peut voir par les données fournies par les expériences de **MM.** Chevandier et Wertheim (nº **227**), que les bois de charpente ordinaires, équarris à la hache dans les forêts, ont ordinairement une largeur a égale à 0,9 de l'épaisseur b; mais pour les bois équarris à la scie, on est maître de la proportion à établir entre les dimensions; et comme le sciage ne donne lieu qu'à une faible perte de bois, et permet d'utiliser les parties que l'on enlève, nous supposerons, pour les bois de choix, que l'on fait $a = 0,75b$.

Dans l'application des formules précédentes, nous ferons donc :

Pour les bois bruts avec flaches, $a = b$;
Pour les bois équarris à la hache, $a = 0,9b$;
Pour les bois équarris à la scie et à vive arête, $a = 0,75b$.

En y introduisant ces proportions, l'on en déduit les épaisseurs b qu'il convient de donner aux arbalétriers, suivant la grandeur des portées et par suite les valeurs correspondantes de a.

Mais pour simplifier le calcul, ou tout au moins pour obtenir facilement une première valeur approchée de cette épaisseur b, on peut négliger, dans le second membre de ces formules, le terme qui contient l'élément b, attendu qu'il ne s'élève ordinairement qu'à 0,01 du terme qui contient la demi-portée de la ferme; et si l'on y établit en même temps les rapports ci-dessus indiqués entre a et b, les formules se réduisent aux expressions insérées dans le tableau de la page suivante :

Il est facile de s'assurer que ces formules conduisent à des valeurs très-voisines de celles que fournissent les précédentes. Si, par exemple, nous prenons le cas dans lequel la différence doit être la plus grande, celui des plus fortes

NATURE de la COUVERTURE.	FORMULES à employer pour les valeurs de R' égales à		
	BOIS BRUTS non équarris $a = b.$	BOIS ÉQUARRIS à la hache $a = 0{,}90b.$	BOIS DE CHOIX à arêtes vives $a = 0{,}75b.$
Zinc, n° 14 et tôle galvanisée..	$b^3 = 0{,}00026C'^2$	$b^3 = 0{,}00026C'^2$	$b^3 = 0{,}00024C'^2$
Ardoises.	$b^3 = 0{,}00045C'^2$	$b^3 = 0{,}00043C'^2$	$b^3 = 0{,}00043C'^2$
Tuiles plates.	$b^3 = 0{,}00057C'^2$	$b^3 = 0{,}00056C'^2$	$b^3 = 0{,}00053C'^2$
Tuiles creuses maçonnées.	$b^3 = 0{,}00087C'^2$	$b^3 = 0{,}00084C'^2$	$b^3 = 0{,}00081C'^2$

charges et des bois les plus grossiers, qui est relatif aux
tuiles creuses maçonnées, en faisant $C = 6^m{,}00$ dans la formule $b^3 = 0{,}00087C'^2$, on en tire $b^3 = 0{,}0313$; d'où $b = 0^m{,}314$.
Si l'on substitue ensuite cette valeur dans le deuxième
membre de la formule à deux termes du n° **303** :

$$b^3 = 808{,}6 \cdot C'(0{,}00000112 \cdot b + 0{,}00000107 \cdot C'),$$

elle devient

$$b^3 = 808{,}6 \times 6^m(0{,}00000035 + 0{,}00000632) = 0{,}0328;$$

d'où $b = 0^m{,}32.$

La différence entre ces deux valeurs est assez faible pour
permettre d'employer dans la plupart des cas les formules
réduites, telles qu'elles sont insérées dans le tableau.

307. *Application des formules précédentes.* — Comme application des formules que l'on vient d'exposer, nous donnons ici le tableau des dimensions des arbalétriers des
fermes simples de différentes portées, pour les cas : des
bois grossièrement équarris, des bois équarris à la hache,
et pour celui des bois de choix à arêtes vives.

Si l'on compare les dimensions contenues dans ce tableau
avec celles qui étaient admises autrefois dans l'enseignement de l'école de Metz, et qui étaient relatives aux char-

pentes communes du pays et aux couvertures en tuiles creuses, on verra qu'il y a accord à peu près parfait pour ce cas.

Ainsi, pour les fermes simples avec couvertures en tuiles creuses en usage en Lorraine, les dimensions sont, pour les portées de :

	6^m	9^m	12^m
Cours de l'École de Metz (1820) ...	0^m,22 à 0^m,190	0^m,26 à 0^m,24	0^m,32 à 0^m,30
Formule proposée : $b^3 = 0,00087\,C'^2$	0 ,199	0 ,260	0 ,316

TABLE DES DIMENSIONS DES ARBALÉTRIERS POUR DES FERMES SIMPLES DE DIFFÉRENTES PORTÉES.

NATURE de la COUVERTURE.	PORTÉE de la ferme 2C'.	BOIS bruts équarris $a = b.$	BOIS équarris à la bache $a = 0,9b$		BOIS de choix à arêtes vives $a = 0,75b.$	
			b	a	b	a
Zinc, n° 14.		$b^3 = 0,00026.C'^2$	$b^3 = 0,000252.C'^2.$		$b^3 = 0,00024.C'^2.$	
	5^m,00	0^m,118	0^m,117	0^m,105	0^m,114	0^m,086
	6 ,00	0 ,133	0 ,131	0 ,117	0 ,130	0 ,098
	8 ,00	0 ,161	0 ,159	0 ,143	0 ,157	0 ,118
	10 ,00	0 ,187	0 ,184	0 ,165	0 ,182	0 ,137
	12 ,00	0 ,211	0 ,208	0 ,187	0 ,205	0 ,144
Ardoises.		$b^3 = 0,00045.C'^2.$	$b^3 = 0,00044.C'^2.$		$b^3 = 0,00043.C'^2.$	
	5 ,00	0 ,141	0 ,140	0 ,126	0 ,139	0 ,104
	6 ,00	0 ,160	0 ,158	0 ,142	0 ,157	0 ,118
	8 ,00	0 ,194	0 ,192	0 ,173	0 ,190	0 ,143
	10 ,00	0 ,224	0 ,223	0 ,201	0 ,220	0 ,165
	12 ,00	0 ,253	0 ,251	0 ,226	0 ,250	0 ,188
Tuiles plates.		$b^3 = 0,00057.C'^2.$	$b^3 = 0,000553.C'^2.$		$b^3 = 0,00053.C'^2.$	
	5 ,00	0 ,153	0 ,152	0 ,137	0 ,149	0 ,112
	6 ,00	0 ,173	0 ,171	0 ,154	0 ,168	0 ,126
	8 ,00	0 ,209	0 ,207	0 ,186	0 ,204	0 ,153
	10 ,00	0 ,243	0 ,240	0 ,216	0 ,237	0 ,178
	12 ,00	0 ,274	0 ,270	0 ,243	0 ,261	0 ,200
Tuiles creuses maçonnées.		$b^3 = 0,00087.C'^2.$	$b^3 = 0,00084.C'^2.$		$b^3 = 0,00081.C'^2.$	
	5 ,00	0 ,176	0 ,174	0 ,157	0 ,172	0 ,129
	6 ,00	0 ,199	0 ,196	0 ,176	0 ,194	0 ,146
	8 ,00	0 ,240	0 ,237	0 ,213	0 ,235	0 ,176
	10 ,00	0 ,279	0 ,276	0 ,248	0 ,273	0 ,205
	12 ,00	0 ,315	0 ,311	0 ,280	0 ,307	0 ,230

508. *Formules relatives aux arbalétriers en fer forgé*. — Dans les couvertures en fer, les arbalétriers ont souvent la forme d'un prisme à section rectangulaire, et l'on emploie alors des fers méplats des dimensions courantes du commerce, dont l'épaisseur a est assez habituellement $\frac{1}{5}$ de la largeur b. De plus, le coefficient de résistance R doit être égal à 6 000 000 kilogr. pour les grandes constructions qui doivent offrir toute sécurité, et à 8 000 000 kilogr. pour les petites constructions qui peuvent être allégées.

L'inclinaison n'est jamais au-dessous de 20°, et alors

$$\tfrac{5}{8}\frac{1-\cos^2 a}{\cos a}=\frac{5C'^2}{8pC}=1{,}614\,,\quad C\sin a = C'\,,$$

et la formule du n° **501** devient

$$R = 1{,}614 \cdot \frac{pC}{A} + 0{,}125C'\frac{v'}{I} \cdot pC\,,$$

ou, pour les sections rectangulaires :

$$ab^2 = \left(\frac{1{,}614 \cdot b}{R} + \frac{0{,}750 \cdot C'}{R}\right)pC\,.$$

Mais, dans ce cas, on peut, à plus forte raison que pour le bois, négliger, dans le second membre de la formule, le terme qui contient l'épaisseur b, et alors elle se réduit à

$$ab^2 = \frac{pC}{R} \times 0{,}75 \cdot C'\,.$$

On emploie d'ailleurs, dans ce cas, à peu près exclusivement, les couvertures en zinc ou en tôle galvanisée, dont l'inclinaison peut être réduite à 20° avec l'horizon ; de sorte qu'il faut, d'après ce qui précède, faire dans cette formule : $a = \frac{1}{5}b$, $pC = 242^{kil},06.C'$, $R = 6\,000\,000$ ou $8\,000\,000^{kil}$, ce qui la réduit aux valeurs suivantes :

Pour les grandes constructions, $b^3 = 0{,}0000303 \cdot C'^2$,

Pour les constructions légères, $b^3 = 0{,}0000227 \cdot C'^2$.

309. *Arbalétriers à nervures.* — Pour les grandes constructions en fer, on donne aux arbalétriers le profil des solides à nervures, en forme de double T, dont nous avons parlé au n° **246.**

Dans ce cas, l'on sait (n° **44**) que l'on a

$$\frac{\mathrm{I}}{v'} = \tfrac{1}{6}\frac{ab^3 - 2a'b'^3}{b}; \quad \text{d'où} \quad \frac{v'}{\mathrm{I}} = \frac{6b}{ab^3 - 2a'b'^3};$$

et comme on a aussi $\mathrm{A} = ab - 2a'b'$, la formule du n° **503** :

$$\mathrm{R} = p\mathrm{C}\left(\frac{1,614}{\mathrm{A}} + \tfrac{1}{8}\frac{\mathrm{C}'v'}{\mathrm{I}}\right)$$

devient $\mathrm{R} = \left(\dfrac{1,614}{ab - 2a'b'} + \dfrac{0,125 \cdot \mathrm{C}' \times 6 \cdot b}{ab^3 - 2a'b'^3}\right) p\mathrm{C}.$

On peut établir *a priori*, entre les quantités a, b, a', b', trois relations, et par exemple les suivantes :

$$a = 0,6b, \quad a' = 0,40a = 0,24b, \quad b' = 1,25a = 0,75b,$$

et alors la formule devient

$$\mathrm{R} = \left(\frac{1,614 \cdot b}{0,24b^2} + \frac{0,75 \cdot \mathrm{C}'}{0,398 \cdot b^3}\right) p\mathrm{C};$$

d'où l'on tire, en faisant $\mathrm{R} = 6\,000\,000$ kilogr.,

$$b^3 = (0,00000112 \cdot b + 0,000000314\,\mathrm{C}') p\mathrm{C}.$$

On peut négliger, dans la plupart des cas, le terme en b du second membre relatif à la tension éprouvée par l'arbalétrier, et comme on emploie presque toujours le zinc pour ces couvertures, on y fera encore $p\mathrm{C} = 242^{kil},06 \cdot \mathrm{C}'$, ce qui conduit à la formule pratique :

$$b^3 = 0,000000314 \times 242,06 \cdot \mathrm{C}'^2 = 0,00076 \cdot \mathrm{C}'^2.$$

310. *Application à la couverture de la gare des chemins de Saint-Germain et de Versailles.* — D'après les proportions adoptées par les constructeurs, on a

$$\operatorname{tang} a = \frac{C'}{h} = \frac{13,615}{6} = 2,26916 ;$$

d'où

$$\frac{5}{8} \cdot \frac{1-\cos^2 a}{\cos a} = 1^m,298, \quad b = 0^m,118, \quad a = 0,080,$$

$$b' = 0^m,098, \quad a' = 0^m,035,$$

ce qui donne les rapports :

$$a = 0,678b, \quad b' = 0,830b, \quad a' = 0,297b ;$$

l'on en déduit :

$$R = \left(\frac{1,298}{0,185b^2} + \frac{0,75.C'}{0,3397\,b^3} \right)pC ;$$

d'où

$$b^3 = \left(\frac{1,298}{0,185 \times 6\,000\,000}\,b + \frac{0,75.C'}{0,3397 \times 6\,000\,000} \right)pC$$

$$= (0,00000117b + 0,000000368)pC ;$$

et si l'on y néglige le terme en b du deuxième membre, en faisant $pC = 242,06.C'$, la formule devient

$$b^3 = 0,0\,000\,891C'^2.$$

Mais il faut remarquer que la formule ainsi posée fait abstraction du surcroît de résistance que les tirants et les contre-fiches procurent aux arbalétriers. Nous reviendrons plus loin sur cet objet.

311. *Observation relative à l'emploi de fers à* **T** *d'un modèle donné.*—Mais l'on a vu au n° **246** que les fers à double **T** sont fabriqués selon des modèles fixés par l'outillage et parmi lesquels il convient de choisir celui qui présente la solidité convenable plutôt que de commander un modèle nouveau.

Pour faire ce choix, on remarquera que les charpentes en fer sont presque toujours couvertes en zinc ou en tôle galvanisée, et qu'en supposant les fermes écartées de $3^m,50$, l'on peut admettre pour la charge uniformément répartie sur l'arbalétrier la valeur $pC = 242,06C'$ kilogr. trouvée pour les couvertures en zinc supportées par des charpentes en bois. Si les fermes étaient écartées de plus ou de moins de $3^m,50$, on augmenterait ou l'on diminuerait proportionnellement la valeur de pC.

Dans tous les cas, on aura donc la valeur de pC, d'où l'on déduira celle de $\frac{1}{2}pC^2$ en la multipliant par $\frac{1}{2}C$, ce qui permettra alors de recourir à la table du n° **246** pour trouver la proportion du fer capable de servir d'arbalétrier à la charpente proposée.

Exemple. Si par exemple on a $2C' = 12^m,00$, on trouve :

$$pC = 242^{kil},06 \times 6 = 1452^{kil},36$$

et
$$\tfrac{1}{2}pC^2 = 1452^{kil},36 \times 3 = 4357,08.$$

Cette valeur correspond à l'hypothèse où les arbalétriers seraient écartés de $3^m,50$; et si on la compare avec la table du n° **246**, l'on voit qu'il n'y a pas de fers à T capables de porter cette charge avec sécurité. Mais si l'on double le nombre des fermes en réduisant leur écartement à $1^m,75$, la valeur de $\frac{1}{2}pC^2$ sera aussi réduite à moitié et égale à 2178,54, et l'on voit alors que le fer à T, P_8, de l'usine de la Providence, de $0^m,260$ de hauteur sur $0^m,020$ d'épaisseur au corps, et de $0^m,071$ de largeur en dessus et en dessous, pourrait être employé comme arbalétrier d'une seule portée horizontale de $6^m,00$ avec sécurité.

312. *Dimensions des tirants.* — D'après ce que l'on a vu au n° **302**, les tirants horizontaux sont soumis à un effort de traction souvent considérable qui est exprimé par la composante horizontale

$$Q = \tfrac{5}{8}pC \cdot \tan g\,a;$$

et si l'on appelle h la hauteur du faîte au-dessus du tirant ou la *montée* de la ferme, et $2C'$ la portée horizontale, ce qui donne $\tan g\,a = \dfrac{C'}{h}$, cette expression devient

$$Q = \tfrac{5}{8}pC\,\frac{C'}{h}.$$

Elle donne en même temps la poussée que les pieds des arbalétriers exerceraient sur les sablières pour les écarter au dehors, et l'on voit que cette poussée est une fraction de la charge pC de l'arbalétrier d'autant plus grande, que la montée de la ferme est moindre par rapport à sa portée.

Le tirant supporte et annule cette poussée par sa résistance à la traction longitudinale, mais il doit aussi, dans certains cas, être en état de supporter une charge uniformément répartie quand il est destiné à soutenir un plancher de grenier.

En lui appliquant la formule du n° **237** rappelée au n° **300** :

$$R = \frac{T}{A} + \frac{Mv'}{I},$$

il faut donc faire :

$$T = \tfrac{5}{8} pC \frac{C'}{h} \quad \text{et} \quad M = \tfrac{1}{2} p'C'^2,$$

en nommant p' la charge uniformément répartie qu'il doit porter ou son poids propre s'il n'est soumis à aucune charge.

La formule ci-dessus devient donc :

$$R = \tfrac{5}{8} \frac{pC}{A} \cdot \frac{C'}{h} + \tfrac{1}{2} p'C'^2 \cdot \frac{v'}{I}.$$

Pour les charpentes en bois et pour certaines charpentes en fer, la section transversale est rectangulaire, et l'on a :

$$A = ab \quad \text{et} \quad \frac{v'}{I} = \frac{6}{ab^2},$$

ce qui donne :
$$R = \tfrac{5}{8} \frac{pC}{ab} \cdot \frac{C'}{h} + \frac{3p'C'^2}{ab^2},$$

d'où l'on tire :
$$ab = \frac{1}{R} \left(\tfrac{5}{8} pC \frac{C'}{h} + \frac{3p'C'^2}{b} \right).$$

Or, on a au plus pour :

$$\text{le zinc} \ldots \ldots \ldots \quad \frac{C'}{h} = \text{tang } 70^0 = 2{,}748 \, ,$$

$$\left.\begin{array}{l}\text{les ardoises et les}\\ \text{tuiles plates} \ldots\end{array}\right\} \quad \frac{C'}{h} = \text{tang } 50^0 = 1{,}192 \, ,$$

$$\text{les tuiles creuses} \ldots \quad \frac{C'}{h} = \text{tang } 60^0 = 1{,}732 .$$

On a d'ailleurs, par le tableau du n° **306**, les valeurs de la charge pC, on en déduit donc les formules pratiques suivantes, en négligeant le second terme dans lequel le facteur p' est toujours comparativement très-faible.

NATURE de LA COUVERTURE,	TIRANTS EN FER A SECTION	
	rectangulaire $a = \frac{1}{5} b$.	circulaire.
Zinc, n° 14	$b^2 = 0{,}0000316.C'$	$d^2 = 0{,}0000885.C'$
Ardoises.	$b^2 = 0{,}0000264.C'$	$d^2 = 0{,}0000674.C'$
Tuiles plates	$b^2 = 0{,}0000330.C'$	$d^2 = 0{,}0000840.C'$
Tuiles creuses maçonnées.	$b^2 = 0{,}0000729.C'$	$d^2 = 0{,}0001860.C'$

313. *Cas où le tirant n'est pas horizontal.* — Si le tirant en fer n'est pas horizontal, et est au contraire relevé vers le faîte, ainsi que cela se pratique quelquefois, il est facile de voir (pl. V, fig. 17) que la tension du tirant devra être augmentée dans le rapport de la hauteur h du faîte, au-dessus de l'horizontale des sablières ou des appuis à la perpendiculaire h_1, abaissée du faîte sur la direction inclinée du tirant. En effet, le moment de la tension du tirant relevé par rapport au faîte, doit être égal au moment du tirant horizontal par rapport au même point, puisque l'un doit comme l'autre faire équilibre à la réaction du support ou du mur qui tend à faire tourner l'arbalétrier autour du faîte. Il suffira donc de mul-

374   TROISIÈME PARTIE.

tiplier le second membre des formules ci-dessus par ce rapport $\dfrac{h}{h_1}$ pour en déduire la valeur de b^2 ou celle de d^2.

314. *Table des dimensions des tirants.* — La table suivante donne les dimensions qu'il suffirait d'adopter pour les cas où ces tirants ne devraient pas porter de plancher et n'auraient simplement pour objet que de s'opposer à l'écartement des pieds des arbalétriers, ainsi que cela arrive pour les gares, les hangars, etc.

TABLE DES DIMENSIONS DES TIRANTS POUR DES FERMES SIMPLES DE DIFFÉRENTES PORTÉES.

$$ab = \frac{1}{R}\left(\frac{5}{8}\cdot\frac{pC.C'}{h} + 3d\,A.C'^2\right).$$

NATURE de la COUVERTURE.	PORTÉE HORIZONTALE 2C'	BOIS NON ÉQUARRIS. $R = 700\,000$ kil^s. $a = b$. $b^2 = 0,000000893\,pC\,\dfrac{C'}{h} + 0,00000423\,dA.C'^2$ avec le poids du tirant.	FER. $R = 6\,000\,000$ kil^s. SECTION RECTANGULAIRE. $b^2 = \dfrac{25}{8}\dfrac{pC}{6000000}\cdot\dfrac{C'}{h}$; $a = \dfrac{1}{5}b.$		SECTION CIRCULAIRE. $d^2 = \dfrac{5\times1,273}{8}\cdot\dfrac{pC}{6000000}\cdot\dfrac{C'}{h}$
	m	$b^2 = 0,000594.C' + 0,00344\,A.C'^2$	$b^2 = 0,000347.C'$		$d^2 = 0,0000885.C$
Zinc, n° 14. $pC = 242,06.C'$ $\dfrac{C'}{h} = 2,718.$	5	$a = b = 0.054$	$b = 0,0294$	$a = 0,0059$	$d = 0,0149$
	6	$= 0,061$	$= 0,0323$	$= 0.0065$	$= 0,0166$
	8	$= 0,084$	$= 0.0374$	$= 0.0075$	$= 0,0188$
	10	$= 0,113$	$= 0,0416$	$= 0,0083$	$= 0,021$
	12	$= 0,148$	$= 0,0457$	$= 0.0091$	$= 0,0.3$
		$b^2 = 0,00045.C' + 0.00344\,AC'^2$	$b^2 = 0,000264.C'$		$d^2 = 0,0000674.C$
Ardoises. $pC = 425.C'$ $\dfrac{C'}{h} = 1,192.$	5	$a = b = 0,040$	$b = 0,0258$	$a = 0,0052$	$d = 0,013$
	6	$= 0,055$	$= 0,0281$	$= 0,0056$	$= 0,014$
	8	$= 0,084$	$= 0,0326$	$= 0,0065$	$= 0,017$
	10	$= 0,107$	$= 0,0364$	$= 0,0073$	$= 0,019$
	12	$= 0,143$	$= 0,0400$	$= 0,0080$	$= 0,020$
		$b^2 = 0,000565.C' + 0,00344\,AC'^2$	$b^2 = 0,000329.C'$		$d^2 = 0,000084.C'$
Tuiles plates. $pC = 531,0.C'$ $\dfrac{C'}{h} = 1,192.$	5	$a = b = 0.050$	$b = 0,0287$	$a = 0.0057$	$d = 0,0145$
	6	$= 0,060$	$= 0,0315$	$= 0.0060$	$= 0,0160$
	8	$= 0,083$	$= 0,0363$	$= 0,0070$	$= 0,0184$
	10	$= 0,112$	$= 0,0410$	$= 0,0080$	$= 0,0206$
	12	$= 0,147$	$= 0,0450$	$= 0,0090$	$= 0,0225$
		$b^2 = 0,00125.C' + 0,00344\,AC'^2$	$b^2 = 0,000729.C'$		$d^2 = 0,000186.C'$
Tuiles creuses. $pC = 808.6.C'$ $\dfrac{C'}{h} = 1,732.$	5	$a = b = 0,068$	$b = 0,043$	$a = 0,009$	$d = 0,022$
	6	$= 0,079$	$= 0,047$	$= 0,009$	$= 0,024$
	8	$= 0,104$	$= 0,057$	$= 0,011$	$= 0,027$
	10	$= 0,133$	$= 0,061$	$= 0,012$	$= 0,031$
	12	$= 0,169$	$= 0,066$	$= 0,013$	$= 0,034$

Les dimensions des tirants en bois données par ce tableau paraîtront beaucoup trop faibles pour pouvoir être admises dans la pratique; mais il ne faut pas perdre de vue, comme nous l'avons déjà dit, qu'elles ne sont calculées que dans l'hypothèse où le tirant ne doit pas supporter de charge ou de grenier, ce qui est rare mais se présente quelquefois dans la construction des hangars. Cela montre seulement que, dans ce dernier cas, l'on peut construire avec une grande légèreté. Mais dans les cas ordinaires où le tirant sera exposé à une charge additionnelle, il faudra recourir à la formule du nº **312**

$$ab = \frac{1}{R}\left(\tfrac{5}{8}\, pC\, \frac{C'}{h} + \frac{3p'C'^2}{b}\right).$$

Ordinairement on fait les tirants à section carrée, afin qu'ils soient plus larges que l'arbalétrier qui s'y assemble, à moins qu'on n'emploie des tirants moisés. Si le tirant est à section carrée, l'on a $a = b$, et l'équation ci-dessus devient

$$a^2 = \frac{1}{R}\left(\tfrac{5}{8}\, pC\, \frac{C'}{h} + \frac{3p'C'^2}{a}\right).$$

Sous cette forme elle conduirait à une équation du troisième degré, dont la solution n'est pas assez facile pour la pratique. Si l'on tenait cependant, pour quelque cas particulier, à la résoudre, on pourrait y parvenir facilement par la méthode graphique que nous avons déjà indiquée dans d'autres parties du cours.

Si l'on remarque que dans le cas des tirants portant un plancher, la charge qui provient de celui-ci a toujours beaucoup plus d'influence que la tension qui résulte de l'action de l'arbalétrier, ainsi qu'il est facile de s'en assurer par les applications mêmes, on reconnaîtra que l'on pourra dans ce cas négliger l'action de l'arbalétrier, par rapport à celle de la charge à porter, et alors la formule se réduira à celle des solides chargés d'un poids uniformément réparti sur leur longueur

$$R = \tfrac{1}{2}\frac{p'C'^2.v'}{l},$$

qui, pour le cas des solides à section rectangulaire, donne

$$ab^2 = \frac{3p'C'^2}{R},$$

et devient, pour les bois non équarris pour lesquels

$$a = b, \quad R = 700\,000^{kil}, \quad b^3 = \frac{p'C'^2}{233\,333},$$

pour les bois équarris

$$a = 0,9b, \quad R = 800\,000^{kil}, \quad b^3 = \frac{p'C'^2}{240\,000},$$

et pour ceux à arêtes vives,

$$a = 0,75b, \quad R = 1\,000\,000^{kil}, \quad b^3 = \frac{p'C'^2}{250\,000}.$$

Si l'on suppose que le grenier soit par exemple destiné à recevoir des produits agricoles, des blés sur une hauteur de $0^m,60$, cela correspondrait à une charge de $0,60 \times 750^{kil} = 450$ kilogr. par mètre carré, attendu que le blé pèse moyennement 750 kilogr. par mètre cube. L'écartement des fermes étant de $3^m,50$, la charge p' par mètre courant de longueur du tirant sera

$$p' = 450^k \times 3^m,50 = 1575 \text{ kilogr.}$$

Cette charge étant en général supérieure à celle que les planchers des greniers peuvent avoir à supporter, on sera sûr en l'adoptant d'obtenir des charpentes d'une solidité très-suffisante.

En substituant dans ces formules la valeur précédente $p' = 1575$ kilogr., elles deviennent :

Pour les bois bruts,

$$a = b, \quad b^3 = \frac{1575}{233\,333} \cdot C'^2 = 0,006\,75C'^2;$$

Pour les bois équarris à la hache,

$$a = 0,9b, \quad b^3 = \frac{1575}{240\,000}C'^2 = 0,005\,6C'^2;$$

Pour les bois sciés,

$$a = 0,75b, \quad b^3 = \frac{1575}{250000}C'^2 = 0,006\,30\,C'^2.$$

On en déduit le tableau suivant :

DIMENSIONS A DONNER AUX TIRANTS EN BOIS DESTINÉS A PORTER UN PLANCHER.

PORTÉES 2C'.	BOIS non équarris $a=b$.	BOIS équarris $a=0,9b$	BOIS sciés à arêtes vives $a=0,75b$.
m 12	$0^m,343$	$0^m,340$	$0^m,336$
10	$0,323$	$0,320$	$0,316$
8	$0,300$	$0,297$	$0,293$
6	$0,272$	$0,270$	$0,266$
5	$0,257$	$0,254$	$0,250$

Les dimensions indiquées dans ce tableau sont un peu plus faibles que celles qui sont indiquées dans l'ancien cours de l'École de Metz; mais comme elles sont basées sur l'hypothèse d'une charge de 450 kilogr. par mètre carré et un écartement de $3^m,50$ entre les fermes, ce qui excède certainement les proportions ordinaires, je n'hésite pas à croire qu'elles seront suffisantes.

L'on n'a pas étendu cette table à des portées plus grandes que 12 mètres, parce qu'il est rare que pour d'aussi grandes portées l'on n'emploie pas des poteaux intermédiaires pour soutenir les tirants, s'ils sont destinés à porter des charges, et que nous indiquerons plus loin le système de charpentes qu'il convient d'employer pour les grandes portées.

Lorsqu'on sera certain que les charges ne peuvent pas atteindre la valeur indiquée plus haut, de 450 kilogr.

par mètre carré, on réduira les équarrissages en conséquence.

515. *Arbalétrier buttant contre un entrait retroussé.* — Soient P' (pl. V, fig. 17) la pression verticale due à la charge totale de la portion de la charpente et de la couverture supérieure à l'entrait ; p la charge par mètre courant répartie sur la longueur $AB = C_1$ de l'arbalétrier inférieur. La pression verticale exercée en B sera $P = P' + pC_1$. On a vu, au n° **502**, que la tension du tirant, produite par la charge uniformément répartie pC_1, équivalait à $\frac{5}{8} pC_1$ tang a. D'une autre part, la charge P' en produit une, exprimée par P' tang a ; de sorte que la tension totale du tirant, dans le sens de sa longueur, est

$$(P' + \tfrac{5}{8} pC_1)\ \text{tang } a.$$

On doit donc regarder l'arbalétrier AB comme soumis de bas en haut à l'action de la force verticale $P = P' + pC_1$, et dans le sens horizontal à la force $Q = (P' + \tfrac{5}{8} pC_1)\,\text{tang } a$, et à la charge verticale pC_1, uniformément répartie sur sa longueur.

En substituant donc, dans la relation du n° **507**, $P' + pC_1$ à P et $(P' + \tfrac{5}{8} pC_1)\,\text{tang } a$ à Q, on aura, pour la relation d'équilibre permanent de ce système,

$$R = \frac{(P' + pC_1)\cos a + (P' + \tfrac{5}{8} pC_1)\,\text{tang } a \sin a - pC_1 \cos a}{A}$$

$$- \left[(P' + pC_1)\sin a\,(P' + \tfrac{5}{8} pC_1)\sin a - \tfrac{1}{2} pC_1 \sin a \right] C \frac{v'}{I},$$

$$R = \frac{1}{A \cos a}(P' + \tfrac{5}{8} pC_1 \sin^2 a) + \tfrac{1}{8} pC_1^2 \sin a . \frac{v'}{I}.$$

Cette formule permettra de calculer les dimensions de l'arbalétrier inférieur dans les fermes à entrait retroussé ou à la Palladio (n° 58, mémoire de M. Ardant).

Quant au tirant, sachant que sa tension est

$$(P' + \tfrac{5}{8} pC_1)\ \text{tang } a,$$

on calculera ses dimensions en tenant compte de son poids propre, par la formule

$$R = (P' + \tfrac{5}{8} p C_1) \frac{\tan g\, a}{A} + \tfrac{1}{2} d\, AC'^2 \frac{v'}{I}$$

ou

$$R = \frac{(P' + \tfrac{5}{8} p C_1)}{A} \frac{C_1'}{h_1} + \tfrac{1}{2} d\, AC''^2 \frac{v'}{I},$$

en conservant les notations précédentes.

Enfin, si le tirant doit porter une charge p' uniformément répartie sur sa longueur $2C''$, la formule sera

$$R = \frac{(P' + \tfrac{5}{8} p C_1)}{A} \frac{C_1'}{h_1} + \tfrac{1}{2} p' C''^2 \frac{v'}{I};$$

C_1' étant la projection de l'arbalétrier, et h_1 la hauteur de l'entrait retroussé au-dessus du tirant; on comprendra dans la charge uniformément répartie $2p'C''$ le poids propre du solide, ou on la négligera, selon les cas.

Ferme à la Palladio. — Cette ferme peut être considérée comme composée de deux parties : l'une supérieure à l'entrait qui forme une ferme simple, dont cet entrait est le tirant et dont on calculera les arbalétriers par la formule du n° 508; l'autre qui est précisément le dispositif considéré dans le cas de la formule précédente.

316. *Application aux arbalétriers des fermes à la Palladio à entrait retroussé.* — En introduisant dans cette formule les valeurs $A = ab$, $\frac{v'}{I} = \frac{6}{ab^2}$, $C_1 \sin a = C_1'$, en nommant C_1' la projection horizontale de l'arbalétrier inférieur, et si l'on suppose, par exemple, que l'entrait retroussé soit placé aux deux tiers de la hauteur de la ferme, ce qui donne à peu près $P' = \tfrac{1}{2} p C_1$, elle devient :

$$R = \frac{p C_1}{ab} \left(\frac{4 + 5 \sin^2 a}{8 \cos a} \right) + \tfrac{3}{4} \frac{p C_1 C_1'}{ab^2}.$$

En observant encore que le terme qui contient le facteur $\frac{4 + 5 \sin^2 a}{8 \cos a}$ n'aura qu'une assez faible influence, on peut le remplacer par sa valeur moyenne; or, on trouve, pour :

$$a = 45^0, \qquad 57^0, \qquad 63^0,$$
$$\frac{4 + 5 \sin^2 a}{8 \cos a} = 1,149, \quad 1,744, \quad 2,783,$$

dont la moyenne arithmétique est $\qquad$ 1,80.

La formule devient alors :

$$R = \frac{pC_1}{ab} \times 1,80 + 0,75 \frac{pC_1 C_1'}{ab^2},$$

d'où l'on déduit

$$ab^2 = \frac{pC_1}{R}(1,80 \times b + 0,75\, C_1').$$

Dans cette formule, l'on voit effectivement que l'épaisseur b de l'arbalétrier étant toujours très-petite par rapport à la projection horizontale de cette pièce, le terme en b est très-faible vis-à-vis du terme $0,75 C_1'$.

317. *Formules pratiques.* — Si, pour des charpentes non équarries, on admet, avec M. Ardant, la valeur $R = 700\,000$ kilogr., on trouve pour la formule pratique :

$$ab^2 = pC_1(0,000\,002\,57\,b + 0,000\,001\,07\,C_1').$$

Si les bois sont équarris, on peut faire $R = 800\,000$ kilogr., et l'on a

$$ab^2 = pC_1(0,000\,002\,25\,b + 0,000\,000\,937\,C_1').$$

Enfin, lorsque les bois sont de choix et sans défaut, on peut faire $R = 1\,000\,000$ kilogr. et adopter la formule

$$ab^2 = pC_1(0,000\,001\,80\,b + 0,000\,000\,74\,C_1').$$

En introduisant dans ces formules les valeurs de pC données au n° **306,** et relatives aux diverses couvertures, on forme le tableau suivant des formules pratiques à employer, dans lesquelles on nomme :

C_1 la longueur de l'arbalétrier inférieur ;

$2C''$ la portée totale de la ferme ;

$2C'$ la portée de l'entrait retroussé;

$C_1' = 2C'$ la portée ou la projection horizontale de l'arbalétrier inférieur, en admettant que l'entrait retroussé soit aux deux tiers de la hauteur totale $h + h_1$ de la ferme.

FORMULES PRATIQUES A EMPLOYER POUR CALCULER LES DIMENSIONS DES ARBALÉTRIERS INFÉRIEURS DES FERMES
A LA PALLADIO.

NATURE de la COUVERTURE.	FORMULES A EMPLOYER POUR LES DIFFÉRENTES VALEURS DE R.		
	$R = 700\,000$ kil. BOIS BRUTS NON ÉQUARRIS $a = b.$	$R = 800\,000$ kil. BOIS ÉQUARRIS A LA HACHE $a = 0{,}9b.$	$R = 1\,000\,000$ kil. BOIS DE CHOIX A ARÊTES VIVES $a = 0{,}75b.$
Zinc..........	$b^3 = 242{,}06.C_1\,(0{,}00000257b + 0{,}00000107C_1{}')$	$b^3 = 267{,}3.C_1\,(0{,}00000225b + 0{,}000000937C_1{}')$	$b^3 = 322{,}75.C_1\,(0{,}00000180b + 0{,}00000075C_1{}')$
Ardoises......	$b^3 = 425{,}0\ .C_1\,(0{,}00000257b + 0{,}00000107C_1{}')$	$b^3 = 472{,}2.C_1\,(0{,}00000225b + 0{,}000000937C_1{}')$	$b^3 = 566{,}64\ C_1\,(0{,}00000180b + 0{,}00000075C_1{}')$
Tuiles plates...	$b^3 = 531{,}0\ .C_1\,(0{,}00000257b + 0{,}00000107cC{}')$	$b^3 = 590{,}0.C_1\,(0{,}00000225b + 0{,}000000937C_1{}')$	$b^3 = 708{,}0\ .C_1\,(0{,}00000180b + 0{,}00000075C_1{}')$
Tuiles creuses maçonnées..	$b^3 = 808{,}6\ .C_1\,(0{,}00000257b + 0{,}00000107C_1{}')$	$b^3 = 858{,}4.C_1\,(0{,}00000225b + 0{,}000000937C_1{}')$	$b^3 = 1078{,}0\ .C_1\,(0{,}00000180b + 0{,}00000075C_1{}')$

Chaque formule porte k au-dessus de b^3.

Pour l'application de ces formules, on peut d'abord négliger le terme qui dans le second membre contient la hauteur b de la pièce, et qui est assez faible par rapport au second. Puis, par un deuxième calcul, on substitue, dans le second membre des équations ci-dessus, la première valeur trouvée pour b, et l'on en déduit une seconde toujours suffisamment exacte.

Les formules réduites au second terme du deuxième membre, et les résultats auxquels elles conduisent, sont réunis dans le tableau suivant :

NATURE de la COUVERTURE.	FORMULES A EMPLOYER POUR LES BOIS		
	bruts grossièrement équarris $R = 700\,000$ kil. $a = b.$	équarris à la hache $R = 800\,000$ kil. $a = 0{,}9b.$	de choix à arêtes vives $R = 1\,000\,000$ $a = 0{,}75b.$
Zinc............	$b^3 = 0{,}00026.C_1 C_1'$	$b^3 = 0{,}00026.C_1 C_1'$	$b^3 = 0{,}00026.C_1 C_1'$
Ardoises.........	$b^3 = 0{,}00045.C_1 C_1'$	$b^3 = 0{,}00043.C_1 C_1'$	$b^3 = 0{,}00043.C_1 C_1'$
Tuiles plates.....	$b^3 = 0{,}00057.C_1 C_1'$	$b^3 = 0{,}00056.C_1 C_1'$	$b^3 = 0{,}00053.C_1 C_1'$
Tuiles creuses maçonnées.......	$b^3 = 0{,}00087.C_1 C_1'$	$b^3 = 0{,}00084.C_1 C_1'$	$b^3 = 0{,}00081.C_1 C_1'$

Les opérations numériques qu'exigent ces formules ont été effectuées pour diverses ouvertures de ferme, dans l'hypothèse où la portée de l'entrait serait le tiers de cette ouverture, et le tableau suivant contient, pour les divers genres de couverture, les dimensions transversales des arbalétriers suivant la nature des bois employés, pour des ouvertures comprises depuis 15 jusqu'à 36 mètres.

Pour tout autre rapport entre la portée totale de la ferme et celle de l'entrait retroussé, on aura recours aux formules générales qui ont été données ci-dessus.

TABLE DES DIMENSIONS DES ARBALÉTRIERS INFÉRIEURS POUR DES FERMES A LA PALLADIO DE DIFFÉRENTES PORTÉES.

NATURE de LA COUVERTURE.	PORTÉE de l'entrait $2C'$.	PORTÉE totale de la ferme $2C''$.	BOIS GROSSIÈREMENT ÉQUARRIS $a = b$.	BOIS ÉQUARRIS A LA HACHE $a = 0,9b$. b	a	BOIS DE CHOIX A VIVE ARÊTE $a = 0,75b$. b	a
Zinc, n° 14. Inclinaison à l'horizon. 20°.			$b^3 = 0,00026 C_1 C_1'$	$b^3 = 0,00025 C_1 C_1'$		$b^3 = 0,00024 C_1 C_1'$	
	5^m	15^m	0^m,148	0^m,146	0^m,139	0^m,144	0^m,108
	6	18	0 ,167	0 ,165	0 ,149	0 ,164	0 ,123
	8	24	0 ,206	0 ,200	0 ,180	0 ,197	0 ,148
	10	30	0 ,235	0 ,230	0 ,207	0 ,229	0 ,172
	12	36	0 ,265	0 ,262	0 ,236	0 ,258	0 ,194
Ardoises. 40°.			$b^3 = 0,00045 C_1 C_1'$	$b^3 = 0,00044 C_1 C_1'$		$b^3 = 0,00043 C_5 C_1'$	
	5	15	0 ,178	0 ,176	0 ,158	0 ,175	0 ,131
	6	18	0 ,200	0 ,199	0 ,179	0 ,198	0 ,149
	8	24	0 ,243	0 ,242	0 ,218	0 ,240	0 ,180
	10	30	0 ,282	0 ,280	0 ,252	0 ,278	0 ,209
	12	36	0 ,318	0 ,316	0 ,284	0 ,314	0 ,236
Tuiles plates. 40°.			$b^3 = 0,00057 C_1 C_1'$	$b^3 = 0,00055 C_1 C_1'$		$b^3 = 0,00053 C_1 C_1'$	
	5	15	0 ,193	0 ,190	0 ,171	0 ,188	0 ,141
	6	18	0 ,216	0 ,214	0 ,193	0 ,212	0 ,159
	8	24	0 ,263	0 ,260	0 ,234	0 ,257	0 ,193
	10	30	0 ,305	0 ,302	0 ,272	0 ,298	0 ,224
	12	36	0 ,344	0 ,341	0 ,307	0 ,337	0 ,253
Tuiles creuses maçonnées. 30°.			$b^3 = 0,00087 C_1 C_1'$	$b^3 = 0,00084 C_1 C_1'$		$b^3 = 0,00081 C_1 C_1'$	
	5	15	0 ,222	0 ,219	0 ,197	0 ,217	0 ,163
	6	18	0 ,250	0 ,247	0 ,222	0 ,244	0 ,183
	8	24	0 ,306	0 ,300	0 ,270	0 ,295	0 ,221
	10	30	0 ,350	0 ,347	0 ,312	0 ,343	0 ,257
	12	36	0 ,396	0 ,392	0 ,353	0 ,387	0 ,290

318. *Application aux tirants des fermes à la Palladio.* — La formule relative à ces tirants, et qui est (n° **315**) :

$$R = \left(P + \tfrac{5}{8}pC_1\right)\frac{\tang a}{A} + \tfrac{1}{2}dAC''_2\frac{v'}{I},$$

devient, en admettant que l'entrait retroussé soit aux deux tiers de la hauteur, ce qui donne $P = \tfrac{1}{2}pC$, et en posant $\tang a = \dfrac{C_1'}{h_1}$, C_1' étant la projection horizontale de la hauteur de l'arbalétrier inférieur, et h_1 sa projection verticale,

$$R = \tfrac{1}{8}(4pC + 5pC_1)\frac{C_1'}{Ah_1} + \tfrac{1}{2}dAC''_2\frac{v'}{I},$$

ou $\qquad R = \tfrac{7}{8}pC_1\dfrac{C_1'}{Ah_1} + \tfrac{1}{2}dAC''_2\dfrac{v'}{I}$, lorsque $C = \tfrac{1}{2}C_1$,

si le tirant ne porte que son poids propre, et

$$R = \tfrac{1}{8}(4pC + 5pC_1)\frac{C_1'}{Ah_1} + \tfrac{1}{2}dAC''_2\frac{v'}{I},$$

ou $\qquad R = \tfrac{7}{8}pC_1\dfrac{C_1'}{Ah_1} + \tfrac{1}{2}dAC''_2\dfrac{v'}{I}$, lorsque $C = \tfrac{1}{2}C_1$,

si l'on tient compte de son poids propre.

Les tirants étant ordinairement à section rectangulaire, on a :

$$A = ab, \quad \frac{v'}{I} = \frac{6}{ab^2}.$$

La formule devient alors

$$R = \tfrac{7}{8}\frac{pC_1}{ab}\cdot\frac{C_1'}{h_1} + \frac{3dC''_2}{b},$$

pour le cas où il n'y a pas de charge sur le tirant, et

$$R = \tfrac{7}{8}\frac{pC_1}{ab}\cdot\frac{C_1'}{h_1} + \frac{3p'C''_2}{ab^2},$$

pour celui où il y a une charge $2p'C''$ uniformément répartie sur ce tirant.

Dans le premier cas, la formule donne .

$$ab = \frac{1}{8R}\left(7pC_1 \frac{C_1'}{h_1} + 24\, daC''^2\right)$$

Si le tirant est en bois, et que l'on suppose $a = 0,75b$ et $R = 800\,000$ kilogr., cette relation revient à

$$b^2 - 0,00000375 dC''^2 b - 0,00000146 pC_1 \frac{C_1'}{h_1} = o.$$

Si l'on suppose que le tirant soit en sapin, et qu'on fasse $d = 600$ kilogr., on a :

$$b^2 - 0,00225 C''^2 b - 0,00000146 pC_1 \frac{C_1'}{h_1} = o.$$

Pour obtenir les valeurs a et b correspondant aux différentes portées et aux diverses sortes de couvertures, il faudra substituer, dans cette formule, les valeurs de pC_1 et de $\frac{C_1'}{h_1}$ relatives à chaque cas, et qui sont données dans le tableau du n° 506. Cela conduit à des formules pratiques.

Mais on remarquera encore que pour les fermes qui sont à grandes portées, il conviendra, dans le cas où les tirants ne doivent pas porter de plancher, de substituer au bois l'emploi du fer.

319. *Tirants en fer.*—Dans ce cas, le solide n'est jamais exposé à porter une charge ; et comme il est toujours soutenu par une ou plusieurs aiguilles pendantes, on peut négliger l'influence de son poids propre, et alors la formule se réduit à

$$R = \tfrac{7}{8}\frac{pC_1}{A} \cdot \frac{C_1'}{h_1}.$$

Si la section est rectangulaire, $A = ab$, et si l'on prend $R = 6\,000\,000$ kilogr., on tire de cette formule :

$$ab = 0,000000146 pC_1 \frac{C_1'}{h_1}.$$

Si l'on fait $a = \tfrac{1}{5}b$, on a :

$$b^2 = 0,000000730 pC_1 \frac{C_1'}{h_1}.$$

Pour une section circulaire on aurait

$$A = \frac{d^2}{1,273},$$

d étant le diamètre, et cette valeur de A **substituée dans la** formule générale, conduit à :

$$d^2 = \frac{7 \times 1{,}273}{8R} \cdot pC_1 \frac{C_1'}{h_1} = 0{,}000000186 \, pC_1 \frac{C_1'}{h_1}.$$

La ferme à la Palladio dont nous venons de discuter les proportions est à peu près abandonnée par la substitution du fer au bois, et d'un autre dispositif dont nous aurons à nous occuper dans un des numéros suivants.

520. *Influence des variations de température sur la tension des tirants.* — Les allongements et raccourcissements produits par les variations de température exercent sur la tension des tirants une influence qu'il est nécessaire d'apprécier.

Pour en faciliter le moyen, nous rapporterons d'abord la table suivante des dilatations qu'éprouvent les corps, **pour** des variations données de température.

TABLE DES DILATATIONS LINÉAIRES QU'ÉPROUVENT LES CORPS SOLIDES DEPUIS LE TERME DE LA CONGÉLATION DE L'EAU JUSQU'A CELUI DE L'ÉBULLITION D'APRÈS MM. LAPLACE ET LAVOISIER.

DÉSIGNATION DES SUBSTANCES.	DILATATIONS EN FRACTIONS	
	DÉCIMALES.	ORDINAIRES.
Acier non trempé	0,00107915	$\frac{1}{927}$
Acier trempé jaune, recuit à 65°	0,00123956	$\frac{1}{807}$
Fer doux forgé	0,00122045	$\frac{1}{819}$
Fer rond passé à la filière	0,00123504	$\frac{1}{812}$
Or de départ	0,00146606	$\frac{1}{682}$
Or au titre de Paris, recuit	0,00151361	$\frac{1}{661}$
Or d° non recuit	0,00155155	$\frac{1}{645}$
Cuivre	0,00171220	$\frac{1}{584}$
Cuivre jaune ou laiton	0,00186670	$\frac{1}{535}$
Argent au titre de Paris	0,00190868	$\frac{1}{524}$
Argent de Coupelle	0,00190974	$\frac{1}{514}$
Étain des Indes ou de Malacca	0,00193765	$\frac{1}{516}$
Plomb	0,00284836	$\frac{1}{351}$

Nous avons appris à calculer la tension qu'il convient de donner à un tirant pour qu'il maintienne les extrémités des pièces qu'il réunit à la distance convenable, et nous avons vu au n° **313** que, pour la stabilité de la construction, il ne fallait pas que cette tension normale dépassât $6^{kil},102$, par exemple pour le fer doux, dont la limite d'allongement élastique est de $0^m,00066$ par mètre, et correspond à une tension $12^{kil},205$.

Or, si l'on suppose que la charpente ait été mise en place à une température t, et que par un refroidissement la température devienne t', l'abaissement sera de $t - t'$.

D'après MM. Laplace et Lavoisier, les dilatations et raccourcissements qu'éprouvent les corps solides entre certaines limites sont proportionnels aux variations de température dans un rapport qui, pour le fer, est de $6^m,00122$ pour une différence de température de 100°. Par conséquent, pour la différence de température $t - t'$, le raccourcissement serait $0^m,0000122\,(t - t')$, et comme on sait que le fer doux, étiré comme celui dont on fabrique ces tirants, s'allonge de $0^m,0008$ par mètre sous un effort de $14^{kil},75$ par millimètre carré de section, il s'ensuit que l'accroissement de tension correspondant à la variation de longueur $0^m,0000122\,(t - t')$ par mètre sera donné par la proportion

$$0^m,0008 : 14^{kil},75 :: 0^m,0000122\,(t-t') : x = 0^{kil},225\,(t-t')$$

ou pour un mètre quarré :

$$225^{kil},0\,(t - t').$$

Lors donc que l'on aura déterminé la tension T d'un tirant quelconque en fer employé dans les charpentes, l'effort correspondant supporté par chaque mètre carré de sa section sera $\dfrac{T}{A}$, et il faudra que cet effort augmenté de celui qui correspond à la variation de température, soit au plus égal à la tension qui correspond à la limite d'élasticité, et qui est de 12 000 000 kilogr.; on devrait donc avoir la relation

$$12\,000\,000^{\text{kil}} = \frac{T}{A} + 225^{\text{kil}}\,(t - t')$$

d'où
$$A = \frac{T}{12\,000\,000^{\text{kil}} - 225^{\text{kil}}\,(t - t')}.$$

M. Ardant pense que l'on peut admettre, pour limite supérieure de la tension, momentanée il est vrai, qu'éprouve lors du refroidissement un tirant en fer, la valeur de 12 000 000 kilogr. par mètre carré ou 12 kilogr. par millimètre carré, mais il serait plus prudent de n'aller que jusqu'à 10 kilogr. par millimètre.

On voit, du reste, qu'il conviendrait de monter ces charpentes à des époques de l'année où la température serait basse, plutôt que dans l'été.

321. *Pièce posée sur deux appuis et renforcée par un poinçon inférieur et deux tirants en fer.*

Cas où la pièce est chargée en son milieu. — Soient 2P (pl. V, fig. 18) la charge au milieu; 2C, la portée totale AB, T la tension des tirants; $CD = h$ la longueur du poinçon, $BD = l$, la longueur de chacun des tirants.

Si l'on s'impose la condition que la tension des tirants BD et AD fasse équilibre à la charge 2P, la figure DFEG étant un losange, on aura, si l'on prend DE = 2P, par les triangles semblables DFH et BCD, DF ou T : DH ou P :: $l : h$, d'où $T = \frac{Pl}{h}$. Ce qui montre que la tension du tirant augmente à mesure que le poinçon CD devient plus petit.

La tension T ayant la valeur ci-dessus, le point C peut être regardé comme invariable sous la charge 2P, et la pièce comme encastrée en C.

La pression verticale en B et la réaction du point d'appui pour faire fléchir la pièce CB est P, et son moment est PC, celui de la tension T du tirant, qui s'oppose à cette flexion est $T \times CI = \frac{ThC}{l}$, attendu que l'on a CI : h :: C : l.

Pour que la pièce soit en équilibre sous l'action de ces deux forces, il faut que leurs moments soient égaux, ce qui donne :

$$T \cdot CI = T\frac{hC}{l} = PC,$$

ce qui revient à la condition précédente.

Ainsi, en donnant au tirant la tension $T = \frac{Pl}{h}$, on établira l'équilibre entre les forces qui tendent à faire fléchir la pièce; elle ne sera donc soumise qu'à un effort de compression égal à $\frac{TC}{l} = \frac{PC}{h}$, et par conséquent l'aire de sa section $A = ab$ se calculera de manière que la charge par unité de surface $\frac{PC}{hab}$ ne dépasse pas la limite donnée par le tableau du n° 315. On la déterminera donc par tâtonnement, et afin que la pièce ne soit pas plus exposée à fléchir dans un sens que dans l'autre, il conviendra de faire $a = b$.

Ce qui précède suppose que la charge est fixe au point C. Mais s'il s'agissait d'une charge mobile, comme pour le cas d'un pont, il faudrait remarquer que, quand la charge serait passée, son poids 2P n'agissant plus, et la tension des tirants subsistant, la pièce tendrait à fléchir de bas en haut par l'effet de cette tension, dont le moment aurait été déterminé et rendu égal à PC. Ses dimensions devraient donc être telles, que l'on eût entre les résistances des fibres à l'extension et à la compression, et la force extérieure, la relation $\frac{Rl}{v'} = PC$, en faisant abstraction de son poids, ce qui montre qu'elles devraient être les mêmes que si la pièce n'avait pas de tirants et était soumise à la charge 2P en son milieu.

Il résulte de là que dans ce cas tout l'effet des tirants se réduirait à faire fléchir la pièce en sens contraire de celui dans lequel elle aurait cédé à la charge. Il ne faut donc pas supposer que quand elle est soumise à la charge, la flexion devra être nulle; et pour rendre la flexion absolue un minimum, il convient d'admettre que la flexion sera la même dans les deux cas, soit en dessous, soit au-dessus de l'horizontale.

D'après cela, on ferait simplement

$$\frac{Th}{l} = \frac{P}{2} \quad \text{d'où} \quad T = \frac{Pl}{2h},$$

ce qui donnerait pour le moment de cette tension :

$$T \times CI = \frac{PC}{2},$$

de sorte que dans le cas où la charge 2P serait en C, l'excès du moment PC de la moitié de la charge, qui tend à faire fléchir le tirant dans un sens, sur le moment de la tension T, qui tend à la faire fléchir en sens contraire, serait

$$PC - T \times CI = \frac{PC}{2},$$

et après le passage de la charge, le moment de la tension du tirant, qui seule subsiste, serait encore $\frac{PC}{2}$, mais en sens contraire; par conséquent, les dimensions de la section transversale de la pièce devraient être déterminées par la formule

$$\frac{RI}{v'} = \frac{PC}{2}.$$

Les choses étant disposées de la sorte, si l'on suppose la charge 2P parvenue au milieu de l'intervalle de BC ou à la distance $\frac{C}{2}$ de l'un ou de l'autre point, cette charge peut être considérée comme décomposée en deux autres égales à P, dont l'une, agissant en C, égale et contraire à la résultante des tensions données aux tirants, détruira l'action de cette résultante et ramènera le point C sur l'horizontale. Dès lors, les points B et C étant invariables, la pièce devra être considérée comme posée sur deux points d'appui B et C, et soumise à la charge 2P agissant à la distance $\frac{C}{2}$ de chacun d'eux. Le moment de la réaction de l'appui qui tend à la fléchir sera $P \cdot \frac{C}{2}$, le moment de la tension des tirants est aussi $\frac{PC}{2}$, donc l'extrémité B ne se déplacera pas, et la pièce ayant ainsi les extrémités B et C invariables, peut être regardée comme encastrée en ces points. Dès lors, son milieu, soumis à la charge 2P, fléchira comme il a été dit au nº **211**, et l'on aura

$$f = \tfrac{1}{24} \frac{PC^3}{EI}.$$

Quand la charge sera plus près de B, la pièce fléchira par l'action de la tension du tirant, de bas en haut, et quand la charge sera plus voisine de C, la pièce fléchira de haut en bas. Mais dans tous les cas, la plus grande valeur du moment de l'effort qui tendra à la fléchir sera $\frac{PC}{2}$, et en déterminant ses dimensions par la formule $\frac{RI}{v'} = \frac{PC}{2}$ on assurera convenablement sa solidité.

Pour tenir compte du poids du tablier et de la charpente, en appelant p ce poids par mètre courant, il faudrait ajouter à la charge 2P le poids $\frac{2pC}{2} = pC$, de sorte que le moment de l'effort qui tend à fléchir la pièce de haut en bas deviendra :

$$\left(P + \frac{pC}{2} \right) C.$$

Celui de la tension étant encore exprimé par $T \times CI = Th\frac{C}{l}$ on aurait, pour rendre la flexion la même dans les deux cas, où la charge serait en C, et où elle serait passée, la relation

$$T \times CI = \frac{ThC}{l} = \tfrac{1}{2} \left(P + \frac{pC}{2} \right) C,$$

ce qui donnerait $\quad T = \tfrac{1}{2} \dfrac{\left(P + \frac{pC}{2} \right) l}{h},$

ce qui donnera le diamètre du tirant, par la condition que $\frac{T}{A} = 6$ kilogr.

D'une autre part, on calculera encore les dimensions de la pièce AB par la formule

$$\frac{RI}{v'_i} = \tfrac{1}{2}\left(P + \frac{pC}{2}\right) C.$$

S'il ne s'agit que d'une charge uniformément répartie, on fera $P = o$, et l'on aura

$$T = \tfrac{1}{4}\frac{pCl}{h} \quad \text{et} \quad \frac{RI}{v'} = \tfrac{1}{4}pC^2.$$

Ces dernières expressions s'appliquent aux arbalétriers des fermes à tirants en fer et à poinçon renversé, en prenant pour p la charge par mètre courant de leur projection horizontale, et en négligeant la pression longitudinale qui résulte de la tension du tirant et de la réaction de l'appui, ce qui est permis, comme on l'a vu, dans la plupart des cas.

Les pièces ainsi renforcées par un poinçon renversé et par des tirants en fer peuvent être employées pour poutres de ponts, lorsque l'on n'a pas à craindre d'inconvénient de la longueur du poinçon placé en dessous.

Il est bon de faire remarquer que dans le mouvement d'abaissement qui ramène le milieu C de la pièce à l'horizontale, quand la charge parvient en ce point, la longueur des tirants, et par suite leur tension varie, mais de quantités assez faibles pour qu'on puisse en faire abstraction, ainsi que nous nous le sommes permis.

322. *Charpentes à grandes portées avec tirants en fer et contre-fiches.* — On emploie aujourd'hui avec avantage un système de charpente dont les arbalétriers AB et A'B (pl. V, fig. 19) en bois et plus souvent en fer, sont soutenus au milieu par une contre-fiche CE ou C'E' perpendiculaire à leur longueur, maintenue par deux tirants en fer dont l'un AE ou A'E' fait partie du tirant principal, et l'autre BE ou BE' unit le faîte à l'extrémité E ou E' de la contre-fiche.

Les deux extrémités E et E' des contre-fiches sont liées par un tirant horizontal EE', qui est quelquefois dans le prolongement de la ligne AA' ou plus souvent relevé parallèlement à cette ligne.

Il importe d'examiner les conditions de la construction de ces charpentes, afin de déterminer les dimensions des pièces qui les composent, en commençant par le cas le plus simple, celui où les tirants AE, EE', E'A' sont dans le prolongement l'un de l'autre et horizontaux.

Appelons $2C'$ la portée totale de la ferme AA'.

C la portée $AB = BA'$ de chacun des arbalétriers AB et A'B;

h_1 la longueur des contre-fiches CE et C'E';

l la longueur $AE = BE$, $AE' = BE'$ des tirants obliques;

h la hauteur totale BB' ou montée du faîtage;

a l'angle que forme l'arbalétrier avec le tirant AE, et dans ce cas avec l'horizon.

Examinons d'abord les conditions d'équilibre de l'arbalétrier sous l'action de la charge uniformément répartie p qu'il supporte, de la réaction P du mur ou du poteau d'appui, de l'effort transmis par la contre-fiche CE que nous désignerons par S, et de la tension Q de la branche AE du tirant.

Supposons d'abord que la tension des tirants AE et BE ait été déterminée de telle façon que le triangle ABE soit invariable de forme, ou que les points A, C et B restent en ligne droite, et cherchons à déterminer la tension T du tirant EE', de telle façon qu'il résiste à l'écartement des deux parties ABE et A'BE' du comble, en regardant comme nulle la résistance de l'assemblage en B.

Il faudra écrire que le moment de la tension T, qui est Th, est égal au moment PC' de la réaction P sur l'appui en A, diminué de la somme des moments de la charge uniformément répartie, laquelle est

$$\tfrac{1}{2}p\,CC';$$

on a donc, pour la condition d'équilibre,

$$T h = PC' - \tfrac{1}{2} p CC' = \frac{p CC'}{2};$$

attendu que $P = p C$, en comprenant dans p ou la charge par mètre courant d'arbalétrier, le poids propre de la charpente,

on tire de là
$$T = \frac{p CC'}{2h}.$$

Passons maintenant à la détermination des tensions T' et T'' des tirants AE et BE. Puisque par l'action de la tension T du tirant EE', transmise par le tirant AE, le point A est immobile, ainsi que le sommet B, nous pouvons regarder l'arbalétrier comme un solide posé sur deux appuis et soumis à une charge uniformément répartie $p C$ qui tend à le faire fléchir. Or, l'on sait qu'en pareil cas (n° **175**), cette charge équivaut à un poids exprimé par $\tfrac{1}{2} p C$, placé au milieu de la longueur ou en C, et agissant verticalement. Par conséquent, il s'agit de transmettre de bas en haut, ou de E vers C au tirant, un effort de résistance qui soit égal à la composante de ce poids, qui agit au contraire de C vers E pour abaisser le point C. Sur une verticale CG on portera à une échelle donnée une longueur CG, représentant $\frac{p C^{kil}}{2}$, par le point G on mènera GH parallèle à l'arbalétrier, et la longueur CH exprimera, d'après l'échelle, la valeur de l'effort exercé par la charge, de haut en bas ou de C vers E, sur le tirant. On reportera cette longueur CH de E à H', et par le point H' on mènera les lignes H'F et H'I parallèles aux tirants AE et BE; les longueurs EF et EI donneront, d'après l'échelle, les valeurs des tensions T' et T'' que ces tirants doivent exercer pour empêcher l'abaissement.

Le tirant AE doit en outre résister à la tension T exercée par le tirant EE'; par conséquent, la tension totale T_1 du tirant AE sera

$$T_1 = T + T';$$

on aura donc ainsi les tensions des différents tirants.

Quant à l'arbalétrier, sa portée sera réduite de moitié, et de plus ses deux extrémités sont rendues fixes par les tirants AE et BE ; son milieu C l'est par la contre-fiche ; on peut donc le regarder comme encastré en ces trois points. On calculera ses dimensions comme pour un solide oblique de longueur $\frac{C}{2}$, chargé uniformément sur sa longueur d'un poids vertical p par mètre courant, et encastré à ses extrémités. Si l'on néglige l'action des forces qui agissent dans le sens de la longueur, ce qui est permis dans la plupart des cas d'application, on aura pour la composante perpendiculaire de la charge qui, placée au milieu du solide, équivaudrait à la charge uniformément répartie,

$$\tfrac{1}{2}p\,\frac{C\sin a}{2} = \tfrac{1}{4}pC'.$$

La portée de la pièce est réduite à $\tfrac{1}{2}C$, et sa moitié, ou le bras de levier de la charge supposée placée au milieu est $\tfrac{1}{4}C$, la condition d'équilibre entre cette charge et les résistances des fibres sera alors

$$\frac{RI}{v'} = \tfrac{1}{16}pCC' ;$$

pour les solides à section rectangulaire, $\dfrac{I}{v'} = \tfrac{1}{6}ab^2$, ce qui donne

$$ab^2 = \frac{3pCC'}{8R}.$$

Pour les arbalétriers en fer en forme de double T

$$\frac{I}{v'} = \frac{ab^3 - 2a'b'^3}{6b},$$

et l'on aura

$$\frac{ab^3 - 2a'b'^3}{6b} = \frac{pCC'}{8R},$$

que l'on appliquera selon les proportions adoptées pour le profil du fer, comme il a été précédemment dit, n° **246**.

325. *Cas où le tirant du milieu est plus haut que les points* *d'appui de la ferme*. — On procédera, dans ce cas, d'une manière analogue à ce qui vient d'être dit, en désignant alors par h la distance verticale BB' du faîte (pl. V, fig. 20) au tirant horizontal EE', dont on aura de même la tension par la formule

$$T = \frac{p\,CC'}{2h}.$$

Il faut ici remarquer que cette force T, qui tend à déplacer horizontalement l'articulation E, doit être contre-balancée par la résistance du tirant AE, et sollicite aussi la contre-fiche à s'abaisser. On la décomposera en deux forces, dont l'une sera donnée à l'échelle par le côté EL du parallélogramme ELKM dont EK $=$ T est la diagonale et que l'on ajoutera à la composante de la force $\frac{p\,C}{2}$, dans le sens de la contre-fiche, pour déterminer graphiquement les valeurs des tensions T' et T'', des tirants AE et BE ; l'autre composante T_3, dirigée dans le sens même du tirant AE, s'ajoutera à la tension T', pour donner la tension totale

$$T_1 = T_3 + T'.$$

324. *Expériences pour déterminer directement les tensions des tirants*. — Les considérations précédentes, à l'aide desquelles on a déterminé les tensions des divers tirants des fermes, sont basées sur la théorie géométrique de la composition et de la décomposition des forces. La seule hypothèse qu'on se soit permise, c'est de faire abstraction de la résistance que les assemblages opposent à l'action des tirants.

Il est facile de comprendre, en effet, que les bras de levier des charges, ainsi que leur intensité, sont tellement grands par rapport à celui des assemblages, que ceux-ci seraient détruits immédiatement si le tirant n'existait pas ou cédait d'une manière notable, ce qui explique pourquoi l'on ne doit tenir aucun compte de la résistance des assemblages.

Cependant il n'était pas inutile de faire à ce sujet quelques expériences spéciales pour mesurer directement les tensions des divers tirants des fermes composées, et vérifier ainsi les règles qui ont été données plus haut. J'ai fait en conséquence exécuter les expériences suivantes par M. Tresca, ingénieur du Conservatoire des arts et métiers.

Deux fermes simples (pl. VI, fig. 1re) à arbalétriers en bois ont été disposées de façon que dans chacune d'elles l'un des arbalétriers était composé de deux pièces formant moise, qui embrassaient l'autre arbalétrier, et qui étaient unies à lui par un simple boulon qui, traversant aussi les sommets des deux fermes, leur servait de faîte et formait une charnière tout à fait libre.

Les pieds des arbalétriers étaient arrondis et reposaient sur deux sablières entaillées d'équerre. Cette disposition avait pour objet de transmettre l'action horizontale des pressions des arbalétriers, exactement dans le plan des tirants en fer qui réunissaient les sablières, quelle que fût d'ailleurs l'inclinaison des arbalétriers.

Deux tirants en fer à deux branches qui se réunissaient vers le milieu de la portée en une seule, venaient s'accrocher à un dynamomètre destiné à mesurer la tension.

Les sablières reposaient sur un plan horizontal fixe, et pour atténuer la résistance qu'elles pouvaient éprouver à glisser, on les avait posées sur des galets très-bien tournés et complétement libres, de 6 centimètres de diamètre.

La charge sur les arbalétriers était uniformément répartie sur leur longueur au moyen de caisses en bois de $0^m,23$ de largeur sur $0^m,75$ de longueur, posées les unes à côté des autres, et dans lesquelles on mettait à volonté un nombre plus ou moins grand de balles de fer de 400 grammes de poids moyen. Chaque caisse était posée séparément et complétement indépendante des autres, de sorte que la charge était en réalité très-uniformément répartie.

Seulement cette charge n'était pas exactement appliquée sur l'axe de figure des arbalétriers, et l'épaisseur de ceux-ci, ainsi que celle des couches de balles étaient telles que la verticale passant par le centre de gravité de la charge était à une distance de $0^m,053$ vers la sablière, de celle qui passait par le milieu de l'axe de figure de l'arbalétrier. Il en résultait que le bras de levier moyen de la charge, par rapport à la charnière de sommet, était augmenté de cette quantité.

Dans les expériences on avait

$$2C' = AA' = 3^m,38, \quad h = 1^m,07, \quad C' = 1^m,69.$$

Il résulte de ce qui précède que le bras de levier de la pression verticale $P = pC$ exercée sur les sablières était $C' = 1^m,69$, que le bras de levier moyen de la charge uniformément répartie était

$$\frac{C'}{2} + 0^m,053 = \frac{1^m,69}{2} + 0^m,053 = 0^m,898,$$

et que celui de la tension cherchée T du tirant était $h = 1^m,07$. D'après cela, on pouvait calculer cette tension par la formule

$$T \times 1^m,07 = P \times 1^m,69 - P \times 0^m,898,$$

d'où
$$T = 0^m,74\,P.$$

On avait d'ailleurs soin, dans les expériences, de ramener la distance des sablières à sa valeur primitive $2C' = 3^m,38$.

Le tableau suivant contient les résultats du calcul et ceux de l'expérience.

CHARGE uniformément répartie sur les deux arbalétriers d'un même côté.	TENSION DU TIRANT.	
	calculée.	observée.
kil.	kil.	kil.
176,0	130,0	134,0
248,0	183,5	184,0
329,0	244,0	242,0

L'accord des résultats de l'expérience avec ceux du calcul est donc aussi complet qu'on peut le désirer.

325. *Expérience sur une ferme composée*. — Des observations analogues ont été faites sur une ferme double en fer à contre-fiche, du système de la figure 2, pl. VI, qui m'a été prêtée par M. Kaulek, habile constructeur. Des dynamomètres ou pesons ordinaires, que l'on a préalablement tarés, ont été placés sur les tirants EE′, AE et BE. Ils étaient ajustés à l'aide de brides à vis qui permettaient de ramener exactement la longueur de ces tirants à celle qu'ils avaient avant d'être chargés, et de donner aux deux fermes parallèles la même portée 2C′.

Après avoir dressé les deux fermes, et s'être assuré qu'elles étaient exactement de même portée, on les chargeait avec les caisses dont il a été parlé plus haut, et l'on ramenait respectivement, à l'aide des vis, les tirants, allongés par l'extension des pesons, à leurs longueurs primitives, de façon à mesurer ainsi la tension qu'auraient supportée ces tirants s'ils n'avaient pas été interrompus par les appareils dynamométriques.

En calculant ou en déterminant par le tracé graphique les tensions que devaient avoir les tirants sous les charges employées, et les comparant à celles qu'on a observées, l'on a obtenu les résultats suivants, pour lesquels on avait comme données :

$$EE′ = 1^m,262, \quad AE = A′E′ = 0^m,875, \quad BE = BE′ = 0^m,848,$$

$$h = 0^m,595, \quad 2C′ = 3^m,012,$$

et par suite la formule

$$T = P \cdot \frac{C′}{2h} = 1{,}265 P.$$

On a réuni dans le tableau suivant les tensions observées au moyen des pesons, et celles déduites de cette formule :

CHARGES de chaque arbalétrier, P.	TENSION DES TIRANTS					
	EE'		BE		AE	
	calculée.	observée.	calculée.	observée.	calculée	observée.
kil. 35	kil. 41,25	kil. 42,0	kil. 22,5	kil. 18,0	kil. 66,75	kil. 69,6
70	88,50	87,2	44,8	43,0	133,30	141,0

Les résultats de l'expérience, qui diffèrent, tantôt en plus, tantôt en moins, de ceux du calcul, s'accordent en général avec ceux-ci, autant qu'on peut l'espérer dans de semblables recherches, surtout si l'on remarque que les fermes essayées présentaient un assez grand nombre d'assemblages qui pouvaient, dans certains cas, offrir quelque résistance par eux-mêmes.

326. *Conclusion de ces expériences.* — On voit donc que les règles théoriques s'accordent avec les résultats de l'observation, avec un degré d'exactitude suffisant pour que l'on puisse, sans aucune crainte, appliquer ces règles au calcul des tensions des tirants, en suivant la marche que nous avons indiquée aux nᵒˢ **522** et **523**.

327. *Fermes du modèle des gares du chemin de fer de Versailles et Saint-Germain, et du hangar de manœuvres de Vincennes.* — Dans les fermes à grande portée, outre la contre-fiche du milieu, il y en a deux autres qui subdivisent encore les deux moitiés de l'arbalétrier, lequel se trouve ainsi supporté en trois points intermédiaires.

On déterminera d'abord, comme dans le cas précédent, la tension T du tirant horizontal EE', pl. V, fig. 21, par la formule

$$T = \frac{p\,CC'}{2h}.$$

Cela fait, on obtiendra, par construction graphique, la tension T_{2} que les tirants AH et CH et leurs homologues doivent exercer pour que la contre-fiche DH maintienne le point D sur la ligne droite AB, en supposant la charge uniformément répartie $\frac{1}{2}pC$, qui agit sur la longueur $AC = \frac{1}{2}C$, remplacée par son équivalente $\frac{1}{4}pC$ agissant au point D, et en déterminant, par la construction d'un parallélogramme, la composante de cette charge dans la direction DH de la contre-fiche. On procédera ensuite, comme il a été dit au n° 322, pour obtenir par le tracé les deux composantes ou les deux tensions égales T_2, qui doivent équilibrer cette charge.

On passera ensuite à la détermination des tensions T' et T″ des tirants EH et EG. Mais ici, outre la composante, dans le sens de CE, de la charge $\frac{1}{4}pC$, équivalente à la charge uniformément répartie, que supporte la portion DF de l'arbalétrier, il faut aussi contre-balancer la résultante des deux tensions T_2 qu'exercent, par rapport à C, de haut en bas, les tirants CH et CG, résultante qui est d'ailleurs encore égale à la même composante de $\frac{1}{4}pC$ dans le sens du tirant. Par conséquent, les tensions T' et T″ seront les mêmes que dans le cas des fermes à une seule contre-fiche.

Mais quand le tirant EE′ est relevé au-dessus de l'horizontale, comme dans la figure, il faut ajouter à la composante de la charge $\dfrac{pC}{2}$ la composante de la tension T dans le sens de la contre-fiche CE.

La tension du tirant BG sera égale à la somme de sa tension propre, relative à la contre-fiche FG, et de la tension T″.

La tension du tirant AH sera aussi composée de la somme des tensions T' et T_2; et elle devra, en outre, être augmentée de la composante T_3 de la tension T″ des tirants EE′ et EG. On aura donc ainsi sa valeur T_4.

Les tensions de tous les tirants seront ainsi déterminées, et l'on voit que l'équilibre du système sera assuré sans le secours d'un second tirant horizontal GG′, comme quelques constructeurs en ont employé dans certains cas.

26

Quant à l'arbalétrier, la condition qu'il soit supporté en trois points intermédiaires de sa longueur, et rendu fixe à ses extrémités, permet d'en diminuer les dimensions, et on les calculera en remarquant que chaque partie n'a plus qu'une portée égale à $\frac{1}{4}$C, et que par conséquent la charge uniformément répartie qu'il supporte n'équivaut qu'à une charge $\frac{1}{8}p$C placée au milieu de l'intervalle de deux de ses points consécutifs d'encastrement, et qu'enfin le bras de levier de cette charge n'est ainsi que de $\frac{1}{8}$C. On aura donc, pour déterminer ses dimensions transversales, la formule

$$\frac{\mathrm{RI}}{v'} = \tfrac{1}{64}p\mathrm{CC}',$$

que l'on appliquera de la manière ordinaire.

528. *Des contre-fiches.* — Quand on aura déterminé les efforts de compression qu'elles ont à supporter, on calculera facilement les dimensions transversales qu'il conviendra de leur donner d'après les résultats rapportés aux tableaux des n°ˢ 96 et 102. On pourra d'ailleurs employer pour ces pièces la fonte de fer, qui résiste bien à la compression.

529. *Observation sur les règles précédentes.* — Dans la marche simple que nous venons d'indiquer, on fait abstraction complète de la rigidité de l'assemblage des arbalétriers avec le faîtage, du frottement des arbalétriers sur les appuis de la ferme, et l'on ne considère que l'équilibre des pièces supposées rigides, en admettant que le système soit parfaitement mobile autour de ses articulations. Toutes ces hypothèses conduisent à des tensions sensiblement plus grandes que celles qui ont lieu en réalité, et par conséquent sont favorables à la stabilité de la construction.

On pourra par compensation, et attendu d'ailleurs que dans des fermes de cette importance il convient d'employer des matériaux de choix, adopter pour les valeurs du coefficient R :

$$R = 8\,000\,000 \text{ kilogr. pour le fer,}$$
$$R = 1\,000\,000 \text{ kilogr. pour le bois.}$$

330. *Assemblages.* — Il convient, pour la facilité des assemblages, de réunir les tirants par des plaques ou rondelles en fer forgé, en terminant chacun d'eux par une partie élargie et percée d'un trou rond alésé dans lequel passe un boulon qui traverse les plaques; chaque tirant est ainsi assemblé séparément. Il serait assez difficile, dans de grandes fermes, de se ménager, et surtout de faire agir des moyens de tension pour tous les tirants : aussi doit-on, pour ceux qui sont destinés aux contre-fiches, régler leur longueur en montant la ferme de façon que l'arbalétrier ait, au milieu et en dessus, la flexion qui serait produite par l'effort transmis par la contre-fiche correspondante, et que l'on a appris à déterminer au n° **322.** En nommant S cet effort, la flexion sera donnée par la formule

$$f = \tfrac{1}{24}\frac{SC^3}{EI}.$$

Lorsque l'arbalétrier sera chargé, il reviendra à très-peu près à la forme rectiligne.

Quant au tirant horizontal, on peut disposer à ses extrémités voisines de l'arbalétrier, un étrier placé sur un boulon à touret qui peut tendre le tirant, dont l'extrémité est filetée. Quelquefois aussi ce tirant traverse la boîte de fonte qui reçoit le pied de l'arbalétrier, et est tendu à l'aide d'un écrou extérieur, et même maintenu par un contre-écrou intérieur.

331. *Application au hangar de manœuvres à Vincennes.* — Ce hangar a ses arbalétriers et ses contre-fiches en bois avec des tirants en fer. Il est d'ailleurs disposé, quant à l'ensemble, d'une manière analogue au système indiqué au n° **327.** On a les données suivantes :

$$2C' = 23^m,24, \quad C = 13^m,84.$$

La montée totale de la ferme au-dessus de ses appuis est de 8^m,45, mesure prise au-dessus du faîte; mais le tirant horizontal est relevé et se trouve seulement à la distance

$h = 6^m,10$ au-dessous du point de rencontre des lignes milieux des arbalétriers.

La distance entre les fermes du bâtiment est de $3^m,65$;
il est couvert en zinc n° 14. Mais la charpente en bois a été
faite plus lourde qu'il n'eût été nécessaire, comme on le
verra quand nous en ferons le calcul; de sorte que son
poids, qui n'aurait dû être par arbalétrier que de 3233 kilogr.,
y compris l'action de la neige et celle du vent, s'est élevé
à $pC = 5200$ kilogr., que nous devons prendre pour base du
calcul des dimensions des tirants.

D'après cette donnée l'on a

$$T = \frac{5200 \times 11,62}{2 \times 6,10} = 4952^{kil},8.$$

En admettant que la tension des tirants soit calculée à
raison de 6 kilogr. par millimètre carré, la section du tirant horizontal devra être de

$$\frac{4952^{kil},8}{6} = 825^{mill\cdot q},$$

et le diamètre du fer

$$d = \sqrt{1,273 \times 825,5} = 32^{mill},4.$$

La tension des tirants AH, CH, CG et BG, pour transmettre aux contre-fiches DH et FG l'effort nécessaire pour
soutenir les points D et F de l'arbalétrier, déterminée par
construction, comme il a été dit au n° **327**, à l'aide de la
valeur $\frac{pC}{4} = 1300$ kilogr., est 1550 kilogr., ce qui exige
$\frac{1550}{6} = 258^{mill\cdot q},3$ de section et un diamètre de $18^{mill},20$.

Les tensions T′ et T″, nécessaires pour soutenir le point C,
calculées d'après la valeur $\frac{pC}{2} = 2600$ kilogr., et la composante de la tension $T = 4952^{kil},8$ dans le sens de CE, égale à
1120 kilogr., sont de 5360 kilogr., ce qui exige, pour le
tirant EG, une section de $\frac{5360}{6} = 893^{mill\cdot q},33$ et un diamè-

tre de $33^{\text{mill}},40$. Le tirant HE doit, en outre, résister à la composante de la tension T dans sa direction, laquelle est égale à 4460 kilogr. Sa tension totale est donc de

$$5360^{\text{kil}} + 4460^{\text{kil}} = 9820^{\text{kil}};$$

sa section doit être de $\dfrac{9820}{6} = 1303^{\text{mil.q}},6$, et son diamètre de $40^{\text{mill}},80$.

Le tirant BG doit supporter la somme des tensions

$$T_2 \text{ et } T'' \quad \text{ou} \quad 1550 + 5360 = 6910 \text{ kilogr.};$$

sa section sera $\qquad \dfrac{6910}{6} = 1151^{\text{mill.q}},66;$

et son diamètre, $\qquad d = 38^{\text{mill.q}},4.$

Enfin, le tirant AH doit résister à la somme de la tension T_2 et de la tension de HE, ou à

$$1550 + 9820 = 11\,370 \text{ kilogr.};$$

sa section sera $\qquad \dfrac{11\,370}{6} = 1895^{\text{mill.q}};$

et son diamètre, $\qquad d = 49^{\text{mill.q}},1.$

Telles seraient les dimensions suffisantes; mais le constructeur ne paraît avoir compté que sur une résistance de 5 kilogr. par millimètre carré de section, ce qui l'a conduit aux dimensions suivantes :

Désignation des tirants	EE'	EG	HC et CG	BG	HE	AH
	mill.	mill.	mill.	mill.	mill.	mill.
Diamètres calculés...	35,6	37,0	19,9	41,0	50,00	54,00
Diamètres donnés par le constructeur....	40,0	36,0	20 et 27	40,0	55,00	55,00

On voit qu'il y a un accord assez complet entre les dimensions adoptées et les dimensions calculées comme nous l'avons indiqué dans l'hypothèse d'une tension de 5 kilogr. par millimètre carré. Mais nous croyons que l'on aurait pu adopter avec sécurité les précédentes valeurs, basées sur une tension permanente de 6 kilogr. par millimètre carré de section.

Quant aux arbalétriers, la formule

$$\frac{\mathrm{R}\mathrm{I}}{v'} = \tfrac{1}{64}\, p\mathrm{C}\mathrm{C}'$$

devient ici

$$\frac{\mathrm{R}\,a\,b^2}{6} = \frac{5200 \times 11{,}62}{64},$$

d'où

$$ab^2 = \tfrac{3}{32}\,\frac{5200 \times 11{,}62}{800\,000}.$$

Si l'on admet le rapport $a = \tfrac{2}{3} b$, elle devient

$$b^3 = \tfrac{9}{64} \cdot \frac{5200 \times 11{,}62}{800\,000};$$

d'où l'on tire $b = 0^m{,}22$, et par suite $a = 0^m{,}15$.

Ces dimensions sont inférieures à celles que le constructeur a adoptées.

En général, toutes les dimensions de cette charpente pourraient être allégées. Le poids de la couverture a été estimé trop haut, ainsi que celui de la charpente, et les dimensions des tirants ont été calculées, comme on vient de le voir, en ne supposant le fer soumis qu'à une tension de 5 kilogr., tandis que dans le cas actuel, où l'on tient compte des seules surcharges accidentelles possibles, le poids de la neige et l'action du vent, il est évident que l'on pouvait sans risque faire $\mathrm{R} = 8\,000\,000^{kil}$. En introduisant cette modification, on trouverait pour les différents tirants des dimensions réduites qui eussent été encore suffisantes.

On aurait pu de même, pour les bois qui sont de choix, bien peints et bien aérés, adopter la valeur $\mathrm{R} = 1\,000\,000^{kil}$, ce qui en aurait diminué l'équarrissage, et par suite le poids.

532. *Application aux charpentes en fer de la gare des chemins de fer de Saint-Germain et de Versailles.* — Ces charpentes, entièrement en fer, ont une portée $2\mathrm{C}' = 27^m{,}24$ et 6 mètres de montée. Le tirant horizontal est à la hauteur $h = 4^m,88$ au-dessous du faîte.

Le poids total de la charge supportée par chaque arbalétrier est d'environ $pC = 4770$ kilogr. On a donc pour la tension du tirant horizontal EE' :

$$T = \frac{4770 \times 13^m,62}{2 \times 4,88} = 6656 \text{ kilogr.}$$

En comptant sur une tension de 6 kilogr. par millimètre carré de section, le tirant EE' devrait avoir une section de $\frac{6656}{6} = 1109^{mill\cdot q},3$, et par conséquent un diamètre $d = 37^m,6$.

La tension T_2 des tirants CH et CG (fig. 21) sera déterminée à l'aide de la charge $\frac{pC}{4} = 1192^{kil},5$, supposée placée en D, et décomposée dans le sens de la contre-fiche, comme il a été dit au n° **327**.

Le tracé donne $T_2 = 1840^{kil}$. La section de ces tirants doit donc présenter $\frac{1840}{6} = 306^{mill\cdot q},6$ de superficie, et avoir $19^{mill},75$ de diamètre.

Les tirants EH et EG, pour soutenir la contre-fiche CE, doivent avoir une tension déterminée d'une part par la charge $\frac{pC}{2} = 2385$ kilogr. agissant en C, décomposée suivant la direction CE, et augmentée de la composante de la tension T du tirant EE', laquelle est d'environ 660 kilogr., ce qui donne en tout par le tracé : $T'' = 5000$ kilogr. environ. La section de ce tirant aura donc $833^{mill\cdot q},3$ de surface et un diamètre de $32^{mill\cdot q},6$.

Le tirant BG éprouvera une tension égale à

$$T'' + T_2 = 6840 \text{ kilogr.} ;$$

sa section doit être de 1140 millimètres carrés, et son diamètre de $36^{mill},4$.

Le tirant HE éprouvera une tension égale à T'' augmentée de la composante de la tension T du tirant EE' dans sa direction, laquelle est égale à 6330 kilogr. environ, ce qui donne

$$T' = 5000 + 6330 = 11\,330 \text{ kilogr.}$$

La section de ce tirant aura donc une surface de 1888^{mill},33 et un diamètre de 49^{mill},2.

Enfin, le tirant AH a pour tension :

$$T = T_2 + T' = 1840^{\text{kil}} + 11\,330^{\text{kil}} = 13\,170^{\text{kil}},$$

sa section devra être de 2195 millimètres carrés, et son diamètre de 53 millimètres.

On obtiendrait d'une manière analogue les diamètres correspondant à une tension de 5 kilogr. par millimètre carré de section, et si l'on compare ces dimensions à celles que le constructeur a données, on forme le tableau suivant :

Tirants	EE'	HC et CG	EG	BG	HE	AH
	mill.	mill.	mill.	mill.	mill.	mill.
Diamètres calculés d'après une tension par mill. carré de.. 6^{kil}	37,6	19,75	32,6	36,4	49,2	53,0
5^{kil}	41,3	21,6	35,7	41,7	53,7	58,00
adoptés par le constructeur	45,0	30,0	40,0	40,00	50,0	50,00

On voit qu'en général les diamètres adoptés par le constructeur diffèrent, les uns en trop, les autres en moins des dimensions correspondant à la charge de 5 kilogr. par millimètre carré de section.

333. *Proportionnalité des sections des tirants aux portées.* — On remarquera que toutes les tensions déterminées, comme nous venons de l'indiquer, sont proportionnelles à la longueur de l'arbalétrier, et par conséquent à la portée de la ferme pour chaque genre de couverture.

Ainsi la tension

$$T = \frac{PC \cdot C'}{2h}$$

revient, pour les couvertures en zinc, à (tableau n° **314**)

$$T = \frac{242 \cdot dC'^2}{2h} = 121.03C' \cdot \frac{C'}{h},$$

expression dans laquelle $\dfrac{C'}{h} = \dfrac{1}{0.364}$ à cause de la pente du toit, qui fait dans ce cas un angle de 20° avec l'horizon, de sorte qu'en définitive on a :

$$T = 332,77\,C'.$$

Il en est de même de la résistance que les contre-fiches simples ou multiples doivent opposer à la flexion de l'arbalétrier.

Il résulte de là que, quand on aura déterminé les tensions des tirants pour une ferme et une portée données, on aura les tensions, et par conséquent les aires des sections transversales des tirants par une simple proportion entre les surfaces et les portées. De même aussi les diamètres des fers ronds à employer seront entre eux comme les racines carrées de ces surfaces ou des portées.

Donc, lorsqu'une ferme d'un système donné aura été proportionnée d'une manière que la théorie et l'expérience auront sanctionnée, on aura, pour toutes les couvertures du même genre, sous des inclinaisons identiques, les diamètres des tirants, en les prenant proportionnels aux racines carrées des portées.

334. *Observations sur la composition des fermes à grande portée.* — La complication qui résulte de l'emploi des contre-fiches intermédiaires DH et FG (pl. V, fig. 21) engage actuellement, et je crois avec raison, les constructeurs à les supprimer et à diminuer l'écartement des fermes dont le nombre se trouve ainsi augmenté et la charge diminuée; on retrouve ainsi, par la diminution des dimensions des arbalétriers, des tirants et des pannes, une compensation de poids qui peut même conduire à une économie en même temps qu'elle donne lieu à une construction plus simple.

On remarquera d'ailleurs qu'une seule contre-fiche soutenant l'arbalétrier au milieu suffit pour que celui-ci puisse être fait de deux barres de fer à T, dont l'assemblage repose sur cette contre-fiche, puisque l'on peut obtenir de semblables fers de 7 à 9 mètres de longueur quand ils ne sont pas d'un trop fort échantillon.

Charpentes en fer pour couvertures en zinc.

533. *Application aux couvertures en zinc.* — La remarque du n° 533 nous permettra de réunir, dans des tableaux d'un usage facile, tous les éléments relatifs à la construction des charpentes en fer de toutes portées.

Si d'abord nous considérons une ferme de 2 mètres de portée, en supposant que l'espacement entre les fermes semblables, précédemment désigné par e, soit seulement de 1 mètre, et si nous calculons les longueurs et les charges pour cette ferme, destinée à nous servir de type, nous pourrons ensuite en conclure, par une simple multiplication, les dimensions de toutes les pièces d'une ferme quelconque.

Nous nous bornerons toutefois à examiner cette ferme type pour une couverture en zinc et une inclinaison du toit $a = 20°$. Le poids uniformément réparti sur chacun des arbalétriers sera alors $pC = 69^{kil},16C'$, ou simplement $69^{kil},16$, attendu que $C' = 1$, et que le coefficient $242^{kil},06$, donné au n° 506, pour un écartement de $3^m,50$ entre les fermes, doit être ici réduit dans la proportion de $3^m,50$ à 1 mètre.

En appliquant à cette ferme type les calculs dont nous avons déjà donné des exemples pour quelques cas particuliers, on est conduit aux chiffres consignés dans le tableau ci-joint. Ces calculs ont été faits dans trois hypothèses différentes pour chacun des deux systèmes de fermes à une ou à trois contre-fiches. Dans chacun de ces systèmes, en appelant a' l'angle formé par le tirant inférieur avec l'arbalétrier, l'on a successivement supposé : $a' = 20°$, $a' = 15°$, $a' = 10'$. La première hypothèse suppose le tirant qui forme entrait à la hauteur des appuis; les deux autres le supposent plus ou moins relevé au-dessus de cette première position.

Il résulte donc de ces éléments divers six combinaisons différentes : trois pour les fermes à une seule contre-fiche, et trois pour les fermes à trois contre-fiches. Ces dispositifs sont représentés dans les figures 3, 4, 5, 6, 7, 8 (pl. VI), et nous les désignerons, dans ce qui va suivre, par les numéros 1, 2, 3, 4, 5, 6.

FERMES A UNE SEULE CONTRE-FICHE COUVERTES EN ZINC. INCLINAISON DU TOIT $a = 20°$.

DÉSIGNATION des PIÈCES.	LONGUEURS CORRESPONDANT AUX ANGLES:			CHARGES OU TENSIONS CORRESPONDANT AUX ANGLES:		
	$a' = 20°$.	$a' = 15°$.	$a' = 10°$.	$a' = 20°$.	$a' = 15°$.	$a' = 10°$.
	m.	m.	m.	k.	k.	k.
Arbalétrier........ AB	1,0642	1,0642	1,0642	69,16	69,16	69,16
Contre-fiche....... CE	0,1932	0,1426	0,094	32,50	42,375	55,07
Demi-tirant formant entrait............ B'E	0,434	0,454	0,468	95,00	109,41	127,97
Tirant supérieur ... BE	0,566	0,551	0.5404	47,52	81,86	158,97
Tirant inférieur.... AE	0,566	0,551	0,5404	142,52	188,45	282,67

FERMES A TROIS CONTRE-FICHES, COUVERTES EN ZINC. INCLINAISON DU TOIT $a = 20°$.

DÉSIGNATION des PIÈCES.	LONGUEURS CORRESPONDANT AUX ANGLES:			CHARGES OU TENSIONS CORRESPONDANT AUX ANGLES:		
	$a' = 20°$.	$a' = 15°$.	$a' = 10°$.	$a' = 20°$.	$a' = 15°$.	$a' = 10°$.
	m.	m.	m.	k.	k.	k.
Arbalétrier........ AB	1,0642	1,0642	1,0642	69,16	69,16	69,16
1 Contre-fiche centr. CE	0,1932	0,1426	0,094	32,50	42,375	55,07
2 Contre-fiches DH et FG	0,0916	0,0713	0,047	16,25	16,25	16,25
Demi-tirant formant entrait............ B'E	0,434	0,454	0.468	95,00	109.41	127,97
Tirant .... BG	0,283	0,275	0,2702	71,28	113,23	205,33
Tirant............. BG	0,283	0,275	0,2702	47,52	81,86	158.57
Tirant............. HE	0,283	0.275	0,2702	142,52	188,45	282,67
Tirant inférieur.... AH	0,283	0,275	0,2702	166,26	219,82	329,43
Tirant............. CG	0,283	0.275	0,2702	23.76	31,37	46,76
Tirant............. CH	0,283	0,275	0,2702	23,76	31,37	46,76

Pour d'autres fermes de même inclinaison, les longueurs précédentes augmenteront dans le même rapport que la portée $2C'$, en sorte qu'il suffira de multiplier ces dimensions par la demi-portée C', pour obtenir immédiatement les longueurs correspondantes.

Quant aux efforts exercés sur ces pièces, ils augmentent ou diminuent comme la charge de l'arbalétrier, c'est-à-dire proportionnellement à l'écartement e des fermes et à leur demi-portée C'. Par conséquent il suffira de multiplier les efforts calculés dans chaque cas pour la ferme type par $C'e$, pour passer de l'écartement $e=1$ mètre, et de la portée $2C'=2$ mètres, à un écartement et à une portée quelconques.

336. *Dimensions des pièces soumises à un effort de traction.* — Les efforts étant déterminés par les considérations qui précèdent, nous savons que la section transversale de chaque pièce soumise à un effort de traction sera exprimée par le rapport $\dfrac{T}{R}$, T étant la tension en kilogrammes, et le coefficient R étant pour le fer égal à 6 ou 8 000 000 kilogr. Cette section est donc, comme l'effort de traction lui-même, proportionnelle au produit $C'e$. Si l'on a calculé, une fois pour toutes, le volume du fer à employer pour chacun des systèmes de la ferme type, pour passer de ces volumes à ceux des pièces relatives à une ferme quelconque de portée $2C'$, écartée des fermes voisines de la quantité e, il faudra multiplier les nombres ainsi trouvés par $C'e$, pour avoir les aires des sections, et par C'^2e, pour obtenir les volumes et les poids relatifs à tout autre écartement et à toute autre portée.

Comme exemple, nous donnerons les résultats du calcul pour les tirants du modèle de ferme n° 1 pour lequel on a

$$a = a' = 20^\circ, \quad C' = 1^m, \quad e = 1^m, \quad h = 0^m,364 :$$

DÉSIGNATION des PIÈCES.	LONGUEUR des PIÈCES. L.	EFFORT de TRACTION. T.	SECTION CORRESPON- DANTE. A.	VOLUME des PIÈCES
	m.	k.	mq.	mc.
Demi-tirant formant entrait B'E	0,434	95,00	0,000015841	0,000006875
Tirant supérieur......... BE	0,566	47,50	0,000007920	0,000004483
Tirant inférieur......... AE	0,566	112,52	0,000023769	0,000013431
			Total......	0,000024789
			Dont le poids est de.....	0^k,1891

C'est ce poids qu'il faudra multiplier dans chaque cas particulier par C'^2e, pour obtenir immédiatement le poids total des tirants de la demi-ferme. On arriverait à un chiffre plus petit en prenant pour R la valeur 8 000 000 kilogr.

Un calcul semblable ayant été fait pour les autres dispositifs, on est arrivé de la même manière aux chiffres suivants :

TABLEAU DES POIDS DES TIRANTS DES FERMES COUVERTES EN ZINC.
INCLINAISON DU TOIT $a = 20°$.

MODÈLE DE FERME.	VALEURS de l'angle a'.	POIDS DES TIRANTS de la ferme entière.
		kil.
N° 1 ⎫	20°	0,3782
N° 2 ⎬ à une contre-fiche..........	15°	0,5000
N° 3 ⎭	10°	0,7756
N° 4 ⎫	20°	0,4918
N° 5 ⎬ à trois contre-fiches........	15°	0,6498
N° 6 ⎭	10°	0,9071

Ces chiffres seront multipliés par C'^2e dans toute application que l'on en voudra faire.

On voit déjà que la surélévation de l'entrait, qui n'allége en aucune façon les arbalétriers, conduit à une augmentation notable dans le poids des tirants. Pour $a' = 10°$, ce poids est environ le double de ce qu'il est pour $a' = 20°$. Ce ne sera donc qu'avec réserve, et en tenant compte de cette observation, qu'il conviendra, dans certains cas, de sacrifier les questions d'économie à l'élégance que donne à une charpente en fer l'emploi des entraits relevés. Quant à l'augmentation résultant de l'emploi de trois contre-fiches, elle est peu considérable, et permet d'ailleurs d'avoir recours à des arbalétriers plus légers, puisqu'elle introduit deux nouveaux points d'encastrement dans leur longueur.

557. *Dimensions des arbalétriers.*—Les tableaux du n° **555** permettent d'obtenir immédiatement les longueurs des arbalétriers et la mesure des charges auxquelles ces pièces doivent, dans chaque cas, résister. Ces deux éléments étant connus, on sait, en continuant à se servir des notations des n°ˢ **63** et **166**, que les dimensions doivent être réglées de telle sorte que les égalités suivantes soient satisfaites.

Fermes à une seule contre-fiche, formant un point d'encastrement au milieu de l'arbalétrier ....

Fers rectangulaires
$$\frac{ab^2}{3} = \frac{1}{16}\frac{pCC'}{R}$$

Fers à double T,
$$\frac{ab^3 - 2\,a'b'^3}{6b} = \frac{1}{16}\frac{pCC'}{R} ;$$

Fermes à trois contre-fiches, formant sur la longueur de l'arbalétrier trois points d'encastrement équidistants ....

Fers rectangulaires
$$\frac{ab^2}{3} = \frac{1}{64}\frac{pCC'}{R}$$

Fers à double T,
$$\frac{ab^3 - 2\,a'b'^3}{6b} = \frac{1}{64}\frac{pCC'}{R} ;$$

Formules dans lesquelles il faudra remplacer pC par $69^{kil},16\,C'^2e$, le coefficient $69^{kil},16$ étant, comme nous l'avons vu, la charge correspondant à la ferme normale dont les données sont contenues dans les tableaux du n° **555**.

En opérant cette substitution, mettant pour R sa valeur $R = 6\,000\,000$ kilogr., et effectuant autant que possible les calculs, on trouve pour les :

1 contre-fiche.

Fers rectangulaires. . . . $\dfrac{I}{v'}$ ou $\dfrac{ab^2}{3} = 0,00000072\,C'^2e,$

Fers à double T. $\dfrac{I}{v'}$ ou $\dfrac{ab^3 - 2\,a'b'^3}{6b} = 0,00000072\,C'^2e ;$

3 contre-fiches.

$$\text{Fers rectangulaires.} \ldots \quad \frac{\mathrm{I}}{v'} \quad \text{ou} \quad \frac{ab^2}{3} = 0,00000018\,C'^2 e,$$

$$\text{Fers à double T.} \quad \frac{\mathrm{I}}{v'} \quad \text{ou} \quad \frac{ab^3 - 2a'b'^3}{6b} = 0,000000018\,C'^2 e,$$

Le second terme de chacune de ces égalités peut être immédiatement calculé au moyen des valeurs de C' et de e; mais il ne sera pas inutile d'entrer à cet égard dans quelques détails, soit pour comparer les fers rectangulaires aux fers à double T, sous le rapport de la dépense, soit pour déterminer l'importance des arbalétriers dans la quantité totale de fer à employer pour la construction d'une charpente en fer; et pour embrasser tous les cas de la pratique, nous réunirons, dans les tableaux suivants, les résultats du calcul, en donnant à e différentes valeurs : $e = 1$ mètre, $e = 2$ mètres, $e = 3$ mètres, $e = 4$ mètres, et en faisant varier C', c'est-à-dire la demi-portée de la ferme, depuis $C' = 4$ mètres, qui correspond à une portée de 8 mètres, jusqu'à $C' = 15$ mètres, qui correspond à une portée de 30 mètres.

En ce qui concerne les fers à double T, après avoir calculé dans chaque cas particulier la valeur de $\frac{\mathrm{I}}{v'}$, on a comparé cette valeur à celles fournies par le tableau du n° 246, ce qui a permis de désigner le modèle à employer, soit parmi les échantillons de l'usine de la Providence, soit parmi ceux de l'usine de Montataire. Les lettres P et M ont continué à distinguer les produits de ces deux usines. Après que, de cette manière, le modèle convenable a été reconnu, on a déterminé la largeur a de la nervure, pour laquelle la quantité $\frac{\mathrm{I}}{v'}$ acquiert la valeur convenable, et l'on a ensuite calculé le poids de la pièce à l'aide des indications contenues dans les catalogues respectifs des deux usines.

Quant aux fers rectangulaires, on est arrivé plus simplement au résultat en adoptant un rapport constant entre l'épaisseur et la largeur de la pièce, $a = \frac{1}{6} b$.

TABLEAU DES ARBALÉTRIERS EN FER POUR FERMES COUVE...

ÉCARTEMENT des fermes, e	PORTÉE des fermes	VALEUR de $C'e$	VALEUR de $0,00000726''e$	FERMES A UNE SEULE CONTRE-FICHE.				
				Fers à double T.			Fers rectangulaires	
				Désignation de l'échantillon	Valeur de a	Poids par mètre courant	Largeur a	Hauteur a
1^m	8	16	0,00001152	»	»	»	0,0111	0,0551
	10	25	0,00001800	»	»	»	0,0130	0,0517
	12	36	0,00002592	»	»	»	0,0146	0,0735
	15	56,25	0,00004048	M_1	0,0439	9,33	0,0170	0,0847
	»	»	»	P_2	0,0451	11,88	»	»
	20	100	0,00007200	M_3	0,0522	15,22	0,0205	0,1025
	»	»	»	P_3	0,0519	18,90	»	»
	25	156,25	0,00011250	P_5	0,0551	20,00	0,0238	0,1191
	30	225	0,00016200	M_6	0,0665	24,33	0,0269	0,1345
	»	»	»	»	»	»	»	»
2^m	8	32	0,00002304	»	»	»	0,0110	0,0702
	10	50	0,00003600	M_1	»	8,00	0,0163	0,0815
	12	72	0,00005184	M_2	0,0476	12,22	0,0184	0,0920
	»	»	»	P_2	0,0498	15,04	»	»
	15	112,50	0,00008096	M_3	0,0538	16,84	0,0214	0,1067
	»	»	»	P_4	0,0481	16,09	»	»
	20	200	0,00014400	M_5	0,0646	25,08	0,0265	0,1323
	»	»	»	P_4	0,0509	28,44	»	»
	25	312,50	0,00022500	M_7	0,0711	31,75	0,0300	0,1500
	»	»	»	P_7	0,0603	36,60	»	»
	30	450	0,00032400	P_8	0,0691	45,40	0,0349	0,1694
	»	»	»	»	»	»	»	»
3^m	8	48	0,00003456	M_1	»	8,00	0,0161	0,0894
	10	75	0,00005400	M_3	0,0485	13,00	0,0187	0,0933
	12	108	0,00007776	M_5	0,0530	16,03	0,0210	0,1052
	»	»	»	P	0,0482	15,38	»	»
	15	168,75	0,00012144	M_7	0,0504	20,53	0,0246	0,1222
	»	»	»	P_3	0,0567	22,43	»	»
	20	300	0,00021600	M_4	0,0702	32,79	0,0295	0,1450
	»	»	»	P_7	0,0682	31,40	»	»
	25	468,75	33750	P_8	0,0704	48,65	0,0344	0,1717
	»	»	»	»	»	»	»	»
	30	675	0,00048600	0	»	»	0,0385	0,1939
	»	»	»	»	»	»	»	»
4^m	8	64	0,00004608	M_2	0,0452	10,17	0,0197	0,0885
	»	»	»	P_2	0,0471	14,40	»	»
	10	100	0,00007200	M_3	0,0512	14,21	0,0206	0,1026
	»	»	»	P_3	0,0519	17,90	»	»
	12	144	0,00010368	P_5	»	25,00	0,0232	0,1159
	»	»	»	»	»	»	»	»
	15	225	0,00016200	M_6	0,0665	24,33	0,0259	0,1315
	»	»	»	»	»	»	»	»
	20	400	0,00028800	P_8	»	40,99	0,0325	0,1629
	»	»	»	»	»	»	»	»
	25	625	0,00045000	0	»	»	0,0378	0,1890
	30	900	0,00064800	0	»	»	0,0427	0,2135

ZINC, L'INCLINAISON DU TOIT ÉTANT DE $a = 20°$.

VALEUR de $0,00000018C''^2e$.	Désignation de l'échantillon.	Valeur de a.	Poids par mètre courant.	Largeur a.	Hauteur b.	Poids par mètre courant.
		m	k	m	m	k
0,00000288	»	»	»	0,0070	0,0351	1,92
0,00000450	»	»	»	0,0082	0,0408	2,61
0,00000648	»	»	»	0,0092	0,0460	3,30
0,00001012	»	»	»	0,0107	0,0534	4,46
»	»	»	»	»	»	»
0,00001800	»	»	»	0,0130	0,0617	6,56
»	»	»	»	»	»	»
0,00002812	P_1	»	9	0,0150	0,0750	8,77
0,00004050	M_1	0,0489	9,04	0,0169	0,0847	11,16
»	P_2	0,0451	11,88	»	»	»
0,00000576	»	»	«	0,0089	0,0443	3,07
0,00000900	»	»	»	0,0102	0,0513	4,18
0,00001296	»	»	»	0,0116	0,0580	5,25
»	»	»	»	»	»	»
0,00002025	»	»	»	0,0135	0,0673	7.08
»	»	»	»	»	»	»
0,00003600	M_1	»	8	0,0163	0,0815	10,37
»	»	»	»	»	»	»
0,00005625	M_2	0,0495	13,85	0,0191	0,0953	14,20
»	P_3	0,0471	14,10	»	»	»
0,00008100	M_3	0,0538	16,84	0,0214	0,1068	17,83
»	P_4	0,0484	15,80	»	»	»
0,00000864	»	»	»	0,0101	0,0506	3,99
0,00001350	»	»	»	0,0118	0,0588	5,41
0,00001944	«	»	»	0,0135	0,0664	6,99
»	»	»	»	»	»	»
0,00003037	P_1	0,0441	11,12	0,0154	0,0770	9,24
»	»	»	»	»	»	»
0,00005400	M_2	0,0485	12,99	0,0187	0,0993	13,61
»	»	»	»	»	»	»
0,00008637	P_4	0,0501	19,20	0,0218	0,1090	18,53
»	»	»	»	»	»	»
0,00012150	M_5	0,0604	20,53	0,0244	0,1222	23,45
»	P_5	0,0567	22,43	»	»	»
0,00001152	»	»	»	0,0111	0,0554	4,79
»	»	»	»	»	»	»
0,00001800	»	»	»	0,0130	0,0647	6,56
»	»	»	»	»	»	»
0,00002592	M_1	»	8	0,0146	0,0730	8,32
»	»	»	»	»	»	»
0,00004048	M_1	0,4392	9,04	0,0170	0,0847	11,23
»	P_2	0,0451	11,88	»	»	»
0,00007200	M_3	0,0512	14,82	0,0205	0,1026	16,45
»	P_3	0,0519	18,90	»	»	»
0,00011250	P_5	0,0551	20,15	0,0238	0,1191	22,11
0,00016200	M_6	0,0665	26,75	0,0269	0,1345	28,22

Des chiffres contenus dans ce tableau il résulte que les deux usines dont nous avons mentionné les produits ne fournissent point de fer à double **T** pour toutes les fermes qui y sont comprises.

Il faut, d'une part, des échantillons plus petits pour les fermes à petite portée et à petit écartement, surtout dans le cas où l'on emploie le système à trois contre-fiches ; d'autre part, les plus gros fers à **T** de la Providence sont insuffisants pour une portée de 30 mètres et un écartement de 3 ou de 4 mètres, ainsi que pour la ferme de 25 mètres, lorsque l'écartement entre les fermes s'élève à 2 mètres. Le tableau donne pour ces cas, comme pour tous les autres, les dimensions des fers rectangulaires à employer dans l'hypothèse que nous avons faite d'une épaisseur égale au cinquième de la hauteur ; tout autre rapport exigerait une modification correspondante dans les calculs.

Si nous cherchons à comparer les poids respectifs donnés par le tableau pour les fers rectangulaires, les fers à double **T** de l'usine de la Providence et ceux de l'usine de Montataire, qui conviennent respectivement aux différentes fermes, nous voyons que les fers de Montataire présentent toujours un avantage notable sur les fers rectangulaires, et presque toujours aussi un avantage, mais moins grand, sur ceux de la Providence ; ces différences sont quelquefois considérables, et elles tiennent à ce que les corps des fers à double **T** sont plus minces que ceux des fers rectangulaires correspondants, en même temps que leur hauteur est plus grande ; cette double circonstance est moins marquée dans la plupart des fers de l'usine de la Providence, et c'est pour cela qu'il arrive quelquefois que des fers rectangulaires employés comme arbalétriers pèsent un peu moins que les fers à double **T** correspondants choisis dans les échantillons des fers de la Providence. Nous donnons (pl. VI) la représentation comparée des sections de ces différents fers :

1° Pour la ferme à une seule contre-fiche, de 10 mètres de

portée, l'écartement des fermes étant de 4 mètres (fig. 9, 10 et 11).

2° Pour la ferme à trois contre-fiches, de 30 mètres de portée, l'écartement entre les fermes étant de 1 mètre seulement (fig. 12, 13, 14).

Ces figures donnent l'explication des différences que nous venons de signaler, mais en même temps elles montrent que les fers à double T ont toujours une hauteur plus considérable que les fers rectangulaires correspondants dans lesquels le rapport entre l'épaisseur et la hauteur serait de $\frac{1}{5}$; cet accroissement de hauteur, qui est souvent un avantage dans la construction des planchers, ne saurait être considéré dans les fermes que comme un inconvénient, et doit tendre dans quelques cas à faire rejeter l'emploi des fers de cette forme pour ce genre de construction.

Les nervures latérales, cependant, sont favorables à un autre point de vue : elles permettent aux charpentes de mieux résister aux efforts transversaux exercés horizontalement, et contribuent ainsi à augmenter la stabilité. Ces nervures peuvent aussi être fréquemment utilisées dans les assemblages, soit en les conservant dans leur forme primitive, soit en les modifiant à la forge suivant les cas.

Dans la comparaison que l'on peut faire entre l'emploi respectif des systèmes à une ou à trois contre-fiches, il est facile de voir que l'adoption de ce dernier système procure une grande économie sur le poids des arbalétriers; cette remarque se déduit d'ailleurs d'une manière plus manifeste du tableau suivant, dans lequel nous avons réuni les poids des arbalétriers, en nous bornant toutefois, pour chacun d'eux, à l'échantillon le plus favorable parmi ceux indiqués dans le tableau précédent; il serait facile de le compléter au besoin en y introduisant les poids calculés au tableau de la page 417 pour les autres échantillons de fers rectangulaires ou à double T.

POIDS DES ARBALÉTRIERS EN FER, POUR DIVERSES PORTÉES ET DIVERS ÉCARTEMENTS DE FERMES.

ÉCARTEMENT des fermes, e.	PORTÉE des fermes, $2C'$	LONGUEUR de l'arbalétrier.	SYSTÈME A UNE CONTRE-FICHE.		SYSTÈME A TROIS CONTRE-FICHES.	
			DÉSIGNATION de l'échantillon.	POIDS des 2 arbalétriers	DÉSIGNATION de l'échantillon.	POIDS des 2 arbalétriers
		m.		kilogr.		kilogr.
1	8^m	4,2568	Rectangulaire.	40,58	Rectangulaire.	16,35
	10	5,3210	»	69,82	Id.	27,78
	12	6,3852	»	106,26	Id.	42,14
	15	7,9815	M_1	148,94	Id.	71,20
	20	10,6420	M_3	323.96	Id.	139,62
	25	13,3025	P_5	536,12	Id.	233,32
	30	15,9630	M_6	776,76	M_1	288,62
2^m	8	4,2568	Rectangulaire.	64,96	Rectangulaire.	26,14
	10	5,3210	M_1	85,14	Id.	44,48
	12	6,3852	M_2	156,06	Id.	67,01
	15	7,9815	M_3	255.42	Id.	113,02
	20	10,6420	M_5	555,08	M_1	170,28
	25	13.3025	M_7	924,56	M_2	368,50
	30	15,9630	P_8	1472,42	M_5	537,64
3^m	8	4,2568	M_1	68,10	Rectangulaire.	33,97
	10	5 3210	M_2	138,36	Id.	57,57
	12	6,3852	P_4	196,40	Id.	99,27
	15	7,9815	M_5	327,76	Id.	147,50
	20	10,6420	M_7	697,72	M_2	276,48
	25	13,3025	P_8	1225,42	Rectangulaire.	593,00
	30	15,9630	Rectangulaire.	2383,28	M_8	655,46
4^m	8	4,2568	M_2	86,50	Rectangulaire.	40,78
	10	5,3210	M_3	151,24	Id.	69,81
	12	6,3852	P_5	319,26	M_1	102,16
	15	7,9815	M_6	388,38	M_4	144,34
	20	10,6420	P_8	881,37	M_8	315,44
	25	13,3025	Rectangulaire.	1900,66	P_5	536,12
	30	15,9630	Rectangulaire.	2910,38	M_8	851,02

On voit immédiatement par ce tableau que l'adoption du système à trois contre-fiches réduit le poids des arbalétriers des deux tiers ou au moins de la moitié du poids exigé par le système à une seule contre-fiche; nous verrons bientôt que cette économie reste importante encore, quand on tient compte de l'augmentation de poids qu'entraînent les contre-fiches latérales et les tirants.

358. *Dimensions des contre-fiches.* — Les contre-fiches peuvent être construites en fer ou en fonte ; ce sont, dans tous les cas, des pièces longues dans lesquelles les dimensions transversales sont fort petites par rapport à la longueur, et l'on sait que quand le rapport entre ces dimensions dépasse certaines limites, il est nécessaire de diminuer la charge par millimètre carré, dans la crainte de produire une flexion dans la pièce.

L'emploi du fer peut mettre à l'abri de cet inconvénient, en ce que chacune des contre-fiches peut être formée de deux bandes de fer méplat, réunies à courts intervalles par des traverses formant entretoises boulonnées ; ce seraient de véritables moises en fer, dont l'assemblage avec les arbalétriers et avec les tirants pourrait s'effectuer avec une grande facilité ; par ce mode de construction, les dimensions extérieures de la section de la contre-fiche seront, pour un même poids, augmentées suffisamment pour que le fer puisse supporter une charge permanente de 6 kilogr. par millimètre carré, et en calculant sur 4 kilogr. seulement, nous serions certains d'obtenir une résistance suffisante ; mais pour ne pas offrir à l'œil des dimensions en apparence disproportionnées, nous doublerons les surfaces ainsi calculées, et par conséquent les poids correspondants.

Les longueurs des contre-fiches et les charges qu'elles supportent étant comprises dans les tableaux du n° 353, si, conformément à ce qui vient d'être dit, nous adoptons des sections transversales telles, qu'elles soient chargées de 4 kilogr. par millimètre carré, nous pouvons en calculer les dimensions et les poids pour la ferme type, et en former le tableau suivant, dans lequel il suffira de multiplier les longueurs par C', les charges et les sections par $C'e$, les volumes et les poids par C'^2e pour passer des fermes types à une ferme quelconque ; ce sont les chiffres doublés, comme il vient d'être dit, qui figurent dans le tableau.

TABLEAU DES DIMENSIONS DES CONTRE-FICHES EN FER ; COUVERTURE EN ZINC ; INCLINAISON DU TOIT, $a = 20°$.

DÉSIGNATION des PIÈCES.	VALEUR DE L'ANGLE a'.	LONGUEUR DES PIÈCES.	CHARGES.	SECTIONS.	VOLUMES.	POIDS des contre-fiches et entretoises.
		m	kil	m.q	m.c	kil
Contre-fiche principale...	$a' = 20°$	0,1932	32,50	0,0000081	0,00000157	0,0245
Contre-fiche latérale.....	id.	0,0916	16,25	0,0000041	0,00000048	0,0061
Contre-fiche principale...	$a' = 15°$	0,1426	42,38	0,0000106	0,00000152	0,0237
Contre-fiche latérale.....	id.	0,0713	16,26	0,0000041	0,00000029	0,0016
Contre-fiche principale...	$a' = 10°$	0,0936	55,07	0,0000133	0,00000125	0,0195
Contre-fiche latérale.....	id.	0,0168	16,25	0,0000041	0,00000019	0,0030

Les contre-fiches principales restent les mêmes, soit que l'on préfère le système à une seule contre-fiche, auquel cas il suffira de doubler le poids déduit du tableau ci-dessus pour obtenir le poids total des contre-fiches d'une ferme, soit que l'on ait recours au système à trois contre-fiches. Dans ce dernier cas, au double du poids de la contre-fiche principale il faudra ajouter le quadruple du poids de l'une des contre-fiches latérales pour obtenir le poids de toutes les contre-fiches de la ferme ; cette observation, appliquée à la ferme type, nous conduit, en effectuant les calculs, au tableau suivant :

TABLEAU DONNANT LE POIDS DES CONTRE-FICHES EN FER, DANS UNE FERME DE 2 MÈTRES DE PORTÉE, L'ÉCARTEMENT DES FERMES ÉTANT DE 1^m.

DÉSIGNATION du SYSTÈME DE FERME.	VALEUR de l'angle a'.	POIDS TOTAL des contre-fiches en fer.
		kil.
Modèle n° 1 à une contre-fiche...........	$a' = 20°$	0,0490
Modèle n° 2 à une contre-fiche...........	$a' = 15°$	0,0474
Modèle n° 3 à une contre-fiche...........	$a' = 10°$	0,0390
Modèle n° 4 à trois contre-fiches.	$a' = 20°$	0,0734
Modèle n° 5 à trois contre-fiches.	$a' = 15°$	0,0658
Modèle n° 6 à trois contre-fiches.	$a' = 10°$	0,0510

Ces chiffres seront multipliés par $C''e$ dans toute application que l'on en voudra faire à d'autres fermes.

Les différences qu'ils signalent sont assez minimes pour que l'on puisse regarder leur influence comme insignifiante dans l'établissement des fermes en fer; l'arbalétrier est toujours la pièce la plus importante; et lorsqu'on ne craint pas de multiplier les assemblages, le système à trois contrefiches, avec entrait à la hauteur des points d'appui, est celui qui mérite la préférence.

339. *Résultats et conséquences.*—Nous pourrons, au reste, réunir maintenant les trois éléments de la question, et donner pour tous les cas que nous avons examinés, et qui comprennent pour ainsi dire tous ceux de la pratique, les poids totaux tout calculés. Nous nous bornerons d'abord à réunir tous les éléments du calcul dans quelques cas particuliers.

POIDS DES FERS QUI COMPOSENT UNE FERME DU MODÈLE N° 1 (FIG. 3, PL. VI) POUR DIVERSES PORTÉES ET DIVERS ÉCARTEMENTS.

ÉCARTEMENT des fermes e.	PORTÉE TOTALE de la ferme $2c$.	VALEUR du coefficient $C''e$.	POIDS des tirants.	POIDS des arbalétriers.	POIDS des contre-fiches	POIDS TOTAL.
			k	k	k	k
1^m	8^m	16	6,05	40,58	0.80	47,43
	10	25	9,45	62.82	1,23	80,50
	12	36	13,62	106,26	1 77	111.65
	15	56 25	21.27	148.94	2,76	175,97
	20	100	37,82	323 96	4.90	366,68
	25	156,25	59,10	536.12	7,66	602,88
	30	225	85 10	776.76	11,03	872,79
4^m	8	64	24.21	85,60	3,14	113.55
	10	100	37.82	151,24	4.90	193,96
	12	144	54,46	319.26	7,06	380,78
	15	225	85,10	388,38	11.03	484,51
	20	400	144 28	881.28	19,60	1045,25
	25	625	236,30	1900,66	30.63	2167.67
	30	900	326,38	2910.38	44,10	3290,86

Ces chiffres suffisent pour démontrer la prédominance des arbalétriers sur le poids total; et comme l'établissement de tableaux semblables pour les autres cas ne saurait présenter aucune difficulté, il nous suffira de réunir les résultats auxquels on parviendrait, de manière à indiquer à première vue quels sont, sous le rapport de l'économie, les avantages de tel et tel système.

POIDS DES FERS QUI COMPOSENT UNE FERME COUVERTE EN ZINC, POUR DIVERSES PORTÉES ET DE DIVERS ÉCARTEMENTS.

ÉCARTEMENT des fermes.	PORTÉE TOTALE de la ferme. 2C'	POIDS TOTAL D'UNE FERME.					
		A UNE CONTRE-FICHE.			A TROIS CONTRE-FICHES.		
		MODÈLE n° 1.	MODÈLE n° 2.	MODÈLE n° 3.	MODÈLE n° 1.	MODÈLE n° 2.	MODÈLE n° 3.
		kilogr.	kilogr.	kilogr.	kilogr.	kilogr.	kilogr.
1^m	8^m	45,73	47,34	62,38	25,40	27,80	31,68
	10	80,50	83,51	90,19	41,92	45,67	51,73
	12	121,65	125,97	135,59	62,19	67,90	76,63
	15	175,97	179,74	191,76	102,44	111,45	125,09
	20	366,68	378,70	407,42	196,14	211,18	235,43
	25	602,88	621,76	663,40	321,66	345,13	383,02
	30	872,79	899,93	960,05	469,89	449,63	504,19
2^m	8	78,66	82,48	91,04	41,24	49,04	56,20
	10	106,50	112.52	125,88	72,66	80,26	92,39
	12	186,84	195,48	214,72	107,75	118,56	136,02
	15	303,48	317,01	317,16	178,50	193 53	220,81
	20	640,52	565,28	718,72	284,22	313,10	362,90
	25	1058,08	1095.83	1179,12	544,19	592,12	667,91
	30	1661,68	1718,76	1839,00	900,18	859 66	968,99
3^m	8	88,65	94,38	107,22	61,12	68.32	79,96
	10	170,40	179.43	199,47	99,98	111,24	129,43
	12	242,57	255,53	284.40	160,33	176.55	208,75
	15	399,85	420,15	465.21	241,22	268,26	309,18
	20	826,08	861,94	912.10	446,04	491.16	563,91
	25	1425,70	1482,33	1607,25	858,03	928,44	1042,11
	30	2671,67	2752,79	2.33,15	1199.26	1138,49	1302,18
4^m	8	113,95	121,61	138,76	76,98	86,58	102,04
	10	193 96	206.00	232,72	126,35	141.37	165,62
	12	380,78	398,10	436,59	183,58	205,20	240,13
	15	484,51	511,56	571,65	269,30	305,35	369,92
	20	1045,25	1100,33	1207,21	541,52	601,68	698,68
	25	2167,67	2243,20	2409,77	889,50	983.37	1104,93
	30	3290,36	3403,06	3643,54	1579,09	1498,06	1720,31

En comparant respectivement les poids totaux, pour les modèles 1, 2 et 3, avec les chiffres correspondants pour les modèles 4, 5 et 6, on reconnaît immédiatement qu'il existe en faveur des derniers une différence considérable; cette différence est souvent de la moitié du poids total. On ne saurait donc trop recommander, pour les fermes à grande portée surtout, l'emploi du système à trois contre-fiches,

qui apporte une si grande économie dans le poids des matériaux. Il exige, il est vrai, quelques assemblages de
plus; mais cette cause d'augmentation dans la dépense est
toujours fort minime par rapport à l'économie que nous
venons de signaler.

L'examen des chiffres d'une même colonne horizontale nous
donne la mesure des différences de poids correspondant
aux différents systèmes. On remarquera que l'augmentation
qui résulte toujours de la surélévation de l'entrait, paraît ici
moins importante que quand nous l'avons considérée par
rapport aux tirants seuls. Cela tient à ce que l'arbalétrier
reste le même quelle que soit la hauteur à laquelle on veut
porter l'entrait. Aucune économie ne vient d'ailleurs compenser cette augmentation, car les assemblages restent les
mêmes, et c'est à peine si le poids des contre-fiches se
trouve modifié.

Une autre remarque importante ressort de l'examen des
chiffres d'une même colonne verticale, si l'on se borne à
considérer ensemble ceux qui correspondent à la même
portée; nous voyons, en effet, que pour un écartement de
1 mètre entre les fermes, le poids de chacune d'elles est
notablement inférieur au poids correspondant pour un
écartement de 2, de 3, de 4 mètres; mais il faut remarquer
que si l'espace à couvrir a L mètres de longueur, le nom-
bre de fermes à employer est $n = \dfrac{L}{e} + 1$, $\dfrac{L}{e}$ étant nécessairement un nombre entier.

Pour $e = 1^m$, on trouve $n_1 = L + 1$;

Pour $e = 4^m$, on trouve $n_4 = \dfrac{L}{4} + 1$;

d'où $\qquad \dfrac{n_1}{n_4} = \dfrac{L + 1}{\dfrac{L}{4} + 1} = \dfrac{4L + 4}{L + 4} = 4 - \dfrac{12}{L + 4}$;

ce qui démontre qu'à moins d'avoir à couvrir de très-petites
longueurs, le nombre des fermes à employer est à peu près

inversement proportionnel à leur écartement. Pour qu'il y eût égalité de dépense, il faudrait donc que la ferme convenable pour $c = 1^m$ ne pesât que le quart de ce que pèse la ferme de même portée, calculée pour un écartement entre les fermes de $c = 4^m$; nous voyons par le tableau qu'il n'en est pas ainsi, et qu'il semblerait par conséquent, sous ce rapport, y avoir avantage à augmenter l'écartement entre les fermes.

Mais d'autres considérations s'opposent à ce que l'on admette immédiatement une pareille conclusion. En augmentant l'écartement des fermes, on fait croître par cela même la portée des pannes, du faîtage et de toutes les pièces longitudinales auxquelles il devient par conséquent nécessaire de donner des dimensions plus considérables, et nous aurons à nous arrêter un instant sur cette question, qui se complique encore de ce qu'un plus grand nombre de fermes exige un plus grand nombre d'assemblages et augmente, par conséquent, le prix de l'établissement.

340. *Dimensions des pièces longitudinales.* — Pour résister aux vents et aux efforts qui peuvent s'exercer dans le sens de la longueur d'un comble, il faut relier les différentes fermes de manière à obtenir une rigidité suffisante dans cette direction ; c'est là le but de la *ferme sous faîte*, qui dans toutes les charpentes se compose du faîtage au sommet, solidement réuni aux poinçons par des contre-fiches qui viennent deux à deux s'assembler avec le poinçon à la même hauteur.

On ajoute encore à la résistance dont nous parlons en adoptant une disposition analogue pour la sablière par rapport aux poteaux, lorsque le comble est simplement supporté sur des supports de ce genre; mais il n'en est pas ordinairement ainsi pour les combles à grande portée dont nous nous occupons plus spécialement ici.

Enfin les arbalétriers reçoivent toujours un ou plusieurs cours de pannes qui doivent supporter le lattis ou la volige, et qu'il convient de fixer solidement à chaque arbalétrier, afin de profiter de ces nouvelles pièces pour assurer la solidarité de toutes les fermes entre elles. Les pannes, le faîtage et les sablières suffisent parfaitement pour empêcher l'une des fermes de se déplacer par rapport aux autres; mais la ferme sous faîte n'en est pas moins nécessaire pour résister aux efforts dirigés dans le sens de la longueur, et qui pourraient avoir pour effet d'incliner à la fois toutes les fermes de la même quantité et dans le même sens

Nous ne tiendrons compte toutefois que des pièces longitudinales, et encore bien qu'il puisse être convenable de leur donner, suivant les différents cas de la pratique, des dispositions différentes, nous admettrons qu'on les écarte les unes des autres de 2 mètres environ, d'après les dimensions adoptées par M. Kaulek dans la construction du comble en fer du magasin des forges de la Providence, sur le quai Jemmapes, à Paris; cet écartement est d'ailleurs celui qui se prête le mieux aux dimensions ordinaires des voliges du commerce.

Pour la ferme type, à $20°$ d'inclinaison, la longueur de l'arbalétrier est, comme nous l'avons vu, $1^m,0642$. Pour toute autre ferme dont la portée serait $2C'$, cette longueur deviendrait $1^m,0642\,C'$, et elle exigerait pour la ferme entière deux sablières, un faîtage et un nombre n de pannes donné par la formule $2\left(\dfrac{1,0642C'}{2}-1\right)$, le nombre des pannes nécessaires sur chaque face du toit étant $\dfrac{1,0642C'}{2}-1$.

Le nombre total des pièces longitudinales sera donc

$$3+2\left(\frac{1,0642C'}{2}-1\right)=1+1,0642C',$$

expression qui, devant conduire à un nombre entier impair, sera modifiée en augmentant le dernier terme, de manière à remplacer par le nombre pair immédiatement supérieur la quantité $1,0642C'$. Cette règle conduit aux chiffres suivants :

NOMBRE DES PIÈCES TRANSVERSALES DANS LES COMBLES DES DIVERSES
PORTÉES.

PORTÉE TOTALE $2C'$.	NOMBRE DES PIÈCES LONGITUDINALES.
8^m	7
10	7
12	9
15	9
20	13
25	15
30	17

Dans les combles de 8 et 12 mètres de portée, nous avons été obligés d'adopter une distance entre les pannes très-notablement inférieure à 2 mètres; mais il vaut mieux alors alléger les pièces que de recourir à une distance plus grande, à laquelle d'ailleurs les dimensions ordinaires des planches du commerce ne se prêtent pas.

Dans tous les autres cas, nous pourrons admettre que chaque panne supporte, uniformément réparti sur sa longueur, le poids d'une bande de couverture de 2 mètres de large, soit 128 kilogr. par mètre de longueur, d'après les indications du n° **306**, pour une couverture en zinc incliné à 26°.

Il conviendra donc d'employer, pour le calcul des dimensions des pannes, les formules suivantes, données au n° **106** :

Fers rectangulaires,

$$\frac{I}{v'}, \quad \text{ou} \quad \frac{ab^2}{3} = \frac{1}{4}\frac{128e^2}{6\,000\,000} = 0,00000533\,e^2;$$

Fers à double T,

$$\frac{I}{v'} \quad \text{ou} \quad \frac{ab^3 - 2a'b'^3}{6b} = \frac{1}{4}\frac{128e^2}{6\,000\,000} = 0,00000533\,e^2,$$

e, ou l'écartement des fermes, étant ici la longueur de la pièce soumise à un effort de flexion.

Ces formules ne sont applicables, toutefois, que pour le cas où l'assemblage de la panne avec l'arbalétrier peut être considéré comme point d'encastrement, ce qui ne saurait souffrir aucune difficulté lorsqu'il s'agit de la réunion de pièces de fer.

En donnant successivement à e différentes valeurs, on calculera comme précédemment les chiffres du tableau suivant :

TABLEAU DES DIMENSIONS DES PANNES A EMPLOYER DANS LES COUVERTURES EN ZINC POUR DIVERS ÉCARTEMENTS DE FERMES.

ÉCARTEMENT DES FERMES, e.	VALEUR de $\frac{1}{e^3}$	FERS A DOUBLE T.			FERS RECTANGULAIRES.		
		DÉSIGNATION de l'échantillon.	VALEUR de a.	POIDS par mètre courant.	LARGEUR a.	HAUTEUR b.	POIDS par mètre courant.
1^{m}	0,00000533	»	»	»	0^{m}.0086	0^{m},0431	2^{k},90
2	0,00002132	M$_1$	»	8^{k},00	0^{m},0137	0^{m},0684	7 ,31
3	0,00004797	M$_2$	0^{m},0460	10 ,85	0^{m},0179	0^{m},0896	12 ,51
4	0,00008528	P$_1$	0^{m},0490	18 ,80	0^{m},0218	0^{m},1089	18 ,52

Nous adopterons, dans ce qui va suivre, les poids, par mètre courant, de 2^{kil},90, 7^{kil},31, 10^{kil},85 et 18^{kil},52, comme correspondant respectivement aux écartements de 1, 2, 3 et 4 mètres. Connaissant ainsi le poids d'une panne par mètre courant, il suffira de multiplier ce poids par le nombre des pièces longitudinales et par la longueur de l'espace à couvrir pour connaître immédiatement le poids total de ces pièces.

541. *Influence de cette observation sur les résultats qui précèdent.* — Si nous voulons faire une application de ces résultats pour déterminer s'il convient de choisir, dans un cas donné, un grand ou un petit écartement entre les fermes, nous aurons recours au tableau du n° 539;

Et s'il s'agit d'une portée de 30 mètres, par exemple, qui exige 17 pièces transversales, nous ajouterons au poids d'une ferme nº 1, pour un écartement de 4 mètres, qui est...................................... 3290^{kil},36

le poids de 17 pièces de 4 mètres et du poids par mètre courant de 18^{kil},52 (tableau précédent) ou $17 \times 4 \times 18^{kil},52 =$...................... 1259^{kil},36

Poids total d'une travée de 4 mètres dans le cas d'un écartement de 4 mètres entre les fermes.. 4549^{kil},72

Faisant, d'autre part, le même relevé pour un écartement de 1 mètre, on trouve :

Poids d'une ferme nº 1, pour $2C' = 36^m$, $e = 1^m$. 872^{kil},79

Poids de 17 pièces longitudinales de 1 mètre et du poids par mètre de 2^{kil},90 (tableau précédent) ou $17 \times 1 \times 2^{kil},90 =$................... 49^{kil},30

Poids total d'une travée de 1 mètre......... 922^{kil},09

Et pour 4 mètres de longueur de couverture,

$$4 \times 922^{kil},09 \quad \text{ou} \quad 3688^{kil},36,$$

ce qui présenterait dans ce cas une économie de 861^{kil},36 par 4 mètres, en faveur du plus petit écartement.

On arrive en général au même résultat pour les différentes portées, l'influence du poids des pièces longitudinales devenant prépondérante pour les grands écartements, tandis que ce poids est relativement très-faible pour les écartements d'un mètre.

C'est au constructeur à tenir compte de ces appréciations de la dépense, en même temps qu'il appréciera les conditions d'élégance et de légèreté que telle ou telle disposition comporte.

342. *Contre-fiches en fonte.* — Nous avons vu que le poids des contre-fiches n'a en général, dans la question qui nous occupe, qu'une importance très-secondaire ; les conséquences auxquelles nous avons été conduits resteront donc les mêmes, si au lieu de les construire en fer comme nous l'avons supposé, on préférait employer la fonte, qui résiste également fort bien à un effort de compression. Il est vrai que la fonte ne saurait se prêter, comme le fer, à la répartition de la matière, dans la section transversale de la pièce, de manière à augmenter autant les dimensions extérieures de cette section dans les deux sens, dimensions toujours fort petites par rapport à la longueur des pièces. Si l'on veut construire en fonte les contre-fiches, il faudra les considérer comme colonnes pleines en fonte, et déterminer leur section transversale par la formule du n° 102 :

$$P^{kil} = 1780\,\frac{d^{3,6}}{l^{1,7}},$$

d'où l'on tire
$$d^{3,6} = P^{kil}\frac{l^{1,7}}{1780}\,;$$

formule qui permettrait de calculer directement d^2 par logarithmes, ou d'obtenir d au moyen de la construction graphique du n° 103.

Dans la pratique, on renfle les pièces au milieu pour éviter qu'elles ne fléchissent, et on leur donne en général pour section la forme d'une croix à bras égaux et renforcés par des nervures, comme on le fait, ainsi que nous l'avons vu, pour les bielles.

Malgré ces dispositions, qui atténuent les inconvénients dans l'emploi de la fonte pour les contre-fiches, il faut reconnaître que le fer résistera mieux aux chocs accidentels ou à toute action transversale; l'assemblage, d'ailleurs, s'en fera toujours commodément avec les arbalétriers, en rabattant à la forge les nervures inférieures de la section en double T, à l'endroit de l'assemblage, et en formant ainsi une *portée méplate* sur laquelle se fixeraient avec facilité les deux joues intérieures de la contre-fiche moisée.

QUATRIÈME PARTIE.

TORSION.

Notions théoriques.

543. *Résistance des solides à la torsion.* — Lorsqu'un arbre de transmission de mouvement porte deux roues d'engrenage, dont l'une reçoit l'action de la puissance motrice et dont l'autre doit vaincre la résistance à surmonter, toutes les molécules de cet arbre éprouvent de la part de ces actions opposées un déplacement angulaire qu'on désigne sous le nom de *torsion*.

Cet effet peut souvent se remarquer à la vue simple au moment de la mise en marche des moteurs puissants qui doivent entraîner et mettre en mouvement de grandes masses, et il est d'autant plus appréciable alors, que, se transmettant d'un arbre à l'autre, et se multipliant ainsi, en quelque sorte, d'un arbre à l'autre, on voit quelquefois le premier moteur, tel que la roue hydraulique, en marche bien avant que les derniers organes aient commencé à se mouvoir.

On comprend facilement que les déplacements produits par la torsion doivent croître, d'une part, avec la distance à l'axe des fibres ou des molécules que l'on considère, et de l'autre, avec la longueur des arbres ou des pièces, qui est comprise entre les plans perpendiculaires à l'axe autour duquel se fait la rotation, et qui contiennent les efforts qui la produisent et qui y résistent.

Dans chaque section perpendiculaire à l'axe de rotation il se produit par la torsion qu'elle éprouve, par rapport à celle qui la précède, un déplacement des molécules par rotation autour d'un axe qui, dans les machines, est toujours celui du mouvement général, par suite de la symétrie dans les profils employés ; il est donc naturel d'admettre, et pour ainsi dire évident, que les déplacements absolus des molécules de chaque section sont proportionnels à leurs distances à l'axe, ou que leurs déplacements angulaires sont constants, ou, en d'autres termes, que toutes les molécules qui étaient sur une même ligne ou rayon passant par l'axe avant la torsion, se retrouvent sur le même rayon après la torsion.

D'une autre part, quand le solide est cylindrique ou prismatique, les diverses sections transversales du solide, comprises entre les plans perpendiculaires à l'axe, qui contiennent les résistances ou les forces motrices, éprouvent le même déplacement angulaire puisqu'elles sont toutes égales dans ces cas ; on voit donc que les déplacements éprouvés par les files de molécules ou les fibres qui étaient d'abord sur une même ligne droite parallèle à l'axe s'ajoutent les uns aux autres, de sorte que le déplacement total ou relatif de deux molécules situées aux deux extrémités opposées de la partie du solide exposée à la torsion est proportionnel à la longueur de cette partie ou à la distance qui sépare ces extrémités.

Les déplacements ou les arcs décrits par les molécules d'une même fibre étant ainsi proportionnels à leurs distances à l'extrémité du solide, on voit que les fibres se fléchissent en hélices dont le pas est le même pour toutes les fibres quelle que soit leur distance à l'axe, mais pour lesquelles l'inclinaison de la tangente augmente avec cette distance.

Dans ce mouvement, le solide ne se raccourcissant pas, les diverses sections restent respectivement à la même distance, et dès lors il est évident que les fibres qui se sont courbées en hélices se sont allongées de tout l'excès de la longueur de l'hélice développée, sur la longueur primitive des fibres. Il y a donc, comme on le voit, un rapport direct entre la résistance des molécules ou des fibres à la torsion, et leur résistance à l'allongement.

Après avoir exposé ces considérations générales, exprimons-en les conséquences par des formules simples qui permettent d'en comparer les conséquences avec les résultats de l'observation.

344. *Résistance des solides homogènes à la torsion. Equilibre des forces extérieures et des forces intérieures.* — Si l'on considère deux sections infiniment voisines IK et *ik* (pl. VI, fig. 15), et en particulier l'une des fibres élémentaires qui composent la tranche IK*ki* et qui sont parallèles à l'axe AB, autour duquel la rotation produite par la torsion est censée se faire, on voit d'abord que la section IK étant regardée comme fixe, l'extrémité n de la fibre mn se déplacera angulairement de la quantité ou de l'arc $R'a_1$, en appelant R' sa distance à l'axe, et a_1 l'arc élémentaire décrit à l'unité de distance; et si l'on prend le rapport de ce déplacement à la longueur Cc de la fibre, on aura, pour le déplacement, rapporté à l'unité de distance, ou par unité de longueur du solide, le rapport $\dfrac{R'a_1}{Cc}$.

Nommant donc l la distance Cc des deux tranches, A l'aire de la section de la fibre mn, la force capable de produire le glissement par rotation sera pour cette fibre :

$$T = GA \cdot \frac{R'a_1}{l}.$$

En appelant G la résistance au glissement latéral par unité de surface et de longueur du solide, la distance l étant la même pour toutes les fibres de la section, le plus grand déplacement, et par conséquent le plus grand effort, est relatif à la fibre la plus éloignée de l'axe AB, ou à la plus grande valeur de R' que nous appellerons R.

Maintenant, pour qu'il y ait équilibre entre les forces extérieures qui tendent à tordre le solide et les résistances moléculaires des fibres à la torsion, il faut qu'il y ait égalité entre les moments des unes et des autres par rapport à l'axe autour duquel s'établit cet équilibre.

Le moment de la force T relative à l'une des fibres est :

$$T.R' = GA . \frac{R'^2 a_1}{l}.$$

G, l et l'angle a_1 de déplacement étant les mêmes pour toute l'étendue d'une même section ; il s'ensuit que la somme de tous les moments semblables pour l'étendue entière de la section est égale au produit de $G\,\frac{a_1}{l}$ par la somme des produits analogues à AR'^2, chacun d'eux étant celui de l'aire de la section transversale de la fibre *mn* par le carré de sa distance à l'axe. Cette somme des produits AR'^2 a été nommée par M. Persy le *moment d'inertie polaire*. En la désignant par I_1, la somme de tous les moments des résistances moléculaires à la torsion sera donc $GI_1\,\frac{a_1}{l}$ et devra être égale à la somme M des moments des forces extérieures qui tendent à produire la torsion, de sorte que l'on aura pour la condition générale de l'équilibre la relation

$$GI_1 \frac{a_1}{l} = M.$$

Telle est la relation générale qui exprime la condition de l'équilibre entre les résistances moléculaires au déplacement par torsion et les forces extérieures, pour chacune des sections transversales du corps.

345. *Observations relatives aux cylindres et aux prismes.* — Dans cette expression, le rapport $\frac{a_1}{l}$ est précisément la tangente trigonométrique de l'angle de déplacement des fibres situées à l'unité de distance de l'axe; et pour les solides cylindriques ou prismatiques dont l'axe est perpendiculaire au plan de section, cet angle étant le même dans chacune d'elles, les fibres se courbent pendant la torsion selon des hélices dont le pas est donné par ce rapport et dont l'inclinaison sera proportionnelle à leur distance R' à l'axe.

On déduit de là :

$$\frac{a_1}{l} = \frac{M}{GI_1} \quad \text{et} \quad a_1 = \frac{M}{GI_1} l.$$

Par conséquent, pour un solide prismatique ou cylindrique de longueur L, tous les déplacements angulaires mesurés à l'unité de distance s'ajoutant, ainsi que nous l'avons déjà dit, on aura pour l'angle total de déplacement de sa tranche extrême :

$$a = \frac{M}{GI_1} L.$$

Donc, les angles de torsion sont :

1° Proportionnels à la somme des moments des forces extérieures;

2° Proportionnels à la longueur des solides, ou à la distance qui sépare les sections extrêmes.

Ces deux conséquences ont été vérifiées, pour les déplacements angulaires compris entre les limites où l'élasticité n'est pas altérée, par MM. Duleau et Savart.

346. *Observation sur l'usage de la formule précédente.* — Nous ferons de suite remarquer que l'angle a étant ici exprimé par un arc de cercle d'un rayon égal à l'unité, tandis que l'arc réel de torsion éprouvé par la fibre la plus éloignée de l'axe et située à la distance R' qui est celui qu'il importe de connaître et de limiter, a pour valeur R'a, il convient de multiplier les deux membres de l'expression ci-dessus par R', ce qui donne :

$$R'a = \frac{M}{GI_1} LR'.$$

De plus, dans la plupart des cas de la pratique, et en particulier dans les machines, il importe de limiter les angles de déplacement éprouvés par les parties extrêmes des arbres, et comme on a vu qu'ils étaient proportionnels à la longueur L des solides, il convient de rendre l'angle de torsion produit dans chaque section, d'autant plus petit que le solide est plus long, ce qui revient à dire que le rapport $\dfrac{R'a}{L}$ devra avoir une valeur limitée selon la nature des matériaux employés, et la destination de l'appareil que l'on considère. Nous reviendrons plus loin sur ces considérations.

347. *Application de la formule précédente aux cylindres et aux prismes.* — Pour comparer les résultats fournis par la formule précédente avec ceux des expériences des auteurs que nous venons de citer, il faut y substituer les valeurs du moment d'inertie polaire I_1 qui conviennent à leurs formes.

348. *Valeurs du moment d'inertie polaire des sections transversales.* — Si l'on nomme v et u les distances de la section transversale m d'une fibre élémentaire à deux axes perpendiculaires entre eux, ox et oy (pl. VI, fig. 16), passant par le centre de gravité o de la section, on aura évidemment

$$a R'^2 = a v^2 + a u^2.$$

Donc le moment d'inertie polaire d'une aire plane est égale à la somme des moments d'inertie pris par rapport à deux axes rectangulaires passant par le centre de gravité de cette section. Il suit de là que pour le cercle plein, dont le moment d'inertie par rapport à un diamètre quelconque est $\frac{1}{4}\pi R'^4$, le moment d'inertie polaire sera

$$I_1 = \tfrac{1}{2}\pi R'^4 = \tfrac{1}{2} A R'^2$$

et par suite

$$\frac{I_1}{R'} = \tfrac{1}{2}\pi R'^3 = \tfrac{1}{2} A R' = 1,5708 R'^3 = 0,19637 d^3.$$

De même, pour une couronne circulaire, on aurait

$$I_1 = \tfrac{1}{2}\pi(R'^4 - R''^4) = \tfrac{1}{2} A(R'^2 - R''^2),$$

$$\frac{I_1}{R'} = \tfrac{1}{2}\pi \left(\frac{R'^4 - R''^4}{R'}\right) = \tfrac{1}{2} A \left(\frac{R'^2 + R''^2}{R'}\right).$$

Les observations faites au n° **256** sur l'excès de résistance que présentent les cylindres creux sur les cylindres pleins, s'appliqueraient encore ici.

Pour un prisme à section rectangulaire, on aurait, en appelant a la largeur et b la hauteur du rectangle,

$$I_1 = \frac{a^3 b^3}{3(a^2 + b^2)} \quad \text{et} \quad \frac{I_1}{R'} = \frac{2}{3} \frac{a^3 b^3}{(a^2 + b^2)^{\frac{3}{2}}},$$

attendu que la plus grande valeur de R' est $\frac{1}{2}\sqrt{a^2 + b^2}$.

Si la section est carrée, l'on a $a = b$ et par suite

$$I_1 = \frac{b^4}{6}, \quad R' = \frac{1}{2} b \sqrt{2}, \quad \frac{I_1}{R'} = \frac{1}{3} \frac{b^3}{\sqrt{2}} = 0{,}2357 b^3.$$

Résultats d'expériences et formules pratiques.

349. *Expériences de M. Duleau sur la torsion.* — Pour discuter les résultats des expériences de cet habile ingénieur, nous avons groupé séparément, dans le tableau suivant, celles qui sont relatives aux corps cylindriques et celles qui se rapportent aux prismes.

Le poids employé pour produire la torsion était constamment de 10 kilogr., et son bras de levier égal à 0^m,32, de sorte que l'on a

$$M = 10^{kil} \times 0^m{,}32 = 3{,}20.$$

La formule du n° **345** donne

$$G = \frac{ML}{a I_1},$$

dans laquelle a exprime l'arc du rayon égal à l'unité qui mesure l'angle de torsion, tandis que cet angle est donné par M. Duleau en degrés. Il faut donc multiplier ce nombre de degrés par $\frac{3{,}1416}{180}$, pour avoir la valeur de a à mettre dans la formule.

Enfin, pour les corps cylindriques, on a, d'après le numéro précédent,

$$I_1 = 1{,}5708 R'^4,$$

et pour les prismes à section carrée,

$$I_1 = \tfrac{1}{6} b^4 = 0{,}16666 b^4.$$

A l'aide de ces données et de celles de l'observation, on a pu calculer la valeur de G correspondant à chaque expérience.

EXPÉRIENCES DE M. DULEAU SUR LA TORSION DU FER FORGÉ.

DÉSIGNATION DES FERS.	LONGUEUR L.	Dimensions transversales.	ANGLE DE TORSION		VALEUR du coefficient DE TORSION G.
			en degrés.	en arc, a.	
	m	m	°	m	kil
Fers ronds. $R' =$					
Fer du Périgord.........	2,80	0,00710	13,4	6,2338	9 600 700 000
	3,17	0,00985	6,0	0,1047	6 552 300 000
Fer anglais	2,40	0,00990	4,0	0,0698	7 292 000 000
Fer de l'Ariége..........	3,57	0,01075	4,8	0,0838	6 500 000 000
	2,89	0,01075	4,5	0,0785	5 616 000 000
Fer du Périgord.........	3,19	0,01105	3,32	0,0579	7 528 200 000
	2,89	0,01150	3,00	0,0524	6 424 600 000
Fer anglais.............	3,24	0,01175	2,34	0,0408	8 487 200 000
	2,94	0,01375	1,82	0,0318	5 391 900 000
Fer du Périgord.........	3,35	0,01335	1,87	0,0326	6 590 700 000
	2,92	0,01785	0,625	0,0109	5 375 700 000
Fer de l'Ariége	2,77	0,01340	1,650	0,0288	6 077 200 000
Moyenne..........					6 786 325 000
Fers rectangulaires. $b =$					
Fer carré anglais C₇, doux à froid, cassant à chaud.	4,12	0,020	6,5	0,11345	4 360 600 000
	2,52	0,020	4,0	0,06981	4 320 000 000
Fer carré du Périgord....	2,52	0,02035	3.08	0,05375	5 243 700 000
	3,39	0,03260	0,62	0,01082	5 437 800 000
Fer plat anglais.........	2,91	0,034 sur 0,00856	11,40	0,19897	7 020 000 000
Même pièce	1,55	0,034 0,00856	5,62	0,09809	7 500 000 000
Fer plat du Périgord......	2,91	0,034 sur 0,01045	7,20	0,12567	6 270 000 000
Fer plat anglais marqué B.	1,45	0,06780 sur 0,01474	0,85	0,01483	4 527 000 000

Les résultats de ces expériences ne présentent pas entre eux, comme on le voit, un accord très-satisfaisant ; mais les divergences des résultats sont tantôt dans un sens et tantôt dans l'autre. Les expériences de M. Savart sont plus précises, et elles ont mieux vérifié la loi de la proportionnalité des angles de torsion aux moments des efforts.

On voit, au reste, que cette irrégularité est plus grande encore, comme on devait s'y attendre pour les fers carrés et rectangulaires que pour les fers ronds ; la forme cylindrique est en effet celle qui, à égalité de matière, résiste le mieux à la torsion, et c'est au chiffre moyen de 6786 000 000 kil., fourni par les fers de cette forme qu'il convient de se fixer.

350. *Expériences sur la torsion de la fonte.* — Il a été fait à Mulhouse, dans les ateliers de construction de la Société de l'Expansion, des expériences sur la torsion d'arbres cylindriques en fonte, pour reconnaître la résistance plus ou moins grande des diverses qualités de fonte qu'on y emploie. Ces arbres avaient 1^m,50 de longueur et 0^m,10 de diamètre, et ils se terminaient par deux prismes à bases carrées dont l'un était encastré dans un support solidement fixé à un massif de maçonnerie, et l'autre recevait un levier destiné à soutenir la charge qui devait produire la torsion. Ce levier avait **2** mètres de longueur ; son poids, joint à celui du plateau, était de 240 kilogr., et le centre de gravité de ce poids se trouvait à 0^m,80 de l'axe ; de sorte que pour tenir compte de ce poids, il faudrait ajouter à la charge un poids de

$$\frac{240^{kil} \times 0^m,80}{2^m,00} = 96 \text{ kilogr.}$$

Mais comme il devait se produire d'abord sous le poids seul du levier, et sous les premières charges, des torsions influencées par le jeu des assemblages, il sera plus exact de comparer simplement entre elles les différences de torsion et d'en étudier la marche, d'après leur accroissement à partir des charges de 100 kilogr.

On a d'ailleurs remarqué que la rupture s'est toujours faite entre le levier et le palier voisin.

EXPÉRIENCES SUR LA FLEXION ET LA RUPTURE DE LA FONTE PAR TORSION.

ORIGINE DE LA FONTE.	CHARGE du PLATEAU.	ANGLE de TORSION.
	kil.	d.
Écossaise grise à gros grains, très-douce, très-tendre.	100	0,50
	200	1,25
	300	2,00
	400	2,50
	500	3,50
	600	4,25
	700	5,00
	800	5,75
	900	6,50
	1000	7,25
	1100	8,50
	1150	9,00
	1200	9,50
	1250	10,25
	1300	11,00
	1350	12,75
	1400	13,25
	1450	14,20
	1500	15,00
	1600	rupture
Bouchot, probablement de Franche-Comté, grise, à grain de grosseur variable, bonne qualité.	400	2,50
	700	5,75
	1000	8,50
	1100	9,25
	1300	11,00
	1400	12,00
	1500	13,00
	1600	14,50
	1640	15,00

ORIGINE DE LA FONTE.	CHARGE du PLATEAU.	ANGLE de TORSION.
	kil.	d.
Bouchot probablement de Franche-Comté grise, à grain de grosseur variable, bonne qualité. (*Suite*).	1680	15,25
	1780	16,25
	1880	17,75
	1980	18,75
	2080	20,25
	2180	rupture
Bouchot................	2150	Dº
Fraisans................	1600	Dº
Dº	2050	Dº
Rive-de-Gier, grains fins et serrés, presque blanche, un peu truitée, cassante...	1950	Dº
	2250	Dº
$\frac{1}{2}$ Anglaise, $\frac{1}{2}$ Bouchot	1950	Dº
$\frac{1}{2}$ Anglaise, $\frac{1}{2}$ Rive-de-Gier.	2050	Dº
$\frac{1}{2}$ Anglaise, $\frac{1}{2}$ bocage*....	2000	Dº
$\frac{1}{2}$ Bouchot, $\frac{1}{2}$ Fraisans....	2210	Dº
Dº dº	2150	Dº
$\frac{1}{2}$ Bouchot, $\frac{1}{2}$ bocage.....	2150	Dº
$\frac{1}{2}$ Rive-de-Gier, $\frac{1}{2}$ bocage.	2050	Dº

* On nomme bocage, les vieilles fontes de 1re et 2e fusion mélangées et de qualités variables.

Si l'on applique à ces expériences la formule

$$a = \frac{M}{G I_1} \cdot L,$$

dans laquelle

a exprime l'arc à l'unité de distance, décrit pendant la torsion et indiqué dans le tableau suivant ;

$L = 1^m,50$, la longueur totale de l'arbre ;

M le moment de l'effort de torsion ;

$I_1 = \frac{\pi}{2} R'^4 = $ le moment d'inertie polaire de la section ;

on en déduit

$$G = \frac{2M \times 1^m,50}{3,1416 \times (0,05)^4 \times a}.$$

De plus, comme le bras de levier de la charge était constamment de 2 mètres, et que l'arc à l'unité de distance est égal à sa valeur indiquée, multipliée par $\dfrac{6,2832}{360}$, il s'ensuit qu'en prenant les valeurs de a en degrés, fournies par le tableau précédent, on aura

$$G = \frac{2 \times 2 \times 1,50 \cdot P}{3,1416(0,05)^3 \times \dfrac{6,2832}{360} \times a} = 17\,420\,000\,\frac{P}{a}$$

en rapportant G au mètre carré, ou

$$G = 17,42\,\frac{P}{a},$$

si l'on prend sa valeur par rapport au millimètre carré.

En appliquant cette formule aux dix premières expériences sur la fonte d'Écosse, on trouve pour

	kil.	kil.	kil.	kil.	kil.	kil.	kil.	kil.	kil.	kil.
P........	100	200	300	400	500	600	700	800	900	1000
a	0°50	1°25	2°00	2°50	3°50	4°25	5°00	5°75	6°50	7°25
G........	3181^k	2791	2613	2787	2188	2459	2439	2480	2412	2403

Moyenne, 2447 kil.

Il semblerait résulter de ces valeurs de G que cette quantité, après avoir diminué assez rapidement à partir des premières torsions, atteindrait ensuite une valeur moyenne égale à 2447 kilogr. par millimètre carré de la section transversale.

Si l'on fait un calcul semblable pour les expériences exécutées sur la fonte grise à grains plus fins du Bouchot, on obtient les résultats suivants :

	kil.	kil.	kil.	kil.	kil.	kil.	kil.	kil.	kil.	kil.	kil.
P..	400	700	1000	1100	1300	1400	1500	1600	1640	1680	1780
a..	2°50	5°75	8°50	9°25	14°00	12°00	13°00	14°50	15°00	15°25	16°25
G..	2787^k	2129	2049	2071	2058	2029	2010	1931	1904	1919	1908

Moyenne, 2071 kil.

On voit que, si l'on excepte la première valeur de G qui correspond à une flexion trop faible, les autres valeurs paraissent à peu près constantes jusqu'à des torsions de 12 à 13°, ce qui dépasse beaucoup ce que l'on tolère dans les machines, et que la moyenne générale est $G = 2056$ kilogr., quantité plus faible que celle que l'on a trouvée pour la fonte d'Écosse, mais qui reste ensuite constante jusqu'à des angles de torsion bien plus grands que ceux pour lesquels la même quantité G reste constante pour cette dernière fonte; ce qui montre que la fonte de Franche-Comté offre plus de sécurité dans l'emploi que celle d'Écosse.

On conçoit d'ailleurs facilement que la nature des fontes peut apporter de très-grandes variations dans la valeur du coefficient G.

351. *Valeur du coefficient* G. — De l'ensemble des expériences connues, l'on a été conduit à admettre assez généralement les valeurs moyennes suivantes pour ce coefficient :

Fer doux	$G =$	6 000 000 000 [kil.]
Fer en barres	$G =$	6 666 000 000
Acier d'Allemagne	$G =$	6 000 000 000
Acier fondu, très-fin	$G =$	10 000 000 000
Fonte	$G =$	2 000 000 000
Cuivre	$G =$	4 366 000 000
Bronze	$G =$	1 066 000 000
Chêne	$G =$	400 000 000
Sapin	$G =$	433 000 000

Au moyen de ces valeurs, on pourra au besoin calculer approximativement les angles de déplacement par torsion éprouvés par le solide, en substituant dans la formule

$$a = \frac{ML}{GI_1}$$

les valeurs du moment des forces extérieures, de la longueur L du solide entre les sections encastrées et du moment d'inertie polaire dont nous avons donné la valeur au numéro **348.**

352. *Limites pratiques de l'angle de torsion.* — Dans les machines, il importe de renfermer les valeurs de l'angle a de torsion, ou, ce qui revient au même, l'inclinaison des hélices formées par la torsion, dans des limites assez restreintes, qui sont déterminées d'abord par la condition fondamentale de ne pas altérer l'élasticité d'une manière notable, et ensuite par celle de ne pas admettre de déplacements relatifs trop grands, des pièces les unes par rapport aux autres.

L'arc le plus grand qui soit réellement décrit par les points du solide qui éprouvent le plus grand déplacement est celui que parcourent les points situés à la distance maximum R' de l'axe; il a pour valeur $R'a$. Le déplacement angulaire des pièces portées par un même arbre, les unes par rapport aux autres, devant d'ailleurs être limité à une certaine amplitude absolue, c'est le rapport $\dfrac{R'a}{L}$ de cet arc à la longueur du solide qui représente l'inclinaison de la tangente aux hélices de torsion à la surface extérieure du solide qui éprouve la torsion, qu'il convient de limiter d'après l'observation des bonnes constructions.

D'après cela, en multipliant les deux termes de la relation ci-dessus par la distance R' de la fibre la plus éloignée de l'axe, elle donne :

$$\frac{R'a}{L} = \frac{MR'}{GJ_1},$$

et c'est le rapport $\dfrac{R'a}{L}$ qui doit être limité pour que la construction présente la solidité et la sécurité nécessaires.

355. *Applications et formules pratiques.* — Appliquons ces considérations à la fonte du Bouchot, sur laquelle la société industrielle de Mulhouse a fait des expériences, et admettons pour cette fonte $G = 2\,000\,000\,000$ kilogr. L'observation de plusieurs constructions suffisamment solides, et l'application à un grand nombre de constructions neuves faites dans les usines de l'artillerie, ont montré que l'on peut se servir avec sécurité, pour des arbres en fonte cylindriques, allégés, marchant vite, de la formule pratique

$$d^3 = \frac{PR}{262\,000},$$

qui revient à $\quad \dfrac{PR}{d^3} = 262\,000 ;$

P étant l'effort qui produit la torsion, R son bras de levier, $PR = M$ sera le moment de la puissance extérieure,

et la formule $\quad \dfrac{R'a}{L} = \dfrac{MR'}{Gl_1}$

revient ainsi à $\quad \dfrac{R'a}{L} = \dfrac{PR}{\left(G\dfrac{l_1}{R'}\right)}.$

Pour les solides cylindriques, on a (n° **348**) :

$$\frac{l_1}{R'} = 1{,}5708R^3 = 0{,}19637d^3 ,$$

ce qui ramène la formule générale à

$$\frac{R'a}{L} = \frac{PR}{2\,000\,000\,000 \times 0{,}19637d^3} = \frac{1}{392\,740\,000}\frac{PR}{d^3}.$$

Or, la formule pratique donnant :

$$\frac{PR}{d^3} = 262\,000 ,$$

il s'ensuit qu'elle conduit à

$$\frac{R'a}{L} = \frac{262\,000}{392\,740\,000} = 0{,}000667,$$

ce qui nous apprend qu'avec cette formule l'hélice qui résulte de la torsion d'une des génératrices du cylindre a pour tangente limite une droite qui fait, avec la position initiale de cette génératrice, un angle dont la tangente trigonométrique est au plus de $0^m,000667$ ou de 2′ 18″. Cette quantité n'est que la moitié environ de celle qui correspondrait à la torsion produite sur les pièces éprouvées dans les expériences de Mulhouse sous l'effort de 400 kilogr. Elle serait donc due à une charge de 200 kilogr. à peu près, et l'on a vu que l'élasticité des cylindres essayés n'a pas été altérée par des efforts 7,5 fois plus grands ou de 1500 kilogr.

On voit donc que la formule pratique de l'*Aide-mémoire* limite les déplacements angulaires d'une manière qui offre une sécurité peut-être excessive.

En admettant donc cette limite de déplacement angulaire ou cette valeur de $\dfrac{R'a}{L}$ pour tous les arbres allégés, et la réduisant à moitié pour les arbres forts ou premiers moteurs, c'est-à-dire pour ceux des moteurs de la première transmission de mouvement, ou qui sont destinés à entraîner de lourdes masses, et en multipliant ces quantités par la valeur du nombre G correspondant à la nature des matériaux employés (n° 331), on aura les valeurs du coefficient constant $G\dfrac{R'a}{L}$, qui entre dans la formule générale :

$$G\frac{R'a}{L} = \frac{M}{\left(\dfrac{l_1}{R'}\right)},$$

dont le second membre contient le moment M de la puissance et la quantité $\dfrac{l_1}{R'}$, qui dépend des dimensions du solide (n° 348).

On trouve ainsi pour les différentes substances :

NATURE DES MATÉRIAUX.	ARBRES	
	allégés $G\dfrac{R'a}{L}.$	forts $G\dfrac{R'a}{L}.$
Le fer et l'acier	4 002 000 [kil]	2 001 000 [kil]
La fonte	1 334 000	667 000
Le bois de chêne	266 000	133 000
Le bois de sapin	288 811	144 405

A l'aide de ces valeurs et de celles que prend $\dfrac{I_1}{R^7}$, selon les différentes formes des solides, il est facile d'établir les formules usuelles qui servent à déterminer les dimensions convenables pour la pratique, et d'en former le tableau suivant :

FORMULES PRATIQUES POUR DÉTERMINER LES DIMENSIONS DES SOLIDES EXPOSÉS A LA TORSION.

FORME de la section transversale.	MATIÈRE dont le solide est formé.	FORMULES à employer pour les arbres allégés.	FORMULES à employer pour les arbres forts.
Carrée	Fer ou acier	$b^3 = \dfrac{PR}{943280}$	$b^3 = \dfrac{PR}{471640}$
	Fonte	$b^3 = \dfrac{PR}{314420}$	$b^3 = \dfrac{PR}{157210}$
	Bois de chêne	$b^3 = \dfrac{PR}{62697}$	$b^3 = \dfrac{PR}{31348}$
	Bois de sapin	$b^3 = \dfrac{PR}{68073}$	$b^3 = \dfrac{PR}{34036}$
Circulaire pleine	Fer ou acier	$d^3 = \dfrac{PR}{785880}$	$d^3 = \dfrac{PR}{392940}$
	Fonte	$d^3 = \dfrac{PR}{262900}$	$d^3 = \dfrac{PR}{131450}$
	Bois de chêne	$d^3 = \dfrac{PR}{52234}$	$d^3 = \dfrac{PR}{26177}$
	Bois de sapin	$d^3 = \dfrac{PR}{56713}$	$d^3 = \dfrac{PR}{28356}$
Annulaire d et d' étant quelconques	Fer ou acier	$\dfrac{d^4 - d'^4}{d} = \dfrac{PR}{785880}$	$\dfrac{d^4 - d'^4}{d} = \dfrac{PR}{392910}$
	Fonte	$\dfrac{d^4 - d'^4}{d} = \dfrac{PR}{262900}$	$\dfrac{d^4 - d'^4}{d} = \dfrac{PR}{131450}$
	Bois de chêne	$\dfrac{d^4 - d'^4}{d} = \dfrac{PR}{52234}$	$\dfrac{d^4 - d'^4}{d} = \dfrac{PR}{26117}$
	Bois de sapin	$\dfrac{d^4 - d'^4}{d} = \dfrac{PR}{56713}$	$\dfrac{d^4 - d'^4}{d} = \dfrac{PR}{28356}$
Annulaire $d' = \tfrac{3}{5} d$	Fer ou acier	$d^3 = \dfrac{PR}{684030}$	$d^3 = \dfrac{PR}{342015}$
	Fonte	$d^3 = \dfrac{PR}{228010}$	$d^3 = \dfrac{PR}{114005}$
	Bois de chêne	$d^3 = \dfrac{PR}{45465}$	$d^3 = \dfrac{PR}{22732}$
	Bois de sapin	$d^3 = \dfrac{PR}{48240}$	$d^3 = \dfrac{PR}{24120}$

Ces formules sont, pour les arbres en fonte, les mêmes, à très-peu près, que celles que j'ai données dans l'*Aide-mémoire*, 4ᵉ édit.; mais pour le fer, la valeur du coefficient G de résistance élastique à la torsion étant triple pour ce métal de ce qu'elle est pour la fonte (nº **351**), le diviseur des formules ne peut plus être le même, comme je l'avais admis précédemment, faute de données suffisantes pour le déterminer.

354. *De la résistance de la fonte à la rupture par torsion.* —La rupture par torsion est déterminée par le déplacement angulaire qui se produit entre deux tranches consécutives quelconques, et lorsque l'allongement qui en résulte pour les fibres ou l'écartement de leurs molécules dépasse les limites de celui que les résistances moléculaires peuvent permettre. Il s'ensuit que la résistance à la rupture par torsion est indépendante de la longueur des solides et dépend au contraire de l'inclinaison $\dfrac{R'a}{L}$ des tangentes à l'hélice produite par la torsion, en même temps que du coefficient G de résistance élastique à la torsion. Le produit $G.\dfrac{R'a}{L}$ de ces deux quantités peut donc être regardé en quelque sorte comme le coefficient de rupture des solides par torsion, et sa valeur sera donnée par celle de $\dfrac{M}{\left(\dfrac{I_1}{R'}\right)}$ lorsque l'expérience aura fait connaître celle-ci.

Dans les expériences faites à Mulhouse, où les cylindres essayés avaient 0ᵐ,10 de diamètre et où le bras de levier de la charge était de 2ᵐ,00, on a vu (nº **353**) que, pour les fontes d'Écosse, la rupture avait eu lieu sous la charge de 1600 kilogr., à laquelle il faut ajouter 96 kilogr. pour tenir compte du poids du levier rapporté à son extrémité.

Pour les fontes du Bouchot, la charge de rupture a été $P = 2181^{kil} + 96^{kil} = 2277$ kilogr., et pour les différents mélanges essayés de fontes de Rive-de-Gier, anglaises, de Fraisans et de jets divers avec la fonte du Bouchot, cette charge s'est peu éloignée de la valeur précédente.

D'après ces données, on trouverait pour la fonte d'Écosse .

$$\mathrm{G}\,\frac{\mathrm{R}'a}{\mathrm{L}} = \frac{1696^{\mathrm{kil}} \times 2^{\mathrm{m}},00}{0,19637 \times \overline{0,10}^3} = 17\,273\,000 \text{ kilogr.},$$

et pour les fontes du Bouchot et autres essayées à Mulhouse, en moyenne :

$$\mathrm{G}\,\frac{\mathrm{R}'a}{\mathrm{L}} = \frac{2277^{\mathrm{kil}} \times 2^{\mathrm{m}},00}{0,19637 \times \overline{0,10}^3} = 23\,191\,000 \text{ kilogr.};$$

à ces résultats nous en pouvons joindre d'autres dus à M. Carillion, habile constructeur de Paris.

555. *Expériences de M. Carillion sur la résistance de la fonte à la rupture par torsion.* — Ces expériences ont été faites sur des fontes françaises de diverses provenances, dont les unes avaient été obtenues par des [mélanges divers chez des fondeurs de Paris; et les autres dans les forges.

Tous les échantillons essayés avaient été coulés sous la forme d'un cylindre terminé à ses deux extrémités par des têtes prismatiques à section carrée, dont l'une était fortement maintenue dans les mâchoires d'un étau, et dont l'autre recevait un bras de levier en forme de tourne-à-gauche, auquel correspondait la charge qui devait produire la torsion. La partie mince de ces pièces était tournée avec le plus grand soin à un diamètre parfaitement uniforme pour toutes et vérifié à l'aide d'un calibre.

Les cylindres avaient 0^m,02 de diamètre, et le bras de levier de la charge 0^m,50 de longueur.

Les angles de torsion pour les différentes charges n'ont pas été observés, et l'on s'est borné à enregistrer l'angle de rupture et la charge correspondante; le tableau suivant contient les résultats des expériences.

NOMS DES FONDEURS ou DES FORGES.	CHARGES du levier, produisant la rupture P.
	kil.
M. Pihet, de Paris................. 1839	83,625
id. .... 1844............	83,000
id. .... *id.*....	85,625
id. .... *id.*....	80,625
id. .... *id.*....	87,000
M. Béchu, de Paris............. 1844............	87,000
	87,925
M. Thiébault, de Paris............ 1850...........	87,125
	85,625
	83,125
	96,125
M. Guérin, de Montluçon.......... 1851...........	81,625
	93,625
	89,125
	85,625
Forge de M. Mazière, près Bourges.. 1851...........	81,625
	70,625
	65,625
	67,625
	66,625
M. Raffin, de Nevers.............. 1851...........	70,625
	71,625
	68,625
	90,625
MM. Salmon et Furster, de Bourges. 1851...........	75,625
	73,625
Moyenne générale...........	80,750

Si, d'après la valeur moyenne de la charge que fournit l'ensemble de ces expériences, on calcule la valeur du coefficient de rupture $G\dfrac{R'a}{L}$, on trouve :

$$G\frac{R'a}{L} = 25\,701\,000 \text{ kilogr.},$$

qui diffère assez peu de celle qui a été déduite des expériences de Mulhouse sur des fontes françaises, surtout si l'on considère que ces dernières ont été exécutées sur des cylindres beaucoup plus gros, et par conséquent d'un grain moins fin, ce qui peut influer assez notablement sur les résultats.

356. *Observation relative aux formules pratiques du n° 353.* — On remarquera que, dans les formules pratiques du n° 353, nous avons admis pour les arbres allégés en fonte la valeur

$$G\,\frac{R'a}{L} = 1\,334\,000 \text{ kilogr.},$$

tandis que les expériences sur la rupture par torsion que nous venons de discuter nous ont fourni les valeurs suivantes :

	$G\,\dfrac{R'a}{L}$
Fontes d'Écosse.....................	$17\,273\,000^{\text{kil}}$
Fontes du Bouchot, de Rive-de-Gier et mêlées.......................	$23\,191\,000$
Fontes diverses, mêlées ou pures, obtenues à Paris ou dans le Berry...	$25\,701\,000$
Moyenne générale...	$22\,055\,000^{\text{kil}}$,

d'où l'on voit que la valeur moyenne $G\,\dfrac{R'a}{L} = 22\,055\,000^{\text{kil}}$ est égale à plus de seize fois celle que nous avons adoptée dans les formules pratiques, et que par conséquent ces formules présentent toute sécurité et conduisent à des dimensions supérieures même à celles qui seraient nécessaires.

357. *Cas où l'on est obligé de laisser supporter aux solides une torsion considérable.* — La limite que nous avons adoptée, d'après l'observation des bonnes constructions de machines, pour la torsion que l'on peut laisser prendre aux arbres, n'est relative qu'à ceux des transmissions de mouvement pour lesquelles des déplacements relatifs trop grands auraient des inconvénients, abstraction faite de la question de résistance. Mais il est des cas où la nature du travail exige au contraire que les pièces puissent y être exposées sans danger et sans altération permanente.

Les tiges de sonde employées dans les forages des puits sont dans cette condition, et comme leur légèreté contribue beaucoup à la facilité des manœuvres, il importe de ne leur donner que les dimensions strictement nécessaires, en s'assujettissant d'une autre part à n'employer que des fers de première qualité.

Le forage du puits de Grenelle a fourni à **M. Mulot** l'occasion de plusieurs observations importantes, parmi lesquelles nous citerons les suivantes, qu'il a bien voulu nous communiquer :

A la profondeur de 530 mètres, deux tiges de sonde à section carrée, ayant l'une $0^m,041$, et l'autre $0^m,051$ de côté, se trouvant arrêtées par la résistance éprouvée par l'outil à la partie inférieure, ont pu supporter sans altération de leur élasticité, la première sept, et la seconde cinq révolutions du manége moteur qui agissait à la partie supérieure.

D'après les données, les valeurs de la demi-diagonale ou la distance R', à l'axe, des fibres exposées au plus grand déplacement, étant

$$R' = 0^m,029 \text{ pour la barre de } 0^m,041 \text{ de côté,}$$

$$R'' = 0^m,036 \text{ pour celle de } 0^m,051 \text{ de côté,}$$

on en déduit :

Pour la première, $R'a = 0^m,028 \times 7 \times 6,2832 = 1^m,231$,

Pour la deuxième, $R''a = 0^m,036 \times 5 \times 6,2832 = 1^m,131$,

d'où résultent, pour les inclinaisons des hélices formées par les arêtes de ces tiges, les valeurs suivantes :

Première barre de $0^m,041$ de côté, $\dfrac{R'a}{L} = 0,0023236$,

Deuxième barre de $0^m,051$ de côté, $\dfrac{R'a}{L} = 0,0021339$.

L'on doit ajouter que l'observation a montré à **M. Mulot,** que si quelques barres sont susceptibles de supporter sans altération de leur forme des torsions aussi considérables, il en est d'autres qui se déforment et se cassent, de sorte que ces torsions peuvent être regardées comme des limites supérieures.

Or, si l'on compare ces valeurs de $\dfrac{R'a}{L}$ avec celle que nous avons admise au n° 353 pour les formules pratiques, et qui est

$$\frac{R'a}{L} = 0{,}000667,$$

on voit que celle-ci est un peu supérieure au quart de la valeur limite; nous nous sommes donc assez approché de cette limite pour des constructions permanentes, et nous en sommes resté assez loin pour qu'il soit permis d'employer avec confiance les formules pratiques du n° 353.

L'observation a aussi montré à M. Mulot que des tiges en bon fer du Berry résistaient mieux à la torsion, sans altération de leur forme, que les fers corroyés, provenant de riblons, fabriqués dans les environs de Paris. Mais une barre de ces derniers fers de $0^m{,}056$ de côté et de 8 mètres de longueur seulement a pu faire, en se tordant, quatre tours sans se rompre. Dans ce cas, $R' = 0^m{,}0395$, $R'a = 0^m{,}993$ et $\dfrac{R'a}{L} = 0{,}124$; ce qui montre qu'ici, comme dans d'autres cas, si les fers très-doux ont le défaut de se déformer plus facilement que les fers durs, ils ont l'avantage de supporter, sans se rompre, de bien plus grandes déformations que ceux-ci, et ils offrent, pour certains emplois, beaucoup plus de sécurité.

FIN.

TABLE DES MATIÈRES.

QUATRIÈME PARTIE.

TORSION.

FIN DE LA TABLE DES MATIÈRES.

Imprimerie de Ch. Lahure (ancienne maison Crapelet)
rue de Vaugirard, 9, près de l'Odéon.

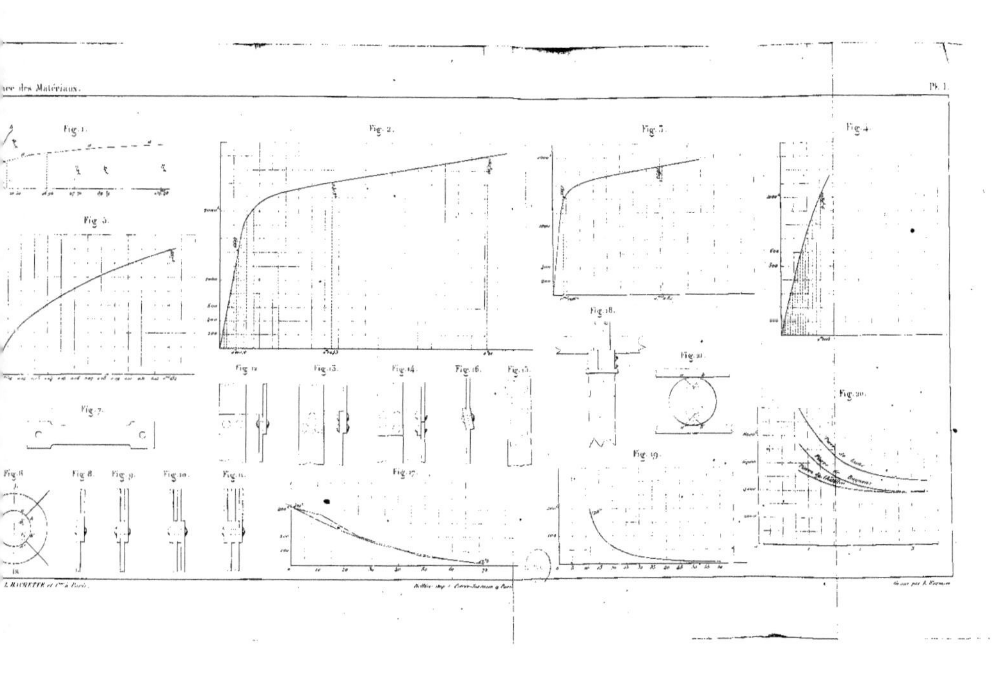

Fig. 1.
Fig. 2.
Fig. 3.
Fig. 4.
Fig. 5.
Fig. 6.
Fig. 7.
Fig. 8.
Fig. 9.
Fig. 10.
Fig. 11.
Fig. 12.
Fig. 13.
Fig. 14.
Fig. 15.
Fig. 16.
Fig. 17.
Fig. 18.
Fig. 19.
Fig. 20.
Fig. 21.

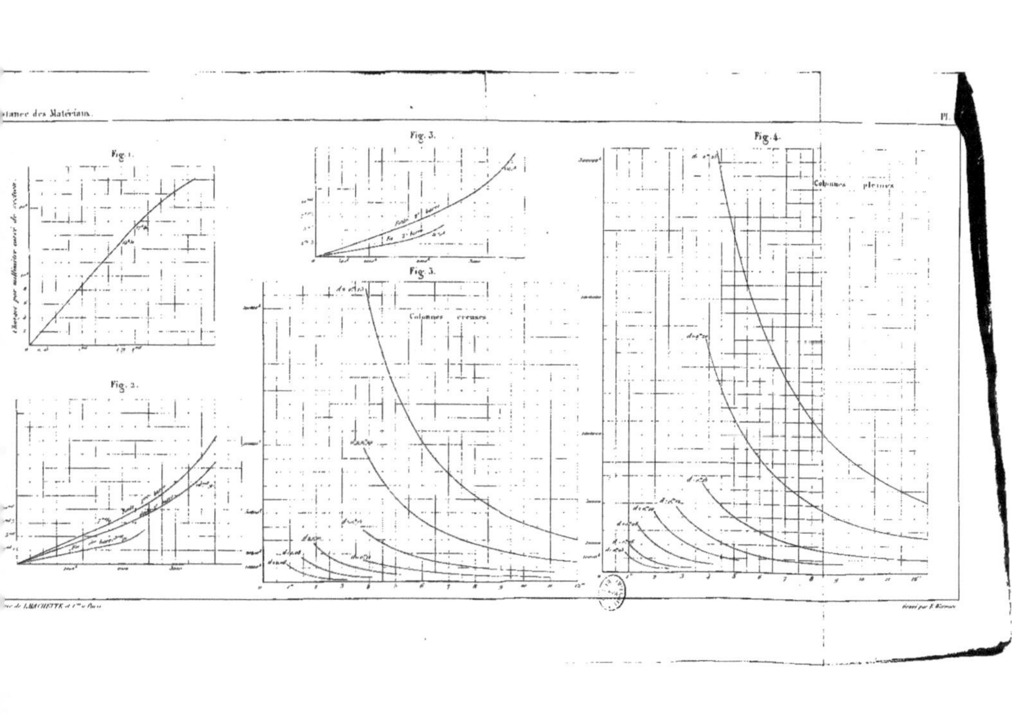

Fig. 1.
Fig. 2.
Fig. 3.
Fig. 4.
Fig. 5.
Colonnes creuses
Colonnes pleines

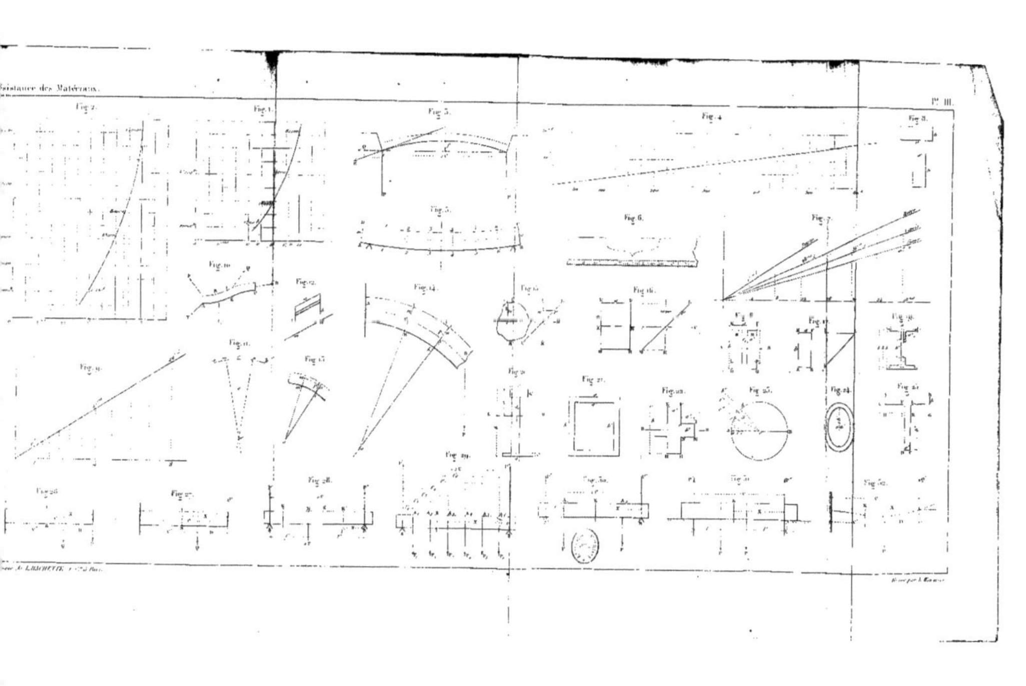

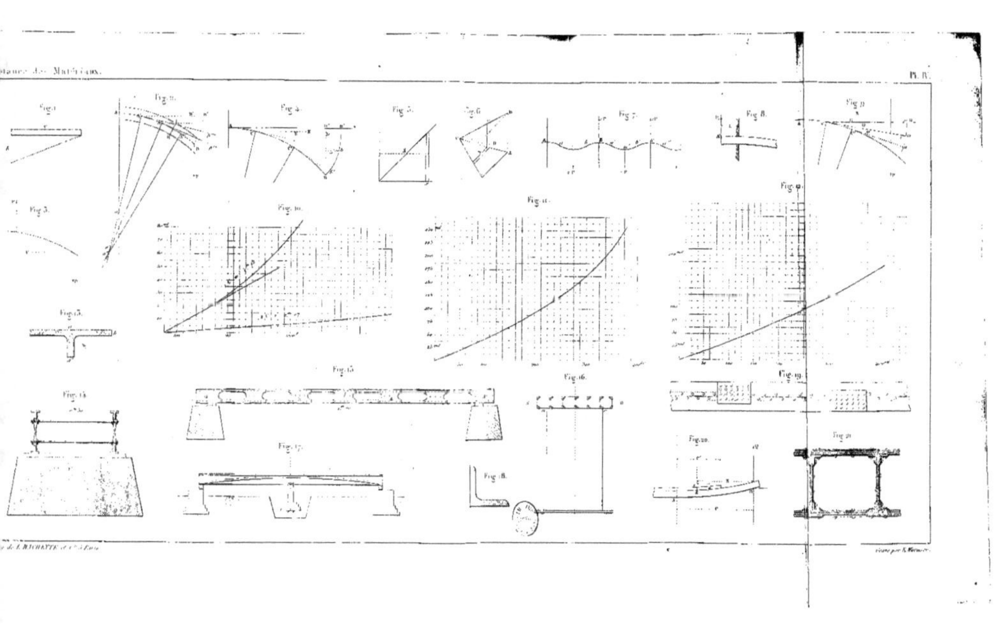

Fig. 1.
Fig. 2.
Fig. 3.
Fig. 4.
Fig. 5.
Fig. 6.
Fig. 7.
Fig. 8.
Fig. 9.
Fig. 10.
Fig. 11.
Fig. 12.
Fig. 13.
Fig. 14.
Fig. 15.
Fig. 16.
Fig. 17.
Fig. 18.
Fig. 19.
Fig. 20.
Fig. 21.

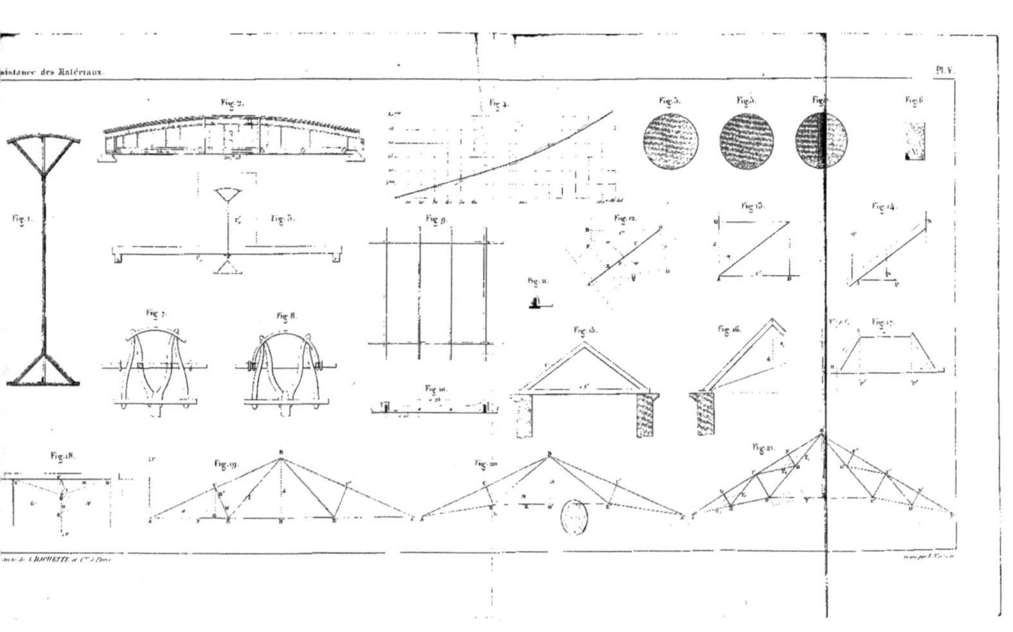

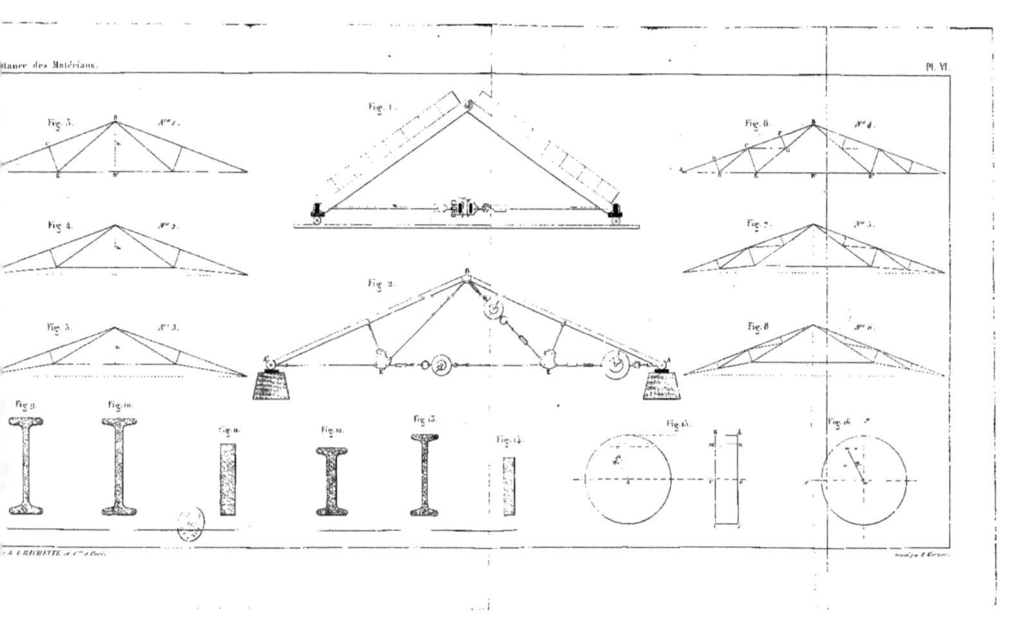

Résistance des Matériaux.
Pl. VI.
Fig. 3.
Fig. 4.
Fig. 5.
Fig. 1.
Fig. 2.
Fig. 6.
Fig. 7.
Fig. 8.
Fig. 9.
Fig. 10.
Fig. 11.
Fig. 12.
Fig. 13.
Fig. 14.
Fig. 15.
Fig. 16.

www.ingramcontent.com/pod-product-compliance
Lightning Source LLC
LaVergne TN
LVHW020552180726
843502LV00002B/222